Werner Schatt · Sintervorgänge

Sintervorgänge

Grundlagen

Prof. (em.) Dr.-Ing. habil. Dr.-Ing. E. h. Werner Schatt

Dem Andenken an meine Frau Gertraude gewidmet

CIP-Titelaufnahme der Deutschen Bibliothek

Schatt, Werner:
Sintervorgänge / Werner Schatt. – Düsseldorf : VDI-Verl., 1992
   ISBN 3-18-401218-2

Warenzeichen und Patente sind nicht als solche gekennzeichnet;
hinsichtlich deren Benutzung und des Schutzes gibt das Deutsche Patentamt Auskunft.

© VDI-Verlag GmbH, Düsseldorf 1992

Alle Rechte, auch das des auszugweisen Nachdruckes, der auszugsweisen oder vollständigen photomechanischen Wiedergabe (Photokopie, Mikrokopie) und das der Übersetzung, vorbehalten.

Printed in Germany

ISBN 3-18-401218-2

Vorwort

Mit den „Sintervorgängen" wendet sich der Autor in erster Linie an Ingenieure und Technologen, die eine naturwissenschaftlich-technische Grundlagenausbildung erfahren haben und in der pulvermetallurgischen Industrie oder -Forschung tätig sind, sowie an Lehrende und Studierende entsprechender Fachrichtungen.

Mit den „Sintervorgängen" wird der Versuch einer praxisnäheren Herangehensweise unternommen, die davon ausgeht, daß das Sintern im Grunde einen Hochtemperaturdeformationsprozeß darstellt, dessen Objekt jedoch nicht ein kompakter, äußeren Kräften unterworfener Werkstoff, sondern ein disperses System ist, in dem innere, durch seine Porosität verursachte Kräfte wirken und das eine Gefügeumbildung erleidet, während der ein über Pressen zustande gekommener mechanischer Teilchenverbund in einen polykristallinen Festkörper übergeht.

Eine solche Beschreibung des Sinterns schließt die Erörterung von Zustandsänderungen ein, die vorwiegend die nichtisotherme Phase des Sinterns (die Aufheizperiode auf isotherme Sintertemperatur) sowie das Pulverteilchenkontaktvolumen betreffen, und die durch die Existenz einer bestimmten Defektstruktur sowie deren Wandlung als Folge veränderter technologischer Bedingungen gekennzeichnet sind.

Die durchgängig geübte Herausstellung der Bedeutung von Realstruktur und der Nichtidentität des Zustandes von Kontakt- und Gefüge(korn-)grenzen sowie die Betonung der Notwendigkeit, die Aufheizphase in die Betrachtungen einzubeziehen, entspringt dem Tatbestand, daß diese in den sich auf Modellvorstellungen und -experimenten gründenden „klassischen" Anschauungen vom Sintern, die eine ganze Epoche der Sinterforschung geprägt haben, unberücksichtigt bleiben, der technische Sinterprozeß aber, der einen Pulverpreßkörper zum Gegenstand hat, in dem Preßarbeit gespeichert ist, und der sich hauptanteilig in der nichtisothermen Phase verdichtet und festigt, deren Berücksichtigung geradezu herausfordert. Auch das Sintern von aus handelsüblichen Pulvern hergestellten Preßkörpern kann wie andere in den kristallinen Werkstoffen ablaufende Formänderungsprozesse, bei denen die Bildung und Wechselwirkungen von Strukturdefekten seit langem als unverzichtbarer Bestandteil des Geschehens gelten, ohne diese nicht voll verstanden werden.

Der in diesem Werk abgehandelte Stoff ist so gegliedert, daß über die Betrachtung von Sintererscheinungen an Modellsystemen das Verständnis für das Verhalten des dispersen Körpers geschult und unter Einschluß der Diskussion der jeweils wesentlichen Einflußfaktoren schrittweise bis hin zu den Erörterungen der verschiedenen Formen des Fest- und Flüssigphasensinterns von Preßkörpern so „aufgebaut" wird, daß ein am heutigen Kenntnisstand orientiertes umfassendes Bild vom Sintern entsteht. Dabei erschien es wegen der andersgearteten Kontaktverhältnisse und deren Einflußnahme auf den Materialtransport in den Porenraum erforderlich, dem Übergang von Teilchenmodell zum Pulverteilchenpreßling besondere Aufmerksamkeit zu schenken und einen angemessenen Platz einzuräumen. Herausgestellt wird weiterhin, daß der „Prototyp" und tragende Prozeß allen Sinterns das Festphasensintern ist, denn auch beim permanenten oder temporären Flüssigphasensintern wird der größere Teil der Verdichtung über Festphasensintern erbracht.

Die zu bestimmten Stadien und Ereignissen des Sinterns geäußerten Ansichten, die auch Eingeweihten nicht immer gewohnt und geläufig erscheinen mögen, haben den Autor bewogen, in einer „Nachbetrachtung" das seiner Meinung nach aus einer vom konkreten Fall etwas abgehobeneren Sicht Wesentlichste noch einmal wiederzugeben. Es beinhaltet im Prinzip nichts weiter als die von Frenkel schon vor rund einem halben Jahrhundert geäußerte Idee, daß das Entscheidende beim Sintern die Viskosität der Kontaktsubstanz sei, weshalb er auch für das von ihm kreierte Zweikugelteilchenmodell unabhängig davon, ob es sich um ein kristallines oder amorphes Material handelt, als dominierenden Materialtransport im Kontaktbereich Fließen angenommen hat. Ein Fortschritt besteht freilich insofern, als dank der heute zur Verfügung stehenden Methoden der Experimentiertechnik und Zustandsdiagnostik dieser Gedanke durch experimentelle Befunde und den Zustand betreffende Messungen gestützt wird.

Den Mitarbeitern des VDI-Verlages danke ich für die rasche Herstellung und ansprechende Ausstattung der „Sintervorgänge".

Dresden, am 1. August 1991 *Werner Schatt*

Inhaltsverzeichnis

1	Einführung	1
2	Sintererscheinungen an Teilchenmodellen	15
2.1	Das Zweiteilchenmodell	15
2.1.1	Kontaktbildung und -wachstum	16
2.1.1.1	Materialtransportmechanismen und Zeitgesetze	17
2.1.1.2	Einfluß der Grenzflächenenergie	22
2.1.1.3	Bildung und Einfluß von Versetzungen	27
2.1.1.4	Asymmetrie des Sinterkontaktes	34
2.2	Sintererscheinungen an Teilchenkollektiven	36
2.2.1	Vorgänge an Teilchenketten und -reihen	37
2.2.2	Gefüge- und Kontaktkorngrenzen	42
2.2.3	Vorgänge in flächigen Teilchenanordnungen	45
2.2.4	Vorgänge bei Teilchenschüttungen und gepreßten Teilchenpackungen	48
2.3	Sintergleichungen	54
3	Festphasensintern von realen Einkomponentenpreßkörpern	61
3.1	Der Preßkontakt und seine Entwicklung beim Sintern	63
3.2	Hochtemperaturdeformationsvorgänge	69
3.2.1	Diffusionskriechen	70
3.2.2	Versetzungskriechen	71
3.2.3	Superplastische Verformung	73
3.3	Schwindungskurve und Sinterstadien	77
3.3.1	Anfangsstadium des Sinterns	81
3.3.2	Schwindungsintensivstadium	83
3.3.2.1	Nichtisothermes Sintern	84
3.3.2.1.1	Defektanalyse und Schwindungsverlauf	90
3.3.2.2	Teilchenbewegung und -zentrumsannäherung	96
3.3.2.2.1	Nachweis der Teilchenbewegung	104
3.3.2.3	Sinterverhalten im Stufenversuch	109
3.3.3	Spätstadium des Sinterns	113
3.3.4	Kornwachstum beim Sintern	119
3.4	Schwindungsgleichungen	122
4	Festphasensintern von Mehrkomponentensystemen	129
4.1	Vorgänge bei Unlöslichkeit der Pulverbestandteile	134
4.2	Vorgänge bei Löslichkeit der Pulverbestandteile	136
4.2.1	Vorgänge im Kontaktbereich	137
4.2.1.1	Partielle Diffusionskoeffizienten von ähnlicher Größe	138
4.2.1.2	Unterschiedliche Größe der partiellen Diffusionskoeffizienten	138
4.2.1.3	Wechselwirkung von Homogenisierungs- und Versetzungsspannungen	141

4.2.1.4	Bedeckung durch Oberflächendiffusion	146
4.2.1.5	Bedeckung durch Verdampfen und Kondensieren	148
4.2.1.6	„Aktivierende" Deposite	148
4.2.1.7	Homogene Mischkristallpulver	151
4.2.2	Sinterverhalten gepreßter Pulvergemische	153
4.2.2.1	Sinterverhalten bei völliger Löslichkeit der Preßkörperkomponenten	154
4.2.2.2	Teilweise Löslichkeit der Pulverkomponenten und Bildung intermetallischer Phasen	162
4.2.2.3	Sinterverhalten gedopter disperser Körper	168

5 Sintern mit permanentem Auftreten einer Schmelze 177

5.1	Vorgänge und Voraussetzungen	179
5.2	Vorgänge beim Flüssigphasensintern	186
5.2.1	Teilchenumordnung	187
5.2.2	Teilchendesintegration	192
5.2.3	Materialumfällung	199
5.2.4	Porenfüllung und -eliminierung	208
5.2.5	Gefügeentwicklung	212
5.2.5.1	Gefügevergröberung bei der Materialumfällung	212
5.2.5.2	Koaleszenz und Skelettbildung	214
5.2.5.2.1	Spannungsinduzierte Kontaktkorngrenzenmigration	215
5.2.5.2.2	Bildung von Niederenergiekontaktkorngrenzen	217
5.2.5.2.3	Gerichtetes Kornwachstum	218
5.2.5.2.4	Koaleszenz über Teilchenrotation	219
5.2.6	Supersolidus-Flüssigphasensintern	221
5.3	Sinterverhalten realer Preßkörper	223
5.3.1	Sintern von Hartmetall	225
5.3.2	Sintern von Schwermetall	229
5.3.3	Eisen-Kupfer-Sinterlegierungen	232

6 Temporäres Flüssigphasensintern 239

6.1	Grundlegende Vorgänge	239
6.2	Realfälle temporären Flüssigphasensinterns	245
6.2.1	Cu-Ti-Sinterlegierungen	246
6.2.2	Fe-Ti-Sinterlegierungen	248
6.2.3	Fe-Ni-P-Sinterlegierungen	250
6.2.4	Fe-Si-Sinterlegierungen	252
6.2.5	Sintern unter Bildung intermetallischer Phasen	256

7 Nachbetrachtung 259

Literaturverzeichnis 263

Sachwörterverzeichnis 273

1 Einführung

Die Entwicklung der Pulvermetallurgie (PM) geschieht auch heute noch vorwiegend auf empirischem Weg. Es ist beeindruckend, zu welch hoher Reife die Praktiker nahezu ohne eine theoretisch und durch wissenschaftliche Grundlagen fundierte Wegleite die Qualität der Pulver und die Legierungstechniken sowie die Verdichtungs- und Formgebungsmethoden für die Herstellung von Massenformteilen, Werkzeugen, Kleinstteilen und Halbzeugen geführt haben. Der damit erzielte Formenreichtum der Erzeugnisse, die erhebliche Einsparung von Material und Energie insbesondere bei der Produktion von Genauteilen, die Verbesserung der Gebrauchseigenschaften gemessen am schmelzmetallurgisch gewonnenen Werkstoff infolge günstigerer oder neuer Gefügezustände sowie das Angebot einzigartiger, der Schmelzmetallurgie versagter Lösungen, wie die Herstellung beliebiger Verbundmaterialien, räumen der PM an Zahl und Breite ständig zunehmende Anwendungsbereiche ein. Dabei ist nicht zu übersehen, daß gerade das Sintern als der für die Herausbildung der Erzeugniseigenschaften ausschlaggebende technologische Schritt keine mit der Entwicklung der anderen PM-Teiloperationen vergleichbaren einschneidenden Veränderungen erfahren oder überraschende Neuerungen aufzuweisen hat. Die Ursache hierfür ist zweifellos zu einem nicht unwesentlichen Teil in der seit Jahrzehnten für die Belange der technischen Praxis ungenügenden Relevanz der bei der Aufklärung von Sintervorgängen gewonnenen Erkenntnisse zu suchen.

Unter Sintern versteht man das Wärmebehandlungsverfahren, während dem ein nicht oder durch Pressen noch relativ lose gebundenes Pulverhaufwerk ausreichend verdichtet wird wie auch die Gesamtheit der physikalischen Vorgänge, die zu einer mehr oder weniger vollständigen Auffüllung des Porenraums mit Materie führen. Im Fall von Pulvermischungen, deren Komponenten miteinander reagieren und neue Phasen bilden, überlagern sich den physikalischen zeitweise noch chemische Vorgänge. Für einphasige Pulver liegt die technische Sintertemperatur bei $2/3$ bis $4/5$ der Schmelz- bzw. Solidustemperatur. Mehrphasige Pulver (Pulvermischungen) werden im allgemeinen in der Nähe oder oberhalb des Schmelz- oder Soliduspunktes der am niedrigsten schmelzenden Phase gesintert.

Der technische Sintervorgang hat die Vernichtung von Hohlraum (Porenraum) zum Ziel. Diese ist, wie bei jeder Hochtemperaturbehandlung polykristalliner Materialien, von Kornwachstumsvorgängen begleitet. Beim Sintern wird das mit einer großen freien Energie versehene disperse System (Pulverpreßling, -schüttung) in einen stabileren Zustand und weniger porösen Körper überführt. Die treibende Kraft des ohne äußere Krafteinwirkung „freiwillig" verlaufenden Vorganges ist die Differenz der freien Energie zwischen Ausgangs- und Endzustand. Die konkreten Wege des Differenzausgleiches bestehen bei Einphasensystemen (homogenen Pulvern) in der Reduzierung aller äußeren (Begrenzungsflächen des Pulverkörpers, Wände von außen zugänglicher Poren) und inneren Oberflächen (Wände eingeschlossener Poren, Pulverteilchenkontakt- und -korngrenzen) sowie im Abbau von Strukturdefekten. Dazu muß im sinternden Pulverhaufwerk in größerem Umfang Materie bewegt werden, wofür je nach Art und Zustand des Systems unterschiedliche Vorgänge (Materialtransportmechanismen) in Betracht kommen. Bei mehrphasigen Systemen (heterogenen Pulvern) mit Löslichkeit der Komponenten überlagert sich diesen Vorgängen der Abbau bestehender Konzentrationsgradienten durch Fremddiffusion (Heterodiffusion), als dessen Triebkraft die Erniedrigung des chemischen Potentials auftritt. Die Verdichtung poriger Körper bei Temperaturen oberhalb der Warmstreckgrenze und gleichzeitiger Einwirkung höherer äußerer Kräfte (Heißpressen, Drucksintern) geschieht vorwiegend über plastische und Kriechdeformation.

Die rund sechs Jahrzehnte umfassende Erforschung jener Vorgänge, denen zufolge allein unter der Wirkung von Oberflächenspannungen (Kapillarkräften) Material in den Porenraum transportiert wird, hat in einer überaus reichen Literatur ihren Niederschlag gefunden, die bei einiger Verallgemeinerung in der Herangehensweise, der inhaltlichen Akzentuierung und in etwa auch in der zeitlichen Abfolge drei Stadien erkennen läßt. Im folgenden soll dieser Weg mit seinen wichtigsten Stationen soweit nachvollzogen werden, wie es als Einführung in den zu behandelnden Stoff und als Einblick in die anstehende Gesamtproblematik sinnvoll erscheint.

Orientiert an den Erfordernissen einer aufstrebenden und nach eigenständiger Entwicklung drängenden pulvermetallurgischen Industrie waren auch die Gegenstände erster grundlegender Untersuchungen zum Sinterprozeß technische Objekte, das reale Pulver und der daraus hergestellte Preßkörper. Nach *F. Sauerwald* [1], [2] sind zwischen den Pulverteilchen zunächst nur Adhäsionskräfte wirksam. Bei steigender Temperatur nehmen – unabhängig von vorausgegangener Deformation – die Amplituden der Atomschwingungen und die Reichweite atomarer Anziehungskräfte soweit zu, daß in den engen Spalten der Preßkontakte Atome, die nun benachbarten Teilchen gemeinsam angehören, ausgetauscht werden und Festkörperbrücken entstehen können. Mit der Temperatur und der sich weiter erhöhenden Beweglichkeit der Atome vergrößern sich die Kontaktbereiche und es setzt Kornwachstum ein. Die Meinung, daß das Sintern ein der thermischen Beweglichkeit der Atome zuzuschreibender Prozeß ist, bedeutet, daß es den thermisch aktivierten Festkörperreaktionen zuzurechnen ist.

Dieser Gedanke wurde von *G. F. Hüttig* und *W. E. Kingston* ([3] bis [5]) weiter verfolgt. Die Teilchenoberflächen stellen real Oberflächenvolumina dar, in denen die beim Sintern frei werdende Energie gespeichert ist. Der freiwillig verlaufende Vorgang der Verdichtung eines Pulveragglomerats zum Sinterteil ist mit einem Verlust an freier Energie verbunden. Die maximal mögliche Reduzierung der freien Energie des Systems wurde von *Hüttig* unter der Berücksichtigung der Oberflächenbildungsarbeit für den Extremfall des Übergangs verschieden disperser Pulver zum Einkristall berechnet. Der Sintervorgang stellt sich allgemein als Bewegung der Atome aus energetisch ungünstigen Lagen in solche niedrigerer Energie dar.

Die Gefügegrenzen in und die Kontaktgrenzen zwischen den Teilchen werden differenziert gesehen und letztere als „eine Schicht geringeren Ordnungsgrades" [6] und wegen ihres instabilen Zustandes als „synthetische Grenzen" [1] bezeichnet. Die besondere Beschaffenheit des Kontaktes liegt auch einer seinerzeit mit Nachdruck vertretenen, heute nicht mehr haltbaren Ansicht über den Sinterbeginn zugrunde [5], [7]. Die in der Kontaktzone akkumulierte Verformungsenergie liefert die Keimbildungsarbeit zur Rekristallisation, in deren Verlauf sich infolge von Platzwechselvorgängen feste Kontakte bilden. Die weitere Verdichtung geschieht *M. J. Balšin* [7] zufolge (den Vorstellungen von *Hüttig* und *Kingston* ähnlich) durch Migration der auf den Teilchenoberflächen leicht beweglichen Atome hin zu den Kontaktbereichen, wo die Atome weniger beweglich sind. *Balšin* räumt außerdem ein, daß im Zuge der Atombewegungen Teilchen in ihrer Gestalt verändert oder – analog den Vorgängen beim Pressen – durch Spannungen, die als Folge einer lokal unterschiedlichen Schwindung zeitweise auftreten, deformiert und verschoben werden können. Auch von anderen Autoren werden die Bewegung und Umordnung ganzer Teilchen sowie Wechselwirkungen mit Versetzungen als Materialtransportvorgänge sowie zur Erklärung der Sinterverdichtung postuliert ([8] bis [11]).

Nicht wenige dieser ersten Vorstellungen vom Sintern freilich waren intuitiver oder hypothetischer Natur. Mangels ausreichender Erkenntnisse aus anderen Teilgebieten der Materialkunde und wegen des Fehlens geeigneter Verfahren der Festkörperzustandsdiagnostik konnten sie seinerzeit nicht weiterentwickelt, experimentell überprüft und verifiziert werden. Das war auch der Grund, weshalb die ganzheitliche Betrachtung des komplexen Sintervorgangs schließlich stagnierte und ab Mitte der vierziger Jahre einer völlig anders gearteten Erforschung von Sinterprozessen, nämlich dem Studium von Sintermodellen, das Hauptfeld überlassen mußte. Erst nach mehr als zwei Jahrzehnten war es unter den Bedingungen gewachsenen Fachwissens und neuer Untersuchungsmethoden möglich, Gedanken und Vermutungen der Anfangszeit wieder aufzugreifen und mit Erfolg weiterzubearbeiten.

Die Hinwendung zu Modellsystemen geschah, um das sinternde Objekt aus seiner technischen Umgebung herausgelöst, frei von einer größeren Zahl Einfluß nehmender und den ursächlichen Sachverhalt verdeckender Faktoren untersuchen zu können. Zu diesem Zweck wird der Untersuchungsgegenstand in seiner Geometrie und seinem Zustand so weit idealisiert, daß eine eindeutige Aussage zum physikalischen Geschehen und zum Charakter des Sintervorganges (Materialtransports) möglich und der Vorgang selbst einer quantitativen Beschreibung zugänglich wird.

Der Prototyp des Sintermodells, der für die Herausbildung der Modellbetrachtungen bestimmend wurde, ist das von *J. I. Frenkel* [12] eingeführte Kugelteilchenpaar, bei dem das Kontaktwachstum Ausdruck des Sinterns und die Form der zeitlichen Änderung (Zeitgesetz) des relativen (auf den Kugelteilchenhalbmesser bezogenen) Kontakthalsradius für die Art des Materialtransports kennzeichnend sind. Die theoretische Behandlung des Problems führt *Frenkel* zu den Schlußfolgerungen, daß das Zusammensintern der Teilchen unter dem Einfluß der am konkav gekrümmten Sinterhals wirkenden Kapillarkräfte (Oberflächenspannungen) geschieht und die dazu erforderliche Materie – ähnlich wie beim Zusammenfließen zweier Tröpfchen einer zähen Flüssigkeit – über viskoses Fließen in den Kontakt transportiert wird. Die Existenz eines solchen Transportmechanismus nahm *Frenkel* für amorphe und kristalline Körper gleichermaßen an. Spätere Experimente haben seine Gültigkeit allein für amorphe Materialien bestätigt.

Etwa zur selben Zeit und bei Zugrundelegung des gleichen Modells fand *B. J. Pines* [13] im Ergebnis der von ihm angestellten Überlegungen zu einer verallgemeinerten Auslegung der Thomson-Kelvin-Gleichung, daß der Materialtransport beim Sintern kristalliner Teilchen als gerichtete Volumenselbstdiffusion geschieht. Unter der Einwirkung von Kapillarkräften unterschiedlichen Vorzeichens verläuft ein von den konvexen Teilchenoberflächenbereichen in die konkaven Kontakthalsregionen gerichteter Materialstrom und füllt letztere auf. Diese Erkenntnis erwies sich für den weiteren Fortschritt im Verständnis auch des technischen Sintervorganges als höchst bedeutungsvoll. Für die gleichen Materialtransportmechanismen stellten *Frenkel* und *Pines* auch Zeitgesetze des Zusinterns kugeliger Poren auf.

Es ist das Verdienst *G. Kuczynskis* [14], unter Benutzung der gedanklichen Modelle und theoretischen Aussagen von *Frenkel* und *Pines* [15] die ersten Modellexperimente zur Sinterkinetik durchgeführt und zur quantitativen Beschreibung der Sinterphänomene sowie zum Verständnis der Elementarvorgänge wesentlich beigetragen zu haben. Mit den übernommenen bzw. den bei Einbeziehung auch anderer denkbarer Materialtransportwege weiter- oder neuentwickelten Berechnungen zeichnete er ein Bild vom Sintergeschehen, dessen Faszination bis heute andauert. Die zahlreichen von *Kuczynski* und seinen Adepten publizierten experimentellen, an metallischen und nichtmetallischen Substanzen erhaltenen Ergebnisse erbrachten eine weitgehende Übereinstimmung mit jenen, die aus den für das Kontakthalswachstum und unterschiedliche Transportmechanismen aufgestellten Exponentialgleichungen folgen. Es brach, wie *J. E. Geguzin* [16] treffend bemerkt, „die Zeit des Exponenten" an.

Neben den mehrheitlich zustimmenden hat es nicht an kritischen Äußerungen zur „phänomenologischen Sintertheorie" gefehlt. Soweit sie von grundsätzlicher Art sind, konzentrieren sie sich vor allem auf zwei Tatbestände. Zum einen verläuft der Sinterprozeß häufig, je nach den jeweiligen Sinterbedingungen mehr oder weniger ausgeprägt, nicht bei Dominanz eines Vorganges, sondern unter sich überlagernder Beteiligung mehrerer Transportformen. Das bedeutet, das Zeitgesetz ist nicht oder scheinbar erfüllt, indem beispielsweise das Wirken von Oberflächen- und Korngrenzendiffusion einen Materialtransport durch Volumendiffusion vortäuscht. Zum anderen hat der gerichtete Atomstrom von den Teilchenoberflächenbereichen zum Kontakt zwar Kontaktwachstum und eine stärkere Bindung der Sinterpartner zueinander zur Folge, nicht aber eine Annäherung der Teilchenzentren und eine Schwindung als das hervorstechendste Merkmal technischen Sinterns zum Ergebnis. Im erstgenannten Fall suchte man, wie *J. G. R. Rockland* [17] und *D. L. Johnson* [18], [19], die relativen Anteile mehrerer gleichzeitig wirkender Transportmechanismen zu bestimmen bzw. das Sintern des Kugelpaares unter den Bedingungen eines kombinierten Materialflusses zu quantifizieren.

Die Lösung des zweiten Problems erweist sich in seinen Folgen auf die Entwicklung der „Sintertheorie" als wesentlich weitreichender. Das von *C. Herring* [20] in Fortführung der Ideen *F. R. N. Nabarros* für das Hochtemperaturkriechen kompakter polykristalliner Werkstoffe angenommene diffusionsviskose Fließen sieht vor, daß unter Druck stehende Korngrenzen Atome an die unter Zug stehenden abgeben. Auf das Sintermodell angewandt heißt das, daß die Kapillardruck ausgesetzte Korngrenze im Kontakt (ebenso wie die konvexe Teilchenoberfläche) Leerstellen absorbiert und dafür eine äquivalente Menge von Atomen zur Kontaktoberfläche, an der Kapillarzug herrscht, emittiert. Dieser Mechanismus, der Kontaktwachstum und Teilchenzentrumsannäherung (Schwindung) vereint, wurde in den fünfziger Jahren von einer Reihe von Wissenschaftlern, darunter *Kuczynski, Coble, Geguzin, Kingery* und *Berg,* in ihre Erörterungen einbezogen, quantitativ beschrieben und experimentell bestätigt. Seine grundlegende Bedeutung ist – um es vorweg zu nehmen – darin zu sehen, daß sich das Sintern eines Preßlings nun als Hochtemperatur-Diffusionskriechen verstehen läßt. Und noch ein Vorgriff: Die unter der Annahme einer weitgehenden Analogie der Atombewegung im Festkörper und in einer Flüssigkeit von *Frenkel* und die vom Standpunkt einer gerichteten Diffusion im kristallinen Material von *Pines* [21] definierte Viskosität des festen Körpers wird bei *Herring* zur Viskosität des durch Korngrenzen gestörten (defekten) Kristalls. Sie nimmt mit der Verkürzung der Diffusionswege von druck- zu zugbeanspruchten Korngrenzen ab. Der polykristalline Werkstoff verhält sich um so „flüssigkeitsähnlicher" je feinkörniger (-kristalliner) er ist.

Angesichts der für das Zweiteilchenmodell sprechenden Klarheit und vielfach bestätigten Zeitgesetze war es nicht abwegig, solche auch für das Anfangsschwinden realer disperser Objekte zu erwarten. Über das Aneinanderreihen von Kugelpaaren zu -reihen, -flächen und -körpern sowie die Einbeziehung auch polydisperser Systeme und die Berücksichtigung von Abweichungen gegenüber der Kugelgestalt wurde eine weitgehende Annäherung an die technischen Verhältnisse angestrebt ([22] bis [24]). Analog galten auch den späteren Stadien des Sinterns Bemühungen, mittels geeigneten Modellierungen der Teilchenanordnung [25], [26] oder des Porenraumes [27] zu rechnerischen Ausdrücken zu gelangen, die den dominierenden Materialtransport erkennen lassen und den zeitlichen

Verlauf der Schwindung wiedergeben. Die im Ergebnis dessen gewonnenen Sintergleichungen haben eine für alle Phasen des Sinterns technisch relevanter Stoffe geltende Verifizierung des Diffusionstransports vom Kontaktgrenzenbereich zur Kontakthals- bzw. Porenoberfläche sowie in einer Reihe konkreter Fälle eine partielle Korrespondenz oder Übereinstimmung in nullter Näherung [28] mit dem experimentellen Befund erbracht. Dabei darf jedoch nicht außer acht gelassen werden, daß ein derartiges Vorgehen trotz aller Bemühungen um Praxisnähe an einschneidende Vereinfachungen gebunden bleibt, die der Mathematisierung des Verdichtungsvorganges dienlich, nicht jedoch geeignet sind, die Vielschichtigkeit des realen Geschehens weiter zu erhellen und das Wissen darüber im einzelnen zu vertiefen. Als hierfür sprechendes Beispiel seien die Ergebnisse, die *H. E. Exner* [29] an einem denkbar einfachen Modell erhielt, angeführt. Die Anfangsverdichtung einer einschichtigen regellosen Schüttung aus Kugeln gleichen Durchmessers geschieht nicht, wie es die Extrapolation des Zweiteilchenmodells erwarten läßt, als stetige isotrope Annäherung der Kugelzentren (Schwindung), sondern als ein dynamischer Vorgang, bei dem zeitgleich außer dem lokalen Zusammensintern von Teilchen und der Entstehung von Verdichtungsgebieten auch örtliche Auflockerungen und Hohlraumbildung als Folge einer Teilchenrotation beobachtet werden.

Auch wenn unterdessen die Computersimulation mit ihren wesentlich erweiterten Möglichkeiten einer Anpassung an die Realität bessere Lösungen in Aussicht stellt [28] und es damit gelingt, einen gegebenen Vorgang befriedigend nachzuvollziehen sowie auf einen bestimmten Sachverhalt eingeengt vorhersagen zu können, so kann das nicht darüber hinwegtäuschen, daß dadurch die Grundannahmen weder verändert noch erweitert wurden. Es dürfte kaum möglich sein, auf diese Weise der Klärung noch offener und gewichtiger Probleme näher zu kommen und auf *Geguzins* [30] nach wie vor aktuelle Frage, woher der sinternde Körper seine Aktivität nimmt, eine befriedigende Antwort zu finden.

Die bleibenden Verdienste der analytischen Modellbetrachtungen sind, den Sinn für die Eigenheiten des dispersen Zustandes geschärft und das Verständnis für die elementaren physikalischen Vorgänge beim Sintern geweckt und vorangetrieben zu haben. In der Technik jedoch ist der disperse Körper in der Regel ein Pulverpreßling, dessen Individuen zunächst nicht durch eine (Großwinkel-)Korngrenze verbunden sind, sondern über einen mechanisch geschlossenen Kontakt von der Qualität einer Kaltschweißung, dessen energiereicher Zustand erst im Verlaufe des Sinterns in den einer beträchtlichen energieärmeren Korngrenze übergeht. Zum anderen geschieht jedes Sintern nicht ausschließlich isotherm, sondern durchläuft beim Aufheizen auf isotherme Sintertemperatur eine nichtisotherme Phase. Entgegen der von *Kuczynski* [31] geäußerten Meinung, daß die Aufheizphase für physikalische Veränderungen im Inneren des Preßlings viel zu kurz sei, wissen wir heute, daß sich gerade während des Aufheizens jene Umstrukturierungsprozesse im Kontaktbereich und auch der größere Teil der Schwindung vollziehen. So hat beispielsweise *A. Šalak* [32] gezeigt, daß sich rund 70 bis 80% der Endfestigkeit eines manganlegierten Sinterstahles während des Aufheizens ausbilden. Doch weder der besondere Status der Kontaktzone noch die durch ihn ausgelösten Geschehnisse (Veränderungen der Realstruktur) im nichtisothermen Teil des Sinterns können in die bekannten, auf einer dafür nicht geeigneten Konzeption beruhenden Sintergleichungen Eingang finden. Außerdem fehlen einstweilen die dafür erforderlichen thermodynamischen Daten. Diese und andere in Verbindung mit neuen Technologien und Erzeugnissen in Erscheinung getretenen Diskrepanzen machten die Grenzen einer analytischen Behandlung des technischen Sintervorganges und die Notwendigkeit einer Neubestimmung der Inhalte grundlegender Untersuchungen zum Sintern spürbar.

Vor diesem Hintergrund hat sich mit Beginn der siebziger Jahre als der dritten Phase der Sinterforschung abermals eine phänomenologische Forschungspraxis mehr und mehr durchgesetzt. Dank vertiefter Kenntnisse über das Festkörperverhalten und verbesserter bzw. neuer experimentell-methodischer Möglichkeiten konnten seitdem weitere Sinterphänomene ergründet und progressive Vorstellungen entwickelt oder frühere Gedankengänge wieder aufgegriffen und belebt werden.

Einer der Hauptanstöße für diesen Wandel waren die an Preßkörpern aus sinteraktiven metallischen Pulvern (in der PM-Praxis die Regel) im oberen Teil der Aufheizphase und allenfalls noch in den ersten Minuten des isothermen Sinterns gemessenen hohen Schwindungsgeschwindigkeiten, die sich allein durch Diffusionstransport nicht erklären lassen. Eine alternative Lösung erblickt *Geguzin* [33] in der Bewegung ganzer Pulverteilchen, die er durch eine überschlägige Rechnung belegt. Sie fußt auf der Annahme „amorphisierter" (Kontakt-)Korngrenzen und besagt, daß die Viskosität der Kontaktkorngrenzensubstanz beim Sintern im Extremfall etwa der von Glyzerin bei Raumtemperatur entspricht, womit ein rasches Abgleiten der Pulverteilchen in Poren denkbar wäre. Die heutigen Kenntnisse von der Korngrenzenstruktur im allgemeinen und vom Aufbau des Kontaktes im besonderen lassen eine solche Voraussetzung jedoch nicht zu. Zum Verständnis einer Teilchenbewegung erscheint es angängiger, an Vorgänge zu denken, die bei der superplastischen Verformung bestimmter grobkörniger Legierungen auftreten. Während der makroskopischen Umformung bilden sich zur Gewährleistung der Kompatibilität des Gefüges und der gestaltsakkommodativen Deformation der Kristallite (Körner) zeitweise Poren, die den sich bewegenden Kristalliten als „Freiräume" dienen. Dem porigen „Kristallitagglomerat" bei der superplastischen Verformung kompakter Werkstoffe entspricht das porige „Pulveragglomerat" beim Sintern eines dispersen Körpers. Unter Wirkung von Kapillarkräften, die in ihrer Gesamtheit als ein fiktiver äußerer hydrostatischer Druck aufgefaßt werden dürfen, gleiten die Pulverteilchen bei synchron verlaufendem Umbau der kontaktnahen Substanz und einer ständigen Anpassung (Akkommodation) ihrer Gestalt an die Umgebung in den Porenraum ab. Dazu bedarf es einer im Kontaktbereich erhöhten Defektdichte, die die Mittlerrolle für den zum Umbau erforderlichen intensiven Materialtransport übernehmen kann.

Bemerkenswerte erste Beiträge zur Beantwortung der Frage, dank welcher lokalen Zustände der rasche Materialumbau im Kontakt möglich ist, wurden aus isotherm durchgeführten Sinterexperimenten mit monokristallinen Modellen erhalten. *F. V.* Lenel und Mitautoren [34] erkannten, daß die Größe des relativen Halsradius von der Differenz der kristallographischen Orientierung (misfit) der Kontaktpartner abhängt. Unter sonst gleichen Bedingungen nimmt der relative Halsradius mit der Kontaktgrenzenenergie zu [64]. Die seit langem umstrittene Frage nach der Beteiligung von Versetzungen am Kontaktwachstum – von den „Praktikern" befürwortend erwogen, von den „Theoretikern" streng verneint – konnte positiv beschieden werden [35]. In einem makroskopisch großen Bereich wurden nach unterschiedlichem isothermem Sintern hohe Versetzungsdichten gemessen und mit Hilfe der Kossel-Technik deren Kinetik beschrieben. Beiden Erscheinungen ist die Erniedrigung der Viskosität der Kontaktzonensubstanz gemeinsam. Die Kontaktgrenzenenergie ist Ausdruck einer aus Stufen bestehenden, kristallographisch definierten atomaren Aufrauhung der Oberfläche. Versetzungen stellen im einfachsten Fall ins Kristallgitter eingeschobene Halbebenen dar. Sowohl die atomaren Stufen als auch die Versetzungen können Atome aufnehmen (Leerstellen abgeben) oder Atome emittieren (Leerstellen absorbieren). Beide wirken als zum Defekt „Korngrenze" zusätzliche Leerstellenquellen und -senken, wodurch die mittleren Diffusionswege verkürzt, das Diffusionsgeschehen intensiviert und das Kontaktwachstum beschleunigt werden. Die der Kontaktgrenze unmittelbar benachbarte Materie ist „weicher" und leichter deformierbar, sie weist eine niedrigere Viskosität und gesteigerte Fließfähigkeit auf.

In jüngerer Zeit konnten diese Erkenntnisse für den technischen Pulverpreßling weiterentwickelt und insgesamt zu einem ersten noch groben Verständnis der nichtisothermen Sintervorgänge geführt werden. Die mikrofraktographischen Studien von *M. Slesar, E. Dudrova* und Mitautoren [36] liefern ein anschauliches Bild vom Preßlingskontakt und seinen Entwicklungsstadien während der Aufheiz- und der isothermen Phase des Sinterns. Es bedeutet den endgültigen Bruch mit der Vorstellung einer Zustandsidentität von Gefügegrenze (Großwinkelkorngrenze) und Teilchenkontaktgrenze, deren Annahme allen bekannten analytischen Beschreibungen von Sintervorgängen unterlegt ist. Während des nichtisothermen Sinterns erweist sich der Kontakt bis zu relativ hohen homologen Temperaturen als ein filigran zerklüftetes, poröses Gebilde, das – wie andere Messungen belegen – eine Bewegung der Teilchen als Ganzes zuläßt. Dem entspricht, daß die höchsten Werte der Schwindungsgeschwindigkeit in eben diesem Temperaturbereich beobachtet werden.

Die Beschaffenheit des frühen Preßkontaktes und die „Ausheilvorgänge", denen zufolge im weiteren Sinterverlauf ein geschlossenes Kontaktvolumen entsteht, sind auch die Ursache für die Entstehung der für den Materialumbau erforderlichen hohen Defektdichten. Positronenlebensdauermessungen lassen darauf schließen, daß in der Kontaktzone bis zu mittleren Aufheiztemperaturen die Bildung von Leerstellenclustern dominiert, die mit weiter zunehmender Temperatur in Versetzungen „übergehen" oder mit Versetzungen, die noch vom Pressen her vorhanden sind, in Wechselwirkung treten und dabei selbst annihiliert werden [37]. Die so in der Kontaktregion entstandenen Versetzungen bewirken über eine verstärkte gerichtete Diffusion und Versetzungskriechen den für das Teilchenabgleiten erforderlichen Materialumschlag im makroskopisch rauhen Kontakt. Sind die für die Aufnahme von Teilchen in Betracht kommenden größeren Poren aufgefüllt, werden die Versetzungen weiter für die gestaltsakkommodative Deformation der Teilchen und das Ausfließen von Teilchensubstanz aus dem Kontaktbereich in den Porenraum bei gleichzeitiger Annäherung der Teilchenzentren „verbraucht". Infolge dieser Vorgänge nehmen Cluster- und Versetzungsdichte drastisch ab, währenddessen die Schwindungsgeschwindigkeit, wie nun zu erwarten, ein stark ausgeprägtes Maximum durchläuft.

Solche Anschauungen vom Sintern des technischen Preßlings verleihen *Sauerwalds* Äußerungen vom besonderen Zustand des Kontaktes und den Vorstellungen von *Frenkel* und *Pines* zur Viskosität des festen Körpers einen spezifischen Inhalt. Der als eine Folge der Pulvercharakteristik und des Pressens herausgebildete Kontaktzustand und seine Veränderungen in Richtung des Zustandes einer Großwinkelkorngrenze, die sich hauptanteilig in der nichtisothermen Aufheizphase vollziehen, sind die herausragenden Merkmale, durch die sich der Preßling vom Modell unterscheidet. Während sich das Sinteranfangsstadium, die Entstehung erster Kontakte, und das späte Sinterstadium, in dem der Hohlraum in Form von globulitisch eingeformten isolierten Poren vorliegt, mit den an Modellsystemen ermittelten elementaren Transportvorgängen einer gerichteten Diffusion erklären lassen, müssen für das Verständnis des Schwindungsintensivstadiums kooperative Transportmechanismen angenommen werden, deren jeweiliges Ausmaß von der Bildsamkeit bzw. Viskosität des kontaktnahen Materials bestimmt wird. Auch die kooperativen Verdichtungsvorgänge freilich verlaufen diffusionsgesteuert.

Beim Festphasensintern von heterogenen mehrphasigen Pulvern (Mischungen), deren Komponenten ineinander löslich sind und im Verlaufe des Sinterns neue Phasen bilden

(Reaktionssintern), wirken prinzipiell keine anderen als die für das Festphasensintern homogener Pulver bereits erörterten Verdichtungsvorgänge. Das Neue am Reaktionssintern besteht vielmehr darin, daß die vom Konzentrationsgradienten angetriebene Heterodiffusion ein energetisch wesentlich stärkerer Prozeß ist als der der Beseitigung von äußeren und inneren Oberflächen sowie Strukturdefekten. Das bedeutet, daß die Verdichtung vor dem Hintergrund der durch das Zustandsdiagramm gegebenen Phasenreaktionen verläuft, deren Einfluß meist erheblich und vielfältiger Art ist, wodurch eine durchgängige Betrachtung des Geschehens außerordentlich erschwert wird.

Grundsätzlich ist der Zustand im Kontaktbereich zweier ungleichartiger Pulverteilchen dadurch gekennzeichnet, daß die dort existenten Leerstellen sowohl für das Kontaktwachstum als auch für die Phasenbildung zur Verfügung stehen müssen. Da die Leerstellenkonzentration eine Funktion der Temperatur ist, würde deshalb im Vergleich zu gleichartigen Teilchen die Kontaktfläche langsamer zunehmen und die Schwindung des heterogenen Sinterkörpers, je nach Zusammensetzung, mehr oder weniger verzögert sein. Im Realfall jedoch nehmen noch eine Reihe anderer Zustandsgrößen Einfluß, die die Situation äußerst komplizieren.

Die zur Homogenisierung und Phasenneubildung zwischen den artverschiedenen Teilchen entgegengerichtet fließenden partiellen Diffusionsströme sind in der Regel ungleich, was sich in unterschiedlichen partiellen Diffusionskoeffizienten ausdrückt. Bei größerer Differenz entsteht auf der einen Seite des Diffusionspaares eine zeitweise Übersättigung an der migrierenden Atomart (Volumenschwellung), der auf der anderen eine Untersättigung (Mikroporenbildung) entspricht. Des weiteren können die in der Kontaktzone angereicherten Defekte und die durch sie bedingten Gitterverzerrungen den Wert der partiellen Diffusionskoeffizienten um Größenordnungen verändern. Bei hinreichend großem Unterschied der Defektdichte im jeweiligen Kontaktpartner, wofür im Realfall mehrere Ursachen in Betracht kommen, kann sich die Hauptdiffusionsrichtung sogar umkehren. Andererseits ist es möglich, daß aus einer bereits im Teilchen bestehenden festen Lösung Elemente, deren „Affinität" zu den Defekten größer ist als die atomare Wechselwirkung im Mischkristall, in den Kontakt abwandern und dort beispielsweise temporär eine die Verdichtung fördernde flüssige Phase bilden [38]. Schließlich können in der Phase, in die hinein sich der Hauptdiffusionsstrom ergießt, hohe Spannungen entstehen (Mischkristallhärtung), die ihrerseits wieder zur Ursache einer Versetzungsvervielfachung werden.

Ist die Oberflächenspannung der Matrixphase vergleichsweise hoch, so werden deren Teilchen über Oberflächendiffusion mit einer Schicht der Substanz der Zusatzkomponente überzogen. Dann liegt vom Standpunkt des Sinterns ein „homogenes" System vor, da sich, unabhängig vom quantitativen Verlauf der Heterodiffusion, zu jedem Zeitpunkt chemisch gleichartige Oberflächenbereiche im Kontakt gegenüberstehen. Derselbe Tatbestand liegt vor, wenn die Zusatzkomponente eine niedrige Verdampfungstemperatur, d. h. einen relativ hohen Dampfdruck, aufweist und die Matrixteilchen über Verdampfen und Wiederkondensieren mit einer Schicht überzieht [39].

Es erübrigt sich fast zu vermerken, daß das Ausmaß der genannten Reaktionen nicht nur von Preßdruck, Gründichte, Sintertemperatur und -dauer, sondern noch von weiteren technologischen Parametern, wie der Teilchenform und -größe des Matrix- und Zusatzpulvers, der Gleichmäßigkeit der Verteilung (Mischungsgüte) sowie der Duktilität der Pulverkomponenten u. a. m. beträchtlich beeinflußt werden kann.

Dieser dem Heterosintern immanenten schwer überschaubaren Vielfalt an Wechselwirkungen wird auch heutzutage noch meist in pragmatischer Weise begegnet, indem die

Schwindung im Zusammenhang mit den partiellen bzw. dem chemischen Diffusionskoeffizienten der Fremddiffusion und/oder mit dem Zustandsdiagramm gesehen und erörtert und das Fortschreiten der Homogenisierung bzw. Phasenbildung diskontinuierlich durch die Aufnahme von Röntgendiffraktogrammen verfolgt wird. In den beiden erstgenannten Fällen werden Endzustände in Relation gesetzt, die auf nicht adäquate Weise zustande gekommen sind und die deshalb wohl ein abschließendes Urteil über die Folgen der Fremddiffusion auf die Verdichtung erlauben, aber kaum auf die in den verschiedenen Stadien des Sinterns, d. h. in Abhängigkeit von Temperatur und Zeit ablaufenden Vorgänge im einzelnen schließen lassen. Solche mehr pauschalen Aussagen lauten beispielsweise für Systeme mit völliger Löslichkeit der Komponenten, daß die Schwindung mit dem partiellen bzw. chemischen (Gleichgewichts-)Diffusionskoeffizienten korreliert, oder für eutektische Systeme mit teilweiser Löslichkeit, daß das Schwindungsmaximum für Zusammensetzungen, die der Mischungslücke des entsprechenden Zustandsdiagramms zuzuordnen sind, durch einen superplastischen Vorgang zu erklären sei [40].

Gewisse Fortschritte bei der Suche nach detaillierteren Einsichten in das komplexe Wesen des Heterosinterns wurden für den Zusammenhang von Schwindungsverhalten, Konzentrationsausgleich und dem Ausheilen von Defekten erzielt. Dafür wurden die „klassischen" Untersuchungsmethoden durch solche ergänzt, die für adäquate Zustände kontinuierlich Informationen zum Geschehen im nichtisothermen und isothermen Bereich liefern. Zu ihnen zählen die Aufzeichnung kinetischer Kurven der Schwindung und ihrer Geschwindigkeit, des Homogenisierungsgrades sowie der Änderung der Defektdichte, wobei als wichtiger technologischer Parameter die Geschwindigkeit des Aufheizens auf isotherme Sintertemperatur hinzukommt. Danach erweist sich bei technischen Preßlingen der Homogenisierungsgrad weniger von den partiellen Diffusionskoeffizienten (und der Konzentration des Sinterkörpers), sondern vielmehr von der Aufheizgeschwindigkeit abhängig. Ein solches Resultat besagt zugleich, daß für die Heterodiffusion im sinternden Preßling nicht Gleichgewichts- sondern durch den Defektzustand bedingte sog. effektive Diffusionskoeffizienten gelten, deren Wert jedoch nicht bekannt ist. Die Charakteristik des Temperatur-Zeit-Verlaufes von Schwindung, Schwindungsgeschwindigkeit und Defektdichte im Verdichtungsintensivstadium für unterschiedliche Zusammensetzungen eines Legierungssystems ist stets durch die der jeweiligen Basiskomponente geprägt. Das bedeutet, daß der überragende Anteil der Verdichtung über die für Einkomponentensysteme geltenden kooperativen Transportmechanismen geschieht und quantitative Abweichungen vom Temperatur-Zeit-Verhalten der Basiskomponente vorzugsweise auf einer direkten oder indirekten Einflußnahme der Heterodiffusion auf die Intensität der Defektreaktionen beruhen [37], [41]. Sicher weisen solche Erkenntnisse in eine unter anderen weiter zu verfolgende Richtung, jedoch bedarf es, um den Verallgemeinerungsgrad unseres Wissens vom Heterosintern anheben zu können, neben mehr Fakten in besonderem Maße neuer oder spezifisch angepaßter Verfahren der Zustandsdiagnostik.

Das Sintern von Systemen, das im fortgeschrittenen Teil der Verdichtung vom Auftreten einer schmelzflüssigen Phase begleitet ist, wird für gewöhnlich als eine andere Art von Sintern angesehen. Dazu besteht nicht nur deswegen wenig Grund, weil beispielsweise bei Schwermetall oder Hartmetall, die als Musterbeispiele des Flüssigphasensinterns gelten, siebzig bis neunzig Prozent der Verdichtung auf die nichtisotherme Phase und die Periode vor der Bildung einer Schmelze entfallen [42], [43]. Es existiert auch ein sachlicher Zusammenhang. Die zwischen die Teilchen des Preßlings eindringende und diese umhüllende Schmelzphase ist nicht allein formal der Kontaktzone, die den Verbund zwischen den Teilchen beim Festphasensintern vermittelt, vergleichbar, sondern sie hat auch deren Funktion, „Materialumschlagplatz" für die kooperativen Verdichtungsvorgänge zu sein. Natürlich, und das ist ein gewichtiger Unterschied, ist die Viskosität der „Kontaktsubstanz" beim Flüssigphasensintern um viele Größenordnungen niedriger und der „Materialumschlag" entsprechend schneller. Dem sind auch spezifische Erscheinungen des Flüssigphasensinterns zuzuschreiben, die bei den „trägeren" Reaktionen des Festphasensinterns zumindest im technischen Normalbereich der Teilchengröße metallischer Pulver nicht gegeben sind.

Ende der sechziger Jahre bestand der Eindruck, daß die Formen und Vorgänge des Flüssigphasensinterns im Großen und Ganzen als bekannt und abgerundet gelten können und noch offene Detailfragen oder Ungereimtheiten zwar nicht zu übersehen, aber doch wohl mehr gradueller Art sind. Als repräsentativ für die damalige Sicht der Dinge anzusehen sind die herausragenden Darstellungen von *F. V. Lenel* und *H. S. Cannon* [44], [45]. Sie fußen auf dem sog. Heavy-Alloy-Mechanismus, der seit der klassischen Arbeit von *G. H. S. Price, C. J. Smithells* und *S. V. Williams* [46] einschließlich nachfolgend erfahrener Modifizierungen immer wieder Gegenstand von Diskussionen ist. Nach *Lenels* Auffassung vollzieht sich die Verdichtung beim Flüssigphasensintern im wesentlichen in zwei Etappen. Während der ersten gleiten die von der schmelzflüssigen Phase benetzten Pulverteilchen unter der Einwirkung von Kapillarkräften auf den Schmelzhäuten in den Hohlraum ab und nehmen eine dichtere Packung ein. In der zweiten Etappe, die nur bei Systemen mit begrenzter Löslichkeit der festen in der flüssigen Phase anzutreffen ist, wird Material von kapillardruckbelasteten zu weniger druck- oder zu zugbelasteten Orten über das Transportmedium Schmelze umgelöst und so der Porenraum weiter aufgefüllt. Die Materialumverteilung kann als ein Vorgang, der der Ostwald-Reifung analog ist (Materialumfällung von kleinen zu großen Teilchen), oder bei kleineren Anteilen von Schmelze als „contact flattening" geschehen, wobei aus dem unter Kapillardruck stehenden und mit einem Schmelzfilm angefüllten Kontakt Material abgeführt wird (Lösung und Wiederausscheidung). Für die Kinetik der Teilchenumordnung sowie der Materialauflösung und -wiederausscheidung wurden später von *W. D. Kingery* [48] Zeitgesetze aufgestellt (Kingery-Mechanismus). Die analytische Beschreibung der Materialumfällung von kleinen zu großen Teilchen ist als Lifshitz-Slosov-Wagner-Theorie bekannt geworden. In der abschließenden Phase des Flüssigphasensinterns wird – wenn überhaupt – nur noch ein geringer Verdichtungsbeitrag geleistet. Sie ist durch Vorgänge des Festphasensinterns innerhalb des bereits herausgebildeten Skeletts der Festphase gekennzeichnet.

Ab Mitte der Siebziger erhält die Erforschung der Vorgänge beim Flüssigphasensintern erneut Impulse, die vor allem mit den Arbeiten von *W. J. Huppmann, J. H. Riegger, G. Petzow, W. A. Kaysser* und Mitarbeitern verknüpft sind. Sie haben die älteren Vorstellungen keineswegs verdrängt, sondern präzisiert und das Gesamtgeschehen um neue Phänomene bereichert. So erwies sich der Teilchenumordnungsprozeß im Hinblick auf die mit ihm verbundene Verdichtung als ein diskontinuierlicher Vorgang [49], dessen Ausmaß in besonderem Maße von der Mischungsgüte des Pulvergemenges abhängt. Dem von *Kingery* für die Teilchenumordnung aufgestellten Zeitgesetz liegen offenbar zu starke Vereinfachungen zugrunde. Auch die Vergröberung der festen Phase verläuft nicht kontinuierlich. Außer zwischen die Kontakte dringt die Schmelze zwischenzeitlich in Korngrenzen innerhalb der Pulverteilchen ein und führt letztlich zum Kornzerfall (Teilchendesintegration) [50]. Auf diese Weise ist nach Abschluß der (primären) Teilchenumordnung eine neuerliche Verdichtung über eine (sekundäre) Teilchenumordnung bei gleichzeitig vorübergehender Gefügefeinung gegeben. Damit bietet sich für den (unter der Annahme eines stetigen Kornwachstums) von *Lenel* [47] gesehenen Widerspruch zwischen der Verdichtung des Sinterkörpers und der beobachteten Vergröberung der Festphase eine Lösung an.

Die zum Teil erhebliche Vergröberung der festen Matrix ist immer wieder, nicht zuletzt wegen ihrer technischen Relevanz, Gegenstand von Auseinandersetzungen gewesen. Eine bislang nicht bekannt gewesene und dem spannungsinduzierten Kornwachstum verwandte Art der Bildung von Teilchenagglomeraten ist das gerichtete Kornwachstum [51]. Aus dem Kontaktspalt wächst die gesättigte Schmelze in eines der Teilchen des Kontaktpaares hinein und hinterläßt einen mit dem Nachbarteilchen über eine Phasengrenze fest verbundenen gesättigten Mischkristall. Auch wenn das gerichtete Kornwachstum relativ häufig beobachtet wird, kann es ebenso wie andere dafür in Betracht gezogene Mechanismen die starke Matrixvergröberung nicht befriedigend erklären. Das gilt insbesondere dann, wenn die Vergröberung von Koaleszenz begleitet ist, bei der die Teilchen zu einem monokristallinen Agglomerat zusammenwachsen.

Angesichts der sich häufenden Mitteilungen über die Aufnahme kinetischer Schwindungskurven an typischen Vertretern des Flüssigphasensinterns und der dabei getroffenen Feststellung, daß zwei Drittel und mehr der Gesamtverdichtung bereits vor dem Auftreten der Schmelze, also im Ergebnis von Heterophasensintern erreicht werden, erhebt sich freilich die Frage nach dem Stellenwert eines Materialtransports über Teilchenumordnung sowie Auflösen und Wiederausscheiden. Frühere Literaturberichte, denen zufolge experimentelle Resultate die von *Kingery* für die genannten Transportvorgänge aufgestellten Beziehungen gut erfüllen (z. B. [43]), bedürfen in jedem Fall der Überprüfung. Da sie offenbar auf der Voraussetzung fußen, daß der beim Sintern bis zur Schmelzbildung eingetretene nichtisotherme Schwund vernachlässigbar ist, muß die Gültigkeit der Kingery-Zeitgesetze zumindest für technische Preßkörper mit relativ hoher Gründichte grundsätzlich in Zweifel gezogen werden.

Damit im Zusammenhang zu sehen sind Untersuchungen zum Einfluß einer vorzugsweise im Kontaktbereich erhöhten Versetzungsdichte auf den Ablauf des Flüssigphasensinterns [52], [53]. So sind das Ausmaß des Auftretens und die Geschwindigkeit des Verlaufes der Teilchendesintegration energetisch besser zu verstehen, wenn die Energie der kontaktnahen Korngrenzen aufgrund der Defekte und des durch sie stark verspannten Gitters merklich erhöht ist. Als Folge dessen verhält sich die Korngrenzensubstanz gegenüber der Schmelze „unedler" und löst sich in ihr bevorzugt auf [54]. In entsprechender Weise gilt dies für das „contact flattening" nach dem Kingery-Mechanismus. Überwiegender Anlaß der Auflösung des Materials im mit Schmelze angefüllten Kontaktspalt dürfte nicht, wie von *Kingery* postuliert, die Kapillardruckkomponente, sondern vielmehr die in der Kontaktzone erhöhte Defektdichte sein.

Eigentlich ist es verwunderlich, daß das systematische Studium von Wechselwirkungen zwischen Verdichtung und Strukturdefekten, die nicht im thermodynamischen Gleichgewicht existieren (Versetzungen, Leerstellencluster), so verhältnismäßig spät in die Erforschung der Sintervorgänge Eingang gefunden hat, wo wir es doch sonst bei jeder Art Deformation seit langem gewohnt sind, sie in Verbindung mit Versetzungsreaktionen zu sehen. Statt dessen richtete sich das Hauptaugenmerk jahrzehntelang auf die „klassische" Diffusion, die von Defekten (Leerstellen) getragen wird, die sich im thermodynamischen Gleichgewicht befinden und deren Konzentration von der Temperatur abhängt.

Diese Haltung hat auch in gewissen Untersuchungs- und Darstellungsmethoden des Sintergeschehens ihren Niederschlag gefunden. Beispielsweise wird, um die Änderung der Dichte in Abhängigkeit von der Temperatur zu beschreiben, für die Dichte ein Wert eingesetzt, der bei der jeweiligen Temperatur nach einstündigem isothermen Halten gemessen wurde (z. B. [47], S. 288). Werden nur Diffusionsvorgänge in Betracht gezogen, dann kann ein solches Verfahren in bestimmten Fällen brauchbare Aussagen liefern. Sollen jedoch Rückschlüsse auf einen Einfluß von Strukturfehlern, die sich nicht im thermodynamischen Gleichgewicht befinden, gezogen werden, dann geht bei der geschilderten Vorgehensweise Wesentliches verloren, da derartige Defekte mit der Zeit ausheilen (je höher die Temperatur um so rascher) und ihre die Verdichtung fördernde Wirkung zumindest merklich abgeschwächt in Erscheinung tritt. Analoges passiert, was sehr häufig geschieht, wenn das Sinterverhalten allein anhand der isothermen Verdichtungscharakteristik beurteilt wird. Der Mangel an „Deckungsgleichheit" der Realstrukturzustände, die Eigenschaftswerten gleicher Bezeichnung zugrunde liegen, ist wohl der Hauptgrund dafür, daß manche interessanten Untersuchungsergebnisse zum Verdichtungsvorgang nur bedingt oder gar nicht für eine vergleichende bzw. klärende Auseinandersetzung herangezogen werden können.

In diesem Zusammenhang eine Sonderstellung nehmen die Ende der sechziger Jahre von *V. A. Ivensen* [55], [56] vorgenommenen Untersuchungen ein, in denen kinetische Schwindungskurven von Preßkörpern kristalliner und amorpher Materialien, die im Stufenversuch aufgenommen worden waren, gegenübergestellt werden. Dabei machte *Ivensen* die bemerkenswerte Feststellung, daß bei den kristallinen Sinterkörpern, anders als für die amorphen, in der nichtisothermen Aufheizphase auf die nächsthöhere Temperaturstufe jedesmal ein Maximum der Schwindungsgeschwindigkeit auftritt, das durch Diffusion allein nicht erklärbar ist. Während die nahezu monotone Schwindung der amorphen Preßlinge dem Wirken einer „geometrischen Aktivität" zugeschrieben wird, überlagert sich dieser bei kristallinen eine „strukturelle Aktivität". Und diese muß, so folgert *Ivensen* vorausschauend, mit einem strukturellen Zustand assoziiert sein, der mit der Zeit abklingt und bei Erhöhung der Temperatur eine erneute „Aktivierung" erfährt. Später konnte der auf der Basis dieser Vorstellungen von *Ivensen* aufgestellten Schwindungsgleichung auch ein konkreter physikalischer Inhalt gegeben werden [57].

Die „Hauptspeicher" freier Energie und damit Haupttriebkräfte für die Verdichtung des technischen Sinterkörpers sind seine Porigkeit und die Kontaktzonen zwischen den Pulverteilchen. Die Auswirkungen der Porigkeit gehören in den Bereich der „geometrischen Aktivität". Über sie wissen wir vergleichsweise gut Bescheid. Die Kontaktzone hingegen, die den größten Beitrag zur „strukturellen Aktivität" liefert, ist in ihrem Wesen noch weitgehend unaufgeklärt. Da für gleiche Materialien und technologische Parameter die Tiefe der Kontaktzone vom Pulverteilchendurchmesser unabhängig sein dürfte, ist es zutreffender, vom spezifischen, auf die Volumeneinheit des Materials bezogenen Kontaktzonenvolumen zu sprechen. Für nanokristalline Materialien, einen Extremfall, beträgt es beispielsweise bis zu 50%.

Es erscheint nicht unrealistisch, in der Kenntnis der Größe des spezifischen Kontaktzonenvolumens und mehr noch in der des besonderen strukturellen Zustandes dieses Volumens einen der Schlüssel für ein verbessertes und verallgemeinertes Verständnis aller Arten technischen Sinterns zu erblicken. Und zwar in dem Sinn – und hier ist die Berührung zu den Vorgängen der Superplastizität eng –, daß der Kontaktzonensubstanz gleich welchen Aggregatzustandes eine Viskosität zugeordnet ist, von deren Wert es abhängt, auf welche konkrete Weise sich ein Preßkörper beim Sintern in jenen Phasen verdichtet, für die eine gerichtete Diffusion allein keine befriedigende Erklärung abgibt.

Wie der Porenraum geometrisch, so ist der Kontakt strukturell während des technischen Sinterns, wo die Erwärmung des Sintergutes im Ofen kontinuierlich verläuft, stetigem und zeitweise einschneidendem Wandel unterworfen. Die Art der seine Realstruktur kennzeichnenden Strukturfehler, deren Wechselwirkungen und schließlich ihre Annihilation sind zeit- und temperaturabhängig. Es handelt sich um einen kinetischen Prozeß, für dessen quantitative und qualitative Beschreibung es zweckentsprechender Methoden bedarf, die den nichtisothermen und isothermen Teil des Sintervorganges kontinuierlich zu verfolgen gestatten. Die dabei gewonnenen Informationen würden wegen der erziel- und kontrollierbaren Zustandsgleichheit von Forschungsobjekt und technischem Gebilde einen direkten Vergleich zwischen diesen zulassen und entscheidend dazu beitragen, daß die Aussagen grundlegender Laborexperimente und der daraus entwickelte Theorieanteil stärker als bisher den Erfordernissen einer progressiven Entwicklung der pulvermetallurgischen Praxis entsprechen.

2 Sintererscheinungen an Teilchenmodellen

Für die Untersuchung von Sintererscheinungen an Modellen gibt es vor allem zwei Beweggründe. Erstens die Eigenheiten des dispersen Zustandes fester Körper studieren und definieren und zweitens bestimmte Erscheinungen und Einflüsse von anderen isoliert verfolgen zu wollen.

Der disperse Körper weist an sich keine anderen physikalischen und chemischen Eigenschaften auf als der aus demselben Stoff bestehende großformatige Körper. Nur sind die Relationen andere. Dazu wenige veranschaulichende Zahlen. Der Würfel eines kristallinen Materials mit der Kantenlänge 1 cm hat eine Oberfläche von 6 cm² und der Anteil der in der Oberfläche gelegenen Kristallbausteine (Atome, Ionen, Moleküle) beträgt $\approx 10^{-5}\%$. Wird derselbe Körper in Würfelchen mit der Kantenlänge 10^{-6} cm dispergiert, sind die totale Oberfläche auf 6 m² und der Anteil der Oberflächenbausteine auf $\approx 15\%$ angestiegen. Die Bausteine der Oberfläche sind anders als die im Kristallinneren nicht allseitig durch Bindungen zu benachbarten Bausteinen abgesättigt, d. h. die Anziehungskräfte der Bausteine befinden sich nicht mehr im Gleichgewicht. Deshalb stellt die Oberfläche eine grobe Störung des Stoffaufbaus dar und ist Sitz einer freien Energie, die auf die Flächeneinheit bezogen als spezifische freie Oberflächenenergie oder Oberflächenspannung γ bezeichnet wird.

Für ein disperses System nun, das sich durch eine große spezifische (auf die Masse bezogene) Oberfläche und damit auch hohe totale Oberflächenenergie auszeichnet, ist die Oberflächenspannung eine signifikante physikalische Größe, die schlechthin zum Anlaß des Sintergeschens wird. Indem der Pulverkörper bestrebt ist, die ihm aufgrund seiner Vorgeschichte eigene hohe totale freie Energie soweit wie möglich zu reduzieren, eliminiert er beim Sintern freie Oberfläche (das sind im Preßling vor allem die Wandungen des Porenraumes) und verdichtet (deformiert) sich; er schwindet. Ein Körper makroskopischer Abmessungen dagegen hat eine sehr geringe spezifische Oberfläche aufzuweisen, so daß für sein Verhalten die Oberflächenspannung von untergeordneter Bedeutung ist und selbst bei sehr hohen Temperaturen keinerlei Verformungserscheinungen auslöst.

Die Ergründung bestimmter Einzelvorgänge und der Wirkung interessierender Einflußfaktoren beim Sintern ist am realen Sinterkörper wegen der Komplexität des Gesamtvorganges oft unmöglich. Beispielsweise die Untersuchung des Einflusses der Grenzflächenenergie im Kontakt oder der Bildung von Versetzungen im Kontaktbereich. Dazu bedarf es zweckentsprechend angepaßter Modelle. Schon allein deswegen werden das Sintermodell und das Experimentieren mit Modellen ihre Bedeutung nicht verlieren. Nur ist dabei im Auge zu behalten, daß die Schlüsse der Modellversuche nicht mechanisch auf technologische Prozesse übertragen werden können, sondern erst nach einer sinnvollen Adaption wieder in den Gesamtvorgang eingefügt werden dürfen.

2.1 Das Zweiteilchenmodell

Im Verlaufe der Entwicklung sind zahlreiche und unterschiedliche Sintermodelle vorgeschlagen und experimentell benutzt worden. In der überwiegenden Zahl handelt es sich um Kugelteilchenanordnungen oder Modelle mit kreisförmigem Querschnitt (Drähte), die der Messung und Rechnung leichter zugänglich sind. Im weiteren soll auf eine Auswahl von Modellanordnungen in der Weise eingegangen werden, daß sie sich schrittweise in ihrer Komplexität steigern und dem technischen Sinterkörper nähern. Dabei wird zur Veranschaulichung grundlegender Zustände und Ereignisse der vorherrschenden Tendenz folgend zuerst das Kugelteilchenpaar Gegenstand der Betrachtungen sein.

2.1.1 Kontaktbildung und -wachstum

Zwei unter Sinterbedingungen sich berührende kugelige Teilchen mit einem Halbmesser a_0, die so klein sind, daß ihr Eigengewicht vernachlässigt werden darf, zeigen die Tendenz, sich im Streben nach Verringerung ihrer Gesamtoberfläche über verschiedene Zwischenstadien zu einer Kugel mit dem Radius $a_f = a_0 \sqrt[3]{2}$ zu vereinigen (Bild 1). Die

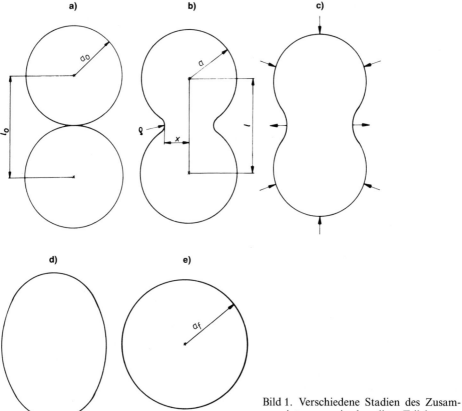

Bild 1. Verschiedene Stadien des Zusammensinterns zweier kugeliger Teilchen.

Ausbildung eines festen Kontaktes und dessen Ausweitung zu einem halsförmigen Gebilde (Bild 1 b) geschehen unter der Wirkung des von *Laplace* formulierten Krümmungsdruckes (Kapillardruckes), der in der allgemeinen Schreibweise für ein Unrund

$$p = \gamma \left(\frac{1}{a_1} + \frac{1}{a_2} \right) \qquad (1)$$

lautet (γ Oberflächenspannung bzw. spezifische freie Oberflächenenergie, a_1 und a_2 größter und kleinster Krümmungsradius der Oberfläche). Für die konvexe (positiv gekrümmte) Kugeloberfläche (oder als Binnendruck einer kugeligen Pore) nimmt er, weil $a_1 = a_2 = a$ ist, die Form

$$p = 2\frac{\gamma}{a} \qquad (2)$$

und für die Kontakthalsoberfläche, da ϱ eine negative (konkave) Krümmung beschreibt, die Form

$$p = \gamma \left(\frac{1}{x} - \frac{1}{\varrho}\right) \qquad (3)$$

an. Aus Gleichungen (2) und (3) folgt, daß die an der Kugeloberfläche angreifenden Kapillarkräfte positive Druck- und die am Kontakthals anliegenden wegen $1/\varrho > 1/x$ negative Druck-, also Zugspannungen sind, oder allgemein ausgedrückt, daß konvex gekrümmte Oberflächen unter Kapillardruck- und konkave unter -zugspannungen stehen. Es fragt sich nun, auf welche Weise können die Kapillarkräfte den Materialtransport bewirken, der für das Wachstum des durch Adhäsions- oder mechanische Kräfte gebildeten primären Kontaktes erforderlich ist.

2.1.1.1 Materialtransportmechanismen und Zeitgesetze

Bei amorphen organischen und anorganischen Pulvern reichen die Kapillarkräfte allein für den Stoffluß in die Kontaktzone bei gleichzeitiger Annäherung der Teilchenzentren aus. Der Stofftransport geschieht über viskoses Fließen, d.h. die kooperative Bewegung von Molekülen. Das von *Frenkel* [58] für das Zweikugelteilchen-Modell aufgestellte Zeitgesetz

$$x^2 \simeq \frac{3}{2}\frac{\gamma\, a_0}{\eta} t \qquad (4)$$

(η Viskosität, t Sinterdauer) steht am Sinteranfang mit den experimentellen Beobachtungen in guter Übereinstimmung (Bild 2). Die Fließgeschwindigkeit wird von der Viskosität bestimmt. Für organische Polymere hängt η wegen der spezifischen rheologischen Eigenschaften dieser Stoffgruppe außer von der Temperatur T auch von der Zeit t ab.

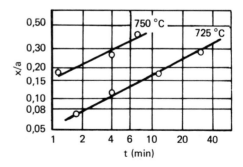

Bild 2. Relativer Halsradius x/a in Abhängigkeit von der isothermen Sinterdauer t für verschiedene Temperaturen bei Natrium-Kalium-Silicat-Glaskugeln (nach [22]); Steigung der Geraden $1/n \approx 1/2$.

Gleichfalls eine Folge der durch Oberflächenkrümmung hervorgerufenen Kapillarkräfte ist der mit der Kelvin-Thomson-Gleichung

$$P_{a_i} = P_0 \left(1 + \frac{2\gamma \, \Omega}{k \, T \, a_i}\right) \quad (5)$$

ausgedrückte Tatbestand, daß der Dampfdruck über einer gekrümmten Oberfläche P_{a_i} von dem Gleichgewichtsdampfdruck über einer ebenen Oberfläche P_0 verschieden ist (Ω Volumen eines Atoms, a_i beliebiger Krümmungsradius, k Boltzmann-Konstante). Die Dampfdruckänderung beträgt

$$\Delta P = \frac{2\gamma \, \Omega}{a_i \, k \, T} P_0 . \quad (6)$$

Wendet man Gl. (6) auf das in Bild 1 b dargestellte Teilchenpaar an, so zeichnet sich der an die Kugeloberfläche angrenzende Raum durch einen Dampfüber- und der der Halsregion benachbarte durch einen -unterdruck aus. Über eine Verdampfung an konvexen und Wiederkondensation an konkaven Bereichen sind somit Stofftransport und Kontaktwachstum möglich. Die technischen Sinterwerkstoffe bestehen jedoch meist aus Komponenten (Metallen, Oxiden, Hartstoffen), deren Gleichgewichtsdampfdruck bei Sintertemperatur gering ist, so daß diesem Mechanismus in der Regel wenig praktische Bedeutung zukommt. Eine Annäherung der Teilchenmittelpunkte (Schwindung) ist mit ihm nicht gegeben.

Von *Pines* [13] wurde erstmals darauf hingewiesen, daß die Kelvin-Thomson-Gleichung (5), da sie nichts Flüssigkeitsspezifisches und nur das Volumen, nicht aber die Masse des Atoms enthält, auch auf Festkörper und „Atome" der Masse Null, d. h. Gitterleerstellen, anwendbar ist [21]. An die Stelle des Dampfdruckes treten die Leerstellenkonzentrationen C_a und C_0 in der Nähe einer gekrümmten und einer ebenen Oberfläche:

$$C_{a_i} = C_0 \left(1 + \frac{2\gamma \, \Omega}{k \, T \, a_i}\right) . \quad (7)$$

Die Änderung der Leerstellenkonzentration in der Nähe einer gekrümmten Kristallfläche gegenüber der Gleichgewichtskonzentration C_0 im Bereich einer ebenen Fläche beträgt analog Gl. (6)

$$\Delta C = \frac{2\gamma \, \Omega}{k \, T \, a_i} C_0 . \quad (8)$$

Dabei ist C_{a_i} in einem konkaven Oberflächenbereich größer und in einem konvexen kleiner als C_0 (Ω hat jetzt die Bedeutung des Volumens einer Leerstelle). Daraus folgt die für den Stofftransport beim Sintern kristalliner Pulver wichtige Schlußfolgerung (Bild 3), daß die unter negativem Druck (Zug) stehenden konkaven Bereiche infolge eines Leerstellenüberschusses als Leerstellenquellen, die Druckgebiete (konvexe Oberflächen, Kontaktkorngrenzen) hingegen als Folge eines Leerstellenunterschusses als Senken wirken. Die den Leerstellenströmen äquivalenten, aber entgegengerichteten Atomströme verstärken über Volumen- (Bild 3a, 3b) oder Oberflächendiffusion (Bild 3c) den Teilchenkontakt.

Auf der Basis des dargelegten Leerstellenquellen- und -senkenmechanismus und unter der Annahme eines geometrisch idealisierten Kontakthalses kristalliner kugeliger Teilchen (abrupter Übergang der halbkreisförmig-konkaven Kontur des Halses mit dem

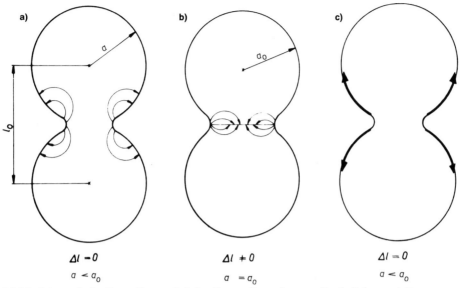

Bild 3. Schematische Darstellung möglicher Leerstellenströme am Zweiteilchenmodell.

Radius ϱ in die kreisförmig-konvexe Kugel mit dem Radius a) stellte *Kuczynski* [14], [15] für den Materialtransport über Volumen- und Oberflächendiffusion sowie die Gasphase (Verdampfen und Wiederkondensieren) Zeitgesetze für das Kontaktwachstum auf, die – soweit es die Diffusionsmechanismen betrifft – von ihm auch experimentell bestätigt werden konnten. Die zeitliche Änderung des Verhältnisses von Kontakthalshalbmesser x und Kugelradius a folgt einem Potenzgesetz $x^n/a^m \sim t$, in dem der Wert der Exponenten n und m von der Art des jeweiligen Materialtransportes abhängt.

Von den genannten Transportmechanismen ist für die in der pulvermetallurgischen Praxis verwendeten Stoffe der Diffusionstransport von vorrangiger Bedeutung. Die im Hinblick auf die verschiedenen Diffusionsarten von *Kuczynski* und *Rockland* [17] aufgestellten Zeitgesetze lauten für den Materialtransport über Volumenselbstdiffusion

$$\frac{x^5}{a^2} = K_{1,2} \frac{\gamma D_V \Omega}{kT} t \tag{9}$$

(D_V Volumenselbstdiffusionskoeffizient), für den Materialtransport mittels Oberflächendiffusion

$$\frac{x^7}{a^3} = K_3 \frac{\gamma D_S \Omega a_G}{kT} t \tag{10}$$

(D_S Oberflächendiffusionskoeffizient, a_G Gitterkonstante) und für den Transport des Materials direkt durch die Kontaktgrenze [17]

$$\frac{x^6}{a^2} = K_4 \frac{\gamma D_G w \Omega}{kT} t \tag{11}$$

(D_G Korngrenzendiffusionskoeffizient, w wirksame Breite der Korngrenze als Diffusionsweg). D_V ist über $D_V = D_L C_0$ mit dem Leerstellendiffusionskoeffizienten D_L verbunden.

Die Zahlenwerte K_1 bis K_4 werden u. a. vom Diffusionsweg bestimmt (Bild 3). In allen erörterten Fällen führt der Materialfluß zur Verstärkung des Kontaktes und zur Steigerung der Bindefestigkeit zwischen den Teilchen. Jedoch nur beim Transport von der Kontaktgrenze über das Volumen zur Halsoberfläche (K_2, Bild 3b) und in der Kontaktgrenze selbst zur Halsoberfläche (K_4) vollzieht sich gleichzeitig auch eine Annäherung der Teilchenzentren, also Schwindung ($\Delta l \neq 0$).

Ein umfassendes Versuchsmaterial (s. z. B. [29], [43]), in dem die Gültigkeit der aufgeführten Zeitgesetze bestätigt wird, läßt den Schluß zu, daß es mit Hilfe eines relativ einfachen Experimentes möglich ist, den Exponenten n des Zeitgesetzes $x^n \sim t$ und damit den das Kontaktwachstum veranlassenden Materialtransportmechanismus zu bestimmen (Exponentenanalyse). Das ist insbesondere für Beziehung (9) in Verbindung mit Metallen (Bild 4) und hochschmelzenden Oxiden, die bei hohen homologen Temperaturen gesintert werden, zutreffend. In einer ebenfalls nicht geringen Zahl von Untersuchungen jedoch (s. z. B. [17]) wurden andere Exponenten gefunden, die die Zuverlässigkeit der Exponentenanalyse in Frage stellen.

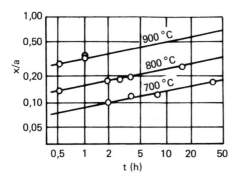

Bild 4. Relativer Halsradius x/a in Abhängigkeit von der isothermen Sinterdauer t für verschiedene Temperaturen bei Silber-Kugel-Platte-Modellen (nach [14]); Steigung der Geraden $1/n \approx 1/5$.

Als Hauptgründe für dieses Mißverhältnis werden angeführt die Schwierigkeit, n experimentell genügend genau bestimmen zu können, da beispielsweise der Kontakthals entgegen dem Modell häufig keinen Kreisquerschnitt aufweist (Bild 5), und die Annahme, die

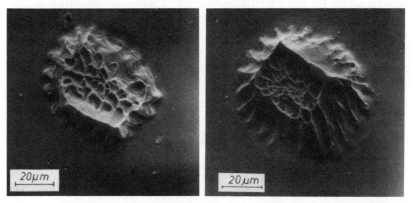

Bild 5. Charakteristische Kontakthalsformen; Kugel-Platte-Modelle aus Kupfer, {111}-Plattenoberfläche. In der Kontaktform kommt die kristallographische Anisotropie des Kontaktwachstums zum Ausdruck. Die „Finger" zeigen in etwa in $\langle 110 \rangle$-Richtung (nach W. Scharfe).

allen theoretischen Gleichungen zugrunde liegt, daß jeweils nur ein einziger Mechanismus Material transportiert. In Wirklichkeit aber wirken mehrere Transportmechanismen gleichzeitig, deren relative Beiträge von den Umgebungsbedingungen abhängen und die sich mit einer von *Rockland* [17] entwickelten Methode bewerten lassen. In Analogie dazu schlägt *Johnson* [19] ein Zweikugelmodell vor, mit dem erstmals alle Diffusionstransportmechanismen, auch wenn mehrere simultan ablaufen, bestimmt werden können.

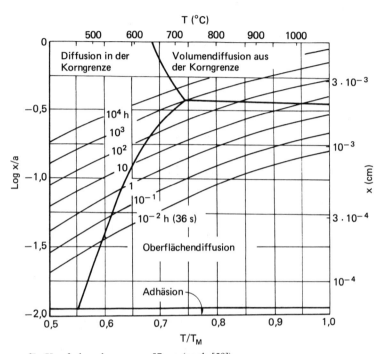

Bild 6. Sinterdiagramm für Kupferkugelpaar, $a = 57\,\mu m$ (nach [59]).

In dieser Hinsicht als anschaulich erweisen sich die von *Ashby* und Mitarbeitern ([59] bis [61]) aufgestellten Sinterdiagramme (Bild 6). Darin sind jene Bereiche als Funktion von homologer Temperatur T/T_M (T_M Schmelztemperatur) und relativem Halsradius x/a dargestellt, in denen Korngrenzen-, Oberflächen- und Volumendiffusion als Transportmechanismus vorherrschen. Die Bereichsgrenzen wurden für Bedingungen errechnet, unter denen jeweils zwei Vorgänge gleich stark am Materialtransport beteiligt sind. Jedes Diagramm gilt für eine bestimmte Teilchengröße, da der relative Anteil der Transportmechanismen u.a. vom Teilchendurchmesser beeinflußt wird. Nach *Herring* [62] verhalten sich die Zeiten t_1, t_2, in denen der gleiche relative Halsradius ($x_1/a_1 = x_2/a_2$) erreicht wird, wie

$$t_2 = \lambda^n t_1 \tag{12}$$

($\lambda = a_1/a_2$), wobei für den Materialtransport über viskoses Fließen $n=1$, Verdampfen und Wiederkondensieren $n=2$, Volumendiffusion $n=3$ und Oberflächendiffusion $n=4$ ist.

Ungeachtet aller in der Literatur geäußerten Kritik und Zweifel ist es Fakt, daß für die Demonstration elementarer Sintermechanismen die Darstellungen *Kuczynskis* dominieren und bevorzugt werden. Das ist nicht nur ihrer Einfachheit und Klarheit zu danken, sondern auch dem Umstand, daß andere angebotene Methoden in der Handhabung meist komplizierter und wegen der auch bei ihnen notwendigerweise zu machenden restriktiven Annahmen gleichfalls nicht überzeugender wirken.

Im Blick auf den realen Sinterkörper ist es entscheidend zu wissen, daß am Zweiteilchenmodell der Beweis für einen durch Kapillarkräfte verursachten und von konvex zu konkav gekrümmten Oberflächenpartien gerichteten Diffusionsmaterialtransport erbracht wurde, dessen Anteile in Form von Korngrenzen-, Oberflächen- und Volumendiffusion in Abhängigkeit von den technologischen Parametern in der von *Rockland* und *Ashby* beschriebenen Tendenz zu erwarten sind. Von nicht minderer Bedeutung ist die Erkenntnis, daß die Schwindung an die Existenz einer Kontaktkorngrenze geknüpft ist. Den überzeugenden experimentellen Beweis dafür erbrachten *B. H. Alexander* und *R. W. Baluffi* [63] an Kupferdrahtspulen. Nur jene Poren, die auf oder in unmittelbarer Nähe von Korngrenzen liegen, schrumpfen und schließen sich. Die Verdichtung hört auf, wenn die Korngrenzen verschwinden.

2.1.1.2 Einfluß der Grenzflächenenergie

Der Wert der Oberflächenspannung (spezifischen freien Oberflächenenergie) ist ein summatives Maß für die pro Flächeneinheit nicht abgesättigten Bindungskräfte der Oberflächenatome. Er ist damit auch ein Ausdruck der kristallographischen Orientierung und der Reaktionsfreudigkeit der Oberfläche.

Beim idealisierten Zweiteilchenmodell wird der Zustand der Kontaktgrenzfläche nicht differenziert betrachtet. Deshalb sind seine Aussagen als Angaben zu verstehen, die über alle möglichen gegenseitigen Orientierungen und Grenzflächenenergien der kontaktierenden Flächenelemente gemittelt sind. Die dem Kontakt eigene Grenzflächenenergie nimmt während des Sinterns beim Übergang von einem vorwiegend mechanischen Kontakt bis zur Ausbildung einer Kontaktkorngrenze ab. Dabei wird die Oberflächenspannung der sich im Kontakt berührenden Flächen, die in der Regel verschieden, selten gleichorientiert sind, zeitweise auf das der Umbildung einhergehende Kontaktwachstum um so stärker fördernd Einfluß nehmen, je größer die Werte der Oberflächenspannung bzw. die ihrer Differenz sind.

Strenggenommen gilt Gl. (3) nur für ein System, das durch den gleichen Wert der Oberflächenspannung γ im Kontaktgebiet gekennzeichnet ist. Wegen der geringen Größe von ϱ gegenüber x kann der Ausdruck für die lokale Normalspannung längs der gekrümmten Halsoberfläche (Gl. (3)) auch in der Form

$$p \simeq \gamma/\varrho \tag{13}$$

geschrieben werden. Ist hingegen die Oberflächenspannung der Modellpartner verschieden, so bewirkt die gekrümmte Halsoberfläche eine gewisse Spannung p_{eff}, für die, soweit es das Sinteranfangsstadium betrifft, angenähert

$$p_{\text{eff}} \simeq \frac{1}{\varrho}\left(\frac{\gamma_K + \gamma_P}{2}\right) \tag{14}$$

gilt; γ_K und γ_P sind die Oberflächenspannungen der Kugel- und Plattenkontaktfläche. Da der Diffusionsstrom in das Halsgebiet $I \sim p$ ist, folgt, daß der allein durch die Halskrümmung verursachte Diffusionsstrom

$$I_1 \sim \frac{\gamma_K + \gamma_P}{2} \quad (15)$$

sein und im Sinteranfangsstadium

$$x_1 \sim \frac{\gamma_K + \gamma_P}{2} \quad (16)$$

bzw. für den speziellen Fall parallel orientierter Sinterpartner, wo $\gamma_K = \gamma_P = \gamma$ ist,

$$x \sim \gamma \quad (17)$$

gelten muß. Eine solche Betrachtung ist gerechtfertigt, wenn $\Delta\gamma = |\gamma_K - \gamma_P| \ll \gamma_K \simeq \gamma_P$ ist [64].

In der Verfolgung derartiger Vorstellungen wurden auf Einkristallplatten unterschiedlichster Oberflächenorientierung (h k l) einkristalline Kugeln ($a = 0{,}25$ mm) aufgesintert und mit Hilfe eines modifizierten Kossel-Verfahrens [65] die kristallographische Orientierung und die Indizes (h k l) der Kugeloberflächenelemente, die sich mit der Platte im Kontakt befinden, ermittelt. Die der Platten- wie auch Kugelkontaktflächenorientierung entsprechenden γ-Werte sind einer Arbeit von *M. McLean* [66] entnommen und die jeweiligen relativen Halsradien x/a mit Hilfe der visuell gemessenen x-Werte berechnet worden.

Die in Auswertung der experimentellen Befunde aufgestellten Diagramme zeigen, daß die Vorstellungen über das Wirken einer effektiven Kapillarspannung $p_{eff} \neq p$ vernünftig sind. Aus Bild 7 geht hervor, daß Beziehung (17) für Modellpaare erfüllt ist, deren Kugel-

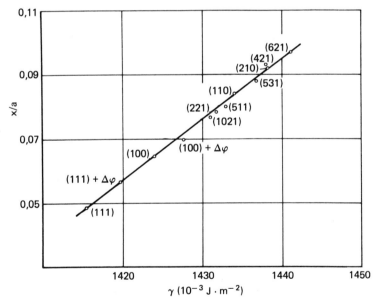

Bild 7. x/a als Funktion von γ im Fall parallel orientierter Modellpartner (nach [64]). Die an den Meßpunkten angegebenen Indizes geben die Orientierung der jeweiligen Kugel- und Plattenkontaktfläche wieder; $\Delta\varphi$ bedeutet eine geringe Abweichung von der genannten Orientierung. $T = 900\,°C$, $t = 2$ h, H_2.

und Plattenkontaktflächen eine gleiche kristallographische Orientierung haben ($\gamma_K = \gamma_P$). In allen anderen Fällen ($\gamma_K \neq \gamma_P$) ist die in Gl. (16) zum Ausdruck gebrachte Abhängigkeit wohl zutreffend (Bild 8), für die Beschreibung des nichtlinearen Verlaufs $x/a = f(\gamma_K)$ allein aber nicht ausreichend. (Die Knickpunkte im $x/a = f(\gamma_K)$-Verlauf gehören zu jenen Modellpaaren, für die $\gamma_K = \gamma_P$ ist.) Der beobachtete Verlauf läßt sich jedoch erklären, wenn man die Existenz eines zusätzlichen Diffusionsstromes I_2 in das Kontakthalsgebiet annimmt, für den, wie die Resultate zeigen, $I_2 \sim |\gamma_K - \gamma_P|$ gilt. Ein solcher Diffusionsstrom kann durch Spannungen hervorgerufen sein, die dann entstehen, wenn die Kristallgitter in der Kontaktebene der aneinandersinternden Einkristalle nicht übereinstimmen (Misfit). Die physikalische Natur solcher Spannungen wird in [67] näher beschrieben.

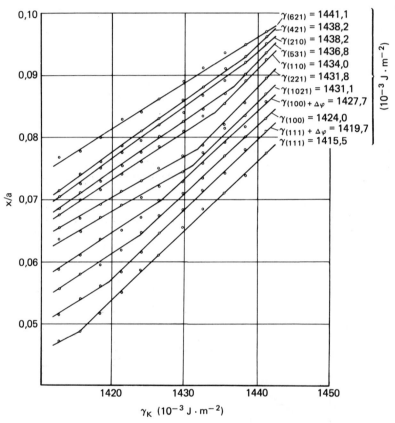

Bild 8. x/a als Funktion von γ_K für 11 unterschiedlich orientierte Plattenoberflächen (nach [64]); $T = 900\,°C$, $t = 2\,h$, H_2.

Nach dem gegenwärtigen Erkenntnisstand stellt eine Großwinkelkorngrenze (schlechthin als Korngrenze bezeichnet) ein relativ geordnetes Volumen dar, dessen Struktur vor allem durch Korngrenzenversetzungen gekennzeichnet ist. Die Konfiguration der Korngrenzenversetzungen wird von der Differenz der kristallographischen Orientierung (Misfit) der beiderseits einer Korngrenze gelegenen Kristallite bestimmt. Die Energie des Korngrenzenvolumens (Korngrenzenenergie) steht mit der Dichte und dem Konfigurationstyp der Korngrenzenversetzungen im Zusammenhang [75]. Im allgemeinen sind Korngrenzen Hochenergiegrenzen.

Den Darstellungen in den Bildern 7 und 8 liegt die Oberflächenspannung bzw. deren Differenz zugrunde. Verschiedenen kristallographischen Orientierungen der Oberfläche entsprechen jedoch nicht in jedem Fall auch verschiedene Werte der Oberflächenspannung. Vielmehr können gleiche Oberflächenspannungen ganz unterschiedlichen Orientierungen zugehörig sein [66]. Deshalb muß, um zu Informationen über den Misfit-Einfluß zu gelangen, eine Darstellungsweise gewählt werden, in der sich vordergründig die Orientierungsdifferenz zwischen den Sinterpartnern ausdrückt. Zu diesem Zweck ist es nötig außer den x/a-Wert den Winkel φ zwischen der [1 1 1]-Richtung der Kugel und der [1 1 1]-Richtung der Platte (Drehachse $\langle 1 1 0 \rangle$) mittels Kossel-Technik zu messen.

Entsprechende Ergebnisse sind in Bild 9 zusammengefaßt [68]. Außer den x/a-Mittelwerten werden die jeweiligen x/a-Streubreiten wiedergegeben. Charakteristisch für den $x/a = f(\varphi)$-Verlauf sind x/a-Minima, die bei solchen φ-Werten auftreten, die mit den für Niederenergiegrenzen (geometrisch „einfachere" Konfigurationen von Korngrenzenversetzungen) festgestellten Mißorientierungen (Winkeln φ) gut übereinstimmen. Wenn, wie in den Experimenten, als Plattenoberflächenorientierung (1 1 1) und als Rotationsachse $\langle 1 1 0 \rangle$ vorliegen, werden für Niederenergiegrenzen die φ-Winkel 18°, 32°, 39°, 50° und 59° angegeben [69], [70], was den Angaben des Bildes 9 gleichkommt.

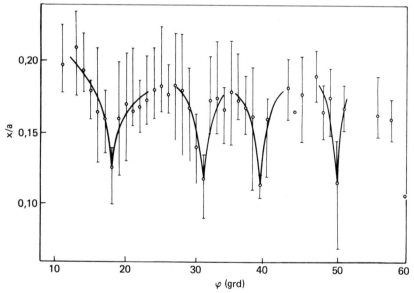

Bild 9. Abhängigkeit x/a von der Mißorientierung φ der Sinterpartner im Kontakt (Struktur der Kontaktkorngrenze); monokristalline Kugel-Platte-Modelle aus Kupfer; $T = 900\,°C$, $t = 4$ h, H_2 (nach [68]).

Die Aussage des Bildes 9 steht mit der Feststellung in Einklang, daß Niederenergiekorngrenzen weniger effektive Leerstellensenken sind als allgemeine Korngrenzen. Die Leerstellenannihilation verläuft in ihnen langsamer, so daß das Halswachstum hinter dem der Teilchenpaare mit allgemeiner Korngrenze im Kontakt zurückbleibt [68].

P. G. Shewmon [71] äußerte die Ansicht, daß beim Sintern einkristalliner Kugeln nicht nur Kontaktwachstum, sondern wegen der Existenz einer Kontakthochenergiegrenze auch eine gegenseitige Bewegung der Teilchen auftreten müsse. Die Vernichtung von Oberflächenenergie führt zur Vergrößerung des Kontaktes, das Streben nach Minimierung der Kontaktkorngrenzenenergie γ_G zu einer Änderung der Orientierungsbeziehungen der Kontaktpartner (Teilchenrotation), wobei für den Übergang aus der Position 1 in die Position 2 $\gamma_{G1} > \gamma_{G2}$ und $\Delta\gamma_G = \gamma_{G1} - \gamma_{G2}$ gelten. Unter der Annahme, daß der zu einer Teilchenbewegung erforderliche Umbau von Kontaktmaterial über Volumendiffusion geschieht (Bild 10), beträgt die Geschwindigkeit des Abrollvorganges [71], [74], [89]

$$\dot\vartheta_D \simeq \frac{\Delta\vartheta}{\Delta t} \simeq \frac{\Delta\gamma_G}{\Delta\vartheta} \cdot \frac{8 D_V \Omega}{k T x^3} \tag{18}$$

(ϑ Rotationswinkel, t Zeit, γ_G Kontaktkorngrenzenergie).

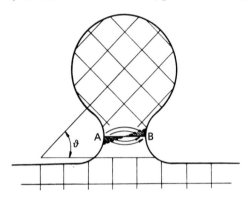

Bild 10. Schematische Darstellung der Teilchenrotation nach dem Shewmon-Mechanismus (nach [70]). Der Materialkeil A wird über Volumendiffusion nach B transportiert.

H. Gleiter und Mitarbeiter haben den Rotationsmechanismus erstmals experimentell an monokristallinen Kugel-Platte-Modellen aus Kupfer und Silber ($2a = 100$ µm) belegt [70], [72] und in überzeugender Weise gezeigt, daß sich im Verlaufe der Teilchenrotation niederenergetische Korngrenzen bilden [73]. Die 5000 bis 8000 auf einer (1 1 1)-oberflächenorientierten Platte aufgelegten Kugeln zeigten nach 2 h Sintern bei 1060 °C noch eine statistische (röntgenographisch bestimmte) Verteilung ihrer Orientierung. Nach 500 h und länger waren alle Kugeln in nur wenige (zwei bis vier) Niederenergielagen unterschiedlicher Orientierung eingedreht worden. Der Rotationsvorgang ist mit dem Ausbau von Korngrenzenversetzungen verbunden, demzufolge die Korngrenzensubstanz „edler", d.h. ihr Korrosionswiderstand, konkret der Widerstand gegen die Auflösung in einer wäßrigen HCl-$FeCl_3$-Lösung, erhöht wird. An monokristallinen Goldfolie-Goldpartikel-Modellen wurde ebenfalls das Eindrehen der Teilchen in Niederenergielagen beobachtet und mit dem Transmissionselektronenmikroskop die sich dabei verändernde Korngrenzenversetzungsstruktur verfolgt. Beim Diffusions-Materialumbau wirkt die Kontaktkorngrenze, indem die Korngrenzenstufenversetzungen aus der Grenze heraus klettern (nichtkonservative Bewegungen ausführen) als effektive Leerstellenquelle und -senke [74], [75].

Qualitativ werden die Voraussagen *Shewmons* voll bestätigt. Quantitativ hingegen treten Abweichungen auf. So liegen die in [76] und [77] gemessenen $\Delta\vartheta/\Delta t$-Werte um eine Zehnerpotenz über jenen, die nach Gl. (18) zu erwarten sind ($\lesssim 10^{-5}$ rad s^{-1}). Eine hierfür mögliche Erklärung wird im Abschnitt 2.2.1 erörtert werden.

2.1.1.3 Bildung und Einfluß von Versetzungen

Die Möglichkeit einer spontanen Versetzungsbildung beim Sintern ist seit längerem Gegenstand widersprüchlicher Diskussionen. Theoretischen Abschätzungen sowie darauf basierende Untersuchungen ([47], [78] bis [82]), die aussagen, daß die beim Sintern herrschenden Kapillarkräfte nicht oder allenfalls im frühesten Sinterstadium ($\varrho \approx 40$ nm) ausreichen, um Versetzungen im Kontaktbereich zu erzeugen, stehen Beobachtungen einer Versetzungsbildung beim Sintern von Ionenkristallen (ThO$_2$, MgO, CaF$_2$, [83], [84]; LiF [33], [67]) sowie theoretische Betrachtungen gegenüber, die eine Versetzungsentstehung durch Kapillarkräfte [84], [96], durch Spannungen aufgrund kristallographischer Fehlpassung in der Kontaktfläche [33], [67] oder durch freigesetzte Oberflächenenergie bei der Kontaktbildung ([19], [85] bis [87]) für gegeben erachten. Die unterschiedlichen Aussagen zur Versetzungsbildung und -vervielfachung schließen jedoch einander nicht aus, da sie von verschiedenen Positionen ausgehen. Die Verneiner haben den geometrisch und strukturell idealisierten Kontakt und als einzige mögliche Ursache einer Versetzungsbildung die an ihm angreifende Laplace-Spannung im Auge. Sie reicht nicht [78] oder gemäß Gl. (3) nur für sehr starke Krümmungen $1/\varrho$ in den ersten Momenten des Aneinandersinterns [47] aus, um Gleitversetzungen zu aktivieren, was aber für den weiteren Sinterverlauf praktisch bedeutungslos bleibt. Die Befürworter indessen greifen auf nicht bestreitbare Einzelbeobachtungen und auf Zustände zurück, die im realen Sinterkontakt durchaus denkbar sind. Die beim Übergang vom Berührungs- zum Festkörperkontakt unterschiedlich orientierter Teilchen in der Kontaktebene bestehende und zu relaxierende Mißorientierung ihrer Kristallgitter wird als zeitweise Quelle von Spannungen angesehen, die groß genug sind, um eine Versetzungsvervielfachung auszulösen [16], [67].

Als Hinweis auf plastische Deformation, die der Kontaktformierung einhergeht und das Kontakthalswachstum beschleunigt, werten *Lenel* [34], [88] und Mitautoren die Resultate ihrer Experimente mit einkristallinen Zinkdrähten ($2a = 0,25$ mm). Beim hexagonal kristallisierenden Zink ist die Basisebene (0 0 0 1) die mit Atomen am dichtesten belegte Ebene und daher die allgemein beobachtete Gleitebene. An Zn-Drahtpaaren, deren Basisebenen einen für die Gleitdeformation (konservative Versetzungsbewegung) günstigen Winkel einschlossen, wurden nach 8 h Sintern bei 365 °C gegenüber solchen mit ungünstigem Winkel 122 bis 149% größere Kontakthalsdurchmesser ermittelt. Der von den Autoren berechnete oder abgeschätzte Einfluß der Anisotropie der Oberflächenspannung, des Dampfdrucks sowie der Volumen-, Korngrenzen- und Oberflächendiffusion könnte dagegen nur zu einer maximal 55%igen Vergrößerung des Halsdurchmessers führen.

Es bleibt offen, ob die an Zn-Modellen gemessenen erheblichen x/a-Unterschiede Versetzungen zuzuschreiben sind, da ein unmittelbarer Versetzungsnachweis nicht erbracht werden konnte, oder ob sie auf die Mißorientierung der Sinterpartner zurückzuführen sind. Für die letztgenannte Möglichkeit spräche die große Anisotropie der Oberflächenspannung beim hexagonalen Zink. Im Falle des kubischflächenzentrierten (kfz) Kupfers, wie allgemein für kristallographisch hochsymmetrische Metalle, wo die Anisotropie der Oberflächenspannung weit weniger ausgeprägt ist, wurden immerhin in Abhängigkeit vom Misfit x/a-Unterschiede bis zu rund 100% ermittelt (Bild 9).

Der systematische Nachweis einer spontanen Versetzungsbildung im Sinterkontakt metallischer Systeme, so wie er von *Geguzin* und *Morgan* für Ionenkristalle geführt wurde [33], [83], gelang an monokristallinen Kupfer-Kugel-Platte-Modellen und -Kugelschüttungen [90], [91]. Um den Kontakt entstehen beim Sintern Volumina erhöhter Verset-

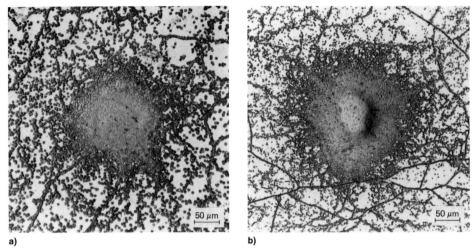

a)   b)

Bild 11. Durch Versetzungsätzen sichtbar gemachte „Versetzungsrosetten" auf $\{111\}$-orientierten monokristallinen Kupferplatten nach dem Sintern der Kugel-Platte-Modelle; $T = 1000\,°C$ (nach [90]);
a) $t = 15$ min,   b) $t = 30$ min; $2a = 0,5$ mm.

zungsdichte N (Versetzungszonen) (Bild 11). Die mit Hilfe einer modifizierten Kosseltechnik [92] für verschiedene t an der Plattenoberfläche und im Plattenvolumen gemessenen N-Werte sind in Bild 12 dargestellt. In der zeitlichen Änderung der N-Profile kommen außer Versetzungsentstehung auch Erholungseffekte zum Ausdruck. Letztere führen zu einer mit t fortschreitenden Einebnung des primären zentralen N-Maximums. Bei der Ausweitung des Kontaktes verlagert sich die Versetzungsvervielfachung immer mehr in die Kontaktrandgebiete, während im zentralen Kontaktvolumen Erholungsvorgänge stattfinden.

Hinsichtlich der für den realen Sintervorgang interessierenden Auswirkungen ist es von Bedeutung, daß die laterale Ausdehnung der Versetzungszonen ein Mehrfaches des Kontakthalsdurchmessers beträgt und auch ihre Tiefe makroskopische Ausmaße annimmt. Die Versetzungsdichten in den Zonen liegen unterhalb der für eine Rekristallisation erforderlichen und bilden deshalb relativ stabile Versetzungskonfigurationen [91], so daß beispielsweise für $t = 96$ h und $\bar{z} = 10$ μm immer noch $N \approx 10^9$ cm^{-2} und für $\bar{z} = 20$ μm noch $N \approx 5 \cdot 10^8$ cm^{-2} gemessen werden (Bild 12). Die gleiche Erscheinung zeigte sich bei monokristallinen LiF-Kugel-Platte-Modellen. Auch nach langem Sintern heilen die Versetzungsanordnungen solange der Kontakt mit der Kugel bestand nicht aus. Wird die Kugel entfernt, verschwindet die „Versetzungsrosette" bald [16], [33].

Anschaulich überprüfbar ist dieses Verhalten an Modellen, deren N im Kontaktbereich durch vorangegangene Deformation [35] auf N_A angehoben worden war. Die sich nach der Theorie [93] infolge von Erholungsvorgängen einstellende Versetzungsdichte $N = N_A - N_R$ (N_R durch Erholung ausgeheilter Versetzungsanteil) kann mit Hilfe der Gleichung

$$\bar{L}_{DR} = \bar{L}_{DA} + \frac{G F \Omega D_V}{2 \pi k T V (1-\nu) \ln(\bar{L}_{DA}/r_0)} t \qquad (19)$$

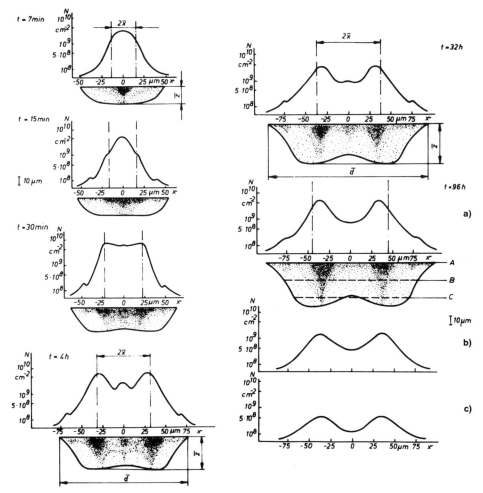

Bild 12. Verteilung der mittels Kossel-Technik gemessenen Versetzungsdichten in der Plattenoberfläche und im daruntergelegenen Volumen der Tiefe z für verschiedene isotherme Sinterzeiten t (nach [35]).

und der Beziehung zwischen mittlerem Versetzungsabstand und mittlerer Versetzungsdichte

$$\bar{L}_D \approx 1/\sqrt{\bar{N}} \tag{20}$$

berechnet werden. Dabei sind $\bar{L}_{DA}$ und $\bar{L}_{DR}$ der mittlere lineare Abstand zwischen den Versetzungen vor und nach der Erholung im Zeitraum t (G Schubmodul, F und V Oberfläche und Volumen der Versetzungszone, v Poisson-Konstante, r_0 Halbmesser des Versetzungskerns). Entgegen den Ergebnissen der Berechnung, wonach N mit t ständig rasch abfällt, stellt sich im Experiment bald ein $(N_A - N_R)$-Wert ein, der sich mit t nur noch wenig ändert (Bild 13).

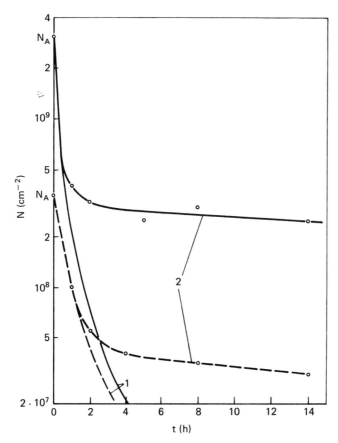

Bild 13. Für unterschiedliche N_A gemäß Gl. (19) berechnete (1) und an Cu-Modellplatten experimentell (2) ermittelte Kurven $N = f(t)$; $T = 900\,°C$ (nach [35]).

Bei der Auswertung der im Vorangegangenen erörterten Kugel-Platte-Sinterexperimente wird dann der *Kuczynski*sche Exponent $n \simeq 5$ gefunden [94], wenn die Konfiguration der Versetzungen eine relative Stabilität erreicht hat. Das ist nach geringer Aufheizgeschwindigkeit v_A (z. B. 10 K min^{-1}) und/oder längerer isothermer Sinterdauer t (z. B. ≥ 10 min) der Fall. Allerdings ist die Gerade $\log(x/a) = f(\log t)$ zu höheren x/a-Werten hin verschoben (Bild 14). Infolge des Bestehens der Versetzungszonen gilt nicht der Volumenselbstdiffusionskoeffizient D_V, sondern ein effektiver Diffusionskoeffizient $D_{eff} > D_V$

$$D_{eff} = (N/N_{eff})\, D_V \qquad (21)$$

($N_{eff} \approx 2 \cdot 10^7$ cm^{-2} ist jene Grenzversetzungsdichte, oberhalb der Versetzungen sich auf das Sintergeschehen auswirken können [93]). D_{eff}/D_V nimmt je nach Kugeldurchmesser Werte zwischen 10 und 100 an [94]. Auch der von *Kuczynski* [14] aus Experimenten bei 1000 °C an Kupfer-Kugel-Platte-Modellen gefundene Diffusionskoeffizient ist eine Zehnerpotenz größer als der nach unabhängigen (Tracer-)Verfahren ermittelte ($D_V = 2 \cdot 10^{-9}$ cm^2 s^{-1} [95]). Solange sich N während der nichtisothermen Aufheizphase und gegebenenfalls in den ersten Minuten des isothermen Sinterns noch ändert, weichen die $\log(x/a)$-$\log(t)$-Verläufe von Geraden ab. Da Versetzungsbildung und Erholung zeitabhängig sind, ist $n \neq 5$. Aus denselben Gründen ist auch D_{eff} während des Sinterns nicht konstant und um so größer je höher die Aufheizgeschwindigkeit v_A gewählt wird (Bild 15).

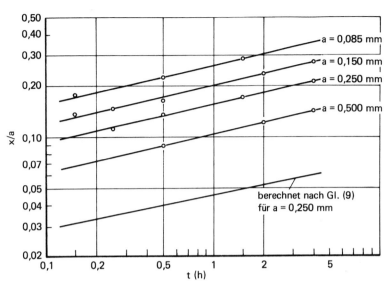

Bild 14. $x/a = f(t)$ für monokristalline Kugel-Platte-Modelle aus Kupfer für verschiedene Kugelgrößen (nach [94]); $T = 1000\,°C$. Zum Vergleich die unter Benutzung des Gleichgewichtsdiffusionskoeffizienten $D_V = 2{,}5 \cdot 10^{-9}$ cm^2 s^{-1} gemäß Gl. (9) mit $K_2 = 20$ berechnete Gerade.

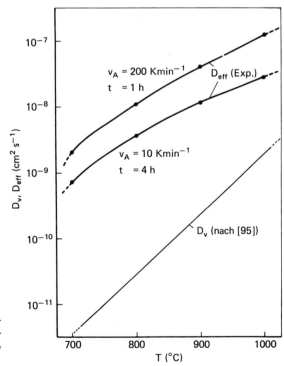

Bild 15. Größe und Temperaturabhängigkeit von D_{eff} (für verschiedene Aufheizgeschwindigkeiten v_A) sowie D_V (nach [35]).

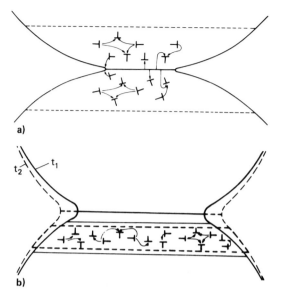

Bild 16. Schematische Darstellung der Wirkung der Versetzungszonen im Sinterkontaktbereich (nach [94]); die Pfeile zeigen die Richtung der Atombewegung an.
a) Intensivierung der Volumendiffusion,
b) Materialtransport durch Versetzungsklettern.

In [97] werden die Vorgänge beschrieben, die infolge stark erhöhter Versetzungsdichten im Kontaktgebiet ausgelöst werden können. Für sich nicht mehr oder nur noch wenig ändernde Versetzungsdichten sollte die materialtransportaktivierende Wirkung vor allem darin bestehen, daß die Versetzungen als zusätzliche Leerstellensenken und -quellen dienen (Bild 16a). Als Wege schneller Diffusion (Kurzschlußdiffusion) spielen sie eine untergeordnete Rolle [98]. Dann läßt sich, wie aus dem Vorangegangenen folgt, der verstärkte Materialtransport mit Hilfe eines effektiven Diffusionskoeffizienten beschreiben und Gl. (9) geht in die Beziehung

$$\left(\frac{x}{a}\right)^5 = K_2 \frac{\gamma \, \Omega \, D_V \, (N/N_{\text{eff}})}{k \, T a^3} t \tag{22}$$

über. Unterliegen die Versetzungsdichten aber noch größeren Veränderungen, dann dürften die Versetzungen vor allem über nichtkonservative Bewegungen (Klettern, Versetzungskriechen) wirksam werden (Bild 16b). Unter der Einwirkung der Kapillarkräfte emittieren die die Versetzungen bildenden Halbebenen des Gitters, deren Hauptkomponente senkrecht zur Kontaktkorngrenze gelegen ist, Leerstellen (Leerstellenquellen) und absorbieren Atome, die eingebaut werden. Die mehr waagerecht liegenden Versetzungen hingegen absorbieren Leerstellen (Leerstellensenken) und emittieren Atome, wodurch diese Halbebenen abgebaut werden. In beiden Fällen, ob in Form einer intensivierten Volumendiffusion oder von Versetzungskriechen, stellen die Versetzungszonen niedrigerviskose Volumina dar, deren Zustand sich durch einen Viskositätskoeffizienten des gestörten Kristalls η charakterisieren läßt. In die von *Herring* [20] für das Diffusionskriechen über das Volumen aufgestellte Gleichung wird nun anstelle der mittleren Kristallitgröße $\bar{L}_G$ als Abstand zwischen Leerstellensenken und -quellen die mittlere Distanz beweglicher Versetzungen $\bar{L}_D$ eingesetzt:

$$\eta \approx \frac{k \, T}{D_V \, \Omega} \bar{L}_D^2 \sim \frac{1}{N}. \tag{23}$$

Dank der Existenz der Versetzungszonen ist die Kontaktsubstanz gegenüber den Kapillarkräften leichter deformierbar und dadurch das Kontaktwachstum beschleunigt. So beträgt, um eine Vorstellung von der erhöhten Deformationsfähigkeit der Kontaktzone zu geben, der Viskositätskoeffizient des gestörten Kristalls für Kupfer bei 900 °C, wenn die an den Modellen (Bild 12) gemessenen Kontaktversetzungsdichten $N=10^{10}$ cm^{-2}, 10^9 cm^{-2} und 10^8 cm^{-2} in Gleichung (23) eingesetzt werden, $\eta=10^8$ Pa · s, 10^9 Pa · s und 10^{10} Pa · s ($D_V = 2,5 \cdot 10^{-10}$ cm^2 s^{-1}, $\Omega = 1,67 \cdot 10^{-11}$ µm^3, k = 1,38062 · 10^{23} J K^{-1}). 10^8 Pa · s entspricht der Viskosität eines flüssigen Natriumglases bei 600 °C; für den Festkörper gilt $\eta \geq 10^{14}$ Pa · s.

Abschließend noch die Erwähnung eines Experiments, das angesichts der Bedeutung der gegenseitigen Orientierung der Kontaktpartner und des dadurch zeitweise verursachten besonderen Zustandes im Kontaktbereich [67] den Charakter eines Negativtestes trägt. Cu-Einkristallstäbchen-Modelle (Stäbchendurchmesser $d=800\ldots1000$ µm), deren Enden chemisch kalottenförmig abgearbeitet waren, wurden so präpariert, daß die Kalottenkontaktgrenze keinen oder nur einen sehr kleinen Misfit aufwies ($\varphi = 0\ldots5°$, Kleinwinkel-, Niederenergiegrenze) [68]. Bild 17 verdeutlicht, daß dann keine Versetzungszonen entstehen. Die im Kontakt leicht erhöhte Versetzungsdichte ist von Anpassungs-

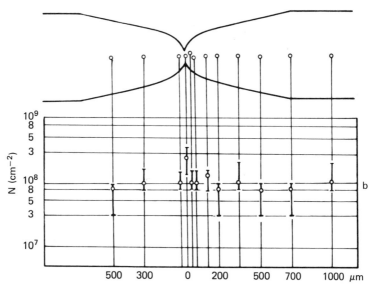

Bild 17. N-Verteilung in der Kontaktzone eines monokristallinen Stäbchensintermodells aus Kupfer mit nahezu gleicher Orientierung der Kontaktpartner ($\varphi = 2°$); $T = 900$ °C, $v_A = 50$ K min^{-1} (nach [68]).

(Misfit-)Versetzungen verursacht. Der aus den Meßwerten erhaltene Diffusionskoeffizient beläuft sich im Mittel auf $3 \cdot 10^{-10}$ cm^2 s^{-1}. Das ist faktisch der mit „unabhängigen" Verfahren gefundene D_V-Wert. Dem voll entspricht auch die in den Experimenten ermittelte $x/a = f(t)$-Abhängigkeit (Bild 18), die sich mit der nach Gl. (9) und $K_2 = 20$ berechneten praktisch deckt. Das bedeutet, daß in diesem Fall das Sintergeschehen „nur" durch den „Gleichgewichts"-Diffusionskoeffizienten D_V gekennzeichnet und nicht infolge einer erhöhten Versetzungsdichte aktiviert ist.

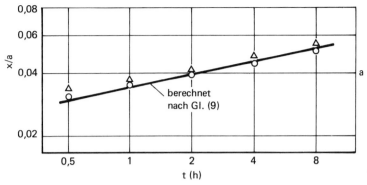

Bild 18. $x/a = f(t)$ für Cu-Stäbchenmodelle (s. Bild 17); $T = 900\,°C$, $v_A = 50$ K min^{-1} (nach [68]).

2.1.1.4 Asymmetrie des Sinterkontaktes

Asymmetrische Kontakte entstehen, wenn die Partikel von der Kugelform abweichen oder, auch bei kugeligen Teilchen, allein aufgrund der Anisotropie des Oberflächendiffusionsstromes in die Halsregion. Der atomaren Rauhigkeit der Partikeloberfläche überlagert sich beim Sintern eine mikroskopische Rauhigkeit. Bei ausreichend hohen Temperaturen strukturiert sich die kristallographisch zufällige Oberfläche in niedrigindizierte Flächenelemente um, die eine dichtere atomare Belegung und damit kleinere Oberflächenspannung (Gleichgewichtsformfläche) aufweisen. Es bildet sich eine Terrassen- oder Facettenstruktur (thermisches Ätzen), deren Stufenfolge mit der Entfernung vom Pol einer niedrigindizierten Fläche enger wird (Bild 19). Jede dieser Stufen und deren Ecken können als Leerstellensenken und -quellen für den gerichteten Oberflächendiffusionsstrom in den Kontakt dienen. Deshalb verschiebt sich beim Kontaktwachstum die Halsoberfläche in Abhängigkeit von der Art der gegenseitigen Orientierung der Kontaktpart-

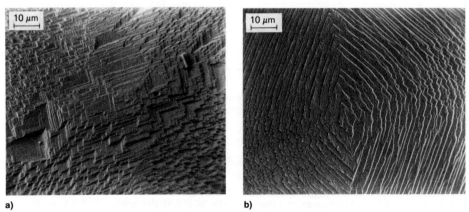

a)   b)

Bild 19. Kupfereinkristallkugel nach thermischer Ätzung (nach [99]);
a) Facettenstruktur um den {100}-Pol,
b) Facettenstruktur um den {110}-Pol.

ner in bezug auf die die Zentren des Teilchenpaares verbindende Mittellinie mit unterschiedlicher Geschwindigkeit und so, daß der Krümmungsradius ϱ an jeder Stelle des Kontakthalsumfangs einen anderen Wert hat. Das gegenüber dem idealisierten Modell abweichende Verhalten eines solchen Teilchenpaares wird in erster Linie von der Größe der Differenz des minimalen und maximalen Krümmungsradius bestimmt.

Gessinger, Lenel und *Ansell* [100] haben auf dem Heiztisch eines Elektronenmikroskops Kontaktbildung und -wachstum von Silberteilchen ($2a$ = einige µm) direkt beobachtet und die sich nach anfänglicher Symmetrie ausbildende Asymmetrie des Kontakthalses verfolgt. Je kleiner ϱ, um so größer ist gemäß Gl. (3) die am Kontakt angreifende Laplace-Zugspannung p und demzufolge auch der lokale Materialtransport in den Kontakt um so intensiver. Die am Kontaktumfang wegen $\varrho_i \neq \varrho$ wirkenden unterschiedlichen Laplace-Spannungen p_i haben eine resultierende Spannung σ_A zur Folge, die nach gegenseitiger Lageänderung (Kippbewegung) der Teilchen drängt [29], [100], [101]. Nach *Boiko* und *Lachtermann* [102] läßt sich die in der Kontaktebene bestehende „Asymmetriespannung" mit der Beziehung

$$\sigma_A \simeq \frac{2\gamma}{x} \frac{(\varphi_2 - \varphi_1)}{\varphi_2 \varphi_1} \tag{24}$$

beschreiben (Bild 20). Die Autoren geben an, daß sowohl φ_1 als auch φ_2 in der Größenordnung von x/a liegen ($\gamma \simeq 10^0$ J m^{-2}). Um σ_A abschätzen zu können, wird angenommen, daß $\varphi_2/\varphi_1 = 2$ beträgt und mittels den Experimenten entnommener Werte φ_1 zu $x/a_1 = 25$ µm/250 µm $= 0{,}1$ und φ_2 zu $x/a_2 = 25$ µm/125 µm $= 0{,}2$ erhalten. Nach Einsetzen in Beziehung (24) ergibt sich für $\sigma_A \simeq 0{,}5$ MPa.

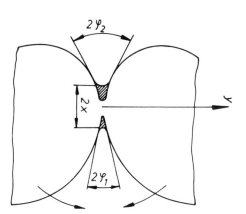

Bild 20. Schematische Darstellung der Kontaktformierung für Teilchen mit asymmetrischem Kontakt (nach [102]).

Einen analytisch anderen Weg beschreiten *Petzow* und *Exner* [103]. Die am asymmetrischen Kontakthals angreifenden unterschiedlichen Kapillarspannungen führen zu einem Moment der Oberflächenkräfte, das mit einem inneren Spannungsfeld im Gleichgewicht steht. Die daraus resultierende Spannungsverteilung $\sigma_A(x_c)$ (simuliert für zwei zylindrische Teilchen mit unsymmetrischem Kontakt) wird durch die Beziehung

$$\sigma_A(x_c) = [10 x_c^3 (1/\varrho_1 - 1/\varrho_2) + 6 x_c^2 l (3/\varrho_1 - 2/\varrho_2 - 2/l) - \\ - 3 x_c l^2 (3/\varrho_1 - 1/\varrho_2 - 4/l) + l^3/\varrho_1] \gamma/l^3 \tag{25}$$

beschrieben. Dabei sind x_c der Abstand von der Halsoberfläche mit dem größeren Krümmungsradius ϱ_1 längs der Kontaktkorngrenze und l die lineare Abmessung der Kontaktkorngrenze selbst. Zur Berechnung zweier Grenzwerte von $\sigma_A(x_c)$ wird wie in Verbindung mit Beziehung (24) vorgegangen: $a = 250$ µm, $x = 25$ µm gewählt ($x/a = 0,1$) und daraus $\varrho_1 = x^2/4a$ berechnet; über die Annahme $\varrho_1 = 2\varrho_2$ ergibt sich ϱ_2; $l = 2 x = 50$ µm. Mit diesen Größen erhält man als $\sigma_A(x_c)_{max}$, d. h. für den Fall, daß $x_c = l$ ist, etwa 10 MPa; für $x_c = 1$ µm beträgt $\sigma_A(x_c) \approx 0,5$ MPa.

Der dem idealisierten Zweikugelteilchenmodell eigene abrupte Übergang von der konkaven Kontakthalskrümmung in die konvexe Krümmung der Teilchenoberfläche (der einem sprunghaften Wechsel von Kapillarzug- auf -druckspannung entspräche) ist thermodynamisch nicht stabil. Es bildet sich deshalb, wie von *Nichols* und *Mullins* [104] vorausgesagt, eine Hinterschneidung heraus, deren Profil für Oberflächen- sowie gleichzeitige Oberflächen- und Korngrenzendiffusion durch Computersimulation von *Exner* und *Bross* [29] berechnet, und die in [100] experimentell bestätigt wurde. Derartige Hinterschneidungen entstehen immer dann, wenn Oberflächendiffusion am Materialtransport in den Kontakt beteiligt ist [100]. Die Bildung der Hinterschneidung ist wie die der Kontaktasymmetrie von der Anisotropie des Oberflächendiffusionsstromes beeinflußt, so daß bei geeigneter Überlagerung beider der Asymmetrieeffekt verstärkt in Erscheinung treten kann.

2.2 Sintererscheinungen an Teilchenkollektiven

Die im vorangegangenen am Zweikugelteilchenmodell voneinander getrennt betrachteten Möglichkeiten einer Beeinflussung von Kontaktwachstum und Teilchenzentrumsannäherung sind von der Anlage her natürlich gemeinsam wirkungsfähig. Es hängt von den jeweiligen Bedingungen ab, in welchem Ausmaß und Verhältnis untereinander das geschieht. Wenn sich die Anteile im Realfall auch kaum trennen und quantitativ bestimmen lassen, so können doch schon jetzt für das Teilchenkollektiv, d. h. ein Ensemble mit einer Koordinationszahl (Zahl erstnächster Teilchennachbarn) größer als eins mit Sicherheit Erscheinungen vorhererkannt werden, die den Verdichtungsvorgang gegenüber der isotropen Schwindung einer räumlichen Aneinanderreihung des idealisierten Zweikugelteilchenpaares z. T. völlig anders gestalten. Das sind vor allem die Bewegung ganzer Teilchen, das von Teilchenkontakt zu Teilchenkontakt unterschiedlich starke Kontaktwachstum und die abrupte Änderung der Versetzungsdichte an der Kontaktgrenze [35]. Ihnen zufolge entstehen im Teilchenensemble lokale Spannungen, die die mittlere Kapillarspannung

$$\bar{P} = A \frac{2\gamma - \gamma_G}{\bar{L}_P} \Theta \tag{26}$$

(Θ Porosität, $\bar{L}_P$ mittlerer Teilchendurchmesser, A Zahlenfaktor je nach Teilchengeometrie 1 ... 4), die sich größenordnungsmäßig auf $\gtrsim 10^{-2}$ MPa beläuft, bei weitem übersteigen und Vorgänge anderer Art auslösen können. Am Beispiel einer Reihe anfänglich gleichgroßer Kugelteilchen wird deren Forminstabilität in Abhängigkeit vom Kontakt-Korngrenzenfurchenwinkel (Dihedralwinkel) und von überlagerten mechanischen Kräften theoretisch in [105] abgehandelt.

2.2.1 Vorgänge an Teilchenketten und -reihen

Das Sintern von Kugelketten (Bild 21) und Kugelreihen (Bild 22) ist mit zwei Erscheinungen verbunden, einer Bewegung der Teilchen gegeneinander und einer Annäherung der Teilchenzentren. Auf die Bedeutung der Teilchenbewegung in einem sinternden System haben bereits *Lenel* und *Eloff* [106] hingewiesen. Eine zusammenfassende Betrachtung wurde von *Exner* [29] gegeben.

Zur Zergliederung der beim Sintern ineinanderlaufenden Vorgänge ist es wegen der besseren geometrischen Determinierung zweckmäßig, die Kugelreihe zu wählen. Wie Bild 22 verdeutlicht, kann die Teilchenbewegung in der Kette als Abgleiten der Teilchen,

Bild 21. Sintern einer geschlossenen Kette aus Kupferkugeln (nach [29]); links: 1 h bei 530 °C; Mitte: 8 h bei 1070 °C; rechts: 64 h bei 1070 °C.

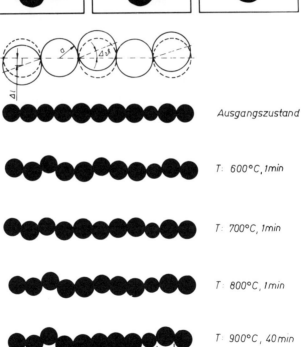

Bild 22. Abrollbewegung der Teilchen einer Kugelreihe während des stufenweisen Aufheizens und Sinterns bei 900 °C (nach [77]); $2a = 0{,}250 \ldots 0{,}315$ mm, $v_A = 50$ K min^{-1}.

d. h. als eine Verschiebung Δl senkrecht zur Verbindungslinie ihrer Mittelpunkte [29], oder als Abrollbewegung um $\Delta \vartheta$ [77] verstanden werden. Dazu an Reihen aus ein- und polykristallinen Kupferkugeln mit unterschiedlicher Ausgangskristallitgröße $\bar{L}_{G0}$ vorgenommene Experimente sprechen für den zweitgenannten Bewegungsvorgang [68].

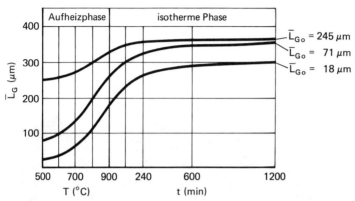

Bild 23. $\bar{L}_G = f(T, t)$ für verschiedene $\bar{L}_{G_0}$ in Kupferkugeln einer Reihe; $a = 0{,}25$ mm, $v_A = 50$ K min^{-1} (nach [107]).

Auch wenn sich die lineare Mittelkorngröße $\bar{L}_G$ im Verlaufe des Sinterns ändert, bleibt doch in dem hier interessierenden Bereich (Aufheizphase, Beginn des isothermen Sinterns) ein signifikanter Unterschied zwischen den von unterschiedlichen $\bar{L}_{G_0}$ ausgehenden $\bar{L}_G = f(T, t)$-Kurven bestehen (Bild 23). Die an den Kugelreihen, von denen Bild 22 einen typischen Ausschnitt wiedergibt, erhaltenen und für die zu führende Diskussion repräsentativen Meßergebnisse sind in den Tabellen 1 und 2 zusammengefaßt. Weitere Aufschlüsse liefert, wie in [73] praktiziert, das Auflösungsverhalten mono- und polykristalliner Kugelreihen als Funktion der isothermen Sinterdauer t (Bild 24).

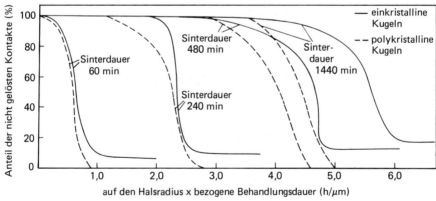

Bild 24. Auflösungsverhalten der Kontakte von unterschiedlich lang gesinterten Reihen aus mono- und polykristallinen Kugeln ($\bar{L}_{G_0} = 18$ μm); $a = 0{,}125$ mm, Lösungsmittel in Anlehnung an [73] wäßrige HCl-FeCl$_3$-Lösung (nach [107]).

Tabelle 1. Mittelwerte der geometrischen Veränderungen von Kugelreihen beim Sintern; $a = 0,125$ mm. Die prozentuale Gesamtverkürzung der Reihe bezieht sich auf die Länge der Geraden, die im Ausgangszustand die Mittelpunkte der die Reihe bildenden Kugeln verbindet (nach [35]).

Monokristalline Kugeln				
T	t	Gesamt-verkürzung, %	davon durch Zentrums-annäherung, %	und durch Abrollen, %
600 °C	1 min	0,40	15,0	85,0
700 °C	1 min	1,50	61,5	38,5
800 °C	1 min	2,40	66,7	33,3
900 °C	1 min	2,93	81,2	18,8
900 °C	10 min	2,94	81,3	18,7
900 °C	40 min	3,00	82,0	18,0
900 °C	320 min	3,10	82,5	17,5
Polykristalline Kugeln, $\bar{L}_{G0} = 18$ µm				
600 °C	1 min	0,80	75,0	25,0
700 °C	1 min	1,50	84,7	15,3
800 °C	1 min	2,61	87,0	13,0
900 °C	1 min	3,03	89,1	10,9
900 °C	10 min	3,04	89,2	10,8
900 °C	40 min	3,20	89,7	10,3
900 °C	320 min	3,25	91,2	8,8

Tabelle 2. Mittelwerte der geometrischen Veränderungen von Kugelreihen beim Sintern; $a = 0,250$ mm, $T = 900\,°C$, $t = 40$ h. Die prozentuale Gesamtverkürzung der Reihe bezieht sich auf die Länge der Geraden, die im Ausgangszustand die Mittelpunkte der die Reihe bildenden Kugeln verbindet (nach [35]).

Objekt	Gesamt-verkürzung, %	davon durch Zentrums-annäherung, %	und durch Abrollen, %
Monokristalline Kugeln	3,34	40,0	60,0
Polykristalline Kugeln, $\bar{L}_{G0} = 245$ µm	2,65	68,0	32,0
Polykristalline Kugeln, $\bar{L}_{G0} = 18$ µm	1,73	91,5	8,5

Der bereits in Abschn. 2.1.1.2 in Verbindung mit den Arbeiten von *Gleiter* und Mitarbeitern erörterte Sachverhalt, daß die monokristallinen Teilchen (auch in der Reihe) die Tendenz zeigen, sich in niederenergetische Kontaktgrenzenlagen einzudrehen, wird in den Darstellungen des Bildes 24 erneut bestätigt. Der Vorgang ist mit dem Abbau von Korngrenzenversetzungen sowie einer Erhöhung des Korrosionswiderstandes der Kontaktkorngrenzensubstanz verbunden. Die Kontaktkorngrenze wird im Zuge der Teilchenrotation „edler" [77]. Mit zunehmender Sinterdauer nimmt die Zahl nichtauflösbarer Kontakte zu. Die Anzahl der Kontakte, in denen durch Abrollen monokristalliner Teilchen eine Niederenergiekorngrenze entstanden ist, vergrößert sich. Der Anteil, den das Abrollen der Teilchen an der Verkürzung der Kugelreihe beim Sintern hat, nimmt mit steigender Temperatur (während der Aufheizphase) sowie mit der Verkleinerung der mittleren Kristallitgröße $\bar{L}_G$ ab (Tabellen 1 und 2). Je kleiner die Kristallite sind, um so weniger sind schwindungswirksame Abrollvorgänge zu erwarten. Die in der Kontaktfläche mit dem Abrollen zwischen den polykristallinen Kontaktpartnern wechselnden Orientierungsbeziehungen ändern auch jedesmal die Kontaktkorngrenzenenergie. Dadurch wird mit kleinerem $\bar{L}_G$ die Wahrscheinlichkeit für eine länger andauernde einsinnige Rotation in eine Niederenergielage immer geringer. Außerdem werden mit abnehmendem $\bar{L}_G$ die Fälle, wo die Kristallitgrenzen in einem Bereich b_G mit den linearen Abmessungen $\varrho \leq b_G \leq x$ liegen und somit als zusätzliche Leerstellensenken zur Schwindung (Zentrumsannäherung) beitragen, immer häufiger.

Zum besseren Verständnis der in den Tabellen 1 und 2 angeführten Werte sei noch folgendes bemerkt: Die größeren Teilchen (Tab. 2) zeigen beim Sintern eine geringere Zentrumsannäherung und die Anzahl der Kontakte ist in den aus ihnen hergestellten Reihen kleiner. (Alle Kugelreihen hatten annähernd dieselbe Länge.) Bei gleichem Abrollwinkel pro Kugelpaar erfährt die Reihe aus den größeren Kugeln auch die größere lineare Auslenkung. Das komplexe Wirken der genannten Faktoren erklärt sowohl die geringere Gesamtverkürzung der Reihen mit den größeren polykristallinen Kugeln, als auch den hohen Verkürzungsanteil durch Abrollen bei den Reihen aus den größeren monokristallinen Kugeln.

Allgemein ist zu sagen, daß in der Aufheizphase jene Faktoren dominieren, die die Bewegung der Teilchen als Ganzes bewirken. Mit der Annäherung an die isotherme Phase jedoch treten die Prozesse mehr in Erscheinung und herrschen beim isothermen Sintern schließlich vor, die zur Schwindung (Teilchenzentrumsannäherung) führen.

Noch einige Ausführungen zur Abrollgeschwindigkeit $\Delta\vartheta/\Delta t$. Die in Bild 25 wiedergegebenen fünf $\vartheta = f(T, t)$-Kurven sind für den beobachteten Streubereich repräsentativ. Sie verdeutlichen, daß der Mechanismus des Abrollens in der Aufheizphase zwischen 600 und 700 bzw. 800 °C seine größte Intensität aufweist. Das ist auch das Temperaturintervall, in dem die spontane Versetzungsbildung und das Entstehen stark erhöhter Versetzungsdichten im kontaktkorngrenzennahen Bereich ihrem Höhepunkt zustrebt. Bezüglich der Abrollgeschwindigkeit seien stellvertretend für eine größere Zahl von Meßwerten die der beiden Grenzfälle (Kurve 1 und 5) angeführt. Im Temperaturintervall $600 \rightarrow 700$ °C beträgt $\Delta\vartheta/\Delta t$ für das „langsamste" Kugelpaar (Kurve 1) $1{,}5 \cdot 10^{-3}$ rad $\cdot$ s^{-1} und für das „schnellste" (Kurve 5) $3 \cdot 10^{-3}$ rad $\cdot$ s^{-1}. Im Temperaturbereich $700 \rightarrow 800$ °C belaufen sich die entsprechenden $\Delta\vartheta/\Delta t$-Werte auf $3{,}3 \cdot 10^{-4}$ rad $\cdot$ s^{-1} und $6{,}6 \cdot 10^{-4}$ rad $\cdot$ s^{-1}. Sie liegen damit, wie bereits in Abschn. 2.1.1.2 erwähnt, mindestens eine Größenordnung über denen, die nach Einsetzen der entsprechenden Größen in Gl. (18) erhalten werden.

Unter der Annahme, daß die Kontaktzonenversetzungen über diffusions-versetzungsgesteuertes Fließen an dem für den Abrollvorgang erforderlichen Materialumbau mitwirken, erhält die Beziehung für die Abrollgeschwindigkeit die Form [77]

$$\dot{\vartheta}_{DV} \simeq \frac{\Delta\gamma_G}{\Delta\vartheta} \frac{N_V D_V \Omega}{a \, c \, k \, T} \tag{27}$$

(c ist ein Zahlenfaktor). Unter sonst gleichen Bedingungen läßt sich der Unterschied zwischen der Rotationsgeschwindigkeit $\dot{\vartheta}_D$ auf der Basis von Volumenselbstdiffusion

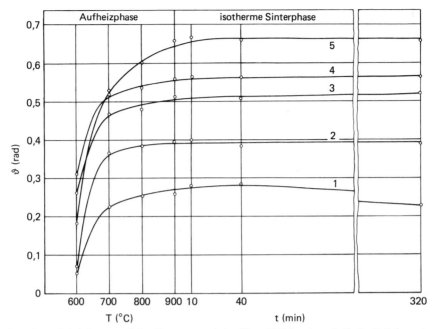

Bild 25. Rotationswinkel ϑ ausgewählter Paare monokristalliner Teilchen innerhalb der Teilchenreihen in Abhängigkeit von T und t (nach [107]).

(Gl. (18)) und auf der Grundlage des Versetzungsmechanismus $\dot\vartheta_{DV}$ (Gl. (27)) durch das Verhältnis

$$\frac{\dot\vartheta_{DV}}{\dot\vartheta_D} \simeq \frac{N_V\, x^3}{8\, c\, a} \qquad (28)$$

(N_V Dichte beweglicher Versetzungen) ausdrücken. Von den während des interessierenden Stadiums im sinternden Kristall im Kontaktbereich gebildeten Versetzungen beträgt der Anteil beweglicher Versetzungen ungefähr 30% [108]. Nimmt man, wie *Shewmon* [71], als vernünftigen Anfangswert für $x \simeq 10\,\mu m$ an und berücksichtigt den in den Kugelreihenexperimenten beobachteten weiteren $x/a = f(t)$-Verlauf (Bild 26), dann ergibt sich bei $c \simeq 1$ und $a = 125 \ldots 150\,\mu m$ für $\dot\vartheta_{DV}/\dot\vartheta_D = 30 \ldots 40$. Dies stimmt mit dem Wert, der sich aus dem Vergleich von experimentell ermittelter [76], [77] und nach der Beziehung (18) unter denselben Bedingungen errechneter Abrollgeschwindigkeit ergibt, gut überein.

Der Gedanke, daß bei der Rotation aneinander sinternder Kristalle Versetzungen eine wesentliche Rolle spielen können, wurde bereits von *Pond* und *Smith* [109] ausgesprochen. Jedoch hatten die Autoren dabei Korngrenzenversetzungen mit Schraubenkomponente im Auge, die sich aufgrund der Orientierungsdifferenz zwischen den Gittern der kontaktierenden Teilchen in der Kontaktebene bilden. Die Bewegung solcher Versetzungen zur Kontakthalsoberfläche ruft eine Drehung der Kristalle um eine Achse, die senkrecht zur Kontaktebene steht, hervor.

2.2.2 Gefüge- und Kontaktkorngrenzen

In Abschn. 2.1.1.1 wurde am Zweiteilchenmodell die Rolle der Kontaktkorngrenze als Leerstellenabsorber (-senke) und Atomemitter (-quelle) dargelegt und dabei den Kontaktpartnern stillschweigend der einkristalline Zustand zugedacht. In der Technik aber werden bei den für die Herstellung vor allem metallischer Sinterteile gängigen Pulverteilchengrößen meist polykristalline Pulver verwendet. Dann kommen im sinternden System zwei Arten von Grenzen vor: Gefügekorngrenzen innerhalb der Pulverteilchen und Kontaktkorngrenzen zwischen den Teilchen. Die Gefügekorngrenzen bilden sich bei der Erstarrung oder Rekristallisation durch Kohärenzabbruch und weisen bereits einen weitgehend „relaxierten" Zustand auf. Die Kontaktkorngrenzen hingegen entstehen während des Sinterns aus einem anfangs mechanischen Verbund über Materialumbau im Kontaktbereich, der von der Bildung zahlreicher Strukturdefekte im kontaktnahen Volumen begleitet ist. Die für beide Grenzentypen andere Vorgeschichte hat damit über eine längere Periode des Sinterns (bis die Kontaktkorngrenze zu einer Gefügekorngrenze (Großwinkelkorngrenze) geworden ist) auch einen unterschiedlichen Zustand zur Folge, von dem zu vermuten ist, daß er sich auf die Leistungsfähigkeit beim Massetransport in den Kontakt auswirkt.

Darüber eine bündige Aussage zu machen, ist schwierig. Sie könnte nur durch Untersuchungen an einem realen (technischen) Sinterkörper gegeben werden, da allein dieser die dafür vorauszusetzenden Qualitätsmerkmale aufweist. Das jedoch übersteigt die derzeitigen experimentellen Möglichkeiten, so daß das Problem auf Umwegen angegangen werden muß. Auf diese Weise lassen sich mit einer gewissen Wahrscheinlichkeit verknüpfte und in Grenzen gültige Aussagen, aber keine auf den technischen Sinterkörper uneingeschränkt übertragbare Ergebnisse erzielen. In diesem Sinne sind die nachfolgenden Erörterungen zu verstehen.

Darauf gerichtete Untersuchungen hatten die schon im vorangegangenen Abschnitt beschriebenen Reihen aus monokristallinen und polykristallinen Kugeln mit unterschiedlichen, aber innerhalb einer Reihe gleichen linearen Ausgangsmittelkristallitgrößen $\bar{L}_{G0}$ zum Gegenstand. $\bar{L}_{G0}$ war über eine Behandlung im Attritor (bestimmter Kugelmühlentyp) und nachfolgende Rekristallisationsglühung eingestellt worden.

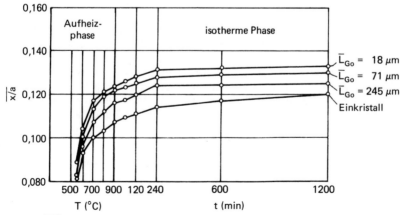

Bild 26. $\overline{x/a} = f(T,t)$-Kurven für Reihen aus mono- und polykristallinen Kugeln mit unterschiedlichen $\bar{L}_{G_0}$. Jeder Meßpunkt stellt einen Mittelwert von rund 100 Einzelmessungen dar (nach [110]); $a = 250$ µm, $v_A = 50$ K min^{-1}.

Die an den Reihen gemessenen mittleren relativen Halsradien $\overline{x/a}$ liefern die in Bild 26 dargestellten Kurvenzüge. Es zeigt sich, daß die Zunahme der $\overline{x/a}$-Werte in der Aufheizphase (Temperaturintervall 600...800°C) am stärksten ist. Das Verhältnis $\overline{x/a}$ der Polykristallreihen bezogen auf den entsprechenden Wert der Einkristallreihe ist an keinem Punkt der Kurven größer als 15%, aber mindestens 4%. Mit der üblichen, angenähert geltenden Beziehung [27], [93]

$$-\Delta l/l_0 = x^2/4a^2 \qquad (29)$$

folgt daraus, daß die auf Zentrumsannäherung der Kugeln beruhende Schwindung der Polykristallreihen maximal um 34% (für $\overline{L}_{G0} = 18$ μm) und mindestens um 8% (für $\overline{L}_{G0} = 245$ μm) über den entsprechenden Schwindungswerten $-\Delta l/l_0$ der Einkristallkugelreihe liegt. Eine analoge Entwicklung wie die relativen Halsradien zeigen die nach

$$\overline{V}_N = \pi x^4/4a \qquad (30)$$

berechneten mittleren Kontaktvolumina [35].

Beachtet man, daß in den betrachteten Fällen der Anteil der Kontaktkorngrenzenfläche F_{GC} immer unter 1% und der der Gefügekorngrenzenfläche F_{GS} stets über 99% liegt, und daß sich aufgrund des Kornwachstums nur noch relativ wenige Gefügekorngrenzen in einem für das Kontaktwachstum noch wirksamen Volumen mit der linearen Ausdehnung von etwa $10^{-1} a$ befinden [110], dann sind die in Bild 26 dargestellten Verhältnisse lediglich als eine erste pauschale Aussage zu werten.

Um die dominierende Rolle der Kontaktkorngrenze beim Massetransport, wie sie in Bild 26 zum Ausdruck kommt, konkretisieren zu können, müssen die Meßergebnisse in einer zweckdienlicheren Form aufbereitet werden. Wird das für bestimmte Sinterbedingungen (T, t) ermittelte mittlere Halsvolumen der Einkristallkugelreihen $\overline{V}_{Nm}$ auf die mittlere Kontaktkorngrenzenfläche $\overline{F}_{GCm} = \pi \overline{x}^2$ bezogen, dann erhält man den mittleren „spezifischen Massetransport" $\overline{M}_{GCm}$ aus der Kontaktkorngrenze in Einkristallkugelreihen

$$\overline{M}_{GCm} = \overline{V}_{Nm}/\overline{F}_{GCm}. \qquad (31)$$

Polykristallkugelreihen weisen ein stärkeres Halswachstum auf. Das bedeutet, daß auch die Kontaktkorngrenzenfläche schneller zunimmt und ihr demzufolge ein größeres anteiliges Halsvolumen zuzuschreiben ist. Unter der Annahme, daß die Massetransportintensität aus der Kontaktkorngrenze in Ein- und Polykristallkugelreihen dieselbe ist, beläuft sich der von ihr im Mittel zum Kontakthalsvolumen $\overline{V}_{Np}$ der Polykristallkugelreihe „gelieferte" Anteil zu

$$\overline{V}_{NGC} = \overline{F}_{GCp} \overline{M}_{GCm}, \qquad (32)$$

wobei $\overline{F}_{GCp}$ die Kontaktgrenzenfläche der Polykristallkugelreihe ist. Der von den Gefügekorngrenzen beigesteuerte mittlere Anteil beträgt dann

$$\overline{V}_{NGS} = \overline{V}_{Np} - \overline{V}_{NGC}. \qquad (33)$$

Schließlich läßt sich nun auch der mittlere „spezifische Massetransport" aus den Gefügekorngrenzen angeben:

$$\overline{M}_{GSp} = \overline{V}_{NGS}/\overline{F}_{GS}. \qquad (34)$$

Bei der Berechnung von $\overline{F}_{GS}$ werden nur jene Gefügekorngrenzenflächen in Betracht gezogen, aus denen heraus bei gegebener T und entsprechendem Diffusionskoeffizienten während der Zeit t noch Atome bis zur Kontaktoberfläche gelangen können [110].

Mit Hilfe der Beziehungen [31] und [34] läßt sich der „spezifische Massetransport" für beide Grenzentypen in Abhängigkeit von den Sinterparametern darstellen. Das Ergebnis zeigt Bild 27. Ohne auf weitere in Verbindung damit geltende Randbedingungen und zu diskutierende Einzelheiten [35] eingehen zu wollen, lassen sich doch folgende wesentlichen Schlüsse ziehen: Bei 700 °C (Aufheizphase) ist der spezifische Massetransport aus der Kontaktkorngrenze an die Kontakthalsoberfläche rund eine Zehnerpotenz größer als der aus den Gefügekorngrenzen. Aufgrund von Erholungsvorgängen in den Versetzungszonen und des Defektabbaues in der Kontaktkorngrenze selbst nimmt $\bar{M}_{GCm}$ bis zum Erreichen der isothermen Sintertemperatur ab, liegt aber – auch für längere Sinterzeiten – noch weit über $\bar{M}_{GSp}$ und bleibt praktisch konstant, was den relativ stabilen Versetzungskonfigurationen merklich erhöhter Versetzungsdichte (Abschn. 2.1.1.3) zuzuschreiben ist.

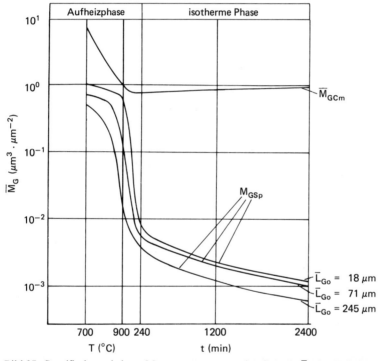

Bild 27. Spezifischer mittlerer Massetransport aus der Grenze $\bar{M}_G$ im Fall der Kontaktkorngrenze ($\bar{M}_{GCm}$) und der Gefügekorngrenze ($\bar{M}_{GSp}$) für unterschiedliche $\bar{L}_{G_0}$ (nach [110]; $a = 250$ μm, $v_A = 500$ °C.

Der am Ende der Aufheizperiode vorübergehend relativ große „spezifische Materialtransport" der Gefügekorngrenzen muß in Verbindung mit dem in diesem Temperaturintervall besonders intensiven Kornwachstum (Bild 23) gesehen werden. Aus dem für die Korngrenzenbewegung angenommenen atomistischen Mechanismus [111] ist zu schlußfolgern, daß eine wandernde Korngrenze eine wesentlich effektivere Leerstellensenke als eine stationäre ist. Der Diffusionskoeffizient für dynamische (sich bewegende) Korngrenzen ist gegenüber dem für stationäre bis drei Zehnerpotenzen größer [112]. Mit abklingendem Kornwachstum nimmt auch $\bar{M}_{GS_p}$ rasch ab, um schließlich bei kaum noch merklicher Kornvergröberung ($T = 900\,°C$, $t \gtrsim 240$ min, Bild 23) ein minimales Niveau einzunehmen, das Größenordnungen unter dem von $\bar{M}_{GCm}$ liegt.

Das grundlegende Ergebnis, daß die Kontaktgrenze wesentlich stärker zum Materialtransport und Kontaktwachstum beiträgt als die Gefügegrenzen, hat – wie noch zu erörtern sein wird – für das Sinterverhalten des realen Pulverpreßkörpers größere Bedeutung.

2.2.3 Vorgänge in flächigen Teilchenanordnungen

Ohne Zweifel weist eine flache Kugelschüttung hinsichtlich der Wirkungsmöglichkeiten der in Betracht kommenden Einflußfaktoren und deren Folgeerscheinungen beim Sintern die meisten „Freiheitsgrade" auf. Kritische Stimmen haben nur bedingt recht, wenn sie meinen, daß die an flächigen Kugelschüttungen beobachteten Veränderungen nicht mit jenen, die im realen, dichter gepackten Preßling auftreten, verglichen werden dürfen. Alle Vorgänge in der flächigen Kugelschüttung sind auch im realen Preßkörper – wegen der veränderten Umgebungsbedingungen freilich in abgewandelter Form – anzutreffen (Kap. 3), weil sie schlechthin dem dispersen System immanent sind.

Übereinstimmung herrscht darüber, daß sich lokal Verdichtungszentren ausbilden, denen eine Hohlraumvergrößerung an anderen Stellen entspricht, und daß bereits entstandene Kontakte wieder getrennt sowie andererseits neue Kontakte geknüpft werden ([106], [113] bis [116]). Ursache dafür sind die Anisotropie des Kontaktwachstums aufgrund unterschiedlicher Grenzflächenbedingungen, Diffusionsströme und Versetzungsdichten sowie die dadurch bedingte Kontaktasymmetrie. Demzufolge entstehen im sinternden System Spannungen, die die Warmstreckgrenze erreichen und plastische Deformationen, d. h. konservative Versetzungsbewegungen in Gleitebenen und längs den Gleitrichtungen auslösen können. Ihre Mitwirkung läßt die ungewöhnlichen morphologischen Veränderungen einer flächigen Schüttung (Bild 28) verständlich werden (s. a. Abschn. 2.2.4).

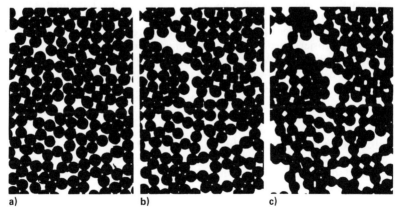

Bild 28. Teilchenbewegung in einer ebenen Schüttung gleichgroßer Kupferkugeln (nach [29], [103]); $a = 30\,\mu m$, $T = 1000\,°C$;
a) $t = 1$ min, b) $t = 2$ h, c) $t = 12$ h.

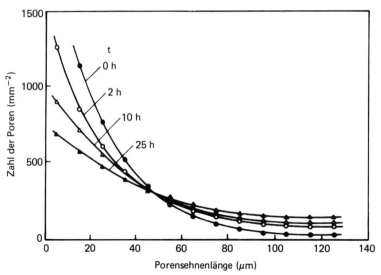

Bild 29. Häufigkeit der Porensehnenlänge in einer ebenen Anordnung gleichgroßer Kupferkugeln zu verschiedenen Sinterzeiten t (nach [29]); $T = 1000\,°C$.

Die von *Exner* und *Petzow* [29], [103] angestellte quantitative Analyse des Geschehens an zweidimensionalen Schüttungen gleichgroßer Kupferkugeln läßt quantitative Schlüsse auf die Auswirkungen der Teilchenumordnung zu. Mit der isothermen Sinterdauer t nimmt die Zahl der kleinen Poren kontinuierlich ab, die der großen zu (Bild 29). Die kleinen Hohlräume schrumpfen bei gleichzeitiger Vergrößerung ihres spezifischen Umfangs (Abweichung von der Kreisform), wohingegen die großen ihre Fläche ausdehnen, aber den spezifischen Umfang verringern, d. h. sich abrunden. Während sich die Zahl der neugebildeten Kontakte laufend erhöht, reißen in einem bestimmten Bereich des relativen Halsradius ($x/a = 0,2 \ldots 0,3$) in größerer Zahl schon gebildete Kontakte wieder ab (Bild 30).

Bestehen die Schüttungen aus Teilchen unterschiedlichen Durchmessers, tritt eine weitere Spannungskomponente hinzu, die das Sintergeschehen erheblich beeinflussen kann. In [102] wird anhand der in Bild 31 gezeigten Anordnung, die ein experimentelles Beispiel leicht schematisiert wiedergibt, und für die die Anzahl n der kleineren Teilchen mit dem Radius a_2 auch variiert werden kann, eine Beziehung hergeleitet, nach der sich ein oberer Grenzwert der in einem solchen Fall zu erwartenden Spannung σ_P abschätzen läßt:

$$\sigma_P \simeq \frac{E\,\psi}{a_2^{3/2}} \left[1 - \frac{1}{(n-1)^{3/2}} \right]. \tag{35}$$

Dabei bedeuten E der E-Modul und $\psi = (D\,\gamma\,\Omega\,t/k\,T)^{1/2}$; der Radius a_1 der größeren Teilchen ergibt sich aus $a_1 = (n-1)\,a_2$. Nach Einsetzen der bekannten Werte für E, γ, D, Ω und k sowie vernünftiger Wahl der übrigen Größen ($t = 10$ min, $T = 900\,°C$, $n = 3$, $a_2 = 40$ μm) erhält man für Kupferteilchen $\sigma_P = 53$ MPa. Damit liegt σ_P merklich über der Warmstreckgrenze des Kupfers für $900\,°C$ (≤ 10 MPa), so daß in einem sinternden System mit einer derartig inhomogenen Teilchengröße in stärkerem Ausmaß zusätzliche hochtemperaturplastische Prozesse zu erwarten sind. Grundsätzlich wurde dieser Sachverhalt beispielsweise in [117] experimentell bestätigt, wo die Kugelschüttung durch ein

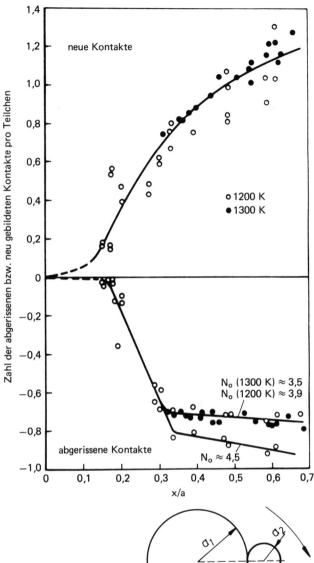

Bild 30. Zahl der abgerissenen und neugebildeten Kontakte pro Teilchen in ebenen Kupferkugelanordnungen beim Sintern (nach [29]); N_0 Anzahl der Kontakte pro Teilchen im Ausgangszustand.

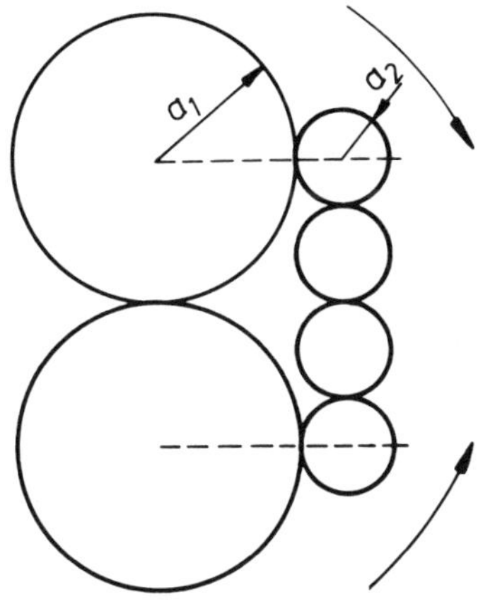

Bild 31. Schematische Darstellung einer Anordnung von Teilchen unterschiedlicher Größe für die Herleitung der Beziehung (35) (nach [102]).

Platte-Zweiteilchen-Modell simuliert war. Infolge des Auftretens einer Spannungskomponente σ_P wurden Versetzungsvervielfachung, spannungsinduzierte Korngrenzenbewegung und Rekristallisation beobachtet (s. a. Bild 33).

2.2.4 Vorgänge bei Teilchenschüttungen und gepreßten Teilchenpackungen

Auch in einer Kugelschüttung sind die Auswirkungen jener Einflüsse, die auf eine Bewegung der Teilchen und die Bildung von stärker verdichteten Volumina sowie Hohlräumen hinwirken, beträchtlich. Von einer relativ starren Vernetzung, die die Umordnung im Vergleich zu einer flächigen Schüttung in nennenswertem Umfang erschwert [118], kann in der nichtisothermen und gegebenenfalls ganz zu Beginn der isothermen Phase des Sinterns noch keine Rede sein. Hier weisen, wie in Abschn. 3.1.1 näher erörtert werden wird, die schon entstandenen Kontakte vorerst eine Qualität auf, die eine wiederholte Trennung der Kontaktpartner noch zuläßt.

Zu den in Abschn. 2.2.3 besprochenen, die Verdichtung flächiger Kugelanordnungen beeinflussenden Umstände kommen im Haufwerk vor allem jene Zwänge hinzu, die durch die veränderten Nachbarschaftsverhältnisse bedingt sind. Für das einzelne Teilchen darf man 5 ... 8 kontaktierende Nachbarn annehmen. Jeder der von einem Teilchen zu seinen Nachbarn gebildeten Kontakte unterscheidet sich qualitativ und quantitativ. Qualitativ durch die von Kontakt zu Kontakt wechselnde Größe der Orientierungsdifferenz (Kontaktkorngrenzenergie) und durch die sich an der Kontaktfläche abrupt ändernde Beschaffenheit der Versetzungszonen. Das hat quantitativ zur Folge, daß von Kontakt zu Kontakt für gleiche t die Größe $2x$ anders ausfällt.

a)

b)

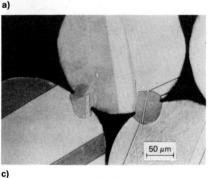
c)

Bild 32. Beispiele für spannungsinduziertes Kornwachstum (a) und Rekristallisation (b, c) in Sinterkontaktbereichen von Kupferkugelschüttungen (nach [68]); $T = 900\,°C$, $t = 4$ h.

Die in Schüttungen aus Teilchen einer Größe variierenden Kontakthalsdurchmesser $2x$ bedingen bei entsprechender Konfiguration und Größendifferenz der Kontakte gleichfalls Spannungen. Sie wirken im Teilchenhaufwerk zusätzlich zu den für die Teilchenreihen und -flächen schon beschriebenen Spannungen (Streben nach Einstellung einer Niederenergiekontaktkorngrenze und „Asymmetriespannung"). Allein oder als Folge einer Überlagerung verursachen auch sie Teilchenbewegungsvorgänge, plastische Deformationen der Kontaktbereiche oder Trennung bereits gebildeter Kontakte. Die infolge ungleich starker Kontakte entstehenden Spannungen können die Versetzungsdichten in den Versetzungszonen soweit anheben ($> 10^{10}$ cm^{-2}), daß spannungsinduziertes Kornwachstum und Rekristallisation eintreten (Bild 32). Danach ist in den davon betroffenen Gebieten $N \leq 10^8$ cm^{-2}.

Als Bestätigung eines solchen Verhaltens darf auch die an Schüttungen gleichgroßer Kugeln für das frühe isotherme Sintern gemessene Schwindung, die über der theoretischen, nach Gl. (29) abgeschätzten liegt, angesehen werden [29], [106], [114]. Aufgrund von mikrofraktographischen Messungen und Beobachtungen zu Kontaktgröße und -form, die nach einer von *Dudrova* und *Šalak* [119] eingeführten Methode (Abschn. 3.1.1) vorgenommen worden waren, haben *Akechi* und *Hara* [120] an Kupfer- und Silberkugelschüttungen eine Inkubationsperiode des Kontaktwachstums festgestellt. Bei isothermen Sintertemperaturen von 500 ... 700 °C haben sich über die ganze Expositionsdauer (bis 1000 min) praktisch noch keine geschlossenen, sondern dendritischen bzw. netzförmig gestaltete Kontakte ausgebildet. Im gleichen Temperaturintervall nimmt, obwohl die Schüttung stark und rasch schwindet, lediglich die Zahl der Kontakte, nicht aber der mittlere individuelle Kontaktdurchmesser zu. Ein solches Verdichtungsverhalten ist nur mit der Bewegung ganzer Teilchen in den Porenraum erklärbar. Erst bei höheren Sintertemperaturen (800 ... 1000 °C) setzt nach einer Inkubationszeit von $\gtrsim 10$ min auch Kontaktwachstum ein. Die Schwindungskurven verlaufen dann aber flacher (Bild 33). Die eingezeichnete Gerade mit der Neigung 2/5 bezieht sich auf die von *Kingery* und *Berg* [22] für die Schwindung durch Volumendiffusion aus der Korngrenze (Bild 3, Mitte) abgeleitete Beziehung mit dem Zeitexponenten 2/5 (Abschn. 2.2.5). Offensichtlich beschreibt sie das Sintergeschehen nur sehr unvollkommen.

Besonders eindrucksvoll stellt sich die Komplexität des Geschehens dar, wenn nicht, wie im vorangegangenen, allein die isotherme Phase, sondern der gesamte Sinterzyklus in Betracht gezogen wird. Es ist nicht ohne weiteres möglich, den systematisch wiederkehrenden Richtungsänderungen der Kurvenzüge des Bildes 34 den sie jeweils bedingenden konkreten Teilvorgang zuzuordnen oder gar quantitativ zu beschreiben. Unter Berücksichtigung der Abschn. 2.1.1.2 bis 2.1.1.4 und der in den Tabellen 1 und 2 enthaltenen Tendenzaussagen sowie der quantitativ metallographischen Befunde (Bild 35) darf folgendes für die Dilatometerkurven des Bildes 34 angenommen werden. In der Schüttung aus monokristallinen Kugeln (Klopfdichte $\approx 62\%$) herrschen, nachdem bis 200 °C ($\approx 35\%$ der Schmelztemperatur) erste Kontakte formiert wurden, im Temperaturbereich bis 900 °C Teilchenumordnungsvorgänge (vorzugsweise Teilchenabrollen und -reißen) vor. Demzufolge überwiegt die Bildung von Hohlraum gegenüber der von Verdichtungszentren, was auch die quantitativ metallographische Auswertung bestätigt (Bild 35, Kurve 1). Die danach einsetzende Schwindung dürfte angesichts der hohen Temperatur vor allem durch Kontaktwachstum mit Zentrumsannäherung bedingt sein, dem, wie *Akechi* und *Hara* [120] für den Beginn der isothermen Phase beobachteten, eine Erhöhung der Zahl der Kontakte voran- oder einhergeht. Das waagerechte Kurvenstück im Bereich 500 ... 700 °C ist den in diesem Temperaturgebiet wirksam werdenden Versetzungszonen (Abschn. 2.1.1.3) und der durch sie intensivierten Zentrumsannäherung

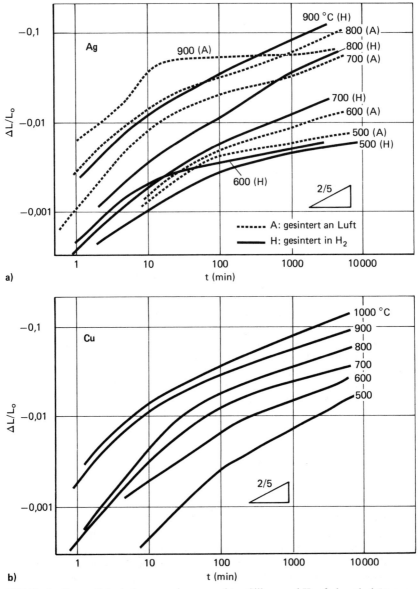

Bild 33. Isotherme Schwindung von lose gepackten Silber- und Kupferkugelschüttungen in Abhängigkeit von der Sinterzeit t für verschiedene T (nach [119]).

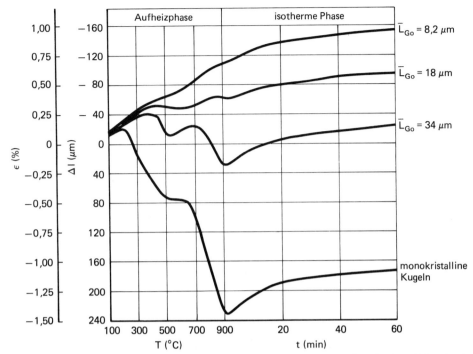

Bild 34. Schwindungskurven von zylindrischen Schüttungen aus Kupferkugeln ($a = 125$ μm) mit unterschiedlicher mittlerer Ausgangskristallitgröße $\bar{L}_{G_0}$ (nach [35]).

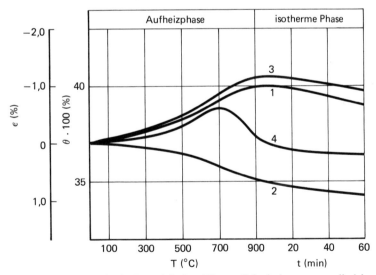

Bild 35. Quantitativ metallographisch ermittelte Porosität θ und lineare Schwindung ε von zylindrischen Kupferkugelschüttungen (nach [35]);
1 Einkristallkugeln, $a = 125$ μm,
2 Polykristallkugeln, $\bar{L}_{G_0} = 8{,}2$ μm, $a = 125$ μm,
3 Einkristallkugeln, $a = 250$ μm,
4 Polykristallkugeln, $\bar{L}_{G_0} = 8{,}0$ μm, $a = 250$ μm.

zuzuschreiben, die die durch Teilchenabrollbewegungen verursachte Schwellung zeitweise kompensiert. In diesem T-t-Intervall tritt jedoch auch eine stärkere Differenzierung der Kontaktdurchmesser ein, da das diffusionsversetzungsgesteuerte Kontaktwachstum orientierungsabhängig ist, was beim Kontaktwachstum über reine Volumendiffusion (gemäß Gl. (9)) nicht der Fall ist. Demzufolge finden zunehmend hochtemperaturplastische Prozesse statt; Kontakte werden deformiert sowie schließlich getrennt, so daß die Hohlraumbildung wieder überhandzunehmen beginnt. Insgesamt bleibt die durch Verdichtungszentren gegebene Schwindung unter der durch Hohlraumbildung verursachten Schwellung, so daß die Probenlänge nach dem Versuch merklich größer als davor ist. Das extreme Gegenstück, der Verlauf der Kurve für eine Schüttung aus feinkristallinen Kugeln (Bild 34, $\bar{L}_{G0} = 8{,}2$ µm), zeigt über den gesamten untersuchten Bereich Schwindung an (s. a. Kurve 2, Bild 35). Bis etwa 500 °C dominiert das „normale" Kontaktwachstum über Volumendiffusion, durch das schon eine relativ gleichmäßig dichte Packung der Teilchen entsteht. Aufgrund der rotationshemmenden Wirkung, die kleine Korngrößen ausüben (Bild 24), sollten Teilchenbewegungen durch Abrollen nur in geringem Maße auftreten. Oberhalb 500 °C setzen sowohl starkes Kornwachstum ein, das die Tendenz zum Abrollen erhöht, als auch Versetzungsreaktionen. Letztere führen zu einer verstärkten Schwindung durch Zentrumsannäherung. Der um 900 °C geringfügige Rückgang der Schwindung müßte in Anbetracht der sich in folgerichtiger Weise ändernden Charakteristik der dazwischen liegenden Dilatometerkurven wieder durch einen zeitweise geringen Hohlraumzuwachs infolge des differenzierten Kontaktwachstums verursacht sein. Die Verläufe der Kurven des Bildes 34 für $\bar{L}_{G0} = 34$ µm und $\bar{L}_{G0} = 18$ µm sind als eine graduell unterschiedliche Wirksamkeit der erörterten Teilvorgänge zu verstehen.

Ebenso wie – unter sonst gleichen Bedingungen – eine Verringerung der Pulverteilchengröße eine zunehmende Einflußnahme der auf eine Verdichtung (Schwindung) gerichteten Teilvorgänge bedingt, besteht für Schüttungen aus größeren Kugelteilchen ($a = 250$ µm, [35]) die Tendenz, die zur Auflockerung der Kugelpackung und zur Hohlraumbildung führenden Prozesse stärker zur Geltung kommen zu lassen (Kurven 3 und 4, Bild 35, Tab. 1, 2).

Wird eine Packung gleichgroßer Kugeln gepreßt, dann entsteht ein Gefüge, das von Anfang an durch eine abgeplattete und relativ große integrale Kontaktfläche sowie verhältnismäßig wenige und kleine zwickelförmige Poren gekennzeichnet ist (Bild 36).

a)   b)

Bild 36. Gefüge von gepreßten Kugelpackungen ($a = 250$ µm, Preßdruck 400 MPa) nach 30minütiger Erwärmung bei 600 °C (nach [68]);
a) Pulverausgangszustand monokristallin,
b) Pulverausgangszustand polykristallin, $\bar{L}_{G_0} = 18$ µm.

Ein solches Gefüge läßt eine Bewegung ganzer Teilchen kaum noch zu. Die $\varepsilon = f(T, t)$-Kurven derartiger Preßlinge weisen im nichtisothermen Teil übereinstimmend zwei Wendepunkte auf, denen zwei $\dot\varepsilon$-Maxima entsprechen (Bild 37). Da sich der Volumenselbstdiffusionskoeffizient monoton mit der Temperatur ändert, kommt für die Verdichtung in diesem Stadium kein Materialtransport allein durch Volumendiffusion, wie in Abschn. 2.1.1.1 erörtert, in Betracht. Dies sind vielmehr Merkmale, wie sie auch beim Sintern realer Preßlinge beobachtet werden. Allerdings liegen die $\dot\varepsilon_{max}$-Werte mit 10^{-4} min^{-1} [35] ein bis zwei Größenordnungen unter denen, die an Preßlingen aus sinteraktiven Pulvern gemessen werden (Kap. 3).

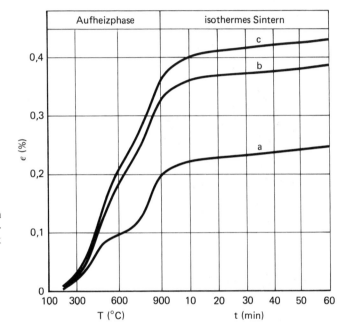

Bild 37. $\varepsilon = f(T, t)$-Kurven von Preßlingen aus Kugelteilchen; Preßdruck 400 MPa, $a = 125$ μm;
a) monokristallin,
b) polykristallin, $\bar{L}_{G_0} = 18$ μm,
c) polykristallin, $\bar{L}_{G_0} = 8$ μm (nach [35]).

Die Schwindungskurven des Bildes 37 weisen deutliche Unterschiede auf, obwohl sich im betrachteten Fall ab 600 °C unabhängig vom Pulverausgangszustand über Rekristallisation praktisch die gleiche Kristallitgröße innerhalb der Teilchen eingestellt hatte. Die Preßkontaktflächen sind nicht glatt, sondern zeigen einige Mikrometer hohe Faltungen aus ganzen Gleitpaketen, die bei monokristallinen Teilchen einsinnig, bei polykristallinen in unterschiedliche Richtungen verlaufen (Bild 38) und im geschlossenen Kontakt eine große Zahl länglicher Poren bedingen. Diese beginnen bei $T > 300$ °C „auszuheilen", indem sie ins benachbarte Volumen Leerstellen emittieren (erstes $\dot\varepsilon$-Maximum), die dort zu Clustern agglomerieren. Im Ergebnis von Wechselwirkungen zwischen Leerstellenclustern und beim Pressen eingebrachten Versetzungen (Abschn. 3.1.3) sowie des in Bild 16b dargestellten Mechanismus erreicht $\dot\varepsilon$ erneut maximale Werte (zweites $\dot\varepsilon$-Maximum). Für Preßkörper aus polykristallinen Teilchen verlaufen die Prozesse intensiver, da N im Kontakt größer ist. An den Korngrenzen, die bei der plastischen Deformation als Barrieren wirken, werden Versetzungen aufgestaut und zwar um so mehr, je engmaschiger das Korngrenzennetz ist. Mikrohärtemessungen im Kontaktbereich haben diese Vorstellungen bestätigt [68].

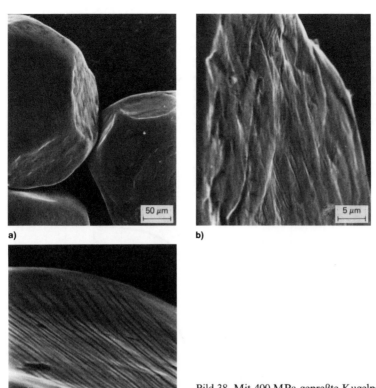

Bild 38. Mit 400 MPa gepreßte Kugelpackung, $a = 125$ μm;
a) Kontaktflächen im Preßling aus polykristallinen Pulvern ($\bar{L}_{G_0} = 8$ μm),
b) Ausschnitt von a),
c) Ausschnitt von der Kontaktfläche eines monokristallinen Teilchens (nach [68]).

2.3 Sintergleichungen

Bei der analytischen Beschreibung der Schwindungskinetik ist man auf gewisse Simplifikationen angewiesen, die, sofern den Sintergleichungen ein konkreter physikalischer Sinn unterlegt ist, im wesentlichen in zwei Richtungen gehen: Die Darstellung des Verdichtungsvorganges auf der Basis verallgemeinerter thermodynamisch metastabiler Strukturzustände (Abschn. 3.4) oder – wie im weiteren zu behandeln sein wird – die Darstellung der Schwindung anhand einer geometrischen Modellierung des Pulverkörpergefüges. In beiden Fällen kann das Geschehen im Pulverhaufwerk und -preßkörper nur zu Teilen und bestenfalls angenähert beschrieben werden, da sich das äußerst komplexe Verdichtungsgeschehen nicht summarisch in einen mathematischen Ausdruck kleiden läßt. Die Praxisrelevanz der Sintergleichungen ist deshalb insgesamt gering. Dennoch wird häufig und nicht immer in voller Kenntnis der mit solchen Beziehungen verknüpften Restriktionen aus verschiedenen Gründen auf sie zurückgegriffen sowie daran gearbeitet, um sie weiterzuentwickeln und ihren Realitätsgehalt zu erhöhen [121].

Der Gefügemodellierung des Pulverkörpers entsprechend wird auch der Sintervorgang nach „geometrischen" Gesichtspunkten in drei Phasen unterteilt [28], [123]:

- Das Sinteranfangsstadium, in dem sich über Kontaktwachstum und Zentrumsannäherung die Bindefestigkeit im dispersen Körper merklich erhöht, die Pulverteilchen als solche aber noch erkennbar bleiben. Die relative Dichte nimmt um rund 10% zu.
- Das Sinterzwischenstadium, in dem dank fortschreitender Verdichtung die Pulverteilchen ihre „Individualität" verlieren, der Zusammenhang des Porenraumes jedoch weiter besteht, d. h. Fest- und Porenphase sich gegenseitig durchdringende räumliche Netzwerke bilden. Die relative (auf die theoretische bezogene) Dichte steigt bis auf etwa 95% an.
- Das Sinterspätstadium, in dem die sich globulitisch einformenden und voneinander isolierten Poren in eine polykristalline Matrix eingebettet sind. Die dem Betrag nach geringe und trägverlaufende restliche Verdichtung strebt einem unter der theoretischen Dichte liegenden Endwert zu.

Es ist leicht einzusehen, daß sich zum Zweck einer analytischen Behandlung das Anfangs- und Spätstadium am ehesten für eine Modellierung eignen [28], was auch in der Zahl darauf gerichteter Arbeiten zum Ausdruck kommt. Vom praktischen Standpunkt her steht jedoch das Zwischenstadium im Vordergrund, wogegen das Spätstadium wenig interessant ist. Deshalb beschränkt sich die nachfolgende exemplarische Behandlung von Sintergleichungen auf solche, die sich auf das Sinteranfangs- und -zwischenstadium beziehen.

Für das Sinteranfangsstadium wird die Zeitabhängigkeit der Schwindung meist durch eine Extrapolation der Zentrumsannäherung des Zweiteilchenmodells auf die Längenänderung von Pulverformkörpern beschrieben und von den für dieses Modell geltenden Gleichungen (Abschn. 2.1.1.1) abgeleitet [129]. Bekannteste Vertreter dieser Art sind die von *Kingery* und *Berg* [22] angegebenen Beziehungen, von denen die für den wichtigeren Fall, den Materialtransport über Volumendiffusion aus der Korngrenze zum Kontakthals (Bild 3b), lautet

$$\frac{\Delta L}{L_0} = \left(\frac{20\gamma \Omega D_V}{\sqrt{2}\, a^3\, k\, T}\right)^{2/5} t^{2/5}. \tag{36}$$

($\Delta L/L_0$ ist die relative, auf die Ausgangslänge L_0 bezogene Längenänderung.) Voraussetzungen für deren Gültigkeit sind Kugelteilchen gleichen Durchmessers in idealer Packung, Konstanz der Koordinatenzahl (Anzahl der Kontaktpartner pro Teilchen) und isotropes Schwindungsverhalten. Experimentell anscheinend zufriedenstellend bestätigt wurde Gleichung (36) für Kupferkugelreihen [22] und Al_2O_3-Preßkörper [123] (Bild 39), kaum für Kupferpulverpreßlinge [22] und Schüttungen aus Cu- und Ag-Kugeln (Bild 32, [120]) sowie andere oxidische Preßkörper [29].

Gleichfalls auf dem Zweikugelteilchenmodell und den anderen in Verbindung mit Gleichung (36) gemachten Annahmen beruht die von *Johnson* [121] entwickelte Gleichung für die Schwindungsgeschwindigkeit. Sie ist jedoch in der Aussage umfassender, da sie den Materialtransport zum Kontakthals als gleichzeitige Diffusion durchs kontaktnahe Volumen und in der Kontaktgrenze selbst behandelt:

$$\frac{x^3 \varrho}{x + \varrho \cos\alpha} \Delta\left(\frac{\Delta L}{L_0}\right)\frac{1}{\Delta t} \simeq \frac{2\gamma\, \Omega\, D_V\, A}{\pi\, k\, T\, a^3\, x} + \frac{4\gamma\, \Omega\, w\, D_G}{k\, T\, a^4}. \tag{37}$$

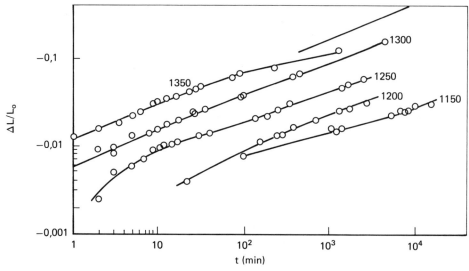

Bild 39. Schwindungskurven für das Sinteranfangsstadium von Al_2O_3-Preßkörpern (nach [123]).

Dabei sind A der effektive Querschnitt der Volumendiffusion und $\alpha = 1/2\,(\pi - \beta)$, wobei β den Kontaktgrenzenfurchenwinkel (Dihedralwinkel) bezeichnet [19]. Beziehung (37) ist für isotherme wie nichtisotherme Bedingungen gedacht. Bei Berücksichtigung von geometrischen Parametern, die in geeigneter Weise gemittelt und für die komplexen Gefügeveränderungen des Zwischenstadiums signifikant sind, läßt sie sich in modifizierter Form auf diese Sinterphase ausdehnen [124].

Sintergleichungen des Zwischenstadiums gründen sich für gewöhnlich auf Modellierungen, die den Pulverkörper durch ein aus regelmäßigen Polyedern zusammengefügtes räumliches Gebilde nachahmen [28], [125]. Die dabei netzförmig angeordneten Kontaktflächenschnittlinien sind durch zylindrische Porenkanäle und deren Zwickel durch kugelige Poren ersetzt. Wohl am häufigsten [43], [122], [125] diskutiert, ist das von *Coble* [27] vorgeschlagene Gefügemodell, wo jeweils drei Tetrakaidecaederflächen als „Teilchenkontaktgrenzen" in einen Porenkanal einmünden (Bild 40). Die davon für die Geschwin-

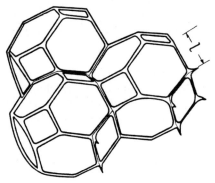

Bild 40. Coble-Modell für das Sinterzwischenstadium (nach [122]). Entlang den Kontaktflächenschnittlinien aneinandergefügter Tetrakaidecaeder verlaufen zylindrische Porenkanäle; an deren Zwickeln befinden sich kugelige Poren.

digkeit der Porositätsabnahme (Verdichtung) hergeleitete Beziehung [27], [123] nimmt bei Annahme eines Materialtransports über Volumendiffusion aus der Kontaktgrenze in den Porenraum die Form

$$\dot{\Theta} \simeq -\frac{10 D_V \gamma \Omega}{l^3 \, k \, T} \tag{38}$$

an, wobei die Kantenlänge l des Tetrakaidecaeders der linearen Mittelkorngröße $\bar{L}_G$ und bei feinen monokristallinen Pulvern, wie sie in der Keramik Verwendung finden, der mittleren Pulverteilchengröße $\bar{L}_p$ proportional ist.

Gleichung (38) ist für ein relativ enges Zeitintervall und nur solange anwendbar, wie die Dichteänderung nicht von merklichem Kornwachstum begleitet ist [122]. Die Zeitabhängigkeit von l läßt sich berücksichtigen, wenn das Kornwachstumsgesetz für das isotherme Sintern $\bar{L}_G = K_k \, t^{1/3}$ in Gleichung (38) eingeführt wird:

$$\dot{\Theta} \simeq -\frac{10 D_V \gamma \Omega}{k \, T \, t \, K_k} \tag{39}$$

(K_k Kornwachstumskonstante). Die Beziehungen (38) und (39) wurden von *Coble* selbst für Al_2O_3 bzw. MgO-gedoptes Al_2O_3 als zutreffend gefunden.

Das mit der Zweiteilchenmodell-Konzeption verbundene Problem der eng begrenzten Schwindungsfähigkeit einer Kugelpackung und der dadurch bedingten Untauglichkeit, das Sinterzwischenstadium zu beschreiben, haben, einer Vorstellung von *W. Beere* [126] folgend, *R. L. Eadie* und Mitautoren [127] auf originelle Weise gelöst. Wie in Bild 41 für eine Schnittebene einer idealen primitiv kubischen Kugelpackung schematisch dargestellt ist, wird dies erreicht, indem die Schwindung als ein aus allen Kontakten gleichzeitig stattfindender Diffusionsausbau von Kontaktsubstanz des Volumens $dL \, x^2 \, \pi$ angenommen wird. Unter verschiedenen weiteren Annahmen gelangen die Autoren schließlich zu

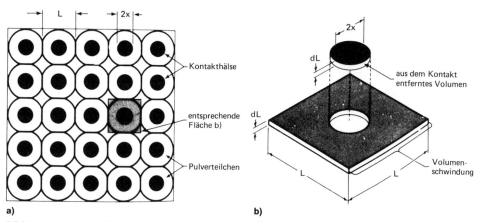

Bild 41. a) Querschnitt durch eine primitiv kubische Kugelpackung mit den Kontakthalsradien x und den Partikelabständen L;
b) der Ausschnitt aus a) demonstriert den Ausbau des Kontaktzonensubstanzvolumens $dL \cdot x^2 \pi$, der eine Volumenschwindung $dL \cdot L^2$ zur Folge hat (nach [127]).

einer Beziehung, die die Schwindungsgeschwindigkeit einer statistischen, also realen räumlichen Kugelschüttung im Sinterzwischenstadium wiedergibt:

$$\frac{1}{L}\frac{dL}{dt} = \frac{6\Omega f_n D_V \gamma}{\bar{L} k T}\left(\frac{1+x/\varrho}{\bar{x}^2}\right). \tag{40}$$

Darin bezeichnet $f_n \leq 1$ den Bruchteil der Kontakthälse, der noch eine Kontaktkorngrenze enthält, also zur Verdichtung beiträgt. Der mittlere Abstand zwischen den Teilchenzentren $\bar{L}$ sowie die Ausdrücke $(1+x/\varrho)$ und $\bar{x}^2$ sind über die Kontakthälse der Teilchenanordnung auf quantitativ-metallographischem Wege bzw. mit Hilfe einer Porenreplikentechnik gemittelte Werte. Für an Luft gesinterte, durch Klopfen leicht vorverdichtete Silberkugelschüttungen war die Übereinstimmung von berechneter und im Experiment gemessener Schwindungsgeschwindigkeit zufriedenstellend.

Erstrebenswertestes Ziel der Bemühungen um eine analytische Beschreibung der Schwindungskinetik ist zweifellos eine Sintergleichung, die das Verdichtungsverhalten insgesamt (im Anfangs-, Zwischen- und Endstadium) voraussagt. *Johnson* [28], [128] hält ein solches Unternehmen für nicht aussichtslos und gerechtfertigt, weil erstens in allen drei Stadien die Triebkraft der Verdichtung durch die Größe der Krümmung an jener Stelle der Porenoberfläche bestimmt wird, wo die (Kontakt-)Korngrenze diese schneidet. Und zweitens sind in allen Stadien die Quellen und Senken des Atomstromes für Volumen- und Korngrenzendiffusion die gleichen. Deshalb ist drittens anzunehmen, daß auch die chemischen Potentialgradienten in beiden Fällen annähernd gleich sind. Aus dieser Sicht formuliert *Johnson* bei Annahme eines kombinierten Materialtransports aus der (Kontakt-)Korngrenze zum Kontakt bzw. zur Porenoberfläche über Volumen- plus Korngrenzendiffusion für die Schwindungsgeschwindigkeit

$$\frac{1}{L}\frac{dL}{dt} = \frac{\gamma \Omega}{kT}\left(\frac{D_V F_V(d)}{L_{G,P}^3} + \frac{w D_G F_G(d)}{L_{G,P}^4}\right), \tag{41}$$

in dem L die augenblickliche Länge, $L_{G,P}$ den Kristallit- bzw. Teilchendurchmesser und $F_{V,G}(d)$ Funktionen der relativen Dichte d bedeuten. Die $F_{V,G}(d)$-Funktionen für das Zweikugelteilchen- und Tetrakaidecaeder-Modell sind bekannt und in Tab. 3 aufgelistet.

Tabelle 3. Mögliche Funktionen der relativen Dichte (zusammengestellt in [28]).

	$F_V(d)$	$F_G(d)$
Anfangsstadium ($\Delta L/L_0 < 0{,}05$)	$\dfrac{20}{\Delta L/L_0}$	$\dfrac{12{,}5}{(\Delta L/L_0)^2}$
Zwischenstadium	126	$\dfrac{330}{(1-d)^{1/2}}$
Zwischenstadium	$\dfrac{111}{d}$	$\dfrac{287}{d(1-d)^{1/2}}$
Spätstadium	$\dfrac{288\,f(d)}{d}$	$\dfrac{1047\,f(d)}{d(1-d)^{1/3}}$

$$f(d) = \frac{1-(1-d)^{2/3}}{3(1-d)^{2/3} - [1+(1-d)^{2/3}]\ln(1-d) - 3}$$

Real erstreckt sich deren Abhängigkeit jedoch nicht nur auf die relative Dichte, sondern auf alle Einflüsse des Gefüges und der Realstruktur (ausgenommen die Kristallit- bzw. Teilchengröße). Die wirklichen $F_{V,G}(d)$-Werte sind deshalb unbekannt. Bei Berücksichtigung der in Tab. 3 zusammengestellten Ausdrücke führt Gleichung (41) – wie auch andere Überlegungen besagen (Abschn. 3.3.2.2) – zu dem Schluß, daß bei $L_{G,P} \lesssim 1$ μm der Atomfluß in der (Kontakt-)Korngrenze der vorherrschende Materialtransport in den Hohlraum ist. Es muß freilich nachdrücklich betont werden, daß die mit Beziehung (41) gegebene Simulation des Verdichtungsgeschehens lediglich als eine Lösung nullter Näherung aufgefaßt werden darf [28].

Der Tatbestand, daß sich die Sintergleichungen einseitig an Modellen und zu wenig an der Realität orientieren, was sowohl das Objekt, den Pulverkörper, als auch dessen Metamorphose, den Sinterprozeß, betrifft, hat nicht selten Anlaß zu kritischen Äußerungen gegeben. Diese betreffen vor allem zwei Problemkreise. Erstens die starke Vereinfachung der geometrischen Verhältnisse und das undifferenzierte Herangehen an den Materialtransport. Zweitens die mangelnde Identität des Realstrukturzustandes von dispersem Modellkörper und realem dispersen Körper in den nach geometrischen Kriterien definierten Sinterstadien.

Für die Sintergleichungen werden Voraussetzungen in Anspruch genommen, die weder in einer geschütteten noch in einer gepreßten Kugelpackung (Abschn. 2.2.1 bis 2.2.4) und schon gar nicht in Preßkörpern aus kommerziellen Pulvern erfüllt sind (Abschn. 3.1). Die Schwindungsgleichungen berücksichtigen ausschließlich die elementaren Materialtransportmechanismen des idealisierten Zweikugelteilchenmodells. Angesichts der hohen homologen Temperaturen des Sinterns sind das gerichtete Volumen- und Korngrenzendiffusion. Kooperative Materialtransportvorgänge werden nicht in Betracht gezogen, obwohl bekannt ist, daß in vielen Fällen erst durch sie die bei technischen Preßkörpern beobachteten hohen Schwindungsgeschwindigkeiten verständlich werden.

Im allgemeinen sind die Sintergleichungen für isotherme Bedingungen aufgestellt. Die drei Sinterstadien und die ihnen zugeordneten Gefügetypen werden über die Wahl unterschiedlich hoher Sintertemperaturen „nachgebildet". Dabei wird die Gültigkeit der Schwindungsgleichungen an Kurvenzügen überprüft, die im Ergebnis eines vielstündigen Sinterns bei eben diesen Temperaturen erhalten werden. Es ist jedoch für den Realstrukturzustand, d. h. die Sinterintensität ein deutlicher Unterschied, ob die Vorgänge im Anfangs- und Zwischenstadium anhand der Resultate eines vielstündigen isothermen Sinterns (z. B. Bild 39), währenddem Strukturdefekte weitgehend ausheilen können, erklärt werden, oder ob das Sinterverhalten aufgrund von Messungen unter realen Verhältnissen beurteilt wird, wo das Anfangsstadium und der größte Teil des Zwischenstadiums nichtisotherm und mit einer bestimmten Aufheizgeschwindigkeit kontinuierlich „durchfahren" werden. In beiden Fällen mögen zwar die Gefüge der Sinterkörper zeitweise vergleichbar sein, nicht aber ihre Sinteraktivität, die einen wesentlichen Teil der Triebkraft des Sintergeschehens darstellt.

Was Gleichung (41) betrifft, so besteht kein Zweifel, daß sie vom Ansatz her vernünftig ist, stellt sie doch im Prinzip die früher von *Raj* und *Ashby* [130] aneinandergeschriebenen linearen Formänderungsgeschwindigkeitsgleichungen für das Nabarro-Herring- und das Coble-Kriechen dar (Abschn. 3.2.1), wenn man $\gamma F_{V,G}(d)/L_{G,P}$ als einen Ausdruck für die im Sinterkörper wirkende mittlere Kapillarkraft auffaßt (vgl. Gl. (26)).

3 Festphasensintern von realen Einkomponentenpreßkörpern

Unter dem Begriff „realer Preßkörper" ist ein über mechanisches Pressen eines handelsüblichen Pulvers (Bild 42) hergestellter Formkörper zu verstehen. Der wesentliche Unterschied zwischen Pulvermodell- und realem -preßkörper besteht im Zustand des Teilchenkontaktes (Bild 43). Soweit es sein Zustandekommen betrifft, ist der Preßkontakt

Bild 42. Beispiele für kommerziell hergestellte Pulver. a) Kupferelektrolytpulver; b) luftverdüstes RZ-Eisenpulver (nach dem Roheisen-Zunder-Verfahren hergestellt). Im Inneren der Pulverteilchen befinden sich Hohlräume, die beim Pressen zusammenbrechen und eine stark gegliederte Teilchenkontaktfläche ergeben.

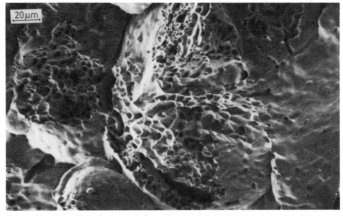

Bild 43. Bruchfläche eines Sintereisenkörpers, der aus luftverdüstem (RZ-)Pulver hergestellt wurde (vgl. zum Unterschied Bild 38).

realer Pulver eher mit einem tribologischen System vergleichbar. Als Folge des Zusammenspieles von geometrischen und physikalischen Eigenheiten beim Pressen sind die preßkontaktnahen Volumina Träger hoher freier Energie. Damit werden sie zu einer den inneren Oberflächen gleichwertigen Quelle von Triebkräften, die das Verdichtungsgeschehen maßgeblich bestimmen. Die „klassische Sintertheorie" trägt diesem Sachverhalt realen Sinterns nicht Rechnung. Aufgrund der Schlüsselstellung, die das Kontaktvolumen und seine sich während der Temperatureinwirkung vollziehende Wandlung im technischen Verdichtungsprozeß einnehmen, erscheint es unverzichtbar, auf den Preßvorgang und die mit ihm verbundene heterogene Energieakkumulation in gedrängter Form einzugehen und der Morphologie des Preßkontaktes sowie dem aus ihr erwachsenden Einfluß auf den Sintervorgang einen gesonderten Abschnitt einzuräumen.

Beim mechanischen Pressen einer Pulverschüttung laufen mit steigendem Preßdruck folgende, experimentell bestätigte Teilvorgänge ab [131]:

– Die Teilchen gleiten gegeneinander ab und drehen sich. Der Hauptanteil der Preßarbeit wird durch die zwischen den Pulverteilchen auftretende Reibung verbraucht.
– Der Einsturz von „Brücken" und „Gewölben" und die dadurch ausgelöste Teilchenbewegung führen zur weiteren Reduzierung des Porenraums. Der größte Teil der Preßarbeit entfällt auf die Überwindung der Reibung der Teilchen an der Wand der Preßform.
– Über plastische Deformation wird die Kontaktfläche zwischen den Pulverteilchen vergrößert. Die Teilchenoberflächen glätten sich, Oxidhäute reißen auf und es entstehen mechanisch verhakte Teilchenaggregate. Der Hauptanteil der Preßarbeit wird für die Kaltverfestigung benötigt und zum Teil in Restspannungen gespeichert.
– Die Verformung der Pulverteilchen schreitet fort. Ein Teil der Pulverteilchen wird über Abscheren zerteilt. Die Kontaktfläche wächst weiter an. Die Adhäsion zwischen den Teilchen wird so gesteigert, daß Kaltschweißungen eintreten. Die Preßarbeit setzt sich hauptsächlich in Deformations- und Trennarbeit um.

Die geschilderten, als Funktion des Preßdruckes p_c eintretenden Teilereignisse geschehen über das Gesamtvolumen des dispersen Systems gesehen nicht zeitgleich. Vielmehr verlaufen sie aufgrund von lokalen Unterschieden in der Schüttdichte sowie der Reibung zwischen den Teilchen und der Teilchen an den Wandungen des Preßwerkzeuges an verschiedenen Orten zu zum Teil unterschiedlichen Zeiten und mit veränderter Intensität. Das hat nicht nur örtliche Abweichungen von der Preß-(Grün-)dichte, sondern auch eine makroskopische Heterogenität der im Volumen des Preßlings akkumulierten Energie, der sich eine mikroskopische in den Kontakten selbst überlagert (Abschn. 3.1), zur Folge.

In allen Stadien des Pressens üben die geometrischen und physikalischen Eigenschaften der Pulverteilchen einen ständigen, doch jeweils unterschiedlich großen Einfluß aus. Die Wechselwirkungen zwischen der geometrischen und der Spannungs-Deformations-Charakteristik sind einer dauernden Veränderung unterworfen. Der resultierende, äußerlich registrierbare Prozeß besteht in einer dem Druckanstieg einhergehenden Abnahme der Porosität Θ und der Verdichtungsintensität. Er darf demzufolge nach *Dudrova* und Mitautoren [132] als Dämpfungsvorgnag aufgefaßt und nach der Theorie gedämpfter Systeme durch die Beziehung

$$\Theta = \Theta_0 \exp(-K p_c^n) \tag{42}$$

beschrieben werden. Darin bedeuten Θ_0 die Porosität des in die Preßform eingeschütteten Pulvers, Θ die Porosität beim Druck p_c und n sowie K Parameter, die vom geometrischen und Realstrukturzustand des Pulvers abhängen. Die Werte von n und K lassen sich mit Hilfe der Regressionsanalyse bestimmen. Danach sind $n = 0{,}51908 \ldots 0{,}9650$ und

$\ln K = 2{,}0241 - 8{,}5447 \cdot n$. Der hohe Wert des Korrelationskoeffizienten $r = 0{,}9869$ sowie die in einer großen Zahl von Experimenten mit Eisen-, Stahl- und Kupferpulverpreßkörpern gefundene weitgehende Übereinstimmung von Θ_{exp} und Θ_{theor} erweisen die Brauchbarkeit von Gleichung (42) [132].

Der Parameter n hat die Bedeutung eines Maßes für die Dämpfung oder eines Gradmessers der Fähigkeit des unter Preßdruck stehenden Systems Deformationsenergie zu akkumulieren. Letztere läßt sich in die Form

$$\Delta X_n(p_c) = X_n(p_c) - X_1(p_c) \tag{43}$$

kleiden, wobei $X_1(p_c)$ ein Ausdruck für jenen Anteil der Preßarbeit darstellt, der zur verformungsfreien Verdichtung über die Umverteilung der Pulverteilchen zu einer dichteren Packung benötigt wird; $n = 1$ und $X_1(p_c) = \Theta_0 \int_0^\Theta \exp(-Kp_c)\, dp_c$. Die Größe $X_n(p_c)$ hingegen drückt die totale Arbeit aus, die erforderlich ist, um das System unter dem Preßdruck p_c bis zur Porosität Θ zu verdichten; $0{,}5 < n < 1$ und $X_n(p_c) = \Theta_0 \int_0^\Theta \exp(-Kp_c^n)\, dp_c$. Mit Hilfe von $X_1(p_c)$ und $X_n(p_c)$ ist es möglich, die Anteile von Teilchenumverteilung und plastischer Deformation beim Pressen in Abhängigkeit von der Pulverart und -charakteristik zu analysieren [132] und das System hinsichtlich seiner Sinterfähigkeit, die mit $X_n(p_c)$ zunimmt, zu beurteilen [36]. Das im mechanischen Kontakt lokalisierte plastisch deformierte Volumen übt einen wesentlichen aktivierenden Einfluß auf den Sintervorgang aus.

3.1 Der Preßkontakt und seine Entwicklung beim Sintern

Für die Herausbildung der geforderten Gebrauchseigenschaften eines Sinterteiles steht nicht, wie bei der Beurteilung von Sintererscheinungen an Modellen, allein das Kontaktwachstum im Blickpunkt. Von mindestens ebenso großer Bedeutung sind die Art der Kontaktbildung, die Morphologie des Kontaktes und ihre Änderung, die gemeinsam und wechselseitig den Charakter und die Fähigkeit des Kontaktes als Eigenschaftsträger zu fungieren, fixieren. *Šlesár, Dudrová, Besterci* und Mitarbeiter ([36], [132] bis [136]) haben diese Zusammenhänge mit Hilfe mikrofraktographischer und quantitativ metallographischer Methoden umfassend und systematisch untersucht, weshalb im weiteren im wesentlichen auf deren Arbeiten zurückgegriffen wird.

Die Qualität des sich beim Pressen ausbildenden mechanischen Kontaktes ist eng mit dem morphologischen Zustand der Pulverteilchenoberfläche und der Verformungsfähigkeit der Teilchensubstanz verknüpft. Die scheinbare Kontaktfläche F_{cf} besteht aus einer größeren Anzahl voneinander isolierter Kontaktstellen des Querschnitts F_{ci}, aus denen sich die totale Kontatkfläche $\Sigma F_{ci} = F_c$ zusammensetzt, sowie aus einem flachen Porenraum aus teils geschlossenen, teils zur Oberfläche der scheinbaren Kontaktfläche hin offenen Poren (Bild 44). Der in die Abbildungsebene projizierte Porenraum, die sog. Flächenporosität F_{cp} ($F_{cf} = F_c + F_{cp}$), ist im Gegensatz zur totalen Volumenporosität Ausdruck der Heterogenität des Druck-Deformations-Prozesses.

Eine gegliederte und in sich unterschiedlich unebene Teilchenoberfläche (s. Bild 42) erfährt beim Pressen eine lokal differente plastische Verformung der kontaktbildenden Oberflächenelemente. Die im Preßkontakt als plastische Deformation akkumulierte

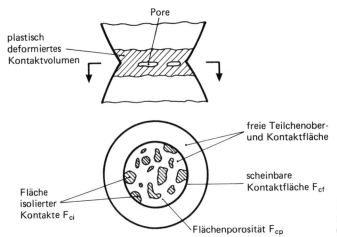

Bild 44. Schematische Darstellung des Preßkontaktes (nach [36]).

Energie ist deshalb mikroskopisch heterogen über das Gesamtkontaktvolumen verteilt. Unabhängig vom morphologischen Zustand der Teilchenoberfläche ist die bleibende Deformation im Kontaktbereich um so größer, je höher die Duktilität, d. h. die Bildsamkeit, der Pulverteilchensubstanz ist. Nach Gleichung (42) nimmt Θ mit steigendem p_c ab und $\Delta X_n (p_c)$ gemäß Gleichung (43) zu, wobei in Abhängigkeit vom örtlichen Verformungsgrad die Versetzungsdichte in den einzelnen kontaktnahen Volumina unterschiedliche Werte annimmt. Indem die Versetzungen zusätzlich zu den inneren Oberflächen als Leerstellensenken und -quellen fungieren, werden allein durch die Herstellung des mechanischen Kontaktes im Verein mit der Pulverqualität die Intensität des thermisch aktivierten Massetransports und damit die Sinterfähigkeit des Preßlings bereits zu wesentlichen Teilen vorprogrammiert. Für Preßkörper aus Pulverteilchen mit aufgerauhter Oberfläche und/oder großer „plastischer Reserve" ist eine erhöhte Sinterfähigkeit zu erwarten. Für Preßkörper aus Pulvern mit glatter Oberfläche und/oder geringer Duktilität steht ein gegenläufiges Verhalten in Aussicht [36], [133].

Die Bruchflächenanalyse von Sintereisen läßt vier Prototypen von Kontakten erkennen (Bild 45), die bei entsprechend großer Heterogenität der örtlich gespeicherten Deforma-

Bild 45. Demonstration der Kontakttypen I bis IV an Bruchflächen von Sintereisen, das aus RZ-Pulver (Bild 39) hergestellt wurde (nach E. Dudrová).

tion in gewissen T, t-Bereichen auch kombiniert auftreten: Typ I punktförmiger Diffusionskontakt, Typ II linienförmiger Diffusionskontakt, Typ III gemischte Anordnung punkt- und linienförmiger Diffusionskontakte sowie Typ IV geschlossener Diffusionskontakt mit grübchenförmigem Bruchaussehen. Während für Typ I bis III die Bruchdeformation auf die Bruchebene lokalisiert bleibt, erfaßt diese bei Typ IV auch das angrenzende Volumen. Das Ausmaß der kontaktnahen Bruchverformung ist (gleiche Duktilität der Matrix vorausgesetzt) ein Gradmesser dafür, in wieweit der Sintervorgang fortgeschritten ist. Erst bei Typ IV liegt ein kompakter, die Teilchen fest verbindender Kontakt mit dichter Kontaktoberfläche ($F_{cf} = F_c$) vor [36], [134]. Im Bild 46 sind die Ergebnisse einer diesbezüglichen qualitativ-quantitativen Analyse an Sinterproben aus Eisenpulvern verschiedener Zustände A, B, C wiedergegeben. Der Unterschied zwischen Qualität A

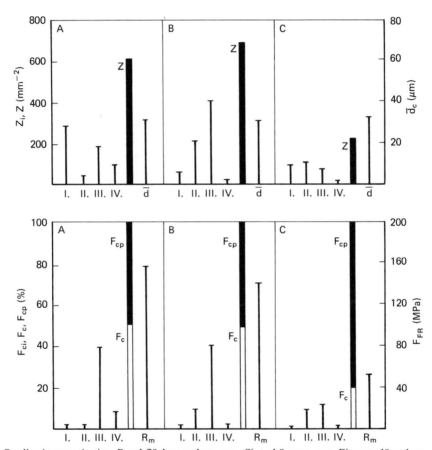

Bild 46. Qualitativ-quantitative Bruchflächenanalyse von Sinterkörpern aus Eisenverdüspulver unterschiedlicher Vorbehandlung (A, B, C); $L_P = 100 \ldots 160\,\mu m$, $p_c = 600$ MPa, $T_S = 875\,°C$, $t = 120$ min (nach [36]).
Z_i Anzahl der Kontakte je Typ, Z Gesamtzahl der Kontakte, $\bar{d}_c$ mittlerer Kontaktdurchmesser, R_m Zugfestigkeit.
Material A: Eisenverdüspulver; rauhe Oberfläche, duktil.
Material B: Wie A, dann gemahlen und weichgeglüht; glatte Oberfläche.
Material C: Wie A, dann gemahlen; glatte Oberfläche und kaltverfestigt.

und B besteht in der Oberflächenmorphologie, der zwischen B und C in der Verformungsfähigkeit der Matrix. Die etwa gleichguten Eigenschaften der Sinterkörper vom Typ A und B (Z, F_c, F_{cp}, R_{FR}) und der Eigenschaftsrückgang bei denen vom Typ C verdeutlichen die Priorität der Duktilität für die Ausbildung von Preßkontakten, die ein günstiges Sinterverhalten nach sich ziehen. Die gegenüber den B-Proben etwas erhöhte Zugfestigkeit der A-Sinterkörper ist das Ergebnis einer aufgrund der aufgerauhten Teilchenoberfläche höheren lokalen Konzentration von plastischer Deformation, die auch im vermehrten Bruchflächenanteil des Kontakttypes IV zum Ausdruck kommt.

Von praktisch größerem Interesse als nach einem isothermen Sintern bei hohen homologen Temperaturen ist die bruchflächenanalytische Verfolgung des Sintergeschehens mit steigenden und denen des oberen Teiles der nichtisothermen Aufheizphase entsprechenden Temperaturen, wie dies beispielsweise an Kupfersinterkörpern geschehen ist [133], [134]. Zur Untersuchung gelangten mit unterschiedlichen Drücken gepreßte Formkörper aus DPG-Kupferpulver, die jeweils zwei Stunden bei 600...900 °C gesintert waren. Das DPG-Verfahren, bei dem ein Schmelzestrahl von einem rotierenden Messerrad zerstäubt wird, liefert ein oberflächlich deutlich strukturiertes Dispersat. Die Einteilung der beobachteten Kontakttypen ist der beim Sintereisen angewendeten vergleichbar. Typ I, II und III sind durch einen zunehmenden Anteil isolierter Diffusionskontakte mit in der Bruchebene lokalisierter Bruchverformung gekennzeichnet, Typ IV ist mit Typ IV des Sintereisens identisch.

Unabhängig vom Preßdruck sind im T_S-Intervall von 600...700 °C die Kontakttypen I bis III anzutreffen. Erst >700 °C treten auch die geschlossenen Kontakte des Typs IV im Bruchbild in Erscheinung (Bild 47). Dem F_f-Verlauf zufolge macht sich die Bildung der Typ-IV-Kontakte für Sinterkörper mit geringerer Gründichte ($p_c = 400$ MPa) bereits bei niedrigeren Temperaturen (ab 700 °C) im Verdichtungsgeschehen bemerkbar als für Sinterproben höherer Gründichte ($p_c = 700$ MPa, ab 800 °C). Damit in Einklang stehen die

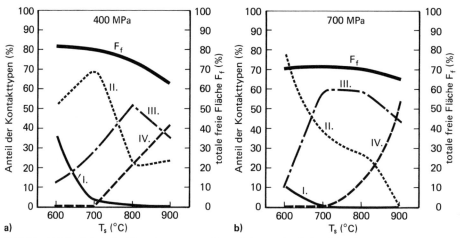

Bild 47. Abhängigkeit der Kontakttypenanteile und der totalen freien Oberfläche F_f von der isothermen Sintertemperatur T_S für DPG-Kupferpulver (nach [134]). F_f setzt sich aus der Flächenporosität F_{cp} und der in die Abbildungsebene projizierten übrigen (außerhalb von F_{cf} liegenden) Teilchenoberfläche zusammen (s. Bild 44).
Preßdruck: a) 400 MPa, b) 700 MPa

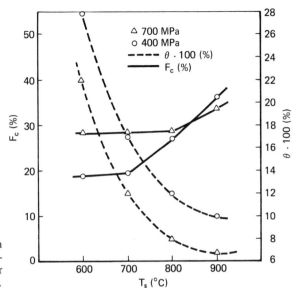

Bild 48. Abhängigkeit der totalen Kontaktfläche F_c und der prozentualen Porosität von T_s für Sinterkörper aus DPG-Kupferpulver (nach [134]).

F_c-Verläufe des Bildes 48, deren Vergleich mit der Entwicklung der Dichte (Abnahme der Porosität) zu dem wichtigen Schluß führt, daß die trotz drastischer Verminderung des Porenraumes bis 700 bzw. 800 °C anhaltende Konstanz von F_c nur als Folge einer Bewegung ganzer Pulverteilchen verstanden werden kann. Dazu wird die Substanz der porösen Kontakte des Typs I bis III, die aus einer Vielzahl von Feststoffbrücken in einer defektreichen Umgebung besteht, so „umgebaut", daß gleichzeitig die Teilchen unter der Wirkung von Kapillarkräften gegeneinander abgleiten können (Abschn. 3.3.2.2). Erst mit der Ausbildung kompakter Typ-IV-Kontakte werden die davon betroffenen Teilchen arretiert. Der Porositätsverminderung durch Teilchenumordnung beginnt sich die durch Teilchenzentrumsannäherung zunehmend zu überlagern, um schließlich das Verdichtungsgeschehen zu bestimmen; Θ fällt weiter ab und F_c steigt an [133], [134]. Dieser Vorstellung entspricht die bedeutende Dichte- aber geringe Zugfestigkeitszunahme im T_s-Bereich bis 700 bzw. 800 °C (Bild 49), die bei Sinterkörpern niedrigerer Gründichte am ausgeprägtesten ist. Der starke R_m-Anstieg > 700 °C, der von einer relativ geringen d_a-Erhöhung begleitet wird, ist das Ergebnis einer rasch um sich greifenden und von den Typ-IV-Kontakten getragenen Konsolidierung fester, unlösbarer Bindungen zwischen den Pulverteilchen.

Keine anderen Aussagen liefert die Bruchflächenanalyse von Sinterproben, die in Nachbildung des technischen Prozesses während des kontinuierlichen Aufheizens (nichtisothermen Sinterns) und nachfolgenden isothermen Sinterns entnommen wurden (Bild 50). Die Aufheizphase, an deren Ende bereits 70% des Schwindungswertes, der nach 8 min isothermen Sinterns beobachtet wird, erreicht sind, ist durch das Bestehen von Kontakten des Typs I bis III, die auch noch am Beginn des isothermen Sinterns dominieren, charakterisiert. Auch daraus muß man schlußfolgern, daß die Verdichtung in der nichtisothermen und den ersten Minuten der isothermen Phase durch Teilchenbewegung und nicht über Teilchenzentrumsannäherung geschieht [135].

Die angestellten Betrachtungen zum Preßkontakt und seiner sich im Verlaufe des Sinterns vollziehenden Entwicklung beziehen sich auf mehr oder weniger bildsame disperse

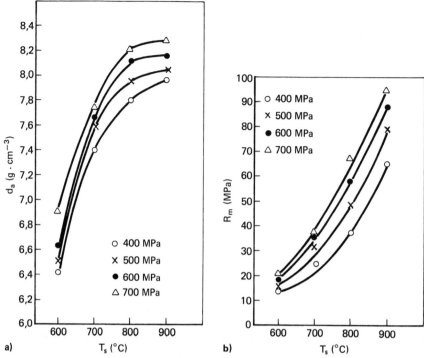

Bild 49. Dichte d_a und Zugfestigkeit R_m in Abhängigkeit von T_S für Sinterkörper aus DPG-Kupferpulver mit unterschiedlicher Gründichte (nach [133]).

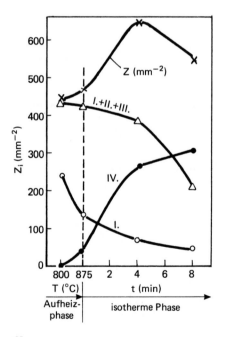

Bild 50. Entwicklung der Kontakttypen im Verlaufe des nichtisothermen und isothermen Sinterns von Preßkörpern aus gemahlenem RZ-Eisenpulver (nach [135]); $T_S = 875\,°C$, $v_A = 50\,K\,min^{-1}$. Die Definition der Kontakttypen I bis IV ist mit der der Bilder 42 und 43 identisch.

Substanzen mit einem Teilchendurchmesser der Größenordnung 10^{-1} mm, also auf Pulver, die den Hauptanteil der in der pulvermetallurgischen Praxis zum Einsatz kommenden darstellen. Die Verhältnisse ändern sich, wenn Pulverteilchengröße und -duktilität abnehmen. Aus Pulvern im Größenbereich $\bar{L}_p = 10^{-2}$ mm hergestellte Kupfersinterproben beispielsweise zeigen eine $\bar{L}_p$ einhergehende Abnahme von $\bar{d}$ sowie eine von Anfang an bestehende Dominanz dichter Typ-IV-Kontakte, die sich mit der weiteren Verringerung von $\bar{L}_p$ noch mehr ausprägt und von einem entsprechend starken R_m-Anstieg begleitet ist [36]. Dies schließt ein, daß die Teilchenumordnung als Verdichtungsmechanismus in den Hintergrund tritt. Nichtduktile, aus spröden Stoffen gewonnene Pulver, wie sie vor allem für die Herstellung keramischer Sintererzeugnisse Verwendung finden, sind generell feindispers und weisen Teilchengrößen von $\lesssim 1$ µm auf. Dann ist das spezifische Kontaktzonenvolumen offenbar groß genug, um den die Verdichtung bedingenden Materialtransport auch ohne die für bildsame Dispersate charakteristischen Preßkontaktmerkmale zu gewährleisten (Abschn. 3.3.2.2).

3.2 Hochtemperaturdeformationsvorgänge

Die Verdichtung realer Pulverpreßlinge beim Sintern, die äußerlich als Schwindung registriert wird, ist ebenso ein Hochtemperaturdeformationsvorgang wie die unterhalb der Warmstreckgrenze beobachtete Kriech- und superplastische Verformung kompakter, auf dem Weg über die Schmelze hergestellter Werkstoffe. Ein Unterschied besteht lediglich insofern, als die Kriech- und superplastische Verformung durch äußere Belastungen hervorgerufen sind, das Schwinden der Sinterkörper aber durch „innere" Kräfte verursacht ist.

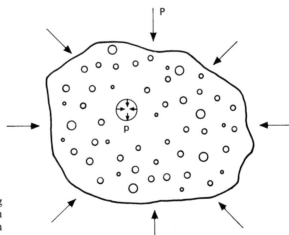

Bild 51. Schematische Darstellung des am Sinterkörper angreifenden fiktiven äußeren hydrostatischen Druckes (nach [8]).

Die Gesamtheit der an den Porenflächen des Sinterkörpers angreifenden Kapillarkräfte kann als ein (fiktiver) äußerer hydrostatischer Druck aufgefaßt werden [8], der auf die Verdichtung hinwirkt (Bild 51). Solange die Poren noch ein kontinuierliches Netzwerk bilden (Sinterzwischen- bzw. -intensivstadium), ist dieser mit der mittleren Kapillarspannung $\bar{P}$ des Ausdruckes (26) identisch. Sind die Poren geschlossen und isoliert (Spätstadium), läßt sich $\bar{P}$ in Analogie zu Beziehung (2) mit

$$\bar{P} \approx 2\gamma\,\Theta/\bar{R} \qquad (44)$$

überschläglich angeben ($\bar{R}$ mittlerer Porenradius). Da für Metalle $\gamma \approx 3\,\gamma_G \approx 1\,\text{J m}^{-2}$ gilt, beläuft sich $\bar{P}$ in beiden Fällen je nach Werten von Θ, $\bar{L}_p$ und $\bar{R}$ größenordnungsmäßig auf 10^{-2} bis 10^0 MPa. Das sind ein bis zwei Größenordnungen niedrigere Spannungen als sie für gewöhnlich beim Kriechen kompakter Werkstoffe auftreten. Im Fall der superplastischen Verformung überlappen sich die σ- und $\bar{P}$-Bereiche. Nach der Art der Leerstellenannihilation unterscheidet man Diffusions- und Versetzungskriechen.

3.2.1 Diffusionskriechen

Das Diffusionskriechen (diffusionsviskoses Fließen) basiert auf der Vorstellung, daß die Korngrenzen als Leerstellensenken und -quellen dienen [139]. Dabei kann der Leerstellen- (und Atom-)strom über das der Korngrenze benachbarte Volumen (Nabarro-Herring-Mechanismus [137], [207]) oder in der Korngrenze selbst verlaufen (Coble-Mechanismus [138]). Wie Bild 52a verdeutlicht, betätigen sich jene Korngrenzen, die in etwa senkrecht zur anliegenden Zugspannung σ angeordnet sind, als Leerstellenquellen und Atomsenken, die mehr parallel zu σ gelegenen als Leerstellensenken und Atomquellen. Auf diese Weise gibt der Festkörper dem äußeren Zwang nach und erleidet eine Kriechdeformation. Dieselben Überlegungen gelten für den Coble-Materialtransport in der Korngrenze. Die unter Zug stehenden Korngrenzen erhalten aus den nicht zugbeanspruchten Materie, die in die an der Korngrenze zusammentreffenden Kristallitoberflächen eingebaut wird, so daß sich der Körper in die Spannungsrichtung dehnt und senkrecht dazu schrumpft. Die Verformungsrate für den Nabarro-Herring-Mechanismus beträgt $\dot{\varepsilon}_{NH} = A_1\,(D_V\,\Omega\,\sigma/k\,T)\,(1/L_G^2)$, beim Coble-Mechanismus $\dot{\varepsilon}_C = A_2\,(D_G\,w\,\Omega\,\sigma/k\,T)\,(1/L_G^3)$.

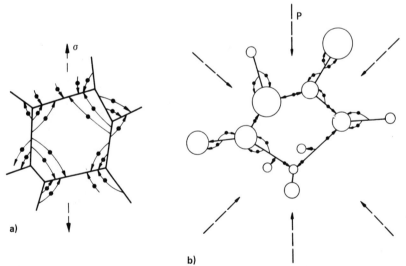

Bild 52. Schematische Darstellung der Atomdiffusion a) beim Nabarro-Herring-Mechanismus in einem kompakten polykristallinen Material, b) beim Nabarro-Herring-Mechanismus (Diffusion durch das Volumen) und beim Coble-Mechanismus (Diffusion in der Korngrenze) für einen porigen polykristallinen Körper.

Der Zahlenfaktor $A_1 \approx 10$ erfaßt die Mitteilung aller vorkommenden Diffusionswege, die für das jeweilige Korn $< L_G$ sind [139]; $A_2 \approx 150$.

Auf den porigen Sinterkörper angewandt, stellt sich das Diffusionskriechen als Schwinden dar. Die einem Laplace-Binnendruck ausgesetzten Poren bilden ein Reservoir, aus dem der Hohlraum in Leerstellen gequantelt an die unter Druck stehenden (Kontakt-)Korngrenzen und umgekehrt von dort Atome in die Poren diffundieren. Die Leerstellen werden an den Korngrenzen annihiliert, die Atome füllen den Porenraum auf (Bild 52 b). Berücksichtigt man, daß für das disperse System an die Stelle der äußeren Spannung σ beim Kriechen die resultierende Kapillarspannung $\bar{P}$ tritt, und daß die Leerstellensenkenwirkung der Gefügekorngrenzen innerhalb der Teilchen vernachlässigbar ist (Abschn. 2.2.2), demzufolge als mittlerer Abstand zwischen den Leerstellensenken und -quellen nicht die lineare Mittelkorngröße $\bar{L}_G$, sondern der Pulververteilchendurchmesser $\bar{L}_P$ angegeben werden kann, dann nehmen die Beziehungen für die Kriechdeformationsrate als Schwindungsgeschwindigkeit $\dot{\varepsilon}$ eines Sinterkörpers mit kontinuierlicher Porenphase die Form

$$\dot{\varepsilon} \approx A\,A_1 \frac{2\gamma - \gamma_G}{\bar{L}_P} \Theta \frac{D_V \Omega}{kT} \frac{1}{\bar{L}_P^2}; \qquad \dot{\varepsilon} \sim \frac{1}{\bar{L}_P^3} \tag{45}$$

für den Nabarro-Herring-Mechanismus und

$$\dot{\varepsilon} \approx A\,A_2 \frac{2\gamma - \gamma_G}{\bar{L}_P} \Theta \frac{w\,D_G \Omega}{kT} \frac{1}{\bar{L}_P^3}; \qquad \dot{\varepsilon} \sim \frac{1}{\bar{L}_P^4} \tag{46}$$

für den Coble-Mechanismus an. Im Falle eines Körpers mit geschlossenem Porenraum wird für $\bar{P}$ Gleichung (44) in die Beziehungen (45) und (46) eingesetzt.

Auf der Basis von Abschätzungen aufgestellte Deformationsdiagramme besagen, daß im Bereich hoher homologer Temperaturen der Nabarro-Herring-Mechanismus für die Kriechdeformation bestimmend ist [140]. Dem entspricht die vielfach geäußerte Meinung, daß sich auch im Zwischenstadium (Schwindungsintensivstadium) die Verdichtung vorzugsweise über diesen Vorgang vollzieht [43], [47]. Wenn Nabarro-Herring-Kriechen auch in keinem Fall völlig auszuschließen ist, so kann es doch die häufig gemessenen hohen $\dot{\varepsilon}$-Werte allein nicht erklären. Für Materialien mit sehr kleinen $\bar{L}_P$ ($\lesssim 1\,\mu m$) und/ oder bei niedrigeren homologen Temperaturen nimmt die Wahrscheinlichkeit, daß der Hauptanteil der Verdichtung in Form des Coble-Kriechens geschieht, zu (Abschn. 3.3.2).

3.2.2 Versetzungskriechen

Bei hohen homologen Temperaturen ist für kompakte kristalline Körper eine weitere Deformationsmöglichkeit, das Versetzungskriechen (versetzungsviskoses Fließen), in Betracht zu ziehen [139] (Bild 53 a). Unter der Wirkung einer äußeren Spannung führen die Versetzungen nichtkonservative Bewegungen aus (Klettern). Wiederum im Austausch mit Leerstellen werden den Versetzungen, deren größere Komponente senkrecht zu σ liegt, Atome zugeführt (Leerstellenquellen). Die eingeschobenen Halbebenen (Versetzungen) „wachsen" in den Kristallit hinein. Der Körper wird in Kraftrichtung verlängert. Versetzungen, deren größere Komponente parallel der Kraftrichtung angeordnet ist, verhalten sich „umgekehrt". Sie emittieren Atome und absorbieren Leerstellen (Leerstellensenken). Die Halbebenen werden immer mehr abgebaut und können schließlich ganz aus dem Kristallit verschwinden. Der Durchmesser des zugbeanspruchten Körpers ist kleiner geworden.

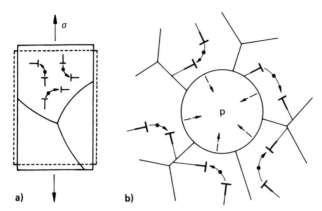

Bild 53. Schematische Darstellung der Atomdiffusion beim Versetzungskriechen a) in einem polykristallinen kompakten und b) in einem polykristallinen porigen Material.

Die Geschwindigkeit von Fließvorgängen, die auf Versetzungsbewegungen beruhen,

$$\dot{\varepsilon} \approx N_V \bar{v} \boldsymbol{b} \tag{47}$$

hängt von der Dichte „freier" (beweglicher) Versetzungen N_V und deren mittlerer Bewegungsgeschwindigkeit $\bar{v}$ ab ($\boldsymbol{b}$ Burgersvektor). Die nichtkonservativen Versetzungsbewegungen sind an die Diffusion von Punktdefekten gebunden, wonach

$$\bar{v} \approx \frac{D_V \Omega}{b \, k \, T} \sigma \tag{48}$$

beträgt [141]. Durch Einsetzen von (48) in (47) erhält man die durch einen diffusions-versetzungsgesteuerten Vorgang bedingte Fließgeschwindigkeit

$$\dot{\varepsilon} \approx \frac{N_V D_V \Omega}{k \, T} \sigma \simeq \frac{D_V \Omega}{k \, T \bar{L}_V^2} \sigma \tag{49}$$

An die Stelle der linearen Mittelkorngröße $\bar{L}_G$ in der Beziehung für das Nabarro-Herring-Kriechen ist nun der mittlere Abstand $\bar{L}_V$ beweglicher Versetzungen als mittlere Entfernung zwischen Leerstellensenken und -quellen getreten.

Wie das Diffusionskriechen kann auch das Versetzungskriechen auf den porigen Körper übertragen werden. Wie dort tritt auch hier an die Stelle der äußeren Spannung σ die mittlere Kapillarspannung $\bar{P}$. Unter ihrem Einfluß führen die Versetzungen Kletterbewegungen aus. Jene Halbebenen, die die Oberfläche des Porenraumes in Richtung deren Zentrum verschieben würden, werden aufgefüllt und anders gelegene abgebaut (Bild 53 b). Analog den Beziehungen [45], [46] erhält man in diesem Fall für die Schwindungsgeschwindigkeit

$$\dot{\varepsilon} \approx A \frac{2\gamma - \gamma_G}{\bar{L}_P} \Theta \frac{D_V \Omega}{k \, T} \bar{N}_V ; \quad \dot{\varepsilon} \sim \frac{1}{\bar{L}_P} . \tag{50}$$

Eine versetzungsviskose Deformation ist bei ausreichend hohen Temperaturen stets gegeben. Doch muß die Versetzungsdichte N ($N_V \sim N$) eine gewisse Mindestgröße N_{eff} aufweisen, damit sie auch makroskopisch in Erscheinung tritt. Sicherlich können Versetzungen als lineare Gitterfehler gegenüber den flächenhaften Korngrenzen erst dann als effektive Leerstellensenken (und Atomquellen) für den Materialtransport Bedeutung erlangen, wenn $\bar{L}_D \ll \bar{L}_G$ ist. Sollen die Versetzungen als Leerstellensenken dominieren, dann muß die Bedingung

$$N > \left(\frac{1}{\delta \bar{L}_G^2}\right)^{2/3} \tag{51}$$

erfüllt sein [93] ($\delta \approx 10$ Atomdurchmesser ist die charakteristische Entfernung zwischen Versetzung und Leerstelle, innerhalb der eine Leerstelle von einer Versetzung noch absorbiert wird). Behandelt man Beziehung (51) zwecks Abschätzung eines unteren Grenzwertes N_{eff}, oberhalb dessen ein merklicher Versetzungseinfluß auf den Materialtransport besteht, als Gleichung, dann muß beispielsweise ein Gefüge, dessen lineare Mittelkorngröße $\bar{L}_G = 10$ µm beträgt, durch eine Versetzungsdichte $N > N_{eff} \approx 2 \cdot 10^8$ cm^{-2} gekennzeichnet sein. Da $N \approx 1/\bar{L}_D^2$ ist, würde in diesem Fall der mittlere Versetzungsabstand $\bar{L}_D$ weniger als 0,7 µm betragen.

Wie in Abschn. 3.3.2 ausführlicher zu erörtern sein wird, sind die Bedingungen für versetzungsviskoses Fließen als Materialtransportmechanismus beim Sintern offenbar häufiger erfüllt (s. a. Abschn. 2.1.1.3). Dabei ist zu bedenken, daß – gleich nach welcher Variante die Versetzungsvervielfachung geschieht – stets ein verankertes („gepinntes") Versetzungssegment so ausgebaucht wird, daß es als Versetzungsquelle arbeitet. Der mittlere Abstand zwischen den „Pinnstellen" ist etwa von derselben Größe wie $\bar{L}_D \approx 1/\sqrt{N}$. Er beträgt demnach – am Beispiel einiger in diesem Zusammenhang relevanter Versetzungsdichten demonstriert – für $N = 10^{10}$ cm$^{-2} \approx 0,1$ µm, $N = 10^9$ cm^{-2} $\approx 0,3$ µm oder für $N = 10^8$ cm$^{-2} \approx 1$ µm. Folglich existiert eine kritische Teilchengröße $\bar{L}_P \lesssim 1$ µm, bei der die sich ausbauchenden Versetzungsschleifen in der Teilchenkontaktgrenze annihiliert werden („platzen"). Bei Sinterkörpern aus derart feinen Pulvern ist demnach kein auf Versetzungsbewegungen basierender Materialtransport mehr zu erwarten [142].

3.2.3 Superplastische Verformung

Die superplastische Deformation (SPD) von Werkstoffen, die bei Temperaturen $> 0,5\ T_M$ auftritt, ist durch die Kombination dreier Eigenheiten charakterisiert: eine große Bruchdehnung (10^2 bis 10^3%), eine niedrige Fließspannung (10^0 bis 10^1 MPa) und Formänderungsgeschwindigkeiten $\dot{\varepsilon}$ von 10^{-5} bis 10^{-1} s^{-1} [143]. Sowohl der Vorgang, das Abgleiten ganzer Körner bei nur geringer Änderung von Kornform und -größe, als auch die technologischen Bedingungen des Auftretens der SPD lassen eine gewisse Analogie zur Bewegung ganzer Pulverteilchen in den Porenraum, die zeitweise für das intensive Schwinden kennzeichnend sein kann, erkennen ($\bar{P} \approx 10^{-2}$ bis 10^0 MPa, $T_S > 0,5\ T_M$, $\dot{\varepsilon} \approx 10^{-3}$ bis 10^{-2} min^{-1}). Unter diesem Gesichtspunkt sowie im Hinblick auf die im Abschn. 3.3.2 zu behandelnden Vorgänge sollen einige grundlegende Vorstellungen zur SPD dargelegt werden.

Die im Vergleich zum Kriechen ($10^{-8} < \dot{\varepsilon} < 10^{-5}$ in s^{-1}) schnelle und an bestimmte Gefügezustände gebundene SPD geschieht über einen mit Diffusions- und/oder Versetzungskriechen kombinierten Abgleitvorgang längs den Korngrenzen derart, daß die Kompatibilität des Gefüges und die Kontinuität der Verformung gewahrt bleiben. Sowohl eine in Kraftrichtung hin erfolgende Abgleitbewegung der Kristallite als auch eine Streckung der Körner durch Kriechen würde für sich allein genommen zur Dekohäsion des Gefüges an den Korngrenzen führen. Sie wird vermieden, indem der Kristallitbewegung (Korngrenzengleitung) ein gestaltsakkommodativer Materialumbau über Kriechvorgänge im korngrenzennahen Bereich einhergeht. Während der SPD verschieben sich die Körner nicht nur in einer Ebene, sondern auch senkrecht dazu, so daß Körner aus tieferen in höhere Lagen und umgekehrt, unter Umständen bei gleichzeitiger Kornrotation, befördert werden. Für größere Verformungsgrade und relativ grobkörnige Gefüge können sich zeitweise zwischen den Korngrenzen der driftenden Kristallite Hohlräume auftun (Korngrenzenporosität), die „Freiräume" für die weitere Bewegung der Körner darstellen und die sich im Verlaufe des weiteren Verformungsgeschehens wieder schließen.

Für alle diese Vorgänge, die experimentell belegt sind, wurden Modellvorstellungen entwickelt, die auch dem Verständnis des „schnellen" Sinterns dienlich sind. Am bekanntesten ist der sog. Ashby-Verrall-Mechanismus [144] (Bild 54a), wo die Gestaltsakkommodation beim Abgleiten der Kristallite über ein auf den korngrenzennahen Bereich eingeengtes Diffusionskriechen erreicht wird. Die Gleitverschiebung ist schneller als die

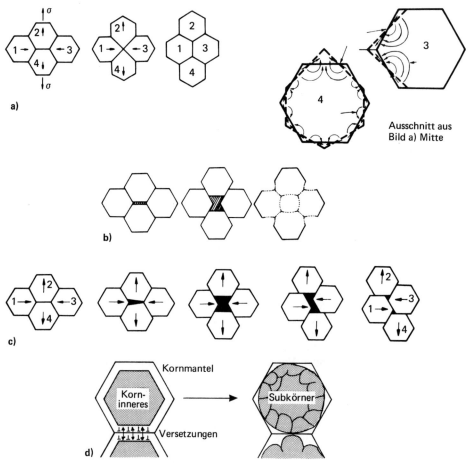

Bild 54. Schematische Darstellungen:
a) Ashby-Verrall-Mechanismus,
b) Permutationsmodell von *Gifkins*,
c) SPD mit temporärer Korngrenzenporosität,
d) Core-Mantle-Modell von *Gifkins*.

des Nabarro-Herring- und Coble-Kriechens. Während der Nabarro-Herring-Mechanismus das Gesamtkristallitvolumen beansprucht, erstreckt sich die gestaltsakkommodative Fließdeformation des Ashby-Verrall-Vorgangs auf nur etwa 14% des Kristallitvolumens.

Das Permutations-Modell von *Gifkins* [145] (Bild 54 b) sieht, nachdem eine Korngruppe soweit abgeglitten ist, daß sich zwischen zwei benachbarten Kornoberflächen ein Spalt gebildet hat, die Gestaltsakkommodation in der Weise vor, daß sich ein darunter (oder darüber) gelegenes Korn in die Öffnung einschiebt. Mit zunehmender Abgleitung der Nachbarn nimmt es schließlich einen „regulären" Platz in der betrachteten Kornebene (Bildebene) ein, wobei das Korngrenzennetzwerk soweit korrigiert wird, daß 120°-Gleichgewichtskorngrenzenzwickel entstehen.

Gleichfalls mit zeitweiser Hohlraumbildung (Korngrenzenporosität) verbunden ist die von *Kuznetsova* und Mitarbeitern [146] an grobkörnigen ($\bar{L}_G$ einige 10^2 µm) AlGe4-Legierungen beobachtete SPD (Bild 54c). Die Hauptdeformation geschieht als Korngrenzengleiten, indem – wie allgemein dafür angenommen – Korngrenzenversetzungen gleiten und klettern. Zur Wahrung der Verformungskontinuität bilden sich als zeitweise Gefügeelemente Poren (im Sinterkörper von Natur aus vorhanden). Infolge der Wechselwirkung von Gitterversetzungen mit Korngrenzen werden außerdem Bewegungen von Gitterversetzungen ausgelöst, um zur Gewährleistung der Akkommodation (formal wie beim Ashby-Verrall-Mechanismus) kleine korngrenzennahe Volumenanteile einformen zu können.

Auch das Core-Mantle-Modell *Gifkins* [147] hat die Mitwirkung von Versetzungen während der SPD zur Voraussetzung. Dank eines geeigneten Spannungszustandes werden in der Kornoberflächenzone (mantle) gegenüber dem Korninneren (core) zusätzliche Gleitsysteme aktiviert und „geometrisch erforderliche" Versetzungen gebildet (Bild 54d). Der versetzungsangereicherte („aufgeweichte") „mantle" ermöglicht das Korngrenzengleiten ebenso wie die Akkommodation. In dem Maße wie Spannung und Temperatur das Korngrenzengleiten begünstigen, wird der „mantle" dünner. Die versetzungsangereicherten Gebiete konzentrieren sich im wesentlichen auf die Kornecken (folds), die als potentielle Hindernisse für Abgleitung und Akkommodation auch weiterhin bildsam gehalten werden müssen.

Sieht man von der konkreten Form der meist kombiniert auftretenden Mechanismen der superplastischen Deformation ab, dann sollte ihnen allen die Existenz einer niedrigviskosen Korngrenzensubstanz gemeinsam sein (und hier ist die Berührung zu bestimmten Vorgängen beim Sintern eng), die die verhältnismäßig rasche Abgleitung von Körnern und den für die Gesaltsakkommodation erforderlichen relativ schnellen Materialumschlag ermöglicht. Die Realität einer solchen Grenzsubstanz wurde von *Tensi* und *Wittmann* [148], [149] nachgewiesen. Anriß- und Bruchflächen von Al-Legierungen (AlZn5.5Cu1.6Mg2.3 und AlCu1.4Mg0.7Li2.5Zr0.11), zeigen nach der superplastischen Verformung ($T_{SPD} = 516$ bzw. $530\,°C$, $\dot{\varepsilon} = 5 \cdot 10^{-4}\,s^{-1}$ bzw. $10^{-3}\,s^{-1}$, $\sigma_{SPD} = 2 \ldots 6$ bzw. $3 \ldots 8$ MPa) eine ähnlich zähflüssigem Glas als Fäden bei Beanspruchung aus dem Gefüge herausgezogene Korngrenzensubstanz (Bild 55a, b).

Es ist vor allem von *Geguzin* ([30], [150] bis [152]) wiederholt auf die Analogie von SPD und schneller Verdichtung beim Sintern aufmerksam gemacht und anhand von überschläglichen Berechnungen auf die Berechtigung, von einer solchen zu sprechen, hingewiesen worden. In Abschn. 3.3.2.2 wird sich dazu näher zu äußern sein.

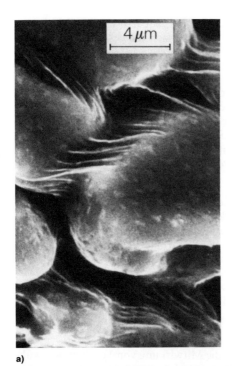
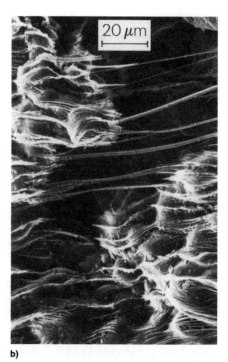

a) b)

Bild 55. Rasterelektronenmikroskopische Aufnahmen von a) Poren- und b) Innenrißoberflächen superplastisch verformter Al-Legierungen (nach [148], [149])

3.3 Schwindungskurve und Sinterstadien

Makroskopischer Ausdruck des Sinterns eines Preßkörpers ist dessen Verdichtung, die als Längen-, Volumen- und Porositätsabnahme oder Dichtezunahme wahrgenommen wird. Wegen der Einfachheit des Meßvorganges wird als Methode zur Ermittlung und Kennzeichnung des Verdichtungsgeschehens die Messung der Veränderung der linearen Abmessung bevorzugt. Moderne Geräte (Dilatometer) gestatten, diese und ihre Geschwindigkeit als Funktion von t und T kontinuierlich aufzunehmen und auszudrucken. Dabei gelten vereinbarungsgemäß $\Delta L = L - L_0$ als (absolute) Längenänderung (mm), $\Delta L/L_0$ als relative Längenänderung, $-(\Delta L/L_0) \cdot 100$ (%) als Schwindung ε und als deren Geschwindigkeit $\dot{\varepsilon} \simeq \Delta\varepsilon/\Delta t$ (% · s^{-1}) bzw. (% · min^{-1}).*) L_0 ist die Probenausgangslänge, L die Probenlänge zur Zeit t bei der Temperatur T.

Es war schon erörtert worden (Abschn. 2.3), daß das Verdichtungsgeschehen in der Regel als isothermer Vorgang, etwa in der Art der Bilder 56, behandelt wird. Da die Verdichtung in diesem Bereich meist als ein monoton abklingender Prozeß verläuft, ergeben sich Kurvenzüge, denen sich (gefördert durch die Möglichkeiten der Rechentechnik) eine Exponentialfunktion anpassen läßt. Bei geeigneter (z. B. doppelt logarithmischer) Darstellung erhält man Geraden oder -stücke, aus deren Neigung auf den vorherrschenden Materialtransportmechanismus geschlossen wird [123], [153], [161] (s. Bild 32, 39). Dabei geschieht, wie gleichfalls bereits erwähnt, die Einstellung der Gefüge, die den in Abschn. 2.3 definierten Sinterstadien entsprechen, für gewöhnlich über die Änderung von T_S, da diese (s. Bild 56a) viel stärker auf die Verdichtung als t einwirkt. Die Berechtigung für eine solche Vorgehensweise läßt sich nur aus der Meinung ableiten, daß die nichtisotherme Aufheizphase zu kurz sei, um im Sinterkörper merkliche und einer Betrachtung werte physikalische Veränderungen zu ermöglichen [31]. Es besteht der überwiegende Eindruck, daß der Beitrag der zwangsläufig jedem isothermen Sintern vorangehenden nichtisothermen Phase zum Gesamtgeschehen unerheblich und dem beim realen Sinterprozeß nichtisotherm verlaufenden Anfangs- und Zwischenstadium keine besondere Aufmerksamkeit zu schenken sei [154].

Im Gegensatz dazu stehen einige z. T. ältere experimentelle Befunde, wonach übereinstimmend als auffallendste Merkmale des nichtisothermen Sinterstadiums von metallischen und keramischen Ein- und Mehrstoffsystemen eine erhöhte Sinteraktivität und $> 0.5\, T_S$ für alle Arten des Sinterns maximale Schwindungsgeschwindigkeiten zu verzeichnen sind. Zu nennen sind in diesem Zusammenhang vor allem die Arbeiten von *Morgan* und Mitarbeitern [83], [84], [155] an ThO_2, CaF_2, CeO_2 und Al_2O_3 sowie Untersuchungen an Cu, Ni [37], [41], [156], Si_3N_4, $Si_3N_4 60SiC40$ [157] Y_2O_3-gedoptem ZrO_2 [186] oder W98Ni1Fe1 [42]. In Bild 57 sind repräsentative Beispiele für ein solches Sinterverhalten wiedergegeben. Der T-Bereich der Aufheizphase, in dem sich ε und $\dot{\varepsilon}$ aus ihrem horizontalen Verlauf herauszuheben beginnen, ist im wesentlichen noch mit dem nach geometrischen Kriterien definierten (Abschn. 2.3) Sinteranfangsstadium identisch. Die nachfolgend starke ε-Zunahme und das Gebiet um das $\dot{\varepsilon}$-Maximum, die je nach den technologischen Parametern bis in die ersten Minuten des isothermen Sinterns hineinreichen können, sind weitgehend dem Zwischenstadium gleichzusetzen. Synonym dazu wird für diesen Bereich im weiteren auch die Bezeichnung „Schwindungsintensivstadium" benutzt, um teilweise bestehende Unterschiede in den Auffassungen zur Schwindungskinetik deutlich zu machen. Der dritte Abschnitt der ε-Kurve schließlich, der durch

---

*) Die allgemeine Form der Verformungsgeschwindigkeit (-rate) lautet $\dot{\varepsilon} \simeq \Delta (\Delta L/L_0) \cdot \Delta t^{-1}$ (s^{-1}).

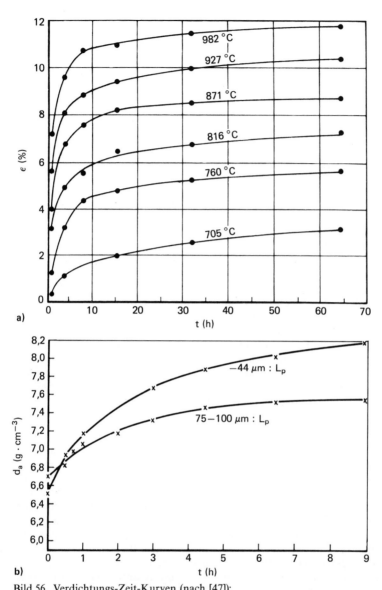

Bild 56. Verdichtungs-Zeit-Kurven (nach [47]);
a) $\varepsilon = f(t)$ für verschiedene T_S für Kupferpulverpreßkörper, $L_P = 43 \ldots 74$ μm, $p_c = 138$ MPa;
b) $d_a = f(t)$ für Preßkörper aus Elektrolytkupferpulver verschiedener L_P; $p_c = 276$ MPa, $T_S = 865$ °C.

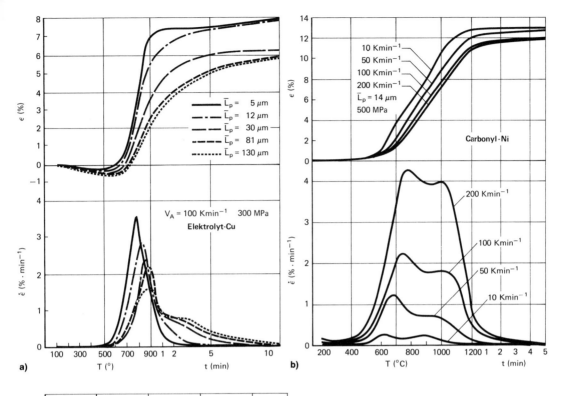

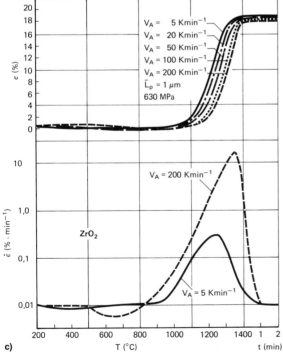

Bild 57. Verläufe von Schwindung und Schwindungsgeschwindigkeit als Funktion von T und t a) für Elektrolytkupferpulverpreßkörper ($T_S = 900\,°C$) (nach [160]), b) Carbonylnickelpulverpreßkörper ($T_S = 1200\,°C$) (nach [156]) und c) Preßkörper aus Y_2O_3-gedoptem ZrO_2 (nach B. Vetter, H. Schubert, W. Schatt und G. Petzow).

einen stetigen, einem technischen Endwert der Dichte zustrebenden Verlauf und ein rasches Abklingen der Schwindungsgeschwindigkeit gekennzeichnet ist, entspricht dem Sinterspätstadium der vorgenannten Definition.

Charakteristisch für die angeführten Beispiele ist der Tatbestand, daß nichtisothermes Sintern und intensives Schwinden nahezu dem selben T, t-Intervall zugehören [158]. Die Wendepunkte der $\varepsilon = f(T, t)$-Kurven und die ihnen entsprechenden $\dot{\varepsilon}$-Maxima sind mit einer Verdichtung allein über Diffusion unter Gleichgewichtsbedingung nicht vereinbar, da sich der Diffusionskoeffizient $D_V \sim \exp(-Q/RT)$ monoton mit der Temperatur ändert (Q Aktivierungsenergie). Die Art wie $\bar{L}_p$, insbesondere jedoch v_A auf die Kurvenverläufe Einfluß nehmen, lassen vielmehr auf „Ausheilvorgänge", die das Verdichtungsgeschehen

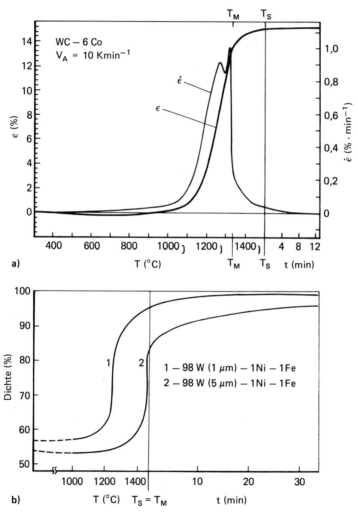

Bild 58. Verdichtungsverhalten von Systemen, bei denen das Sintern mit dem Auftreten einer schmelzflüssigen Phase verbunden ist; a) WC-Co6 (Hartmetall HG 110) (nach G. Leitner), b) W98Ni1Fe1-Schwermetall (nach [158]), $V_A \approx 100$ K min^{-1}.

zeitweise maßgeblich bestimmen, schließen. Messungen der Wärmekapazität belegen, daß während des Aufheizens von Metallpulverpreßkörpern eine gewisse Energiemenge freigesetzt wird. Der durch Gitterverzerrungen (Defekte) gekennzeichnete Nichtgleichgewichtsausgangszustand des sinternden Preßlings durchläuft Erholungsprozesse, die die zeitliche Änderung des Selbstdiffusionskoeffizienten bedingen [21].

Analoge Verhältnisse trifft man bei Systemen, die mit flüssiger Phase sintern, an. In Bild 58 sind diese für zwei typische Vertreter des Flüssigphasensinterns demonstriert. Die Feststellung, daß der Sinterkörper bereits vor Erscheinen der schmelzflüssigen Phase über Festphasensintern weitgehend verdichtet wird, gibt Anlaß, die bisherigen Vorstellungen von der Rolle der Schmelze für die Sinterverdichtung im Hinblick auf das Ausmaß ihrer Wirkungsfähigkeit zu überdenken (Abschn. 5.3).

Angesichts der zentralen Bedeutung des Schwindungsintensivstadiums und der nichtisothermen Verdichtung für alle Arten des Sinterns erscheint es, da anderen Orts nicht geschehen, notwendig, diesen bei der detaillierteren Behandlung der einzelnen Sinterstadien in den nachfolgenden Abschnitten einen größeren Raum zuzubilligen.

3.3.1 Anfangsstadium des Sinterns

Im Sinteranfangsstadium richtet sich der Materialtransport vor allem auf die schwindungslose Verstärkung der Kontakte und den Abbau (Glättung) freier innerer Oberfläche durch Oberflächendiffusion [47], [124]. Da die Bausteine an der Oberfläche weniger fest gebunden sind als im Gitterinneren, ist die für ihre Bewegung erforderliche Aktivierungsenergie kleiner und die Geschwindigkeit der Oberflächendiffusion insbesondere bei tiefen und mittleren homologen Temperaturen um ein Vielfaches größer als die der Volumendiffusion. Die Korngrenzendiffusion nimmt zwischen diesen eine Mittelstellung ein.

Angesichts der Pulver des Bildes 42 ist es unschwer vorstellbar, in welch hohem Grade die Oberfläche des Porenraumes der daraus hergestellten Preßkörper zergliedert ist. Für die Unzahl der in unterschiedlichem Maße konvex (positiv) und konkav (negativ) gekrümmten makro- und mikroskopisch großen Oberflächenelemente gilt all das, was darüber anhand des Zweiteilchenmodells im Abschn. 2.1 gesagt wurde. An den positiv gekrümmten Partien wirken Druck-, an den negativ gekrümmten Zugkräfte, die nach einem Differenzabbau über den während des Aufheizens erstbest möglichen Materialtransport, nämlich die Oberflächendiffusion, trachten. (Bei entsprechend hohem Dampfdruck der sinternden Substanz und/oder sehr stark gekrümmten Oberflächenstellen ist auch ein Beitrag zur Porenoberflächenglättung über Verdampfen und Wiederkondensieren vorstellbar.)

Zudem ist zu bedenken, daß im Preßling das Angebot an leicht diffundierenden und mit einer geringen Energie an das Kristallgebäude gebundenen Atomen zunächst überhöht ist. Die ohnehin bestehende atomare Rauhigkeit der Oberfläche wird als Folge der beim Pressen eingeführten Versetzungen noch verstärkt, indem durch Gleitvorgänge (plastische Deformation) auf der Oberfläche Stufen atomarer Größenordnung oder beim Austritt von Versetzungen mit Schraubenkomponente ein atomarer Eckplatz (Halbkristall-Lage) erzeugt werden. Damit wird die mittlere Weglänge der an der Oberfläche von Leerstellensenken zu -quellen diffundierenden Atome verkürzt und die Diffusion intensiviert. Dieser Umstand ist freilich auch die Ursache dafür, daß solche Oberflächen stärker adsorbieren, worüber noch einige Worte zu verlieren sein werden. Insgesamt gesehen jedoch fördern die Gefügebesonderheiten des gepreßten dispersen Körpers die beginnende Einformung des Porenraumes und die schwindungsfreie Verstärkung der Kontakte. Deshalb wird dieses Sinterintervall gelegentlich auch als Bindestadium bezeichnet, da sein hervorstechendes Merkmal die Erhöhung der Bindefestigkeit zwischen den Teilchen und nicht die Eliminierung von Porenraum ist [162]. In der Kontaktzone selbst laufen jene Prozesse an, die zu den im Abschn. 3.1 beschriebenen, sich aber erst im Schwindungsintensivstadium voll entfaltenden Zuständen führen.

Gegen Ende des Sinteranfangsstadiums tritt bei fließendem Übergang auch ein infolge steigender Temperatur zunehmend merklicher Anteil von schwindungserzeugendem Materialtransport innerhalb der (Kontakt-)Korngrenzen oder von diesen über das benachbarte Volumen zur Kontaktoberfläche hin auf.

Wegen der großen spezifischen Oberfläche der Pulver gelangen beim Pressen adsorbierte Gashäute oder schon durch chemische Reaktionen mit ihnen an die Pulverteilchenoberfläche gebundene Verbindungen (in der Regel Oxide) in den Preßling hinein. Letztere werden beim Sintern in reduzierenden Atmosphären oder auch im Hochvakuum zersetzt und die gasförmigen Produkte ebenso wie die physikalisch adsorbierten Gase bei entsprechenden Temperaturen abgegeben. Dabei kann der Sinterkörper, wenn die Gase über den offenen Porenraum nicht rasch genug abgeführt werden können, infolge eines Gasüberdruckes eine vorübergehende Volumenzunahme (Schwellung) erleiden (z. B. Bild 57a).

Am Ende des Anfangs- und Übergang vom Anfangs- zum Zwischenstadium können ähnlich dem „inneren Sintern" im Spätstadium (Abschn. 3.3.3) Vorgänge im Preßkörper auftreten, die sich praktisch auf die Schwindung nicht auswirken und in den ε- bzw. Θ-Kurven nicht markieren. Gemeint ist eine zeitweise „Umverteilung" und örtlich gegensätzliche Entwicklung des Porenraums. Im Preßkörpervolumen stochastisch verteilte Teilvolumina mit geringerer Porosität und kleinen Poren verdichten sich auf Kosten ihrer größerporigen Randgebiete so, daß der Porenraum zwischen den Verdichtungsaggregaten aufgeweitet wird. Die von Balšin [7] beobachtete und dem Vorgang in Schüttungen (Bild 28) vergleichbare Bildung von Verdichtungszentren einerseits und örtlich größerer Porigkeit andererseits ist mit Hilfe von Gasdurchlässigkeitsmessungen mehrfach bestätigt worden [40]. Ein extremes Beispiel hierfür stellen die an Carbonylnickelpulverpreßlingen gewonnenen Meßergebnisse dar (Bild 59). Während die Verdichtung (Änderung der Porosität Θ) den erwarteten Verlauf nimmt und erst > 500 °C nennenswerte Schwindung anzeigt (vergl. Bild 57b), nimmt die maximale Porengröße $2 R_{max}$ im Bereich bis 500 °C zu. Der $2 R_{max}$-Gang deckt sich mit dem des Gasdurchlässigkeitskoeffizienten K_G. In diesem Intervall wird die Schwindung innerhalb der lokalen Verdichtungszentren von der Porenvergrößerung in den zwischen diesen gelegenen Volumina kompensiert, so daß kaum eine Θ-Änderung beobachtet wird. Dieser Effekt ist um so ausgeprägter, je niedriger die Gründichte des Preßlings ist. Es fragt sich freilich, inwieweit mit dieser Erscheinung des „inneren Sinterns" bei kontinuierlicher Temperaturführung, also im nicht-isothermen Regime, zu rechnen ist. Die entsprechenden Daten (nicht nur die des Bildes 59) sind fast durchweg an Proben, nachdem diese einem längeren isothermen Halten ausgesetzt waren, ermittelt worden. Bei höheren Temperaturen, d. h. spätestens im Schwindungsintensivstadium gleichen sich die lokal stärkeren Dichteunterschiede wieder aus und die Verdichtungszentren „wachsen zusammen".

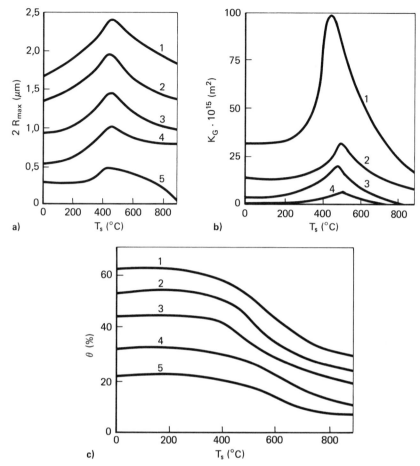

Bild 59. Abhängigkeit a) der maximalen Porengröße $2R_{max}$, b) des Gasdurchlässigkeitskoeffizienten K_G und c) der Porosität Θ von der Sintertemperatur T_S; Haltedauer bei T_S jeweils 1 h (nach L. E. Luninim in [40]); 1: $\Theta = 62\%$, 2: $\Theta = 53\%$, 3: $\Theta = 44\%$, 4: $\Theta = 32\%$, 5: $\Theta = 21\%$.

3.3.2 Schwindungsintensivstadium

Das Stadium intensiven Schwindens und das darin eingeschlossene nichtisotherme Sintern, das zu neuen Fragestellungen herausfordert, sind nicht nur seitens der wissenschaftlichen Grundlagen von Interesse. Sie bieten bei gleichzeitig wachsender Einsicht in die elementaren Vorgänge auch Möglichkeiten, wie die Arbeiten von *H. Palmour* und Mitarbeitern [163] beweisen, den technologischen Ablauf des Sinterns weiter zu optimieren. Das wesentliche der *Palmour*schen Verfahrensvariante des verdichtungsgeschwindigkeitskontrollierten Sinterns RCS (**r**ate **c**ontrolled **s**intering) besteht darin (Bild 60), daß verhältnismäßig rasch in das Gebiet des Sinterzwischenstadiums aufgeheizt und danach langsam sowie – außer im abschließenden Abschnitt – bei relativ niedrigen homologen Temperaturen bis zur Endsintertemperatur weiter erwärmt und mit deren Erreichen der Sintervorgang abgebrochen wird. Auf diese Weise wird ein vorzeitiges Ausheilen von

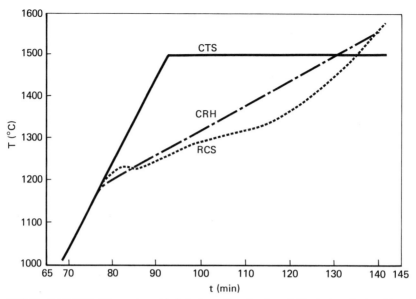

Bild 60. CADOPS (Computer aided design of optimal path(s) of sintering) – Simulation unterschiedlicher Temperatur-Zeit-Charakteristiken für das Sintern von Al_2O_3-Preßkörpern; CRH (constant rate of heating), CTS die übliche Technologie: Aufheizen und lange Haltezeiten (conventional temperature sintering) (nach [163]).

Defekten weitgehend vereitelt, so daß hohe Defektdichten ins Temperaturgebiet allgemein erhöhter Teilchenbeweglichkeit eingebracht und die defektabhängigen Verdichtungsvorgänge des nichtisothermen Sinterns voll ausgeschöpft werden. Das Ergebnis ist bei größerer Energieeffizienz eine Enddichte der Al_2O_3-Keramik, die der nach der konventionellen isothermen CTS-Behandlung gleich ist, sowie eine gleichmäßigere Poren- und Kristallitgrößenverteilung in einem feinkörnigeren Gefüge. Letzteres ist wegen der von Natur aus geringen Bruchzähigkeit der Keramik ein nicht zu unterschätzender Vorteil.

3.3.2.1 Nichtisothermes Sintern

Seine Behauptung, daß die nichtisotherme Aufheizphase zu kurz dafür sei, daß sich im Preßling nennenswerte physikalische Veränderungen vollziehen können, belegt *Kuczynski* mit einer überschläglichen Rechnung [31]. Dazu wird $\Delta t \approx r^2/\bar{D}_V$ als der Zeitraum angenommen, der für eine mikrostrukturelle Änderung der Größe $r \approx 10^{-4}$ cm mindestens erforderlich ist, wobei der mittlere Diffusionskoeffizient mit $\bar{D}_V \approx 10^{-10}$ cm^2 s^{-1} veranschlagt wird. Dann ist $\Delta t \approx 10^2$ s. Das bedeutet, so das Resultat weiterer Berechnungsschritte, daß die Aufheizgeschwindigkeit $v_A < 1 \ldots 10$ K s^{-1} (60 $\ldots$ 600 K min^{-1}) sein muß. Diese Begründung enthält offensichtlich zwei Trugschlüsse. Erstens liegen die v_A-Werte der technischen Praxis in jedem Fall unter 60 $\ldots$ 600 K min^{-1}. Moderne kontinuierlich arbeitende Sinteranlagen (Förderbandöfen, Hubbalkenöfen) fahren mit $v_A \approx 10$ K min^{-1}, so daß nach *Kuczynskis* Rechnung und entgegen seiner Meinung die Bedingungen für ein nichtisothermes Verdichtungsgeschehen in der Praxis stets gegeben sind [32]. Zweitens liegt der Rechnung der Gleichgewichtsdiffusionskoeffizient D_V zugrunde, der aber für reale Bedingungen (Bild 15) und das nichtisotherme intensive Schwinden (Bild 61) offensichtlich nicht zutreffend ist, da der Materialtransport in diesem Stadium nicht vordergründig über elementare Diffusion, sondern in Form kooperativer Transportmechanismen geschieht. Sowohl die Größe der Differenz zwischen D_V und D_{eff} als auch der $D_{eff} = f(T)$-Verlauf im Temperaturintervall 800 ... 1200 °C (Bild 61) weisen darauf hin, daß D_{eff} lediglich als formaler Ausdruck für einen andersgearteten Materialtransport zu werten ist. Die $D_{eff,Ni}$-Werte des Bildes 61 sind aus den an Nickelsinterkörpern aufgenommenen kinetischen Schwindungskurven und $\dot{\varepsilon} = f(T)$-Werten des Bildes 66a berechnet worden, indem Gleichung (45) für das Nabarro-Herring-Diffusionskriechen nach D_V aufgelöst und die gemessenen $\dot{\varepsilon}$-Werte eingesetzt wurden: $D_{eff} \simeq (\dot{\varepsilon}\, k\, T\, \bar{L}_p^2)/(A_1\, \bar{P}\, \Omega)$. Die $D_{V,Ni}$-Werte sind [95] entnommen.

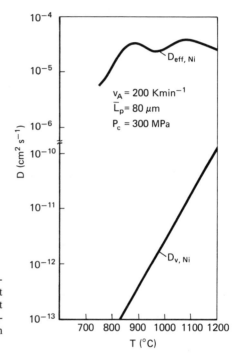

Bild 61. Gegenüberstellung der Gleichgewichtsdiffusionskoeffizienten von Nickel $D_{V,Ni}$ in Abhängigkeit von der Temperatur T und der aus Experimenten mit Nickelpulversinterkörpern für dieselben Temperaturen berechneten effektiven Diffusionskoeffizienten $D_{eff,Ni}$ (nach M. Hinz, W. Schatt [165]).

Es hat nicht an Bemühungen gefehlt, Erklärungen für das intensive Schwinden zu finden, dessen $\dot{\varepsilon}$-Werte zwei bis drei Größenordnungen über denen, die die Theorie voraussagt, liegen. *Pines* [21] führt die ungewöhnliche Schwindungsintensität auf Überschußleerstellen zurück (stellt jedoch gleichzeitig fest, daß damit das Wichtigste, die Frage nach ihrer Herkunft, freilich nicht geklärt sei). *Uskoković* und *Exner* [164] weisen anhand einer einfachen Abschätzung auf die Unhaltbarkeit der *Pines*schen Ansicht hin, da dann eine Leerstellenüberschußkonzentration $\Delta C/C_0 = 10^3$ bestehen müßte. Selbst in der Nähe sehr kleiner Poren ($R = 10^{-5}$ cm) beträgt $\Delta C/C_0$ nur etwa 10^{-1}. *Geguzin* [93] schreibt deshalb die entscheidende Rolle für die Bildung von Überschußleerstellen anderen Strukturdefekten, Korngrenzen und Versetzungen, die als Leerstellenquellen und -senken wirken, zu. Der für eine schnelle Diffusion dank hoher Überschußleerstellenkonzentrationen stehende effektive Diffusionskoeffizient D_{eff} steht in folgenden Beziehungen und bewegt sich in den Grenzen von

$$1 \leq \frac{D_{\text{eff}}}{D_V} \simeq \frac{N}{N_{\text{eff}}} \leq \left(\frac{\bar{L}_E}{\bar{L}_{D,G}}\right)^2 \tag{52}$$

(s. a. Gl. (21)), wobei $\bar{L}_E$ die mittlere Größe monokristalliner Pulverteilchen und $\bar{L}_{D,G}$ der mittlere Abstand zwischen Leerstellenquellen und -senken ist.

Es ist von *Morgan, Tennery* u. a. für Keramik [166], [170] und von *Ivensen* für Metalle [167], [168] experimentell belegt worden, daß das intensive nichtisotherme und von v_A abhängige Schwinden mit einem Diffusionsmaterialtransport nicht vereinbar ist (Bild 62). *Morgan* und Mitautoren bringen dies mit Versetzungsbildung und *Ivensen* mit einem mit dem Sinterablauf assoziierten Zustand des Sinterkörpers in Verbindung, der durch die Annihilation ursprünglicher sowie neu entstehender (aktiver) Defekte der Realstruktur gekennzeichnet ist [55], [56]. Die der Erhöhung von T_S im Gebiet ausreichend hoher Temperaturen einhergehende intensivierte Verdichtung sollte, wie Bild 63 und Tabelle 4 nahelegen, von Strukturdefekten verursacht sein, die nicht im thermodynamischen Gleichgewicht stehen, deren Dichte aber über t und T variierbar (ausheilbar) ist. Generell geht aus Bild 63 hervor, daß sich Reduktionsnickelpulver „aktiver" als Carbonylpulver verhält und daß die Schwindungsintensität in der nichtisothermen Phase durch eine vorangegangene Wärmebehandlung als Folge von Erholungsvorgängen gemindert wird.

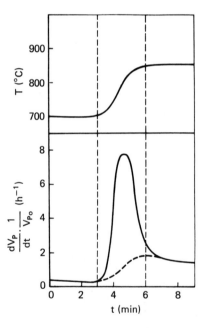

Bild 62. Geschwindigkeit der Abnahme des Porenvolumens $(dV_p/dt) \cdot V_{po}^{-1}$ in Abhängigkeit von der Zeit beim Übergang von $T_S = 700\,°C$ auf $T_S = 850\,°C$, $v_A = 50$ K min^{-1} (nach [167]); die gestrichelte Linie gibt den Verlauf der Geschwindigkeit der Abnahme des Porenvolumens, wie ihn die Theorie für Volumendiffusion als Materialtransport voraussagt, wieder.

In gleicher Weise wie die Expositionsdauer wirkt sich die Temperaturhöhe der vorangegangenen Wärmebehandlung (Vorsintern) aus. Liegt diese im Bereich des nachfolgend nichtisotherm durchlaufenden T-Intervalls, so geht die Schwindungsgeschwindigkeit gegen Null (Tab. 4). Die die Schwindungsintensität im nichtisothermen Bereich bedingenden Defekte wurden bereits während des vorhergehenden Sinterns weitgehend „ausgeheilt" (erholt). Analoge Resultate erhält man, wenn das Pulver vor dem Pressen geglüht [168], oder das entgegengesetzte Verhalten, wenn das Pulver vor dem Pressen

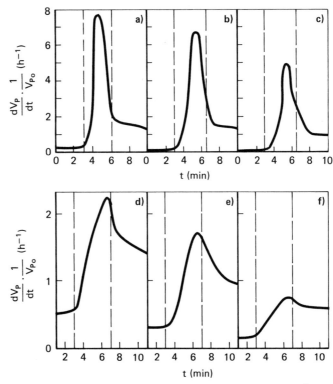

Bild 63. Abhängigkeit der Geschwindigkeit der Abnahme des Porenvolumens $(dV_P/dt) \cdot V_{po}^{-1}$ von der Zeit t beim Übergang von $T_S = 700\,°C$ auf $T_S = 800\,°C$ für Preßlinge aus Nickelreduktionspulver (a, b, c) und Nickelcarbonylpulver (d, e, f) für unterschiedlich lange Haltezeiten bei $700\,°C$ (a, d: 10 min; b, e: 30 min; c, f: 120 min) (nach [168]); die vertikalen gestrichelten Linien markieren das Intervall der nichtisothermen Phase (Temperatursprung, $v_A = 50\,K\,min^{-1}$).

Tabelle 4. Der Einfluß der Vorsintertemperatur auf die Geschwindigkeit der Porenschwindung bei einer nachfolgenden nichtisothermen Sinterbehandlung (nach [168]); Untersuchungsobjekte: Preßkörper aus Nickelreduktionspulver der Gründichte 3,45 bis 3,55 g cm^{-3}.

Vorsinter-temperatur [°C]	Änderung des Porenvolu-mens V_P/V_{P0}	Änderung der Porenober-fläche S_P/S_{P0}	$dV_P/(dt \cdot V_P)$ [min^{-1}] im T-Intervall [°C]		
			545 ... 640	625 ... 730	750 ... 865
gepreßt, 20	1,0	1,0	0,187	0,231	0,298
300	1,0	1,0	0,192	0,267	0,312
400	0,968	0,87	0,147	0,255	0,330
500	0,726	0,49	0,035	0,138	0,296
600	0,640	0,38	0,00	0,019	0,223
700	0,515	0,24	0,00	0,00	0,105
800	0,328	0,16	0,00	0,00	0,00

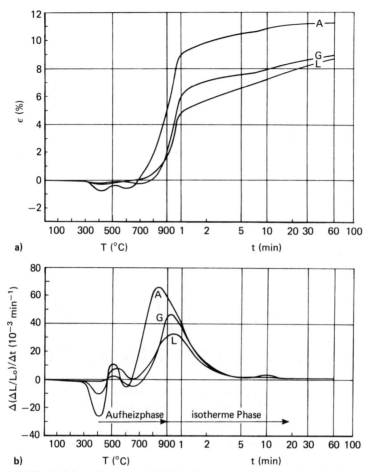

Bild 64. a) Schwindungs- und b) Schwindungsgeschwindigkeitsverlauf von Preßlingen aus Elektrolytkupferpulver (nach [35]); $p_c = 500$ MPa, $v_A = 200$ K min^{-1}, $L_P = 63 \ldots 100$ µm; L Anlieferungszustand, A 1 h in der Schwingmühle mechanisch aktiviert, G wie A und danach 5 h bei 500 °C geglüht.

Tabelle 5. Versetzungsdichten unterschiedlich vorbehandelter Elektrolytkupferpulver (mit Röntgenprofilanalyse ermittelt) und daraus hergestellter Preßkörper (Messung der Doppler-verbreiterten Annihilationslinienform); L Anlieferungszustand, A 1 h in der Schwingmühle gemahlen, G wie A und danach 5 h bei 500 °C geglüht (nach [35]).

Pulverzustand	Versetzungsdichte des Pulvers [cm^{-2}]	Versetzungsdichte des Preßlings [cm^{-2}]
L	10^9	$6{,}0 \cdot 10^{10}$
A	$1{,}3 \cdot 10^{10}$	$1{,}2 \cdot 10^{11}$
G	$3{,}0 \cdot 10^8$	$9{,}0 \cdot 10^{10}$

durch eine Mahlbehandlung (mechanisches Aktivieren) mit Defekten angereichert wird [169] (Bild 64). Das im weichgeglühten Zustand verarbeitete Pulver G erfährt beim Pressen eine stärkere Kaltverfestigung, derzufolge die daraus hergestellten Preßlinge eine höhere Defektdichte als die aus dem Pulver L aufweisen (Tab. 5), was in den gegenüber den L-Proben größeren ε- und $\dot{\varepsilon}$-Werten zum Ausdruck kommt.

Konkrete Informationen über die Zusammenhänge und wechselseitigen Beziehungen zwischen Sinterverdichtung und Defektdichte ergeben sich aus der vergleichenden Betrachtung von dynamisch aufgenommenen ε- und $\dot{\varepsilon}$-Kurven sowie von parallel dazu an identischen Proben mittels Positronenannihilationsspektroskopie erhaltenen Verläufen der mittleren Positronenlebensdauer $\bar{\tau}$. $\bar{\tau}$ ist der Dichte aller Defekte (Leerstellen, Versetzungen, Leerstellencluster) im Probenkörper proportional. Der Abfall der $\bar{\tau}$-Werte von ≈ 200 ps auf ≈ 100 ps entspricht einer sich über Größenordnungen erstreckenden Änderung der Defektdichte (Abschn. 3.3.2.1.1). Die beim Sintern von Nickel- und Kupferpulverpreßkörpern unter Variation der Gründichte GD und des Preßdrucks p_c (Bild 66) sowie der mittleren Pulverteilchengröße $\bar{L}_P$ und der Aufheizgeschwindigkeit v_A (Bild 67) erzielten Resultate liefern ein übereinstimmendes Bild vom Sintergeschehen im Stadium intensiven Schwindens. Die Koinzidenz von starker ε-Zunahme, dem Auftreten von $\dot{\varepsilon}$-Maxima und einem steilen $\bar{\tau}$-Abfall weist darauf hin, daß sich der Materialtransport in den Hohlraum über „defektverbrauchende" Mechanismen vollzieht. Die im Falle des Sinternickels den unterschiedlich geneigten Bereichen der $\bar{\tau}$-Kurven entsprechenden $\dot{\varepsilon}$-Maxima zeigen die Dominanz zweier Transportvorgänge an, die unter der Einwirkung der Kapillarkräfte einen gerichteten Materialstrom in den Porenraum verursachen und die rasche Verdichtung des porösen Sinterkörpers bedingen: die Bewegung ganzer Teilchen gegeneinander auf der defektreichen niedrigviskosen Kontaktzonensubstanz und, sobald diese Möglichkeit aufgrund der bereits erfolgten Auffüllung größerer Poren erschöpft ist, das Ausfließen von Material aus der Kontaktzone in den Porenraum bei gleichzeitiger Annäherung der Teilchenzentren (Bild 65). Beide Vorgänge, der für das Teilchenabgleiten erforderliche Materialumbau im und der Materialausbau aus dem Kontakt sind Kriechprozesse und demzufolge, wie der Abfall der $\bar{\tau}$-Kurve verdeutlicht, mit einer stärkeren Erholung der Defekte verbunden. Diese Ergebnisse korrespondieren

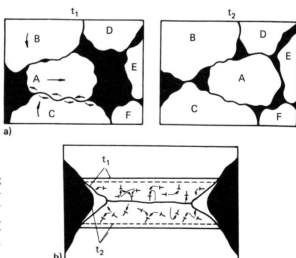

Bild 65. Schematische Darstellung des Materialtransports im Schwindungsintensivstadium; a) Bewegung der Pulverteilchen als Ganzes, b) Ausbau von Material aus der Kontaktzone bei gleichzeitiger Annäherung der Teilchenzentren.

mit den in Abschn. 3.1 geschilderten Veränderungen der Preßkontaktmorphologie während des Sinterns. Die Verifizierung beider kooperativer Transportvorgänge wird Gegenstand der Ausführungen von Abschn. 3.3.2.2 sein. Wenn, wie im Fall der Kupferelektrolytpulverpreßkörper, nur ein $\dot{\varepsilon}$-Maximum beobachtet wird, so muß das nicht bedeuten, daß bei der intensiven Schwindung auch nur ein Transportvorgang im Vordergrund steht. Beim Sintern aktiver Pulver können beide Mechanismen soweit ineinander übergreifen, daß sie sich nicht mehr als diskrete Extrema markieren und folglich ein $\dot{\varepsilon}$-Maximum registriert wird (s. a. Abschn. 3.3.2.3).

3.3.2.1.1 Defektanalyse und Schwindungsverlauf

Es war bisher mehr oder weniger allgemein von Defekten die Rede. Um die Fließdeformation im Kontaktbereich verstehen zu können, ist es erforderlich, weitere Kenntnisse über die Art der Defekte und mögliche Defektreaktionen zu erlangen. Da die Positronenlebensdauerbestimmung eine im Hinblick auf das Objekt integrale und keine lokale Messung darstellt, ist es außerdem nötig, von der Annahme auszugehen, daß sich die Defektentwicklung im wesentlichen auf die Kontaktzonen beschränkt. Natürlich ist eine Deformation im Teilcheninneren beim Pressen nicht auszuschließen. Aufgrund von Modelluntersuchungen (Kap. 5) sowie der eingangs Kap. 3 gegebenen Darstellung der beim Pressen im Pulverhaufwerk ablaufenden Teilvorgänge und der im Abschn. 3.1 wiedergegebenen Beobachtungen darf man jedoch, zumal die Teilchen nicht nur Druck-, sondern auch Scherbeanspruchungen ausgesetzt sind – analog dem Blechwalzen und Stangenzug – annehmen, daß sich der Hauptanteil der Preßdeformation und der damit verbundenen Defektbildung auf die Teilchenoberflächen- bzw. -kontaktzonen konzentriert [180].

Die Diskussion der sich im Intensivstadium vollziehenden Defektreaktionen soll anhand der Bilder 66 und 67 geführt werden. In ihnen sind außer den ε-, $\dot{\varepsilon}$- und $\bar{\tau}$- noch die zugehörigen τ_2- und I_2-Werte als Funktion von T und t aufgeführt. Während, wie schon erwähnt, $\bar{\tau}$ der Dichte aller in Betracht kommenden Defekte (Leerstellen, Versetzungen, Leerstellencluster) proportional ist, stellt τ_2 ein Maß für das „offene Volumen" der vorherrschenden Defektart dar. Das sind für $\tau_2 \lesssim 200$ ps Leerstellen sowie Versetzungen und für $\tau_2 \gtrsim 200$ ps Leerstellencluster, wobei N_L die Anzahl der Einzelleerstellen angibt, die unter den gegebenen Bedingungen im Mittel in einen Cluster eingegangen ist (Bild 67). I_2 schließlich stellt ein Maß für die Konzentration der vorherrschenden Defektart dar. $I_2 = 1$ besagt, daß alle eingestrahlten Positronen an den genannten Defekten annihiliert wurden, wohingegen bei $I_2 = 0$ keines der eingestrahlten Positronen an den betrachteten Defekten annihiliert wurde, d. h., daß das Material leerstellen-, versetzungs- und clusterfrei war. Eine Beeinträchtigung der Meßergebnisse durch Poren, Teilchengeometrie und -größe kann ausgeschlossen werden, da sowohl der mittlere Porenabstand als auch die mittlere Pulverteilchengröße größer als der mittlere Diffusionsweg der Positronen (≈ 100 nm) ist [176], [177].

Die T, t-Abhängigkeiten der in den Abbildungen dargestellten Größen $\bar{\tau}, \tau_2$ und I_2 haben einen typischen Verlauf. Der Preßling weist vor dem Sintern bereits eine hohe Defektkonzentration auf. Das Lebensdauerspektrum ist einkomponentig und die Lebensdauer von $\tau_2 \approx 180$ ps entspricht dem Wert für Einfachleerstellen und Versetzungen. Die Leerstellenkonzentration wäre größer als $5 \cdot 10^{18}$ cm^{-3} und die Versetzungsdichte höher als $6 \cdot 10^{10}$ cm^{-2}. Zwischen Einfachleerstellen (**v**acancies) und Versetzungen (**d**islocations) kann wegen der vergleichbaren Positronenlebensdauer $\tau_{2,v}$ und $\tau_{2,d}$ aber nicht unterschieden werden. Im deformierten hochreinen Kompaktmaterial (5N-Nickel) heilen diese Defekte bis 100°C (Leerstellen) bzw. 300°C (Versetzungen) aus, während sie in

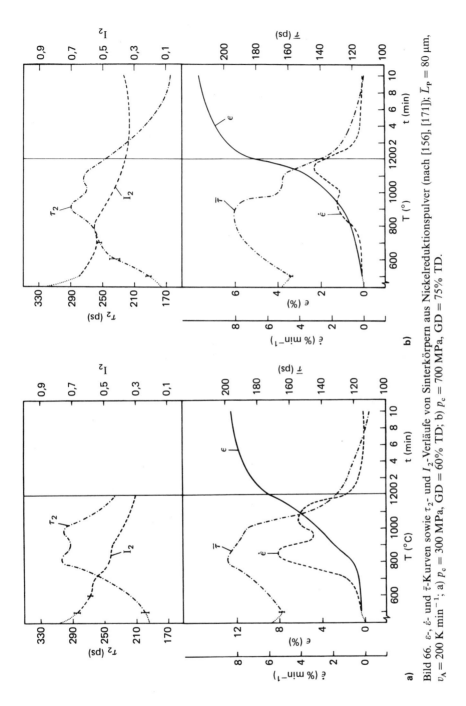

Bild 66. ε-, $\dot\varepsilon$- und $\bar\tau$-Kurven sowie τ_2- und I_2-Verläufe von Sinterkörpern aus Nickelreduktionspulver (nach [156], [171]); $\bar L_P = 80\ \mu m$, $v_A = 200\ K\ min^{-1}$; a) $p_c = 300\ MPa$, $GD = 60\%\ TD$; b) $p_c = 700\ MPa$, $GD = 75\%\ TD$.

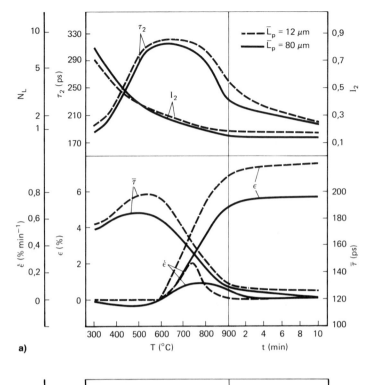

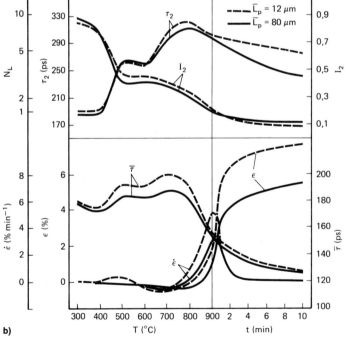

Bild 67. ε-, $\dot{\varepsilon}$- und $\bar{\tau}$-Kurven sowie τ_2- und I_2-Verläufe von Sinterkörpern aus Kupferelektrolytpulver (nach [171]); $p_c = 300$ MPa, GD $= 75\%$ TD, $\bar{L}_P = 12$ und 80 µm; a) $v_A = 5$ K min^{-1}, b) $v_A = 200$ K min^{-1}.

Material, das Verunreinigungen enthält (z. B. 0,03 at.% Sb), nicht ausheilen, sondern zu Leerstellenclustern agglomerieren [172], [173]. Das Verhalten im Sinterkörper ist dem in etwa vergleichbar. Die beim Pressen mit hoher Konzentration eingebrachten Defekte (Oxidpartikel durch Reiboxidation, Versetzungen durch Deformation u. ä. m.) bleiben ebenfalls weitgehend erhalten. Wie aus den τ_2-Werten von mehr als 200 ps geschlossen werden muß, agglomerieren Leerstellen bei Temperaturen $>400\,°C$ zu Leerstellenclustern. Außerdem lassen die τ_2-Werte den Schluß zu, daß im Gegensatz zu den Deformationsexperimenten am Kompaktmaterial, wo bis zu 100 Leerstellen zu einem Cluster agglomerieren, sich im Sintermaterial nur kleine Cluster mit im Mittel 5 bis 10 Leerstellen bilden. Ihre maximale Konzentration kann entsprechend [174] zu $C_{VC} > 10^{17}$ cm^{-3} abgeschätzt werden.

Es wurde gelegentlich zu bedenken gegeben, ob der $\bar{\tau}$-Abfall im Bereich hoher $\dot{\varepsilon}$-Werte nicht durch Rekristallisation verursacht sein könnte. Selbst wenn man nicht in Betracht zieht, daß die Rekristallisation (Korngrenzenwanderung) im porigen Sinterkörper anders als im Kompaktmaterial verläuft (Abschn. 3.3.4), spricht doch der in Bild 68 wiedergegebene $\bar{\tau} = f(T)$-Verlauf dagegen. Die $\bar{\tau}$-Werte wurden an Kupferelektrolytpulverpreßlingen ermittelt, die 12 h bei 900 °C gesintert, danach 32 und 85% kaltverformt und schließlich mit $v_A = 5$ K min^{-1} auf die jeweilige Temperatur T zur $\bar{\tau}$-Messung erwärmt worden waren. Infolge des vorangegangenen vielstündigen Sinterns bei hoher homologer Temperatur sind die Proben was Sinterprozesse anbelangt im untersuchten T-Intervall von 20 ... 600 °C „tot", reaktionsunfähig. Der zwischen 300 ... 500 °C zu verzeichnende starke Abfall der $\bar{\tau}$-Werte dürfte folglich allein auf Erholungs- und Rekristallisationsvorgänge des nach dem Hochsintern stark kaltverfestigten Materials zurückzuführen sein. Die Tatsache, daß bei jenen Temperaturen des Bildes 68, wo $\bar{\tau}$ steil abfällt, beim Sintern (Bild 67a) der $\bar{\tau}$-Verlauf steigend ist und die $\bar{\tau}$- und τ_2-Abnahme beim Sintern erst bei $\gtrsim 600\,°C$ einsetzt, bestätigt, daß die $\bar{\tau}$-Zunahme und der dem Überschreiten eines Maximums nachfolgende $\bar{\tau}$-Rückgang im Gebiet höchster Schwindungsgeschwindigkeiten in Verbindung mit sinterspezifischen Vorgängen zu sehen sind. Gleiche Untersuchungen an Nickelsinterproben führten zum selben Ergebnis.

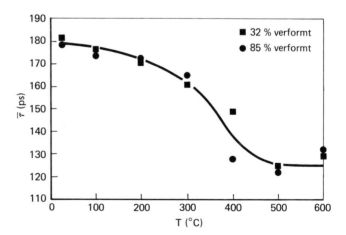

Bild 68. $\bar{\tau} = f(T)$-Kurve für Kupferelektrolytpulverpreßkörper ($\bar{L}_P = 80$ μm, GD = 75% TD), die nach zwölfstündigem Sintern bei 900 °C 32 und 85% verformt und mit $v_A = 5$ K min^{-1} auf die jeweilige T zur $\bar{\tau}$-Messung aufgeheizt wurden (nach B. Vetter).

Einer klärenden Antwort bedarf auch die Frage, welche Defektart vor Beginn des Schwindungsintensivstadiums dominiert. Wie schon gesagt, ist im Bereich $\tau_2 < 200$ ps eine differenzierte Beurteilung der Dichte von Versetzungen und Einfachleerstellen wegen der ähnlichen Lebensdauerwerte der in diesen Defekten annihilierten Positronen nicht gegeben. Dazu jedoch ist zu bemerken, daß die $\bar{\tau}$- (und auch die τ_2- und I_2-)Werte bei Raumtemperatur an Proben gemessen wurden, die von der jeweiligen Sintertemperatur abgekühlt und längere Zeit gelagert waren. Nicht im thermodynamischen Gleichgewicht stehende Überschußleerstellen relaxieren innerhalb von $10^{-5} \ldots 10^{-2}$ s [164]. Die absolute (Gleichgewichts-)Leerstellenkonzentration für Kupfer beispielsweise beträgt bei Raumtemperatur $5 \cdot 10^5$ cm^{-3} [175]. Mit einem solchen Leerstellenanteil ist folglich bei der Auswertung der Experimente immer zu rechnen. Er ist jedoch äußerst gering und außerdem in allen Meßreihen konstant, so daß nicht Leerstellen, sondern die für diesen τ_2-Bereich alternative Defektart, nämlich Versetzungen die Ursache der im Gebiet $\tau_2 < 200$ ps auftretenden Vorgänge und Veränderungen sein sollten.

Wenn auch die Vorgänge, die sich in den $\bar{\tau}$-, τ_2- und I_2-Kurven in bezug auf die ε- und $\dot{\varepsilon}$-Verläufe ausdrücken, noch nicht in allen Einzelheiten verstanden werden, so läßt sich doch zur Defektentwicklung und den wechselseitigen Beziehungen zwischen dieser und den Sintervorgängen im großen und ganzen folgendes sagen. Tritt der Sinterkörper, dessen Teilchenkontakte aufgrund der heterogenen Deformation durch örtlich unterschiedlich hohe Versetzungsdichten und zahlreiche Poren verschiedenster Größe charakterisiert sind (Abschn. 3.1), beim Aufheizen in den Bereich ausreichend hoher Temperatur ein, beginnt der Umbau der mit einer hohen freien Energie behafteten Kontaktzone in Richtung auf eine Großwinkelkorngrenze. Ein Teil der eingebrachten Versetzungen, deren Dichte unterhalb des für eine Rekristallisation erforderlichen Wertes liegt, beginnt nichtkonservative (Kletter-)Bewegungen auszuführen (Erholung), währenddem im Kontaktbereich die Bildung neuer Versetzungen einsetzt (Abschn. 2.1.1.3). Die $\bar{\tau}$-Kurve steigt an. Die im Kontakt enthaltenen Poren emittieren Überschußleerstellen ins benachbarte Volumen. Dort agglomerieren sie unter Gewinn von freier Energie zu relativ stabilen Mehrfachleerstellen, Clustern [187], die sich bei weiterer Leerstellenzufuhr vergrößern; τ_2 und N_L nehmen zu. Mit der Annäherung an das $\bar{\tau}$-Maximum bzw. mit dessen Überschreiten beginnt (annähernd in Korrespondenz mit der τ_2-Entwicklung) eine Defektreaktion das Geschehen zu bestimmen, im Verlauf der die Clustergröße zurückgeht. In dem Maße, wie $\bar{\tau}$ und τ_2 (und N_L) abnehmen, wird das Versetzungsklettern im kontaktnahen Volumen soweit intensiviert, daß der für das Teilchenabgleiten erforderliche rasche Materialumbau im Kontakt und später das Ausfließen von Kontaktzonensubstanz in den Hohlraum bei gleichzeitiger Teilchenzentrumsannäherung über lokale versetzungsviskose Deformationsvorgänge ermöglicht werden. ε steigt stark an und $\dot{\varepsilon}$ erreicht Maximalwerte. Dieser Zustand kann je nach den technologischen Parametern noch bis in die ersten Minuten des isothermen Sinterns fortdauern (Bild 66, 67).

Darüber, welche Reaktionen zwischen den Kontaktzonenversetzungen und -leerstellenclustern verlaufen können, gibt Bild 69 Auskunft. Es lassen sich zwei Grenzfälle vorstellen. Wegen der damit verbundenen partiellen Relaxation der beide Defekttypen umgebenden Spannungsfelder bewegen sich in der Nähe von Versetzungen gelegene Cluster mit einer Geschwindigkeit von etwa 10^0 cm $\cdot$ s^{-1} [364] auf die Versetzungen zu und werden schließlich von diesen „inkorporiert". Während der nichtkonservativen Bewegungen der Stufenversetzungen bzw. Versetzungen mit Stufenkomponente üben die Cluster auf diese eine treibende Kraft aus, indem je nach dem Vorzeichen der einwirkenden Laplace-Spannungskomponente die eingeschobenen Halbebenen aus den Clustern Leerstellen absorbieren, wobei die Cluster schrumpfen, oder von den Clustern Atome aufnehmen, so daß die Cluster wachsen [16]. Etwa parallel zur Kontaktfläche gelegene Halbebenen bedingen in Verbindung mit der erstgenannten Reaktion eine versetzungsviskose Deformation, aufgrund der sich die Teilchenzentrumsabstände verringern (Bild

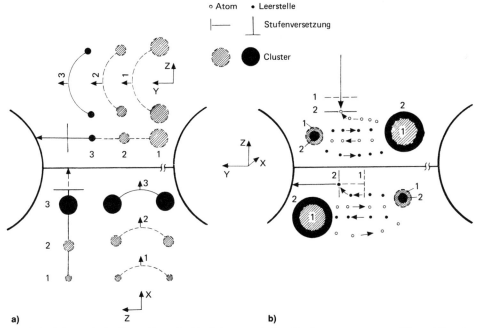

Bild 69. Schematische Darstellung der Reaktionen zwischen Stufenversetzungen und Leerstellenclustern im Teilchenkontaktbereich; 1, 2, 3: Zustand zur Zeit $t_1 < t_2 < t_3$.
a) Cluster liegen auf Versetzungslinien und geben an diese Leerstellen oder Atome zum Klettern ab;
b) Cluster wechselwirken im Sinne eines LSW-Mechanismus und geben Leerstellen oder Atome an die Versetzungen fürs Klettern ab (nach [364]).

69a, oben). Zur Kontaktgrenze in etwa senkrecht gelegene kletternde Halbebenen haben in Kombination mit der zweitgenannten Reaktion eine versetzungsviskose Kontaktverbreiterung (Bild 69a, unten) zur Folge. Sollte dabei eine Versetzungslinie mit den Clustern schließlich in die Kontaktgrenze gelangen, dann „strömt" das Leerstellenagglomerat in Form von Einzelleerstellen in die Kontaktgrenze aus.

Dem anderen denkbaren Grenzfall liegt ein dem LSW-Mechanismus (L*ifsic*-S*lesov*-W*agner;* Abschn. 3.3.3) analoger Vorgang zugrunde. Die kleinen Cluster emittieren Leerstellen, die von den großen absorbiert werden, und schrumpfen, wohingegen die großen wachsen [178]. Der Leerstellenstrom ist mit einem entsprechenden gegenläufigen Atomstrom gekoppelt. Die Gesamtheit aller im Kontaktbereich vorhandenen Cluster bedingt eine sich über das ganze Ensemble erstreckende mittlere Übersättigung des Gitters mit Punktdefekten, die einem gemeinsamen „Punktdefektfeld" gleichkommt [16] (Bild 69b). Die darin gelegenen Kontaktzonenversetzungen werden dadurch zu intensivem Klettern angeregt, wodurch sowohl der Kontakt verstärkt als auch die Zentrumsannäherung vorangetrieben wird. Im Realfall fungieren die beiden als Grenztypen beschriebenen Mechanismen meist wechselseitig. Es ist ebenso denkbar, daß sich bewegende Versetzungslinien Cluster „einfangen" und diese in der Folge mitziehen (Übergang vom Mechanismus b) zu a) des Bildes 69), wie möglich, daß sich Cluster von einer bewegenden Versetzungslinie ablösen und nun das Schicksal anderer im „Punktdefektfeld" gelegener Cluster teilen (Übergang von Mechanismus a) zu b) des Bildes 69). Das Grundlegende der Versetzungs-Cluster-Reaktionen besteht in einem zeitweise örtlich überhöhten Angebot von Leerstellensenken und -quellen, wodurch die mittleren Diffusionswege verkürzt und die Viskosität im Kontakt erniedrigt werden. Eine theoretische Begründung der in Bild 69 dargestellten Vorgänge wird in [364] gegeben (s. a. Kap. 7).

Auch *Ivensen* [168] geht zur Erklärung der ungewöhnlichen Sinteraktivität davon aus, daß aus dem Kontaktbereich und dem Hohlraum stammende Einzelleerstellen unter Energiegewinn für das System in der Matrix zu Clustern unterschiedlicher Konfiguration agglomerieren [179]. Die Atome in der „Clusterwand" sind nicht nur leichter beweglich (vergleichbar den Oberflächenbausteinen), sondern können auch innerhalb des Clusters, ähnlich den Molekülen einer Flüssigkeit, chaotische Bewegungen ausführen, weshalb *Ivensen* von quasiflüssigen Defekten spricht. Unter dem Einfluß von Kapillarkräften bewegen sich die Quasiflüssigkeitsdefekte in Richtung Poren- bzw. Kontaktoberfläche, wobei sie sich in ein birnenförmiges Gebilde einformen. Während der Bewegung werden am „Birnenkopf" ständig neue Atome „gelöst" und am spitzauslaufenden Ende „ausgeschieden". Dort sind wegen des sehr kleinen Krümmungsradius die Kapillarspannungen so groß, daß die Fließspannung überschritten wird und eine plastische Zone entsteht, in der das Ende des sich bewegenden Defektes fortlaufend verjüngt und schließlich liquidiert wird. Solche Prozesse laufen im Volumen des sinternden Körpers massenweise ab. Ununterbrochen werden quasiflüssige Defekte gebildet, bewegt und wieder ausgelöscht, so daß der allgemeine Prozeß der Verdichtungsdeformation dem Äußeren nach die Züge eines viskosen Fließens trägt.

3.3.2.2 Teilchenbewegung und -zentrumsannäherung

Die zum Teil einige Größenordnungen betragende Differenz zwischen gemessener Schwindungsgeschwindigkeit von metallischen Sinterkörpern im Intensivstadium und den $\dot{\varepsilon}$-Werten, die sich aus der Beziehung für das Nabarro-Herring-Diffusionskriechen (Gleichung (45)) ergeben [30], [182], [183], führte zu der Vorstellung von einem kooperativen Materialtransport, bei dem ganze Pulverteilchen gegeneinander in den Hohlraum abgleiten. Die energetische Zweckmäßigkeit einer solchen Teilchenbewegung ist durch die Umwandlung von Oberflächenenergie γ in Grenzflächenenergie γ_G, die der Größe $2\gamma - \gamma_G$ proportional ist, gegeben. Für den in Bild 70a dargestellten Fall beträgt die Energieänderung $\Delta W \simeq -2l\gamma_F \Delta x$ (γ_F Oberflächenspannung des Fettfilmes, l Breite der plättchenförmigen Teilchen) und die an der Teilchenkombination angreifende Kraft $P_p = -dW/dx \simeq 2l\gamma_F$. Letztere bedingt eine Schubspannung $\sigma_t = P_p/x \cdot l \simeq 2\gamma_F/x$, derzufolge das Teilchen längs des Fettfilmes abgleitet. Das dazu vorgenomme Experiment mit Glasplättchen-Pulver beweist die Realität einer Kraft P_p kapillaren Ursprungs und zeigt, daß die Größe der durch das Abgleiten zunehmend bedeckten Fläche $x \cdot l$ linear mit der Zeit um so schneller zunimmt, je dicker der Fettfilm ausfällt. Der Grund dafür ist, daß die Viskosität der die Plättchenteilchen verbindenden Fettschicht linear mit deren Dicke h abnimmt [182]. (Es wurde der Dickenbereich $h = 1,6 \cdot 10^{-4} \ldots 0,7 \cdot 10^{-4}$ m untersucht.)

Das Abgleiten ganzer Teilchen im dispersen Körper ist der Bewegung der Kristallite bei der superplastischen Verformung verwandt. Der intensive Materialtransport ist dort wie hier eng mit der Frage nach der Viskosität und der Fähigkeit zu einer gestaltsakkommodativen Umformung des Korngrenzen- bzw. Kontaktzonenvolumens verknüpft [148], [149], [151] (Abschn. 3.2.3). Die die Teilchentranslation hemmende Rauhigkeit der miteinander im Kontakt stehenden Flächen muß über einen gegenüber der Abgleitgeschwindigkeit genügend schnellen Materialtransport abgebaut und dabei das sich im Kontakt

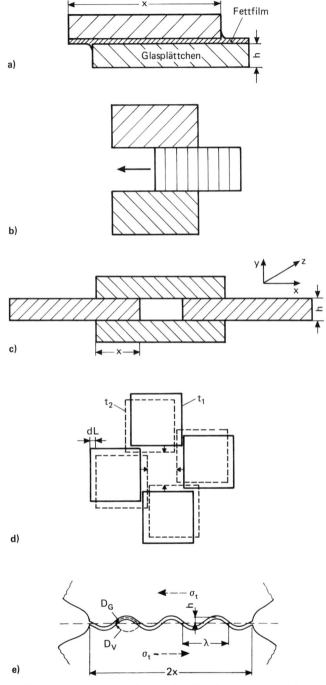

Bild 70. Verschiedene Teilchenkonfigurationen zur Modellierung des Abgleitens ganzer Teilchen im Pulverhaufwerk.

gegenüberstehende Material einander so angepaßt werden können, daß sich die Teilchen als Ganzes in ihrer Umgebung fortzubewegen vermögen. Dafür kommen sowohl diffusions- als auch versetzungsgesteuerte Umbauvorgänge in Betracht. In realen Sinterkörpern ist die Teilchenbewegung nicht nur infolge der Teilchenoberflächenrauhigkeit gehemmt, sondern auch durch Teilchen, die sich in andere Richtungen bewegen und als Hindernisse in den Weg treten, eingeschränkt.

Von *Geguzin* wird zur Erklärung der hohen Sinteraktivität ein „amorphisierter" Zustand der Kontaktgrenze postuliert [30], [181] und die sich damit ergebende Viskosität im Kontakt anhand der in Bild 70b wiedergegebenen Teilchenanordnung abgeschätzt. Grundlage ist eine für ungehemmtes Abgleiten über viskoses Fließen abgeleitete η-Beziehung [184]. Unter der Annahme, daß die Rauhigkeit der den Kontakt bildenden Flächen lediglich aus atomaren Stufen von Gleichgewichtsformflächenelementen der mittleren Höhe h_{St} besteht, die als Leerstellensenken und -quellen mit der mittleren Entfernung l_{St} fungieren, nimmt diese die Form

$$\eta \approx \frac{k T \bar{h}_{St} \bar{l}_{St}}{a^2 D_G a} \tag{53}$$

an. Im allergünstigsten Fall, wenn $\bar{l}_{St} \approx \bar{h}_{St} \approx a$, geht die η-Gleichung (53) in die für das Korngrenzengleiten über ($\eta_G \approx k T / D_G a$) und ergibt beim Einsetzen vernünftiger Werte ($D_G \approx 10^{-11}$ m$^2 \cdot$ s^{-1}, $a \approx 10^{-10}$ m, $kT \approx 10^{-20}$ J) eine Kontaktviskosität von ≈ 10 Pa $\cdot$ s. (Das ist etwa die Viskosität von Glyzerin bei Raumtemperatur.) Dementsprechend benötigt das mittlere der drei Teilchen des Bildes 70b nur wenige Sekunden, um voll in die Lücke vorzurücken.

Wenn die mit Beziehung (53) getroffene konkrete Aussage auch eine extreme Position vertritt und im Hinblick auf den technischen Sinterkörper unrealistisch ist, so ist es doch von Interesse, den Gedanken, inwieweit durch Diffusionsumbau eine Bewegung der Teilchen möglich ist, experimentell zu verfolgen. Dies geschah mit plättchenförmigen Teilchen aus einer Nickellegierung [182] und aus Molybdän [183], die in der mit Bild 70c schematisch dargestellten Weise zu Preßkörpern verarbeitet wurden. Dazu wurde im Falle des Molybdäns ein etwa isomeres kugeliges Granulat in einer Mühle bei der Temperatur des flüssigen Stickstoffs behandelt, wobei die Kugelteilchen längs der {110}-Spaltebenen zu Plättchen der Dicke $h = 0,5 \ldots 1,0$ μm und der Länge bzw. Breite von $3 \ldots 5$ μm aufgespalten wurden. Die Spaltoberflächen waren charakteristischerweise mit Stufen der atomaren Rauhigkeit aus Flächenelementen {110} bei einem mittleren Abstand $\bar{l}_{St} \approx 10 a$ bedeckt, sonst jedoch völlig glatt. D. h., daß die mittlere Distanz zwischen Leerstellensenken und -quellen $\approx 10^{-9}$ m beträgt. Das Ergebnis der dilatometrischen ε-Messungen in x- und y-Richtung (Bild 70c) belegt, daß das Abgleiten der Teilchen den Hauptanteil der Verdichtung ausmacht (Bild 71a). Benutzt man die η-Beziehung für Korngrenzendiffusionskriechen (s. a. Gleichung (46), $\eta \sim 1/\dot{\varepsilon}$)

$$\eta = \frac{kT}{D_G w \Omega} \bar{L}^3, \tag{54}$$

wobei $\bar{L} = \bar{l}_{St} \approx 10^{-9}$ m gilt, so erhält man bei $k \approx 1{,}38 \cdot 10^{-23}$ J $\cdot$ K^{-1}, $T = 1473$ K, $D_G \approx 5 \cdot 10^{-8}$ m^2 s^{-1} und $w \simeq a = 3{,}14 \cdot 10^{-10}$ m ($\Omega = a^3$) für die Kontaktviskosität $\approx 10^{10}$ Pa $\cdot$ s. Das ist ein realistischer Wert, der das geschilderte Schwindungsverhalten befriedigend erklärt. Die bei den Kurven 1 und 2 auftretende ε-Differenz ist auf den Preßeffekt (Teilchenabplattung) zurückzuführen. Noch stärker ausgeprägt ist der als Folge einer Teilchentranslation anfallende Verdichtungsanteil (ε in x-Richtung) bei den

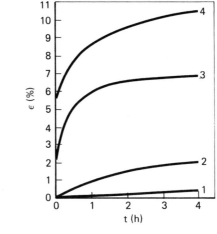

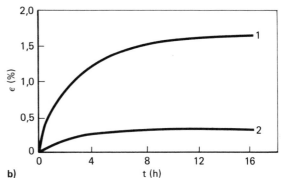

Bild 71. Schwindung ε von Preßlingen aus plättchenförmigen Pulvern von Molybdän und einer Nickellegierung (nach [183]);
a) Molybdän; *1, 2:* kugeliges Ausgangspulver; *3, 4:* daraus gewonnenes plättchenförmiges Pulver; *2, 4:* ε in *x*-Richtung; *1, 3:* ε in *y*-Richtung, $T_S = 1200\,°C$;
b) Nickellegierung; *1:* ε in *x*-Richtung; *2:* ε in *y*-Richtung; $T_S = 1100\,°C$.

Preßlingen aus dem Nickellegierungspulver, das durch Zerstäuben isomerer Tröpfchen gegen eine gekühlte Wand (Klatschkokille) gewonnen war; Teilchenbreite und -länge $\approx 10^0$ mm, Dicke $h \approx 10$ μm (Bild 71 b).

Es gibt Gründe anzunehmen, daß bei Realpulvern mit makroskopisch großer Oberflächenrauhigkeit (und größerem Teilchendurchmesser), wie sie in der Fertigung metallischer Sintererzeugnisse zum Einsatz kommen, das Diffusionskriechen für den erforderlichen Umbau im Kontakt nicht leistungsfähig genug ist und damit sich die beobachteten ε-Werte nicht erklären lassen. Zur Abschätzung eines derartigen Vorganges diente ein aus vier Teilchen und einer Pore gleicher Größenordnung bestehendes Modell (Bild 70 d), bei dem jede Gleitung um dL in Richtung Pore sowohl zur Schwindung als auch zur Umwandlung von Oberflächenenergie γ in Korngrenzenenergie γ_G beiträgt [98]. Die Rauhigkeit der Preßkontaktfläche wurde in der in Bild 70 e dargestellten Weise berücksichtigt. Dann wird die Abgleitgeschwindigkeit an der Kontaktkorngrenze mit Unebenheiten der Höhe h und der Wellenlänge λ unter der Triebkraft σ_t durch die Beziehung

$$\frac{dL}{dt} = \frac{8\lambda\Omega\sigma_t}{\pi\,k\,T h^2}\left(D_V + \frac{\pi\delta}{\lambda}D_G\right) = K\frac{\lambda}{h^2}\sigma_t \tag{55}$$

beschrieben (D_G Korngrenzendiffusionskoeffizient, δ Dicke der Kontaktkorngrenzendiffusionszone) [130]. Sind $2x$ die Länge des Gleitbereichs, die dem Sinterhalsdurchmesser entspricht, und $(\gamma-\gamma_G)$ die Triebkraft der Gleitung, dann geht Gleichung (55) in

$$\frac{dL}{dt} = K\frac{\lambda}{h^2}\frac{\gamma-\gamma_G}{2x} \tag{56}$$

über. Die makroskopische, auf den mittleren Abstand $\bar{D}_P$ zwischen großen Poren bezogene Schwindungsgeschwindigkeit auf der Basis eines allein diffusionsgesteuerten Teilchengleitens beträgt dann

$$\frac{dL}{dt}\frac{1}{\bar{D}_P} = K\frac{\lambda}{h^2}\frac{\gamma-\gamma_G}{2x\,\bar{D}_P}. \tag{57}$$

Mit den Diffusionskoeffizienten für Kupfer bei 900 °C ($D_V = 3 \cdot 10^{-14}$ m^2 s^{-1}, $\delta \cdot D_G = 10^{-19}$ m^3 s^{-1}) und $\Omega = 3 \cdot 10^{-29}$ m^3, $kT = 10^{-20}$ J, $\gamma-\gamma_G \approx 1$ J m^{-2} sowie den realistischen Werten $h \approx 1$ μm, $\lambda \approx 10$ μm, $2x \approx 20$ μm und $\bar{D}_P \approx 100$ μm folgt eine theoretische Schwindungsgeschwindigkeit von etwa 10^{-5} min^{-1}. Da dieser Wert 2 ... 3 Größenordnungen unter den gemessenen Werten liegt (Bild 57, 66, 67), darf gefolgert werden, daß mit Diffusion allein die Teilchengleitung im Schwindungsintensivstadium derartiger Objekte nicht erklärbar ist. Die dennoch auch in diesen Fällen (große Oberflächenrauhigkeit und Durchmesser der Teilchen) beobachtete hohe Sinteraktivität im nichtisothermen Aufheizstadium und zu Beginn des isothermen Stadiums muß deshalb auf den bereits erörterten Versetzungskriechmechanismus (Bild 65, Abschn. 3.3.2.1) zurückgeführt werden, der einen ausreichend schnellen lokalen Materialtransport und -umbau gewährleistet. Die an den Kugel-Platte-Modellen mittels Kossel-Technik in der Kontaktzone gemessenen Versetzungsdichten $N \approx 10^9$ ... 10^{-10} cm^{-2} (Abschn. 2.1.1.3) und der mit Hilfe der Positronenlebensdauermessungen abgeschätzte Wert $N \gtrsim 6 \cdot 10^{10}$ cm^{-2} haben unter Berücksichtigung der Annahme, daß etwa ein Drittel der Versetzungen „freie", bewegliche Versetzungen sind [185], Viskositäten der Kontaktzonensubstanz zur Folge, die nach Gleichung (23) im Bereich von $\eta \approx 10^8$ ... 10^9 Pa · s liegen (Abschn. 2.1.1.3).

Laut Beziehung (50) besteht im Schwindungsintensivstadium zwischen der mittleren Kapillarspannung $\bar{P}$ und der durch versetzungsviskose Deformation der Kontaktzonensubstanz gesteuerten Kriechgeschwindigkeit $\dot{\varepsilon}$ Proportionaiität. Ihr unmittelbarer Nachweis setzt die Verwendung von Preßlingen voraus, die sich bei sonst identischen Parametern lediglich hinsichtlich der Kapillarkräfte unterscheiden dürften. Die Verwirklichung dessen scheitert daran, daß eine Änderung der Kapillarkräfte nur über die Veränderung noch anderer charakteristischer Größen des Preßlings (Pulverteilchengröße, Porosität u. a.), die gleichfalls die Schwindung beeinflussen, zu erreichen wäre. Es ist jedoch auch möglich, durch die Einwirkung einer äußeren Belastung den Spannungszustand im Preßling während des Sinterns zu verändern. Bedingung ist aber, daß die äußere Kraft noch in einem Größenbereich liegt, wie er auch Spannungen kapillaren Ursprungs (0,01 ... 1,0 MPa) entspricht. Die Umsetzung dieser Forderung kann über die Änderung der Federvorspannung, die im Hochtemperaturdilatometer den Kraftschluß zwischen Probe und Meßstempel herstellt, geschehen.

Die Ergebnisse sind in Bild 72 zusammengefaßt [108]. Sie weisen die erwartete Proportionalität aus. Dabei ist für die einer Messung nicht zugängliche lokale Deformationsgeschwindigkeit in den versetzungsangereicherten Kontaktgebieten $\dot{\varepsilon} \simeq \dot{\varepsilon}_{max}$ angenommen worden, was nach den vorangegangenen Darlegungen durchaus gerechtfertigt ist. In der einheitslosen Darstellung des Diagramms ist $F_{P1} = 0{,}2\,N$ die niedrigste der von außen

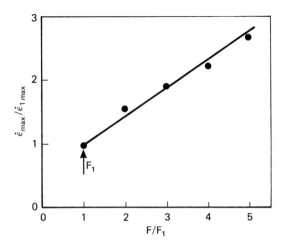

Bild 72. Abhängigkeit der Schwindungsgeschwindigkeit von einer äußeren Belastung in der Größenordnung von Kapillarkräften (nach [108]); ermittelt an Kupferelektrolytpulversinterkörpern, $p_c = 300$ MPa.

aufgebrachten Belastungen. Die dann zusätzlich zur Kapillarspannung $\bar{P} \simeq 0{,}05$ MPa in den Teilchenkontakten wirkende, mittlere Spannung F_{P1}/A_K läßt sich abschätzen. $A_K \simeq A_Q(1 - \Theta_\perp)$ ist die integrale Kontaktfläche im Querschnitt ($A_K \neq F_c$); die Querschnittsfläche A_Q war 8 mm². Nach [188] beträgt senkrecht zur Preßrichtung bei einem Preßdruck von 300 MPa und Elektrolytkupferpulver die Flächenporosität $\Theta_\perp \simeq 0{,}27$. Damit erhält man für die sich der Kapillarspannung $\bar{P}$ überlagernde Spannung $P_Z \simeq F_{P1}/A_Q(1 - \Theta_\perp)$ rund 0,035 MPa. Auch bei zunehmender normierter äußerer Belastung F_P/F_{P1} wird, soweit es die Meßwerte des Bildes 72 betrifft, der Größenbereich von Kapillarkräften nicht überschritten.

Des weiteren folgt aus der Beziehung (50) formal, daß die Temperaturabhängigkeit der Geschwindigkeit der lokalen Fließvorgänge und damit auch die Schwindungsgeschwindigkeit $\dot{\varepsilon}$ im Intensivstadium gegeben ist durch die Temperaturabhängigkeit des Diffusionskoeffizienten $D_V(T)$ und der Dichte „freier" Versetzungen $N_V(T)$. Die experimentellen Resultate zeigen jedoch [193], daß in einem größeren Temperaturbereich bereits zu Beginn des Schwindungsintensivstadiums ausreichend bewegliche Versetzungen existieren (Abschn. 3.3.2.1.1), so daß es nicht notwendig erscheint, für deren Bildung den Verbrauch zusätzlicher Energie anzunehmen. Das würde aber bedeuten, daß die Geschwindigkeit der lokalen Fließvorgänge $\dot{\varepsilon} = f(T)$ nur von einem der genannten Faktoren, nämlich von $D_V(T)$ bestimmt wird. Denkt man außerdem daran, daß $D_V \sim e^{-Q_v/kT}$ ist, dann müßte in Verbindung mit Beziehung (50) eine Temperaturabhängigkeit der Form

$$\dot{\varepsilon} \simeq \frac{A_4}{kT} e^{-Q_v/kT} \tag{58}$$

bestehen, in der Q_v die Aktivierungsenergie der Volumenselbstdiffusion und A_4 eine temperaturunabhängige Konstante sind [108].

Um die Gültigkeit des angenommenen Zusammenhanges nachzuprüfen, wurden mit Kupferelektrolytpulverpreßlingen Schwindungsuntersuchungen im Temperaturbereich 700 ... 1000 °C durchgeführt und wieder wie im vorangegangenen $\dot{\varepsilon} \simeq \dot{\varepsilon}_{max}$ gesetzt. Bild 73 gibt das Ergebnis wieder. Im Intervall $\lesssim 900$ °C besteht zwischen $(\dot{\varepsilon}_{max} T)$ und $1/T$ eine lineare Abhängigkeit, die besagt, daß in der Tat stets genügend bewegliche Versetzungen existieren, demzufolge ε und $\dot{\varepsilon}$ lediglich über $D_V(T)$ von der Sintertemperatur abhängen.

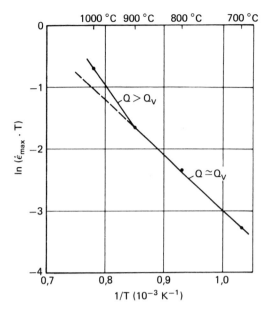

Bild 73. Temperaturabhängigkeit der Deformationsgeschwindigkeit im Schwindungsintensivstadium (nach [108]).

Der Neigungswinkel des Geradenteils $Q \simeq Q_v$ entspricht einer Aktivierungsenergie $Q_v = 168$ kJ · mol^{-1}. Dieser Wert stimmt gut mit an polykristallinem Kupfer auf direktem Wege ermittelten Werten [194] überein. Die Änderung der Geradenneigung > 900 °C hingegen würde bedeuten, daß die Aktivierungsenergie des Sinterns $Q > Q_v$ ist, d. h. für noch andere Sinterteilvorgänge zusätzlich Aktivierungsenergie benötigt wird. Es ist jedoch zu bedenken, daß die Abweichung relativ gering ist. Sie könnte auch durch die Annahme $\dot{\varepsilon} \simeq \dot{\varepsilon}_{max}$ bedingt und nur vorgetäuscht sein. Spätere bei 1000 °C vorgenommene Untersuchungen des Schwindungsverhaltens legen die Vermutung nahe, daß auch hier $Q \simeq Q_v$ gilt [108].

Geschieht der Materialausbau aus der Kontaktzone im Bereich höchster Schwindungsgeschwindigkeiten vorwiegend über Versetzungskriechen, dann müssen die gemessenen $\dot{\varepsilon}_{max}$-Werte von derselben Größe sein wie die nach der Beziehung (50) unter Zugrundelegung gleicher Bedingungen und Defektzustände berechneten Geschwindigkeiten des Versetzungskriechens. Zum Zwecke der Überprüfung sind in Bild 74 die berechneten normierten Schwindungsgeschwindigkeiten als $\dot{\varepsilon}_{ni} = f(\bar{L}_p)$-Geraden für das Nabarro-Herring-, Coble- und Versetzungskriechen (Gleichung (45), (46), (50)) sowie die experimentell ermittelten $\dot{\varepsilon} \triangleq \dot{\varepsilon}_{max} = f(\bar{L}_p)$-Werte als Meßpunkte wiedergegeben [156], [175]. Die Normierung macht sich angesichts der teilweise material- und temperaturabhängigen Größen, die in die $\dot{\varepsilon}$-Gleichungen eingehen, erforderlich, um die Schwindungsgeschwindigkeiten der unterschiedlichen, zum Teil noch bei verschiedenen Temperaturen untersuchten Sinterwerkstoffe vergleichen und zuordnen zu können.

Aus Bild 74 geht hervor, daß bei metallischen Sinterkörpern aus Pulvern mit $\bar{L}_p > 10^0$ µm die $\dot{\varepsilon}_{max} = f(\bar{L}_p)$-Meßwerte in guter Näherung der Kosevič-Geraden folgen. Das bedeutet, daß die für die Schwindung des Intensivstadiums bei diesen Materialien maßgebliche lokale Deformation nicht als Diffusions-, sondern durch Versetzungskriechen erfolgt. Solange noch ausreichend große Poren vorhanden sind, gleiten die den Kapillarkräften nachgebenden Teilchen längs der sich versetzungsviskos und gestaltsakkommodativ deformierenden Kontaktgebiete ab. Dieser Vorgang klingt ab, sobald die Poren dement-

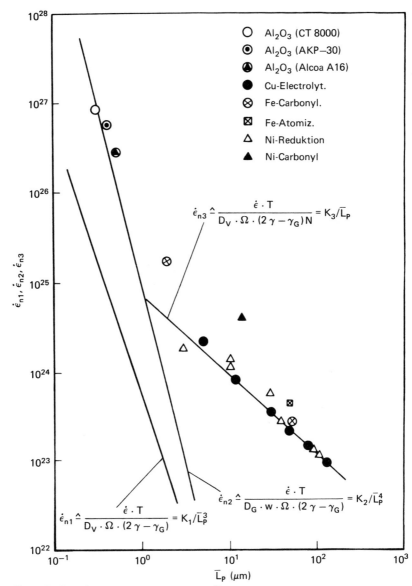

Bild 74. Darstellung der berechneten normierten $\dot{\varepsilon}_{ni} = f(\bar{L}_P)$-Geraden und der gemessenen $\dot{\varepsilon}_{max} = f(\bar{L}_P)$-Werte für unterschiedliche Sinterwerkstoffe (nach [156], [160], [175]); $\dot{\varepsilon}_{n1}$: Nabarro-Herring-Diffusionskriechen; $\dot{\varepsilon}_{n2}$: Coble-Diffusionskriechen; $\dot{\varepsilon}_{n3}$: Versetzungskriechen (*Kosevič*).

sprechender Größe aufgefüllt sind. Danach fließt das Material unter der Wirkung derselben Kräfte versetzungsviskos aus den Kontaktbereichen in den Porenraum, wobei sich die Teilchenzentren weiter annähern (Bild 51, 65). Die versetzungsgestützten Verdichtungsvorgänge verlieren in dem Maße an Intensität (und die Viskosität nimmt in eben dem Grade zu) wie die Versetzungen durch Klettern erholt, d. h. die hohen Versetzungsdichten abgebaut werden. Schließlich wird ein Defektniveau erreicht, ab dem die Versetzungen im Hinblick auf die Verdichtung praktisch wirkungslos bleiben.

Zum weiteren ist aus Bild 74 ersichtlich, daß mit abnehmender Teilchengröße zunächst Abweichungen von der Kosevič-Geraden auftreten und ab $\bar{L}_p \lesssim 1$ μm die $\dot{\varepsilon}_{max} = f(\bar{L}_p)$-Werte auf der für das Coble-Diffusionskriechen geltenden Geraden liegen. Das läßt darauf schließen, daß in diesen Fällen der Materialtransport in der Kontaktkorngrenze über Korngrenzendiffusion für die Verdichtung bestimmend wird. Zu dieser Schlußfolgerung gelangen auch *Johnson* [28] in Verbindung mit der Diskussion der von ihm aufgestellten Gleichung (41) für die Schwindungsgeschwindigkeit sowie andere Autoren aufgrund experimenteller Befunde zur Sinterkinetik; beispielsweise für Sintertonerde [161], [189], [240], yttriumstabilisiertes Sinterzircondioxid und -titandioxid [189], für Nickelcarbonylpulversinterkörper [190], Sinterwolfram ($\bar{L}_p = 0{,}88$ μm) [191] und Sintermolybdän ($\bar{L}_p = 2$ und 6 μm) [192] sowie andere metallische Sintermaterialien aus Pulvern $\bar{L}_p \lesssim 10^0$ μm [125]. Je kleiner die Teilchen sind, um so weniger aufgerauht sind für gewöhnlich ihre Oberflächen, um so größer ist das spezifische Kontaktzonenvolumen sowie der integrale Strömungsquerschnitt für die Korngrenzendiffusion und um so kürzer werden die Diffusionswege zu den Poren, so daß diesem durch einen hohen Wert des Diffusionskoeffizienten gekennzeichneten Verdichtungsmechanismus für feindisperse Systeme offenbar der Vorrang gehört. Hinzu kommen wegen der großen Peierlskräfte die außerordentliche Erschwerung von Versetzungsreaktionen in den Ionengittern der Keramik und die für Metalle in Abschn. 3.2.2 näher erörterte Einstellung einer Versetzungsvervielfachung, wenn $\bar{L}_p \lesssim 1$ μm wird. Bei keramischen Systemen liegen außerdem aufgrund der hohen Werte für die Oberflächenspannung die mittleren Laplace-Spannungen $\bar{P}$ gemäß Gleichung (26) um ein bis zwei Größenordnungen über denen der metallischen Systeme. Im Fall von Sinter-Al$_2$O$_3$ und -ZrO$_2$ beispielsweise nimmt $\bar{P}$ für $\bar{L}_p = 1{,}0;\ 0{,}1$ und $0{,}01$ μm größenordnungsmäßig Werte von 10^0; 10^1 und 10^2 MPa an.

3.3.2.2.1 Nachweis der Teilchenbewegung

Es gehört durchaus nicht zum Gemeingut grundlegender Vorstellungen vom Sintern, einen Materialtransport in Form der Bewegung ganzer Pulverteilchen mit in Betracht zu ziehen. Das mag zum einen damit begründet sein, daß meist lediglich der isotherme Teil des Sinterns gesehen wird, und zum anderen, daß es allein auf der Basis von Diffusionsvorgängen schwer vorstellbar ist, daß sich im Preßkörper miteinander mechanisch verbundene Pulverteilchen bewegen können. Aus diesem Grunde erscheint es angebracht, über die in Abschn. 3.1 gegebene Darstellung hinausgehend (s. Bild 48) noch einige Worte zum Nachweis der Teilchenbewegung zu verlieren.

Direkt läßt sich eine Pulverteilchenbewegung nur an der Oberfläche des Sinterkörpers beobachten [215]. Beispielsweise, wie in Bild 75, mit einer Markierungsmethode, wie sie auch zur Verfolgung gestaltsakkommodativer Kristallitbewegungen bei der superplastischen Verformung benutzt wird. Jedoch ist die Teilchenbewegung in der Oberfläche für den Sinterkörper insgesamt nicht repräsentativ, da Partikel der Oberfläche bei der Verdichtung vielfach die Möglichkeit haben, mit einer Bewegung senkrecht zur Oberfläche auszuweichen und deshalb nicht in dem Umfang, wie die Teilchen im Inneren, dem Zwang zur Bewegung in den Porenraum ausgesetzt sind. Also ist man auf indirekte Methoden, die Hinweise geben, wie die Variation bestimmter technologischer Parameter, die Messung der Porensehnenlängenverteilung, des elektrischen Widerstandes u.a.m. angewiesen.

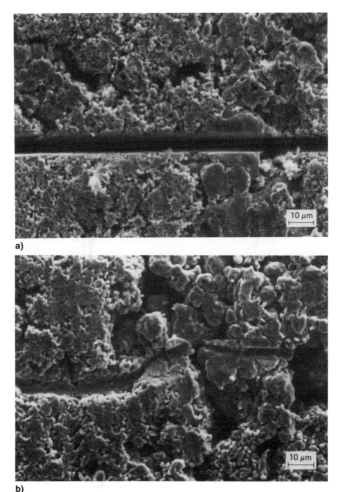

Bild 75. Bewegung ganzer Teilchen in der Sinterkörperoberfläche (nach *M. Hinz*); Nickelreduktionspulver, $\bar{L}_p = 50$ µm, $p_c = 300$ MPa, $v_A = 200$ K min^{-1}, $T_S = 1000\,°C$;
a) Ausgangs-,
b) Endzustand.

Bei kleineren Pulverteilchen ($\bar{L}_p$ aber $> 10^0$ µm) sollte wegen des größeren spezifischen Kontaktzonenvolumens und der erhöhten Zahl von Poren, die Pulverteilchen aufzunehmen vermögen, eine Teilchenbewegung begünstigt sein. Mit zunehmendem Preßdruck und steigender Gründichte GD ist zu erwarten, daß die Teilchenbewegung eingeschränkt und die relative Schwindungsintensität in Richtung Materialausbau aus dem Kontakt bei gleichzeitiger Teilchenzentrumsannäherung verlagert wird. Die Art, in der sich die für die Intensität des jeweilig dominierenden Verdichtungsvorganges kennzeichnenden $\dot{\varepsilon}$-Maxima in Abhängigkeit von den genannten Parametern ändern (Bild 76), bestätigt diese Annahmen (s. a. Bild 57a, 66).

Klärende Hinweise liefern des weiteren Messungen der Porengrößenverteilung. Bild 77 gibt die Verteilung der Porengröße von Kupfer- und Nickelsinterkörpern wieder, die im gepreßten und bei unterschiedlichen Temperaturen gesinterten Zustand (auf T mit $v_A = 200$ K min^{-1} erwärmt und rasch abgekühlt) vorlagen. Es ist ersichtlich, daß nach Erreichen bzw. Durchlaufen des T-Bereiches, in dem die Teilchenbewegung den dominie-

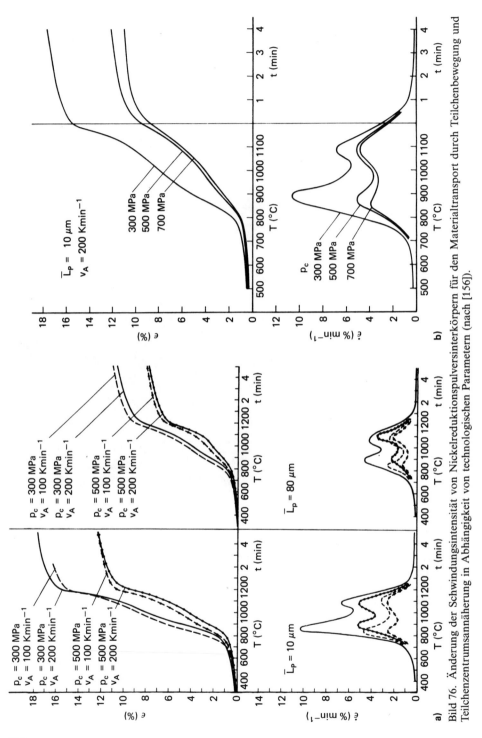

Bild 76. Änderung der Schwindungsintensität von Nickelreduktionspulversinterkörpern für den Materialtransport durch Teilchenbewegung und Teilchenzentrumsannäherung in Abhängigkeit von technologischen Parametern (nach [156]).

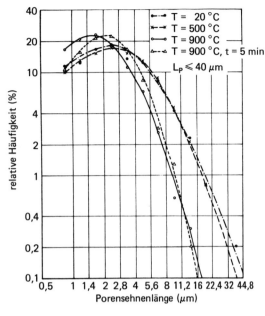

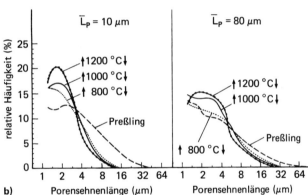

Bild 77. Relative Häufigkeit der Porensehnenlänge (Porensehnenlängenverteilung);
a) von Kupferelektrolytpulverpreßlingen unterschiedlicher Wärmebehandlung, $p_c = 300$ MPa, $v_A = 200$ K min^{-1} (nach [98]);
b) von Nickelreduktionspulverpreßlingen unterschiedlicher Wärmebehandlung, $p_c = 300$ MPa, $v_A = 200$ K min^{-1}; nach Erreichen der angegebenen jeweiligen Temperatur wurde sofort abgekühlt (nach [156]).

renden Beitrag zur Verdichtung leistet, die großen Poren nahezu eliminiert sind. (Die in Bild 77a dargestellten Ergebnisse wurden an denselben Proben ermittelt, an denen die des Bildes 64b (A) erhalten wurden. In derselben Weise entsprechen sich Bild 77b und Bild 66.) Danach ist, entsprechend der mit dem Materialausbau aus dem Kontakt zu erwartenden Gefügeentwicklung, die Veränderung der Porengrößenverteilung im wesentlichen durch eine Zunahme des Feinanteiles gekennzeichnet. Dabei ist zu bedenken, daß die Pulverteilchen bereits im Anlieferungszustand, wie Kupferelektrolytpulver, eine gestreckte Form haben oder beim Pressen erhalten, wonach eine bevorzugte Ausrichtung der Teilchen senkrecht zur Preßrichtung entstehen kann. Die dadurch bedingten Unterschiede zwischen Länge und Dicke der Teilchen, die sich bei der Teilchengrößenanalyse (Trennung nach Teilgrößenfraktionen) anders auswirken als bei einer Teilchenbewegung im Sinterkörper, bringen es mit sich, daß auch kleinere Poren als von der (meßmethodenbeeinflußten) Pulverteilchengröße her zu erwarten wäre noch durch eine Teilchentranslation aufgefüllt werden können.

Vergegenwärtigt man sich noch einmal den in Bild 65a schematisch wiedergegebenen Vorgang, dann existiert zwischen dem Ausgangszustand t_1 und dem Endzustand t_2 ein Stadium, in dem das Teilchen seine Kontaktfläche zu den alten Nachbarn bereits reduziert, die zu den neuen Kontaktpartnern aber noch nicht geschlossen hat. Im Schwindungsintensivstadium besteht also, wenn die Teilchenbewegung Realität ist, ein gewisser Zeitraum, während dem sich die totale Teilchenkontaktfläche im Sinterkörper rückläufig entwickelt, Schwindung und Dichte hingegen, da unvermindert weiter Hohlraum vernichtet wird, kontinuierlich zunehmen. Mit Hilfe von Messungen des spezifischen elektrischen Widerstandes ϱ_{el} und des Elastizitätsmoduls E, die beide sehr empfindlich auf eine Kontaktflächenreduzierung reagieren, konnte *Andrievski* [195] eine Teilchenbewegung in Nickelsinterkörpern mit GD = 50% TD im Stufenversuch (Abschn. 3.3.2.3) belegen (Bild 78). Wird die Gründichte GD gesteigert oder die Pulverteilchengröße $\bar{L}_p$ erhöht, dann ändern sich Lage und Ausprägung des ϱ_{el}-Zwischenmaximums folgerichtig: Je höher der Preßdruck und je feiner das Pulver, bei um so niedrigeren ϱ_{el}-Werten tritt das Zwischenmaximum auf. Mit zunehmendem Preßdruck geht aber auch der Unterschied im Verhalten von Sinterkörpern aus feinerem und gröberem Pulver zurück (Bild 79).

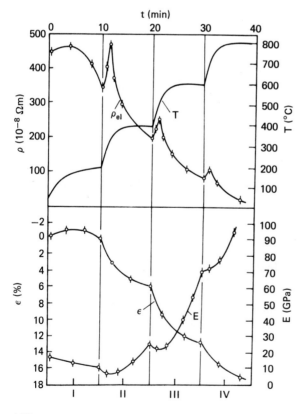

Bild 78. Änderung des spezifischen elektrischen Widerstandes ϱ_{el}, der Schwindung ε und des Elastizitätsmoduls E im Stufenversuch; T Temperatur (nach [195]).

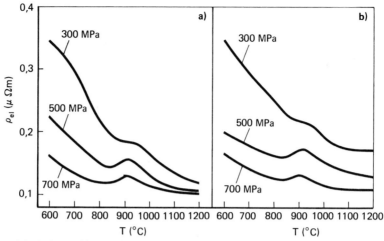

Bild 79. Spezifischer elektrischer Widerstand ϱ_{el} von Nickelreduktionspulversinterkörpern in Abhängigkeit von der Temperatur der nichtisothermen Aufheizphase (nach [156]); $v_A = 200$ K min^{-1}; a) $\bar{L}_P = 10$ μm, b) $\bar{L}_P = 80$ μm.

3.3.2.3 Sinterverhalten im Stufenversuch

Beim Stufenversuch handelt es sich um eine Experimentierweise, bei der kinetische Schwindungskurven an Preßkörpern aufgenommen werden, die mit gegebener Aufheizgeschwindigkeit v_A auf $T_S = T_1$, nach einer bestimmten Dauer t mit derselben Geschwindigkeit v_A auf $T_S = T_2$ usw. stufenweise aufgeheizt und in der jeweiligen Temperaturstufe eine gewisse Zeit t isotherm gehalten werden. Er ist in besonderer Weise geeignet, Kenntnis über die wechselseitige Beziehung zwischen der Sinterkinetik und der Änderung des Defektzustandes zu erlangen. Die grundlegenden, in [168] zusammengefaßten Arbeiten hierzu stammen von *V. A. Ivensen*. Von ihm wurden auch die Begriffe „geometrische Aktivität" und „Strukturaktivität" eingeführt. Erstere ist durch die spezifische Oberfläche sowie die Form der Pulver, Poren und Kontakte, d. h. die Größe der Kapillarkräfte, gegeben. Die „Strukturaktivität" dagegen ist durch den Störgrad der Pulverteilchen und ihrer Kontaktgebiete, d. h. den Zustand des Oberflächenreliefs sowie die Dichte von Punktdefekten, Versetzungen und Gefügegrenzen verursacht.

Die Gegebenheit beider Aktivitätstypen ist am besten aus der Gegenüberstellung der Schwindungskurven von Preßlingen aus Pulvern kristalliner und amorpher Stoffe ersichtlich (Bild 80). Es ist zu erwarten, daß die Verdichtung eines amorphen porigen Körpers – sofern die Viskosität des Stoffes (wie bei anorganischem Glas) während des isothermen Sinterns konstant bleibt – von der „geometrischen Aktivität" bestimmt wird, da der Materialtransport allein unter der Wirkung der Kapillarkräfte über viskoses Fließen geschieht (Gleichung (4), Abschn. 2.1.1.1). Für kristalline Pulverkörper hingegen ist anzunehmen, daß beide Aktivitätsanteile auf den Materialtransport Einfluß nehmen. Bild 80 bestätigt dies. Das als Maß für die Schwindung gewählte Verhältnis von Porenvolumen V_P zur Zeit t und Ausgangsporenvolumen V_{Po} nimmt für die Glaspulverpreßlinge innerhalb der einzelnen T-Niveaus mit t nahezu linear ab. Abweichungen davon treten beim Übergang zur nächsthöheren T-Stufe wegen der damit verbundenen Erniedrigung

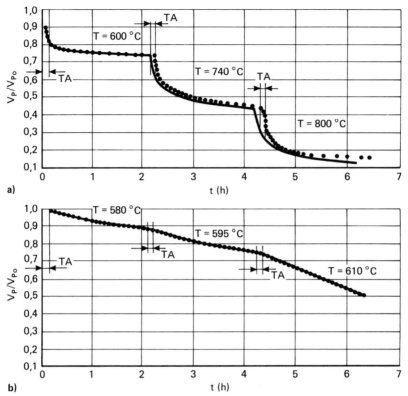

Bild 80. Kinetische Schwindungskurven, die mit Hilfe stufenweiser Erwärmung und Sinterung erhalten wurden (nach [55], [56], [196]); a) an Silberpulverpreßlingen; b) an Glaspulverpreßlingen, TA Zeitbereich der Temperaturerhöhung, $v_A \approx 50 \text{ K min}^{-1}$.
—— errechnete Kurve;
···· Meßpunkte.

der Viskosität auf. Die im Vergleich dazu an den Silberpulverpreßlingen beobachtete, anfangs stark erhöhte und nach einer gewissen Sinterdauer wieder abklingende Verdichtungsgeschwindigkeit ist Ausdruck einer Überlagerung von „geometrischer Aktivität" und „Strukturaktivität". Letztere entwickelt sich in dem Maße zurück, wie Gitterdefekte, die sich nicht im thermodynamischen Gleichgewicht befinden, ausgeheilt werden.

Für die an kristallinen Sinterkörpern im Stufenversuch aufgenommenen Kurven der Schwindung und ihrer Geschwindigkeit ist es bezeichnend, daß mit dem Übergang zum nächsthöheren T-Niveau die die Verdichtung bewirkenden Materialtransportvorgänge in einer Weise aufs Neue belebt werden, die mit einem ausschließlich aus Diffusion bestehenden Materialtransport nicht erklärbar ist (Bild 62). Dabei fällt die Reaktivierung der Sinterprozesse um so schwächer aus, je länger die Haltedauer [197] (Bild 63) und je höher die Temperatur [186] (Tab. 4) in der vorangegangenen T-Stufe waren. Die sich in einem solchen Verhalten offenbarenden „Ermüdungserscheinungen" haben *Ivensen* bewogen, vom „Wirken einer Defektkonzentration" zu sprechen und diese der von ihm aufgestellten phänomenologischen Schwindungsgleichung (Abschn. 3.4) zugrundezulegen (durchgezogene Kurven in Bild 80; die eingezeichneten Punkte geben die gemessenen Werte wieder). Überzeugend läßt sich der Defekteinfluß im Stufenversuch demonstrieren, wenn Schwindungsgeschwindigkeitsverläufe von Sinterkörpern gegenübergestellt werden, die einmal aus einem aktivierten, andermal aus einem desaktivierten („totgeglühten") Pulver hergestellt waren (Bild 81).

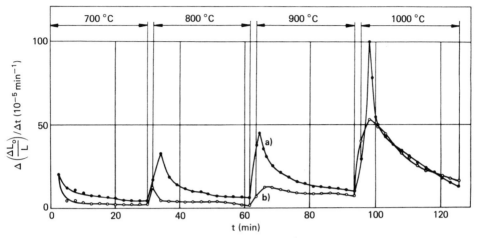

Bild 81. Schwindungsgeschwindigkeitsverläufe von Kupferelektrolytpulverpreßkörpern im Stufenversuch (nach [169]); $L_P < 315$ µm, $v_A = 50$ K min^{-1}; a) Pulver 5 h gemahlen; b) Pulver 5 h gemahlen, 5 h bei 600 °C geglüht.

Positronenannihilationsspektroskopische Untersuchungen nach den Methoden der Doppler-verbreiterten Annihilationslinienform (S-Parametermessung) [35], [198] und der Positronenlebensdauerbestimmung ($\bar{\tau}$-, τ_2- und I_2-Messung) [160], [171] führen zu der übereinstimmenden Aussage, daß es sich beim Stufenversuch im Grunde um dieselben Defektreaktionen wie im „normalen" Schwindungsversuch (Abschn. 3.3.2.1.1) handelt. Darüber hinaus liefert die Positronenlebensdauerbestimmung Informationen, die mit dem T-Niveauwechsel im Zusammenhang stehen (Bild 82). Infolge der niedrigeren Aufheizgeschwindigkeit v_A und des 15minütigen Verweilens in der jeweiligen T-Stufe wird das in Bild 67 an Kupfersinterproben derselben Art bei kontinuierlicher Temperatursteigerung beobachtete $\dot{\varepsilon}$-Maximum, das kein Auftreten verschiedener Materialtransportvorgänge erkennen läßt, in zwei $\dot{\varepsilon}$-Maxima gespreizt. Das 700 °C-Maximum ist einer Verdichtung mit vorwiegendem Anteil von Teilchenbewegungen zuzuschreiben und tritt folgerichtig für $\bar{L}_P = 12$ µm (Bild 82a) wesentlich ausgeprägter als bei $\bar{L}_P = 80$ µm (Bild 82b) in Erscheinung. Das 800 °C-Maximum hingegen zeigt die Dominanz des Materialtransports über versetzungsviskoses Fließen von Kontaktzonensubstanz mit Teilchenzentrumsannäherung an und ist erwartungsgemäß bei den Proben aus dem 80 µm-Pulver deutlicher ausgebildet.

Die $\bar{\tau}$-Kurven korrespondieren in der in Abschn. 3.3.2.1 diskutierten Weise mit den ε- und $\dot{\varepsilon}$-Kurvenzügen. Beim Übergang zur nächsthöheren Temperaturstufe durchläuft $\bar{\tau}$ ein Maximum. Das bedeutet in Übereinstimmung mit den Messungen in [198], daß bei 700 °C noch unbeweglich gewesene Versetzungen nun „entkoppelt" als „freie" Versetzungen neuerliches und intensiveres Versetzungsklettern auslösen. Hinzu kommt, daß die

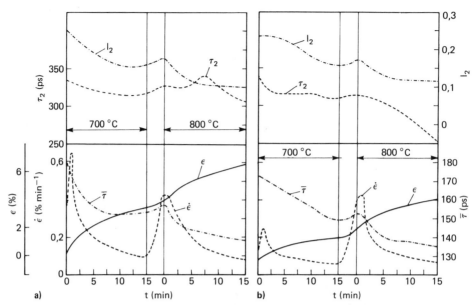

Bild 82. Stufenversuch an Kupferelektrolytpulverpreßkörpern zur Ermittlung der ε-, $\dot\varepsilon$-, $\bar\tau$-, τ_2- und I_2-Verläufe für 700 und 800 °C (nach [160]); $p_c = 300$ MPa, $v_A = 50$ K min^{-1}; a) $\bar L_P = 12$ µm; b) $\bar L_P = 80$ µm.

in der niederen T-Stufe begonnene Kontaktumbildung bei höherer Temperatur verstärkt fortgesetzt wird, und im Gefolge dessen Clusterbildung sowie Cluster-Versetzungsreaktionen erneut und wirkungsvoller als bei 700 °C ablaufen. Letzteres wird in den unterschiedlich $\bar L_P$-abhängigen 800 °C-τ_2-Verläufen deutlich. Der feindispersere Sinterkörper hat in der 700 °C-Stufe einen größeren ε-Anteil infolge Teilchenbewegung aufzuweisen als der gröberdisperse und folglich, wie das zweite Maximum im τ_2-Verlauf bedeutet, in der 800 °C-Stufe in größerem Umfang Kontaktumbau zu bewältigen. Der gröberdisperse Sinterkörper, dessen Möglichkeiten zur Verdichtung über Teilchenbewegung geringer sind, muß im selben Temperaturniveau den Hauptanteil der Verdichtung durch versetzungsviskose Deformation von Kontaktsubstanz und Teilchenzentrumsannäherung realisieren, wozu in stärkerem Maße über Cluster-Versetzungsreaktionen Defekte „verbraucht" werden, so daß τ_2 rasch abfällt.

Beim kontinuierlichen Aufheizen auf isotherme Sintertemperatur werden die im Stufenversuch beobachteten sinterkinetischen Details „verwischt". Sie sind nicht nur von grundlegendem Interesse, sondern haben auch dann Bedeutung, wenn, wie in den Arbeiten von *Palmour III* zum RC-Sintern (Bild 60) [163], die Technologie des technischen Verfahrenszuges optimiert werden soll.

Erscheinungen der Reaktivierung des Sinterprozesses treten auch bei keramischen Sintermaterialien im Stufenversuch auf. Die allgemeine Ursache dafür ist die gleiche: die Erniedrigung der Viskosität im Kontaktbereich. Die konkrete Form, in der das geschieht, ist jedoch eine andere (Abschn. 5.2).

3.3.3 Spätstadium des Sinterns

Das Sinterspätstadium ist erreicht, wenn die Verdichtung soweit fortgeschritten ist, daß die Porosität in Form geschlossener, voneinander isolierter Poren vorliegt (Abschn. 2.3). Für Sinterkörper aus Kupferelektrolytpulver beispielsweise ist das unter den in Bild 83 angegebenen Bedingungen ab ≈ 94% der theoretischen Dichte (TD) der Fall. Dabei ist bemerkenswert, daß sich der Anteil der geschlossenen Porosität Θ_c bis knapp 90% TD nicht ändert bzw. der langsame Materialtransport der Auffüllung geschlossener Poren (gerichtete Volumendiffusion) sich in diesem Zeitintervall praktisch nicht bemerkbar macht. Bis dahin geschieht die Verringerung der totalen Porosität Θ über die Reduzierung des offenen Porenraumes (Θ_i), zu der vor allem die schnellen kooperativen Materialtransportvorgänge beitragen.

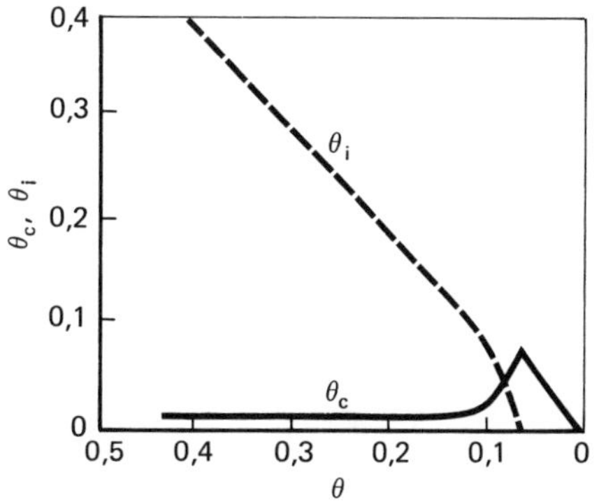

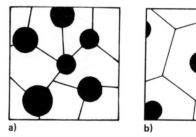

Bild 83. Änderung von offener Porosität Θ_i und geschlossener Porosität Θ_c von Kupferelektrolytpulverpreßkörpern in Abhängigkeit von der totalen Porosität Θ bei Preßdrücken von 80 ... 480 MPa (nach [199]); $T_S = 1000°C$, $L_P = 43 \ldots 61$ μm.

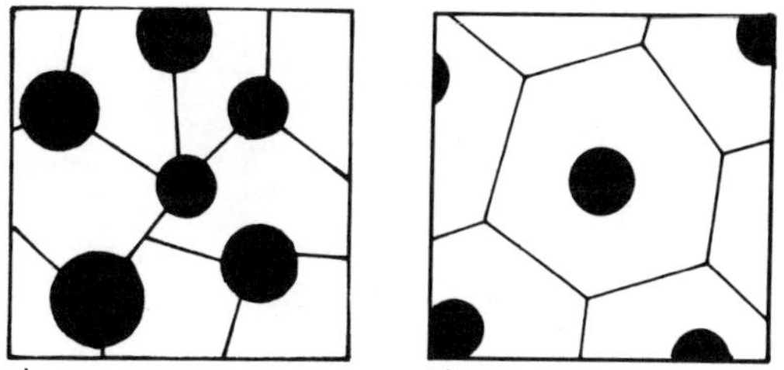

Bild 84. Schematische Darstellung grundsätzlicher Porenlagen im Sinterspätstadium; a) auf Korngrenzen; b) im Korninneren.

Sobald der Porenraum geschlossen und in Form einzelner voneinander isolierter Poren vorliegt, bestehen für die Lage einer einzelnen Pore die in Bild 84 schematisch dargestellten Möglichkeiten. Ist $R < L_G$ (Bild 84b), so existiert ein über größere Entfernungen reichender Strom von Leerstellen. Die Leerstellen lösen sich in der kristallinen Umgebung der Pore und diffundieren anschließend zu einer weiter abgelegenen Senke (Korngrenze, Versetzung). Der für die Porenauflösung maßgebliche Vorgang ist die Volumenselbstdiffusion. Die Kinetik des Ausheilens einer isolierten kugeligen Pore in einem „isotropen Kristall" wird durch

$$R^3 = R_0^3 - 6 \frac{D_V \gamma \Omega}{kT} t \tag{59}$$

beschrieben ($R = R_0$ bei $t = 0$) [13]. Entsprechend ist die Zeit bis zur völligen Ausheilung der Pore $t_Z = (kTR_0^3)/(6 D_V \gamma \Omega)$ [93]. Streng genommen gilt Beziehung (59) nur, wenn alle Bereiche der Porenoberfläche hinsichtlich des Einbaues von Atomen, die auf dem Diffusionswege dorthin gelangen, gleichberechtigt sind. Im Realfall jedoch bildet die Porenoberfläche, gefördert durch die bei Sintertemperatur ab $\approx 0.5\, T_M$ verstärkt eintretende thermische Ätzung, ein mikroskopisches Relief von kristallographischen Gleichgewichtsformflächenelementen niedriger Oberflächenspannung (und Indizierung) sowie von Furchen an den Schnittlinien der in die Porenoberfläche einmündenden (Kontakt-) Korngrenzen (Bild 85). Die Gesamtfläche der Porenwandung ist dann größer, als wenn die Pore „rund" wäre, ihre freie Oberflächenenergie aber geringer. An den reichlich vorhandenen Stufen und Ecken (Halbkristallagen) des Reliefs werden die andiffundierenden Atome ohne die Notwendigkeit einer vorherigen Bildung eines zweidimensionalen Keimes (wie an einer „glatten" Oberfläche) direkt und bevorzugt angelagert. Auch die Korngrenzenfurchen bilden sich im Streben nach Verminderung der Oberflächenenergie. Infolge des thermischen Ätzens wandern durch Oberflächendiffusion Bausteine aus der Korngrenzenzone ab. Die an der Korngrenzenspur zusammenstoßenden Kornoberflächen (Bild 86) suchen eine Gleichgewichtskonfiguration einzunehmen, für die die Gleichgewichtsbedingung $\gamma_A/\sin \alpha = \gamma_B/\sin \beta = \gamma_{AB}/\sin \gamma$ gilt. Dabei senken sich die der Korngrenze AB unmittelbar benachbarten Oberflächenränder der Körner A und B ein und bilden mit der Korngrenzenfläche AB einen Zwickel. Es entsteht eine Korngrenzenfurche [200].

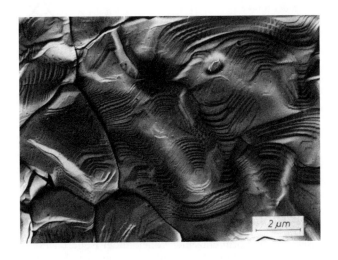

Bild 85. Oberfläche einer großen Pore in Sintertonerde (nach [162]).

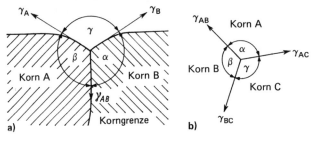

Bild 86. Konfigurationen von Grenzflächen und der wirkenden Grenzflächenenergien (nach [200]); a) von Korngrenze AB und Kornoberflächen A und B; b) von den drei Korngrenzen AB, AC und BC mit annähernd gleicher spezifischer Korngrenzenenergie γ_{AB}, γ_{AC} und γ_{BC}.

Von praktisch größerer Bedeutung ist der Fall, daß die Pore auf einer Korngrenze oder – wie auch im Coble-Modell (Abschn. 2.3) – auf einem Korngrenzenzwickel liegt (Bild 84b). Dann ist es möglich, daß die unter dem kapillaren Porenbinnendruck von der Pore emittierten Leerstellen in die Korngrenzen-Leerstellensenke „verdampfen". Auf diese Weise kann die Korngrenze die Kinetik der Porenausheilung beeinflussen. Das haben *Alexander* und *Baluffi* [63] in Modellexperimenten überzeugend demonstriert. Die Besonderheit dieses Vorganges besteht jedoch darin, daß nicht nur Korngrenzensubstanz aus- und in die Poren eingebaut wird, sondern sich auch die Zentren der die Korngrenze bildenden benachbarten Kristallite dabei annähern. Das ist für ein isoliertes Kristallitpaar ohne weiteres vorstellbar. Ob aber ein solcher Ausheil- und Schwindungsmechanismus im realen Sinterkörper, der einen Verbund aus einer Großzahl von Kristalliten darstellt, eintritt, hängt davon ab, inwieweit dieser sich als selbstkoordinierender Prozeß über das gesamte Sinterkörpervolumen vollziehen und damit der Verbund gewährleistet bleiben kann.

Die lagemäßige Zuordnung von Korngrenze und Pore ist energetisch begünstigt, weil, bei Annahme einer Kugelpore mit dem Radius R, damit ein Scheibchen der Fläche $R^2 \cdot \pi$ aus der Korngrenzenfläche „herausgestanzt" und die totale Korngrenzenenergie des Sinterkörpers um $R^2 \cdot \pi \cdot \gamma_G$ vermindert wird. Andererseits wirkt aber auf eine gewölbte Korngrenzenfläche mit dem Krümmungsradius R_G ein Druck $p_G \approx \gamma_G/R_G$, der die Korngrenze in Richtung auf ihren Krümmungsmittelpunkt hin zu bewegen und zu begradigen sucht (Bild 87a, c). Die dann gleichfalls auf Erniedrigung der totalen Korngrenzenenergie gerichtete Korngrenzenbewegung strebt einer Gleichgewichtskonfiguration zu, die durch $\gamma_{AB}/\sin\gamma = \gamma_{BC}/\sin\alpha = \gamma_{AC}/\sin\beta$ gekennzeichnet ist (Bild 86b) und bei der für $\gamma_{BC} \simeq \gamma_{AC} \simeq \gamma_{AB}$ die Winkel zwischen den ebenen, eine gemeinsame Kornkante bildenden Korngrenzenflächen $\alpha \simeq \beta \simeq \gamma \simeq 120°$ betragen (Bild 87b). Dabei zieht die wandernde Korngrenze die Pore unter ständig fortschreitender Ausheilung mit. Der Diffusionskoeffizient einer sich bewegenden Korngrenze liegt etwa zwei Größenordnungen über dem einer statischen [112]. Demzufolge ist auch die mit einer Pore wandernde Korngrenze für diese eine effektivere Leerstellensenke als eine stehende Korngrenze. Kann dieser Mechanismus, bei dem die wandernde Grenze eine Pore, die sie auf ihrem Weg antrifft, absorbiert, über eine längere Zeit aufrecht erhalten werden, dann hinterläßt die Korngrenze eine von Poren „leergefegte" (porenfreie) Zone [201]. Andernfalls, wenn die erzielbare Verminderung der totalen Korngrenzenenergie durch Kornflächeneinebnung überwiegt, reißt sich die Korngrenze von der Pore los. Dieser Vorgang ist u. a. um so wahrscheinlicher, je stärker die Krümmung $1/R_G$ der Korngrenzenfläche ist.

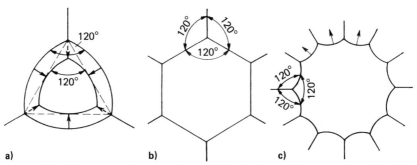

Bild 87. Kontinuierliche Korngrenzenbewegung (nach [200]); a) sich verkleinerndes Korn; b) stabile Korngrenzenlage; c) wachsendes Korn.

Wie im Zwischenstadium sind für die Verdichtung im Spätstadium als Leerstellensenken außer den Korngrenzen Versetzungen in Betracht zu ziehen. Dabei gelten grundsätzlich die schon bekannten Formen der Wechselwirkung zwischen Versetzungen und Poren (Bild 53b). Versetzungen, die in der Nähe einer Pore liegen und sich in dem durch die Krümmung der Porenoberfläche verursachten Spannungsfeld bewegen, beeinflussen die Viskosität des Mediums gemäß $\eta \sim 1/N$ (Gleichung (23)) und können über versetzungsviskoses Fließen zur Porenausheilung und Schwindung beitragen [93]. Die dadurch ausgelöste Formänderungsgeschwindigkeit ergibt sich aus Gleichung (50), wenn anstelle von $\bar{P} \approx A\,(2\gamma - \gamma_G)\,\Theta/\bar{L}_P$ für die mittlere Kapillarkraft $\bar{P} \approx 2\gamma\,\Theta/\bar{R}$ (Gleichung (44)) eingesetzt wird. In Analogie zu der Möglichkeit, daß sich die Poren als Ganzes mit der Korngrenze bewegen und dabei schwinden können, kann auch ein kettenförmig entlang einer Versetzung angeordnetes Porenensemble im Zuge der Versetzungsbewegung schwinden (Bild 69a, oben). Poren, die längs einer Versetzungslinie angeordnet sind, bewirken eine lokale Übersättigung an Leerstellen und folglich eine Kraft, unter deren Einfluß sich die Versetzung bewegt [93]. Die an der kletternden Versetzung gelegenen und von ihr mitgezogenen Poren geben an die Versetzung laufend Leerstellen ab, wodurch die Kletterbewegung aufrecht erhalten wird, die Poren selbst aber schrumpfen und – sofern der Vorgang nicht gehemmt wird – ausgelöscht werden. Schließlich können die Versetzungen über die Intensivierung der Diffusion auf die Porenausheilung fördernd einwirken, indem sie für die von den Poren emittierten Leerstellen als zusätzliche Leerstellensenken und -quellen dienen und die mittleren Diffusionswege verkürzen (s. Beziehung (52)). Dann läßt sich der verstärkte Materialtransport in die Poren durch einen effektiven Diffusionskoeffizienten D_{eff} (Gleichung (21)) beschreiben, wobei man für hohe Versetzungsdichten ($N = 10^{10}\,\text{cm}^{-2}$) und gemäß den in Abschn. 2.1.1.3 behandelten Modellexperimenten D_{eff}/D_V-Werte zwischen 10 und 100 annehmen kann [94]. Angesichts der für das Sinterspätstadium mit großer Wahrscheinlichkeit geltenden Versetzungsdichten von $10^8 \ldots 10^9\,\text{cm}^{-2}$, dürfte diesem Vorgang unter den genannten, prinzipiell möglichen Wechselwirkungsprozessen Versetzung–Pore für das reale Verdichtungsgeschehen die größte Bedeutung zukommen. Die ebenfalls nicht auszuschließende Möglichkeit, daß die Versetzungen als Wege schneller Diffusion (Core-Diffusion, Kurzschlußdiffusion) die Porenausheilung beeinflussen und D_{eff} erhöhen, sollte von weit geringerer Wirkung sein. In diesem Fall gilt [93]

$$D_{\text{eff}} = D_V \left(1 + N_V \frac{D_C\,a_C}{D_V}\right), \tag{60}$$

wobei D_C der Koeffizient der Diffusion im Versetzungscore (-röhre) und a_C der Querschnitt der Versetzungsröhre sind. Für Sinterkupfer bei 900 °C und hohen Versetzungsdichten $N_V = 10^{10}\,\text{cm}^{-2}$ (wie sie im Spätstadium kaum mehr existent sein dürften) erhält man bei $D_V = 3 \cdot 10^{-14}\,\text{m}^2 \cdot \text{s}^{-1}$ und $D_C \cdot a_C = 6 \cdot 10^{-30}\,\text{m}^4 \cdot \text{s}^{-1}$ [202] für das Verhältnis $D_{\text{eff}}/D_V = 1{,}02$. Der Beitrag einer Core-Diffusion zur Porenausheilung ist demnach unbedeutend. Das ist auch in anderem Zusammenhang festgestellt worden [98].

Zu den Vorgängen im Sinterspätstadium gehören auch die Erscheinungen des „inneren Sinterns". Das Ausheilen von Poren, das bevorzugt in Korngrenzennähe auftritt, sowie das Kornwachstum selbst haben zur Folge, daß die Korngrenzen-Leerstellensenken weiter von den Poren abrücken (Bild 88), die Diffusionswege länger und damit die Porenschrumpfung über den Korngrenzen-Leerstellenmechanismus immer träger werden. Die Schwindungskurve nähert sich asymptotisch einem praktischen Endwert der durch „freiwilliges" (druckloses) Sintern erreichbaren Dichte. Im gleichen Zeitraum schwinden im Korninneren und damit weniger günstig zu den Korngrenzen-Leerstellensenken gelegene

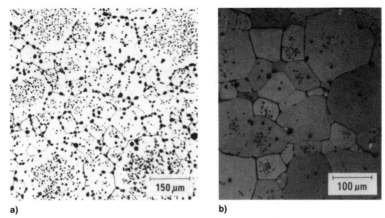

Bild 88. Bildung von porenfreien, korngrenzennahen Zonen sowie Ansammlungen gröberer Poren im Korninneren; a) phosphorlegierter Sinterstahl (nach [162]); b) Y_2O_3-Keramik, gedopt mit Gd_2O_3 (nach [203]).

Poren durch Diffusions- oder Umformungskoaleszenz. Da diese Vorgänge nur eine Umfällung (keine Vernichtung) von Hohlraum darstellen, derzufolge $\bar{R}$ zu- und die spezifische Porenoberfläche S abnimmt, Θ aber keine Änderung erfährt, werden sie auch als „inneres Sintern" bezeichnet. Die Diffusionskoaleszenz ist der Ostwald-Reifung (Abschn. 5.2) wesensgleich. Die Gesamtheit der im Korninneren verbliebenen Poren bedingt eine sich über das ganze Ensemble erstreckende mittlere Übersättigung des Gitters mit Leerstellen, die einem gemeinsamen „Leerstellenfeld" gleichkommt. Gemäß $\Delta C \sim 1/R$ ist die Leerstellenkonzentration in der Umgebung kleiner Poren größer und großer Poren kleiner als die im „Leerstellenfeld". Im Streben nach Konzentrationsausgleich und Verringerung der totalen Porenoberfläche geben die kleinen Poren (die schwinden) Leerstellen an das „Leerstellenfeld" ab und die großen (die wachsen) nehmen aus ihm Leerstellen auf. Dazwischen existiert eine Gruppe von Poren mit einem kritischen Radius R_k, der gerade ausreicht, ΔC über der Pore so anzuheben, daß sie der Übersättigung im „Leerstellenfeld" entspricht. Die Zeitabhängigkeit des so verursachten und mit einem Abbau der totalen Oberflächenenergie verbundenen Porenwachstums ist nach der LSW-(Lifšic-Slesov-Wagner-)Theorie durch $\bar{R} \sim t^{1/3}$ gekennzeichnet. Infolge der Zunahme von $\bar{R}$ geht die Übersättigung im „Leerstellenfeld" zurück und R_k wird größer. Das bedeutet, daß einige Poren, für die $R > R_k$ galt, nun zu schwinden beginnen, da für sie jetzt $R < R_k$ gilt, usw. Daneben können eng benachbarte Poren mit nicht minimaler Oberfläche im Verlauf ihrer Umformung zu Poren mit kleinerer Oberfläche koaleszieren. Letzten Endes entsteht ein Gefüge, das in der Nähe der Korngrenzen-Leerstellensenken durch „porenfreie Krusten" und im Korninneren durch Ansammlungen vergröberter Poren (Bild 88) charakterisiert ist.

Die Porenschrumpfung wird grundsätzlich beeinträchtigt, wenn die isolierte Pore ein Gas enthält, das in ihrer Umgebung unlöslich ist und das noch vom Pressen her eingeschlossen oder während des Sinterns als Reaktionsprodukt entstanden sein kann. Ist mit abnehmendem R (und zunehmendem T) der Gasdruck p_v in der Pore soweit angestiegen, daß $p_v = p = 2\gamma/R$ geworden ist, dann kommt die Porenschrumpfung schließlich zum Stillstand (s.a. Abschn. 5.2.4).

Wie im Falle des Anfangs- und Zwischenstadiums sind auch für das Spätstadium des Sinterns Schwindungsgleichungen aufgestellt worden. *Coble* und *Burke* [123] gehen dazu, analog der von ihnen gegebenen Beschreibung des Schwindungsgeschehens im Zwischenstadium (Abschn. 2.3), von einem Tetrakaidecaederflächenmodell aus (Bild 40), auf dessen Kantenzwickeln sich nun Kugelporen befinden. Der dem entsprechende und mit Gleichung (38) qualitativ identische Ausdruck für die Geschwindigkeit der Porenschrumpfung lautet, falls die relativen Dichten $d > 98\%$ TD sind,

$$\dot{\Theta} = - \frac{6\pi}{2} \frac{D_V \gamma \Omega}{l^3 \, \text{k} \, T}. \tag{61}$$

Beginnt das Spätstadium schon bei niedrigeren relativen Dichten $d \gtrsim 90\%$ TD, dann stellt die Beziehung

$$\frac{\bar{R}^3}{3\,l^3} - \frac{\bar{R}^4}{4\,l^4} \simeq - \frac{3\,D_V \gamma \Omega}{l^3 \, \text{k} \, T} \int dt \tag{62}$$

eine genauere Lösung dar. Die mit Gleichung (62) formulierte Verdichtungsgeschwindigkeit ist (unabhängig vom Einfluß einer Kornvergröberung) nicht konstant. Bei einer Dichtezunahme von $d = 90\%$ TD auf $d = 100\%$ TD beispielsweise würde sie auf etwa die Hälfte abfallen.

Von *Aigeltinger* und *Drolet* [204] wird mit Recht darauf hingewiesen, daß sich schon relativ früh Korngrenzen von den Poren losreißen, so daß der überragende Anteil der Poren sich innerhalb der Körner und nicht auf Korngrenzenzwickeln, wie es das Coble-Burke-Modell annimmt, befindet. Dieser Gefügezustand ändert sich auch für den Rest des Sintervorganges nicht mehr (s.a. Bild 88, 89). In Verbindung damit definieren die

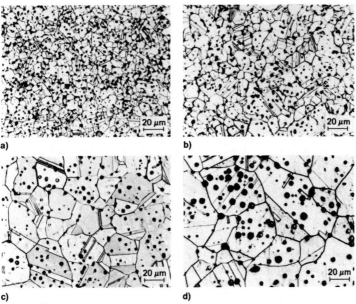

Bild 89. Änderung des Korn- und Porengefüges von Sinterkörpern aus Feinstkupferpulver; $L_P \leq 4\,\mu\text{m}$ (nach *S. Kleber*); $T_S = 1000\,°\text{C}$; Sinterdauer t, a) 4 min, b) 8 min, c) 80 min, d) 120 min.

Autoren eine „aktive Porenfläche", mit der sie die totale Oberfläche derjenigen Poren meinen, die nahe genug an der Leerstellensenke „Korngrenze" gelegen sind, um mit dieser über Volumendiffusion in Wechselwirkung treten zu können. Die restlichen Poren im Korninneren vergröbern sich über „inneres Sintern" und sind nicht an der Schwindung beteiligt. Unter diesen Gesichtspunkten wird für die Verdichtungsgeschwindigkeit im Sinterspätstadium die Beziehung

$$\dot{\Theta} = -\frac{144 D_V \gamma \Omega}{kT} \frac{\Theta^{2/3}}{2 \bar{R} \bar{L}_G} \tag{63}$$

angegeben, in die neben der mittleren linearen Korngröße $\bar{L}_G$ auch die mittlere lineare Porengröße $2\bar{R}$ eingeht. Der nach (63) zu erwartende lineare Zusammenhang zwischen $\dot{\Theta}$ und $(\Theta^{2/3}/2 \bar{R} \bar{L}_P)$ hat sich für Sinterkörper aus Carbonyleisenpulver bestätigt. In der Darstellung $\log \dot{\Theta}$ über $\log (\Theta^{2/3}/2 \bar{R} \bar{L}_P)$ wird eine Gerade mit der Steigung 1 erhalten [204].

Die am Beispiel der Gleichungen (61) und (63) zum Ausdruck gebrachten unterschiedlichen Auffassungen vom Gefügezustand und deshalb auch von der Modellierung der Verdichtung des Sinterkörpers im Spätstadium sind gleichermaßen berechtigt. *Coble* und *Burke* haben einen keramischen Sinterkörper im Auge, der unter optimierten Bedingungen gesintert in der Tat ein Gefüge aus nahezu isomeren Kristalliten aufweisen kann, die durch Polyedergrenzen, auf deren Zwickeln sich Poren befinden, verbunden sind. *Aigeltinger* und *Drolet* dagegen legen ihren Betrachtungen einen bei metallischen Sinterkörpern, wie die Bilder 88 und 89 belegen, häufig anzutreffenden Gefügezustand zugrunde. Allgemein gilt, daß sich auch das von der Geometrie des Matrix-Poren-Verbundes und des Materialtransports her weit geringer komplexe Spätstadium ebensowenig in allgemeingültiger Form quantitativ beschreiben und vorhersagen läßt wie die anderen Sinterstadien (Abschn. 2.3).

3.3.4 Kornwachstum beim Sintern

Gewöhnlich wird das Kornwachstum beim Sintern mit dem Sinterspätstadium in Verbindung gebracht (z. B. [43]). Das ist nur bedingt richtig, da Kornwachstum auch in den davor gelegenen Stadien abläuft [206]. Die innerhalb der Körner befindlichen Großwinkelkorngrenzen werden, sobald im nichtisothermen Stadium eine dafür genügend hohe Temperatur erreicht ist, „auswandern". Da sich ihre lineare Ausdehnung in der Regel auf $\lesssim \bar{L}_P$ beläuft, ist damit eine Verminderung von totaler Korngrenzenenergie, die diesen Vorgang begünstigt, verbunden. Wenn von Kornwachstum während des Sinterns die Rede ist, geht es deshalb mehr um die sich aus den Kontakten formierenden Korngrenzen. Damit diese sich bewegen können, muß der Kontakt nicht nur eine gewisse Zustandsqualität erreicht haben (Abschn. 3.1, 3.3.2), sondern auch so angewachsen sein, daß der Kontaktdurchmesser $2x \approx L_P$ beträgt (Bild 90). Erst dann ist die Wanderung der Kontaktkorngrenze auf das Korninnere zu mit keiner nennenswerten Vergrößerung der Korngrenzenfläche mehr verknüpft und ohne wesentlichen zusätzlichen Grenzflächenenergiebedarf realisierbar. Wann das geschieht, hängt im einzelnen vor allem von der Gründichte sowie der Teilchengröße und -form ab, auf jeden Fall aber, sofern nicht eine spannungsinduzierte Korngrenzenwanderung vorliegt (Bild 32), nicht früher als gegen Ende des Schwindungsintensivstadiums, also für gewöhnlich im Anfang des isothermen Sinterns (Bild 89). Das dem Sintern einhergehende Kornwachstum hat deshalb oft mehr den Charakter einer Sammelrekristallisation.

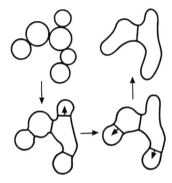

Bild 90. Schematische Darstellung der Bildung einer Teilchenkette aus einem Teilchenagglomerat durch Kontaktkorngrenzenwanderung (nach [205]).

In allgemeiner Form lautet das Zeitgesetz für das Kornwachstum unter isothermen Bedingungen

$$\bar{L}_G^n - \bar{L}_{G0}^n \simeq K_K\, t\,.\tag{64}$$

Für sehr kleine Ausgangskorngrößen $\bar{L}_{G0}$ darf vereinfacht $\bar{L}_G^n \simeq K_K\, t$ geschrieben werden (K_K Kornwachstumskonstante). Treten der Korngrenze Hindernisse (Einschlüsse, Ausscheidungen, Poren) in den Weg, so kann die unter dem Druck $p_G \approx \gamma_G/R_G$ ausgelöste Bewegung einer gekrümmten Korngrenze zum Stillstand kommen. Es stellt sich eine mittlere Zener-Grenzkorngröße ein, die im Fall von Teilchenhindernissen mit dem Radius a und einem Teilchenvolumenanteil V_a sowie bei statistischer Verteilung in der Korngrenze durch $\bar{L}_f \simeq 3\,a/4\,V_a$ beschrieben wird [206], [207]. Geht die Hinderniswirkung von Poren aus, dann nimmt der Ausdruck für die Zener-Grenzkorngröße die Form

$$\bar{L}_f \simeq \bar{R}/\Theta \tag{65}$$

an [208], [211]. Sie besagt, daß eine Verringerung der Zahl und eine Vergrößerung des Durchmessers der Poren das Kornwachstum begünstigen. Dabei ist zu bedenken, daß sich die Poren zwar bis zu einem gewissen Grad wie Einschlüsse (Korngrenzenstopper) verhalten, aber auch die Möglichkeit haben, sich mit der Korngrenze mitzubewegen, wenn Atome von der Porenfrontwand (in Korngrenzenbewegungsrichtung) über Diffusion an die Rückwand umgelagert werden können. Inwieweit sich dann eine Hemmung der Korngrenzenwanderung und eine Grenzkorngröße gemäß (65) einstellt, hängt von der auf die Beweglichkeit der Korngrenzen bezogenen relativen Beweglichkeit der Poren ab [206]. Bei sonst konstanten technologischen Parametern ändert sich $\bar{L}_f$ außerdem während der Porendiffusions- und -formkoaleszenz („inneres Sintern"), wo $\bar{R}$ und auch S zunehmen, Θ aber konstant bleibt und demzufolge laut (65) erneutes Kornwachstum einsetzen kann.

Im theoretisch für das Kornwachstum während der Rekristallisation kompakter Metalle abgeleiteten Zeitgesetz (64) nimmt der Exponent den Wert $n=2$ an. Wird die Korngrenzenbewegung durch langsamer diffundierende Verunreinigungsatome gehemmt, ergibt sich ein Zeitgesetz mit $n=3$ [209], [210]. Neben größeren und kleineren [168] sind $n \simeq 2$ und $n \simeq 3$ die auch an Sinterkörpern experimentell am häufigsten gefundenen Werte für den Exponenten [125]. Die in Bild 91 wiedergegebenen Meßergebnisse weisen beispielsweise aus, daß für Kupferfeinstpulversinterkörper aus einem Pulver mit $\bar{L}_P = 1$ µm bis $t \approx 10^1$ min $n \approx 1$, danach $n \approx 3$ beobachtet wird und für solche aus einem gröberen Pulver ($\bar{L}_P = 4$ µm) über den gesamten verfolgten isothermen Sinterbereich $n \approx 2$ gilt.

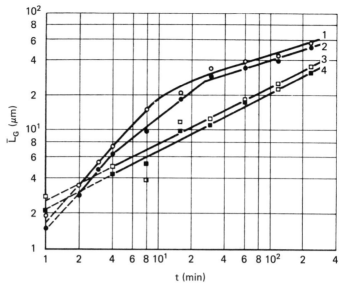

Bild 91. Änderung der Korngröße $\bar{L}_G$ mit der Sinterdauer t von Kupferfeinstpulverpreßlingen; $p_c = 100$ MPa, $T_S = 1000\,°C$ (nach S. *Kleber*); 1,2: $\bar{L}_P = 1$ µm; 3,4: $\bar{L}_P = 4$ µm.

Nicht einheitlich beurteilt und ungenügend geklärt ist der Einfluß der Defektdichte auf das Kornwachstum beim Sintern. An Nickelpulverpreßkörpern ($L_P = 1 \ldots 3$ µm) beispielsweise, die mit stufenweise gesteigertem Druck $p_c = 50 \ldots 700$ MPa kompaktiert und 2 h bei $1100\,°C$ gesintert waren, nahm $\bar{L}_G$ mit p_c von 8,64 auf 15,97 µm zu. Dieser Zusammenhang gehorcht der Beziehung

$$\bar{L}_G = k\, p_c^n \tag{66}$$

($k = 3{,}374$, $n = 0{,}234$) und ergibt in logarithmischer Darstellung eine Gerade. Gleichzeitig verminderte sich über das gesamte untersuchte Druckintervall der mittlere Porendurchmesser $2\bar{R}$ von 7,24 auf 2,11 µm. Als Ursache für die exponentielle Abhängigkeit der Korngröße vom Preßdruck werden die in den Sinterprozeß eingebrachten Versetzungsdichten und die sich während des Sinterns entwickelnden Versetzungskonfigurationen angesehen, die einen gravierenden Einfluß auf die Herausbildung des Gefüges ausüben [212]. Keine Einflußnahme war dagegen durch die Aufheizgeschwindigkeit v_A zu erkennen [213], wenngleich diese zu einem wesentlichen Teil bestimmt, welche Defektdichten in den Bereich erhöhter Temperatur und intensiver Sintervorgänge eingebracht werden. Bei unterschiedlicher Höhe von v_A auf $T_S = 1400\,°C$ gebrachte Ni-gedopte Wolframsinterkörper, die anschließend solange isotherm gesintert wurden, bis sie dieselbe Dichte d aufwiesen, haben alle die gleiche Mittelkorngröße. Danach besteht zwischen $\bar{L}_G$ und Unterschieden im Aufheizregime kein Zusammenhang. Die Korngröße hängt im untersuchten Fall allein und direkt von der Dichte ab ($\bar{L}_G(v_A) \sim d$). Lediglich $2\bar{R}$ nimmt geringfügig mit v_A zu [213].

Insgesamt ist zu sagen, daß eine eindeutige quantitative Beschreibung des Kornwachstums beim isothermen Sintern einphasiger Systeme nicht existiert. Dennoch hat man es technisch in der Hand, soweit die Wirkmechanismen bekannt sind, über die Wahl der Temperatur, der Pulverteilchengröße sowie von geringen Zusätzen (additives) das Verhältnis von Kornwachstum und Verdichtungsgeschwindigkeit klein zu halten und mit Hilfe von Stoppern (pinning aditives) sowie einer gleichmäßigen Teilchen- und Porengröße dafür Sorge zu tragen, daß sich die Korngrenzen-Leerstellensenken möglichst nicht von den Poren losreißen, damit sie bis zum Sinterende verdichtungswirksam sein können [214]. Des weiteren werden für eine Gefügeoptimierung (hohe d_E, minimale $\bar{L}_G$) günstige Sinterstartbedingungen gefordert, das sind vor allem eine niedrige Ausgangsteilchengröße $\bar{L}_{P0}$ bzw. -kristallitgröße $\bar{L}_{G0}$ bei polykristallinen Pulvern und eine hohe GD des Preßlings [390].

3.4 Schwindungsgleichungen

In Abschn. 2.3 wurden Gleichungen, die die Schwindung modellierter disperser Systeme beschreiben, in exemplarischer Weise behandelt und deren Unzulänglichkeiten in bezug auf den technischen Verdichtungsvorgang erörtert. Sie entstehen durch den Versuch, das Verhalten von Realsystemen an Resultaten aus Modellexperimenten zu messen; Hauptgründe dafür sind die Nichtberücksichtigung der komplizierten Gestalt der Pulverteilchen und die daraus resultierende Heterogenität von Gefüge- und Realstrukturzustand sowie deren relativ rasche Veränderung im Verlaufe des Sinterns.

Daneben finden sich in der Literatur Schwindungsgleichungen, die das Verdichtungsverhalten von realen Preßkörpern zum Gegenstand haben und dieses vorzugsweise mit Hilfe technologischer Parameter kennzeichnen. An die Stelle eines konkreten physikalischen und am Modell auch theoretisch definierten Vorganges (Sintermechanismus) tritt eine verallgemeinerte physikalische Grundvorstellung vom Sintergeschehen, die nicht weiter ausgeführt oder in ihren Teilen näher bestimmt wird. In der Regel handelt es sich um phänomenologische Schwindungsgleichungen, die in zweckdienlicher Form aufgenommenen Schwindungskurven rechnerisch angepaßt die Verdichtung des realen Sinterkörpers für festgelegte technologische Bedingungen nachvollziehen. Ihre Berechtigung und ihr technischer Nutzen bestehen zumeist darin, daß sie in einem begrenzten Bereich variierender Gründichte, Sintertemperatur oder -zeit gestatten, den Verdichtungsverlauf zufriedenstellend vorauszuberechnen, das Sinterverhalten verschiedener Pulver zu vergleichen sowie Preß- und Sinterparameter zu optimieren. Stellvertretend für eine größere Zahl bekanntgewordener Fälle [29], [125], [219] soll das Wesentliche anhand von drei im Fachschrifttum häufiger zitierten und dem verfolgten Anliegen in charakteristischer Weise gerecht werdenden Schwindungsgleichungen dargelegt werden.

M. H. Tikkanen hat in Untersuchungen mit *S. A. Mäkipirtti* [216] und *J. Rekola* [217] die Eignung der von *Mäkipirtti* [218] vorgeschlagenen Schwindungsbeziehung

$$\frac{\alpha}{1-\alpha} = \frac{V_0 - V_s}{V_s - V_{th}} = (K\,t)^n \qquad (67)$$

für die verschiedensten Sinterwerkstoffe bestätigt. So an Kobalt (Bild 92a), Nickel und Eisen aus unterschiedlichen Pulversorten, für rostfreien Stahl, Schwermetall und Wolfram (auch von *N. C. Kothari* [220] bekräftigt) sowie an einer W90Ni10-Legierung (Bild 92b) und Urandioxid. In $\alpha = (V_0 - V_s)/(V_0 - V_{th})$ sind V_0, V_s und V_{th} die Volumen der Probe vor dem Sintern, während des Sinterns zur Zeit t und nach dem Dichtsintern auf theoretische Dichte, so daß der Verdichtungsparameter $(V_0 - V_s)/(V_s - V_{th})$ das Verhältnis von bereits vollzogener zu noch möglicher Verdichtung angibt. Die konkrete Form [216] der Verdichtungsgleichung (67), der ein diffusionsgesteuerter Materialtransport unterlegt

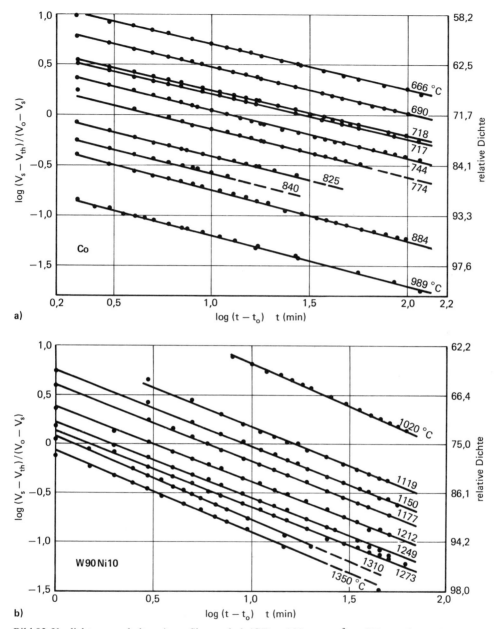

Bild 92. Verdichtungsverhalten a) von Sintercobalt (GD = 4,92 g · cm^{-3}) und b) von einer W90Ni10-Sinterlegierung (GD = 10,34 g · cm^{-3}); $(t-t_0)$ ist die effektive Sinterdauer; $t_0 = 0,5 \ldots 2,0$ min (nach [216]). Die durchgezogenen Geraden ergeben sich nach der für die jeweiligen Materialien in [216] angeführten konkreten Form von Gleichung (67) durch Rechnung.

ist, und in deren Geschwindigkeitskonstante K deshalb der thermisch aktivierte Prozeß in Form einer Arrheniusbeziehung eingeht, lautet beispielsweise für Sinterkörper aus Nickelcarbonylpulver mit GD $= 5{,}54 \text{ g} \cdot \text{cm}^{-3}$ im Temperaturintervall 820 ... 1215 °C

$$\alpha/(1-\alpha) = [t \cdot 5{,}8 \cdot 10^3 \exp(-111\,800/RT)]^{0,86}.$$

Der Zeitexponent n nimmt je nach Werkstoff Werte zwischen 0,5 und 1,0 an und ist im untersuchten t-Bereich von GD und T_s nahezu unabhängig (Bild 92). Aus der Größe der Aktivierungsenergie Q schließen die Autoren auf den bei der Schwindung vorherrschenden Materialtransportvorgang. So spricht der Wert $Q \approx 112\,000 \text{ J} \cdot \text{mol}^{-1}$, der an dem aus feindispersen Carbonylpulver hergestellten Sinternickel ermittelt wurde, für die Dominanz von Korngrenzendiffusion, wohingegen $Q \approx 280\,500 \text{ J} \cdot \text{mol}^{-1}$ für das aus dem gröberen Verdüspulver ($L_p \leq 43$ µm) gewonnene Sinternickel auf eine vorherrschend über Volumendiffusion realisierte Verdichtung hinweist [190], [216]. Bei längeren Sinterzeiten beobachtete Abweichungen (in der Darstellungsweise des Bildes 92 würden dann die Meßpunkte oberhalb der Geraden liegen) werden auf das Ausheilen von Versetzungen, die als (zusätzliche) Leerstellensenken ausfallen und demzufolge sich die Diffusionswege verlängern, zurückgeführt [221]. Es wird betont [217], [222], daß die schnelle Verdichtung in der Aufheizphase und in den ersten Minuten des isothermen Sinterns nicht durch die für isotherme Verhältnisse berechneten $\log(V_s - V_{th})/(V_0 - V_s) = f[\log(t-t_0)]$-Geraden erfaßt werden kann. Das ist offensichtlich auch der Grund, weshalb in den Diagrammen (z. B. Bild 92) eine effektive Sinterdauer angegeben wird, deren Beginn auf einen um t_0 späteren Zeitpunkt als $t=0$ gelegt wird.

An Preßkörpern aus Metallpulvern fand *V. A. Ivensen*, daß das Verhältnis von Porenvolumen nach und von Porenvolumen vor dem Sintern konstant und folglich die relative Verringerung des Porenvolumens durch eine Konstante K gekennzeichnet ist [223], [224]:

$$K = \frac{V_{Pe}}{V_{Pc}} = \frac{d_0}{d_a} \frac{(d_M - d_a)}{(d_M - d_0)} \tag{68}$$

(d_0 Dichte des Preßlings (Gründichte GD), d_a Dichte des Körpers nach dem Sintern, d_M Dichte des Stoffes). Damit läßt sich im Bereich der Gültigkeit von Gleichung (68) bei bekanntem GD-Wert die Dichte des Sinterkörpers d_a gemäß

$$d_a = (d_0 \cdot d_M)/[d_0 + (d_m - d_0) K]$$

bestimmen. Beziehung (68) gilt für ein störungsfreies isothermes Sintern. Unter „störungsfrei" wird vor allem ein Sinterverlauf ohne Gasausbrüche verstanden. Damit das den Porenraum ausfüllende Gas entweichen kann und nicht in isolierten Poren eingeschlossen bleibt, ist eine über eine hinreichende Dauer offene Porosität erforderlich. Deshalb ist der d_0-Bereich, in dem die Konstanz von V_{Pe}/V_{Pc} gewahrt ist, bei gleicher Aufheizgeschwindigkeit v_A von T_s abhängig (Bild 93).

Da an allen aus einem gegebenen Pulver hergestellten Preßlingen nach einer gewissen Sinterzeit derselbe Grad der Verringerung des relativen Porenvolumens beobachtet wird, muß auch die Geschwindigkeit der relativen Abnahme des Porenraumes in allen diesen Preßkörpern gleich und durch K bestimmt sein [93]. Darauf fußend wird in [225] eine empirische Gleichung $(dV_P/V_{P0})/dt = -q(V_P/V_{P0})^m$ vorgeschlagen, aus der durch Integration

$$V_P(t) = V_{P0}(1 + q\,m\,t)^{-1/m} \tag{69}$$

folgt. V_{P0} ist das Porenvolumen zu Beginn des isothermen Sinterns und q und m sind

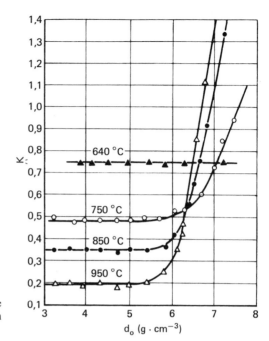

Bild 93. $K = f(d_0)$ für Kupferpulverpreßlinge und verschiedene T_S ($t = 30$ min) (nach [224]).

Konstanten, von denen q ein Maß für die Geschwindigkeit darstellt, mit der das Porenvolumen zu Anfang des isothermen intensiven Schwindens abnimmt, und m den Rückgang dieser Geschwindigkeit mit zunehmender Sinterdauer t charakterisiert. Der Zahlenwert beider Konstanten wird anhand experimentell aufgenommener Schwindungskurven bestimmt. Zahlreiche isotherm durchgeführte Versuche an Sinterkörpern aus Kupfer-, Nickel-, Eisen-, Cobalt- und Silberpulver zeigen, daß Gleichung (69) die Schwindungskinetik in guter Übereinstimmung mit dem Experiment beschreibt (Bild 80a; Gegenüberstellung der Meßpunkte und der nach Gleichung (69) berechneten Kurven).

Unter Heranziehung des im Abschn. 3.3.2.3 erwähnten Wirkens einer gewissen Defektdichte und der Vorstellungen von einer „geometrischen" und einer „strukturellen" Aktivität metallischer Sinterkörper läßt sich der physikalische Sinn der Konstanten deuten [55], [56], [168], [196]. Danach sind

$$m = \frac{K_a}{K_b} \exp \frac{Q_T - Q_N}{kT} \quad \text{und} \tag{70a}$$

$$q = K_b N_0 \exp -\frac{Q_T}{kT} \tag{70b}$$

(K_a, K_b Konstanten, Q_N und Q_T Aktivierungsenergie des Ausheilvorganges der Defekte und des Massetransports, N_0 Anfangsdichte der Defekte). Die Gegenüberstellung von Gleichungen (70a), (70b) und Experimentbefunden führt zu vernünftigen Werten für Q_N und Q_T [168], [196]. Die Gleichungen liefern ein qualitativ richtiges Bild vom komplexen Vorgang der Abnahme von „struktureller" und „geometrischer" Aktivität, berücksichtigen aber keinen konkreten Defekttyp. Ein Versuch dazu wurde in [57] auf der Basis des in Abschn. 2.1.1.3 und 3.3.2.2 erörterten versetzungsviskosen Materialtransportvorganges unternommen. Demzufolge beschreibt $(m-1)$ den Abfall der Dichte beweglicher Versetzungen und $q = (N_{v0} D_V \Omega \bar{P}_0)/kT$ die Deformationsgeschwindigkeit im Schwindungsintensivstadium (vergl. Gleichung (50)); N_{v0} und $\bar{P}_0$ sind die Dichte beweglicher Versetzungen und die mittlere Kapillarkraft zu Beginn dieses Stadiums. Die auf diese Weise ermittelten $\dot\varepsilon$-Werte stimmen größenordnungsmäßig mit den gemessenen überein.

Von den bisher zur Verdichtung entwickelten Vorstellungen abweichend legt *V. V. Skorochod* [226] der Sinterschwindung einen Vorgang zugrunde, der auf der Existenz eines ausgeprägten Netzes von Subkorngrenzen (Kleinwinkelkorngrenzen mit geometrisch definierten Versetzungsanordnungen) sowie einer ständigen geringfügigen Leerstellenübersättigung beruht. Der von ihm als „versetzungsviskoses" Fließen bezeichnete Materialtransport stellt sich im einzelnen anders dar als der unter der gleichen Bezeichnung oder auch als Versetzungsklettern in den Abschn. 3.2.2, 3.3.2.1 und 3.3.2.2 (richtig) beschriebene Prozeß. Der Autor postuliert, daß in den Subkorngrenzen (Versetzungswänden) als Folge kontinuierlicher Absorption und Emission von Leerstellen ein stationärer Fluß sich frei bewegender, „kletternder" Versetzungen besteht. Formal wird dazu von ihm in die Beziehung für das Nabarro-Herring-Diffusionskriechen (Abschn. 3.2.1) an die Stelle des mittleren Abstandes $\bar{L}_G$ zwischen Großwinkelkorngrenzen, die ideale Leerstellensenken und -quellen sind, die mittlere Distanz $\bar{L}_g$ zwischen den Subkorngrenzen eingeführt, die freilich nur bedingt als Leerstellenquellen und -senken fungieren können. Inhaltlich folgt daraus, daß die Verdichtungsdeformation nur von $\bar{L}_g$ und nicht, wie beim Versetzungskriechen (Abschn. 3.2.2), von der Dichte der im Kristallitvolumen beweglichen „freien" Versetzungen N_V abhängt.

Der unter der Einwirkung von Kapillarkräften verlaufende Subkorn-Deformationsprozeß ist durch eine Viskosität

$$\eta = \frac{kT}{B D_V \Omega} \bar{L}_g^2 \tag{70}$$

gekennzeichnet (B Konstante in der Größenordnung von 10^0); auch hier die Analogie zum Nabarro-Herring-Kriechen [20]. Bei Berücksichtigung einer quadratischen Zeitabhängigkeit des Subkornwachstums

$$\bar{L}_g^2 - \bar{L}_{g0}^2 = G D_V t \quad \text{mit} \quad G = (\gamma_g b^2)/(kT)$$

nimmt die zeitliche Änderung der Viskosität die Form einer linearen Beziehung

$$\eta = \eta_0 (1 + \beta t) \tag{71}$$

an, wobei $\beta = (\gamma_g b^2 D_V)/(kT \bar{L}_{g0}^2)$ gilt; *b* Burgersvektor, γ_g Subkorngrenzenenergie, η_0 und $\bar{L}_{g0}$ Viskosität und Subkornmittelgröße zur Zeit $t = 0$. Unter der Einschaltung noch weiterer Rechenschritte gelangt *Skorochod* schließlich zu der auf „versetzungsviskosem" Fließen basierenden Schwindungsgleichung, die die Verdichtung als Änderung der Porosität Θ ausdrückt:

$$\Theta = \Theta_0 (1 + \beta t) \exp\left(-\frac{9}{2} \frac{\gamma}{\bar{L}_P \beta \eta_0}\right). \tag{72}$$

Sieht man von Verständnisschwierigkeiten, die im Detail des angenommenen Vorganges bestehen, ab, dann besteht die Grundvorstellung *Skorochods* offenbar darin, daß die schwindungverursachende selbstkoordinierte Formänderung der Matrix nicht als eine Diffusionsumformung der Körner geschieht, sondern als eine Umformung der Subkörner, die über eine den Kapillarkräften folgende gerichtete Versetzungsbewegung in den Kleinwinkelkorngrenzen bewirkt wird.

Die Gültigkeit der Verdichtungsgleichung (72) ist an den Temperaturbereich $0,6 \ldots 0,8\, T_M$ (für Kupfer sind das etwa $540 \ldots 810\,°C$) und das Vorhandensein einer großen Anzahl von Mikroporen ($R \approx 10^{-5}$ cm), die die ständige geringfügige Leerstellenübersättigung zu gewährleisten haben, geknüpft. Praktisch bedeutet das, daß der Sinterkörper auch aus einem entsprechend feinen Pulver ($L_P \lesssim 10^0$ μm) hergestellt sein muß. Neben diesen Restriktionen besteht die Unsicherheit des Wertes von η, der häufig aus Kugel-Kugel- oder Kugel-Platte-Modellexperimenten ermittelt wird, die den realen Verhältnissen im Preßling in keiner Weise entsprechen. Um sich der Situation eines „aktivierten" Sinterns anzunähern, wird deshalb vorgeschlagen, η mit Hilfe von Modellen aus porösen Kugeln zu bestimmen [227].

Es ist wohl deutlich geworden, daß die am und für den realen Preßkörper aufgestellten Sintergleichungen, wie eingangs dieses Abschnittes schon erwähnt, unter bestimmten Verhältnissen anwendbar sind und in begrenztem Maße eine Vorhersage des isothermen Sinterverlaufes gestatten. Doch die mit Recht geforderte generelle Aussage, nämlich die quantitative Beschreibung des gesamten – nichtisothermen plus isothermen – Verdichtungsprozesses bei beliebigen technologischen Bedingungen liefern auch diese Beziehungen nicht. Ein solches Ansinnen scheitert an der außerordentlichen Komplexität des technischen Sintergeschehens.

4 Festphasensintern von Mehrkomponentensystemen

Bei der Herstellung von Sinterlegierungen geht man entweder von bereits fertiglegierten (homogenen) Pulvern oder von Pulvergemischen aus, die ein mechanisches Gemenge der Elementepulver (bei Zweistoffsystemen) A und B oder der Basiskomponente A plus eines Vorproduktes $A(x)B(y)$ darstellen. Die Verwendung von fertiglegierten Pulvern schließt Homogenisierungsprobleme aus. Sie hat jedoch den Nachteil, daß in dem Maße, wie das Pulver mischkristallverfestigt ist, auch die Verpreßbarkeit und Sinterfähigkeit gemindert sind (Abschn. 4.2.1). Homogene Legierungspulver werden deshalb eingesetzt, wenn eine gewisse Bindefestigkeit gefordert wird, sonst aber andere Eigenschaften, wie die Porosität und Korrosionsfestigkeit bei Sinterfiltern aus Bronze-, Monel- oder rostfreien Stahlpulvern im Vordergrund stehen [162]. Erfordert der technische Einsatz einen homogenen und zugleich hochfesten Werkstoff, wie im Fall von Sinterteilen aus Schnellarbeitsstahl- oder Superlegierungspulver, dann werden nichtkonventionelle Verarbeitungstechnologien, wie heißisostatisches Pressen, Heißstrangpressen oder Sinterschmieden angewendet, bei denen hohe Drücke und Temperaturen gleichzeitig auf den dispersen Körper einwirken.

Beim Festphasensintern von Pulvergemischen kommen zu den kapillarkraftbedingten und den infolge des Abbaues der Defektdichte veranlaßten Ereignissen des Einkomponentensinterns (Kap. 3) weitere Vorgänge hinzu. Im Fall heterogener Pulver, deren Bestandteile keine oder eine begrenzte Löslichkeit füreinander aufweisen, ist es die Bildung von Phasengrenzen. Bei Pulvergemengen aus Komponenten mit begrenzter und völliger Löslichkeit sind es Stoffflüsse in Form von Fremd-(Hetero-)Diffusion, als deren treibende Kraft der mit der Kontaktformierung entstandene Konzentrationsgradient wirkt. Die infolge der Existenz von Konzentrationsgradienten dem System eigene freie Energie ($10^2 \ldots 10^3$ J·mol^{-1}) übersteigt in vielen Systemen die durch das Bestehen freier Oberflächen gegebene (für $\bar{L}_P < 10^{-2}$ mm $\approx 10^1$ J·mol^{-1}) bei weitem [407]. Dadurch ist die Annäherung des Systems an das Konzentrationsgleichgewicht auch dann energetisch günstig, wenn andere Teilvorgänge wie die Bildung neuer freier Oberflächen, innerer Spannungen oder Defekte eine zeitweise Entfernung vom Gesamtgleichgewicht bedeuten [93].

Grundsätzlich gilt für die Homogenisierung in einem dispersen Körper der durch das (Gleichgewichts-)Zustandsdiagramm vorgezeichnete Verlauf. Das Zustandsdiagramm erklärt zumindest qualitativ die während des Sinterns zu erwartenden Phasenbildungen und läßt Tendenzaussagen über das Löslichkeits- und Diffusionsgeschehen oder einen Phasenzerfall zu [228], [229], [239]. Dabei darf nicht außer acht gelassen werden, daß der Konzentrationsausgleich zunächst an die A-B- bzw. A-$A(x)B(y)$-Preßkontakte und deren allernächste Umgebung gebunden ist und sich erst im weiteren Verlauf zunehmend auf das übrige Volumen erstreckt. Da in der Praxis Zusammensetzungen um A50B50 selten sind und die Zusatzkomponente meist mit einem wesentlich niedrigeren Anteil im Pulvergemisch vertreten ist, würden, um die Gleichgewichtskonzentration im Sinterkörper einzustellen, häufig Zeiten in der Größenordnung von $10^0 \ldots 10^1$ h erforderlich sein [40], [47], [231], die ökonomisch nicht vertretbar sind. Deshalb begnügt man sich vielfach mit einem Zwischenzustand und bricht den Sintervorgang ab, wenn den Einsatzanforderungen entsprechende Grenzwerte der mechanischen oder anderer Eigenschaften erreicht sind.

Zu den Besonderheiten des Homogenisierungsgeschehens beim Sintern heterogener disperser Körper gehört, daß dieses in starkem Maße von technologischen Parametern, die auf die Zahl sowie die integrale Fläche und den Zustand der A-B-Kontakte Einfluß nehmen, abhängt. Je besser die Mischungsgüte, um so höher ist die Wahrscheinlichkeit, daß die Zusatzkomponente A-B- und nicht B-B-Kontakte, die keinen Beitrag zur Homogenisierung leisten, eingeht. Bei sonst gleichen Bedingungen wird die integrale A-B-Kontaktfläche um so größer sein, je kleiner der B-Teilchendurchmesser L_{PB} und je höher der Preßdruck ist. Die Feinheit des Zusatzpulvers und die Gleichmäßigkeit seiner Verteilung im Matrixpulver sind technologische Parameter, die beim Heterosintern entscheidend auf die Geschwindigkeit und den Grad der Homogenisierung einwirken. Mit der Steige-

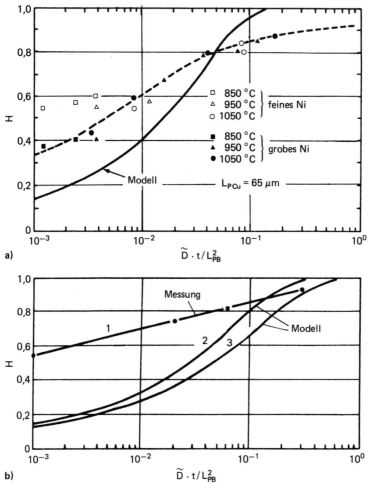

Bild 94. Vergleich des experimentell bestimmten Homogenisierungsgrades H an Pulverpreßkörpern enger Teilchengrößenfraktion mit numerischen Berechnungen nach dem Modell der konzentrischen Kugeln; a) Ni-20At%Cu (nach [47], [233]; b) 1-Fe-3,9At%Si, 2-Fe-5,0At%Si, 3-Fe-2,0At%Si (nach [234]).

rung des Preßdruckes nimmt außerdem die Defektdichte im Kontaktbereich zu, wodurch sich der Wert der strukturempfindlichen Diffusionskoeffizienten erheblich ändern, oder sogar, solange die Defektdichte über Ausheilvorgänge nicht spürbar reduziert ist, sich die Richtung der Heterodiffusion umkehren kann (Abschn. 4.2.1).

Es sind verschiedene Methoden zur Vorausberechnung des Homogenisierungsgrades H in Abhängigkeit von Konzentration, Temperatur und Zeit bekannt. Am häufigsten wird das von *Heckel* [232] entwickelte Verfahren, nicht zuletzt wegen seiner guten Handhabbarkeit dazu herangezogen (Modell konzentrischer Kugeln). Es basiert auf einer Modellierung des heterogenen Preßlings, bei der die Zusatzkomponente B als kugeliges Pulver mit dem Durchmesser L_{PB} angenommen wird, das in idealer Verteilung und mit perfekt ausgebildetem kugelschalenförmigen Flächenkontakt in die Basiskomponente A eingebettet ist. In Bild 94 sind für verschiedene Zusammensetzungen der Systeme Ni-Cu und Fe-Si gemessene und nach dem Modell konzentrischer Kugeln berechnete H-Verläufe in der dafür üblichen Darstellung als Funktion des einheitslosen Parameters $\tilde{D} \cdot t/L_{PB}^2$ einander gegenübergestellt. $\tilde{D}$ ist der chemische Koeffizient der Fremddiffusion, der sich für metallische Systeme gemäß $\tilde{D} = D_A c_B + D_B c_A$ aus den partiellen Diffusionskoeffizienten D_A, D_B der Komponenten A und B sowie deren Konzentration im Pulvergemisch c_A, c_B ergibt [231]. Wie Bild 94 verdeutlicht, verläuft der reale Homogenisierungsvorgang im späteren Stadium langsamer als der anhand des Modells berechnete. Übereinstimmend wird dies auf Abweichungen von der idealen Mischung sowie auf das Bestehen eines gewissen B-Teilchengrößenspektrums im Preßkörper zurückgeführt [47], [233], [234]. Als Grund für den im Frühstadium gegenüber den Resultaten der Modellrechnung schnelleren Homogenisierungsverlauf werden ein der Volumendiffusion sich überlagernder Beitrag von Oberflächendiffusion [47], [233] sowie die Zeit- und Temperaturabhängigkeit der effektiven Diffusionskoeffizienten genannt, die durch das Bestehen und Ausheilen von Defekten verursacht ist. Außerdem entfällt ein Großteil der Homogenisierung auf das Aufheizstadium ($\approx 55\%$ bei Fe-3,9At% Si und $\approx 62\%$ für Fe-4At%Mn; $v_A = 10 \text{ K} \cdot \text{min}^{-1}$) [234], was beim Modell keine Berücksichtigung findet. Insgesamt gesehen sind Aussagefähigkeit und Genauigkeit der Modellrechnung für praktische Belange unbefriedigend.

In der experimentellen Praxis zieht man es deshalb vor, den Homogenisierungsgrad H mit Hilfe von elektronenstrahlmikroanalytischen (ESMA) oder röntgendiffraktometrischen Messungen zu ermitteln. Die Verfahrensweise ist für die erstgenannte Variante in [234], [235], die Auswertung der Röntgendiffraktogramme in [236] bis [238] abgehandelt. In Abhängigkeit von T bei kinetischem, nichtisothermem Sinterregime ($v_A = $ const.) und von t für isothermes Sintern registrierte Veränderungen der ESMA-Konzentrationsverläufe längs einer beliebig in den Preß- bzw. Sinterkörper gelegten Meßstrecke (Bild 95a) verdeutlichen den mit T und t zunehmenden Konzentrationsausgleich in Richtung auf den Gleichgewichtszustand (homogener Mischkristall). Dieselbe Aussage liefern die als Funktion von t und T aufgenommenen Röntgendiffraktogramme (Bild 95b). Die den reinen Komponenten des Pulvergemischpreßkörpers entsprechenden $K\alpha$-Dubletts werden mit t, T zunehmend zugunsten der Herausbildung eines der 50 M%Cu – 50 M%Ni – Gleichgewichtskonzentration zugehörigen Intensitätsmaximums eingeebnet. Aus dem Vergleich der 600°C-Diffraktogramme für den Preßling und für die 0,5 h gesinterte Probe geht hervor, daß sich die $K\alpha$-Dubletts erst nachdem ein Großteil der im Preßling enthaltenen Gitterdefekte ausgeheilt ist, deutlicher markieren. Das geschieht wegen der höheren homologen Temperatur für das Cu ausgeprägter als bei Ni, was mit den $\bar{\tau} = f(T, t)$-Verläufen beispielsweise der Bilder 116 und 119 im Einklang steht. Im Fall der 750°C-Sinterung zeigt sich die Bildung der festen Lösung in einem bereits fortgeschritte-

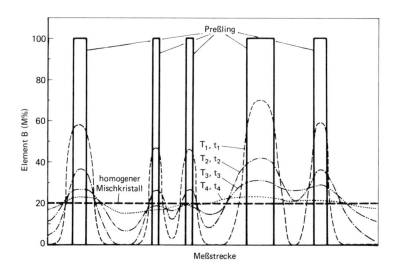

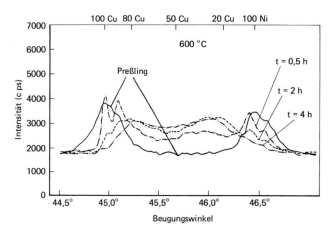

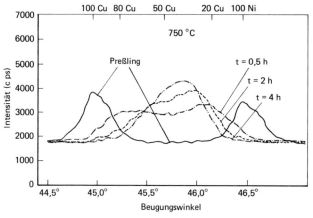

Bild 95. Darstellung des Homogenisierungsgeschehens als Funktion von t und T; a) schematische Wiedergabe der ESMA-Verläufe beim Sintern eines A-20M%B-Preßlings, $T_1, t_1 < T_2, t_2$ usw.; b) an einem 50M%Cu-50M%Ni-Preßkörper für unterschiedliche isotherme Sinterzeiten t und -temperaturen T aufgenommene Röntgendiffraktogramme (nach [239]).

nen Stadium, das durch die mit t zunehmende Herausbildung des dem Gleichgewicht entsprechenden Intensitätsmaximums ($t \approx 4$ h) gekennzeichnet ist.

Jener Teil der Sinterbehandlung, in dem sowohl Porenraum eliminiert wird als auch chemische Reaktionen zwischen den Ausgangskomponenten des Pulvergemisches (Bildung neuer Phasen) ablaufen, bezeichnet man auch als Reaktionssintern [240]. Nach *Brook* und Mitarbeiter [241] bestehen für das Reaktionssintern grundsätzlich drei Varianten des Geschehens (Bild 96): (*1*) Im System verläuft die Homogenisierung wesentlich rascher als die Verdichtung. Damit liegen wenig günstige Bedingungen vor, da die für die Verdichtung positiven Begleiterscheinungen der Phasenbildung bereits „verpufft", negative aber – wie z. B. eine Mischkristallhärtung – voll zum Tragen kommen. (*2*) Homogenisierungs- und Verdichtungsgeschwindigkeit sind etwa von derselben Größe. (*3*) Die Verdichtung geschieht bedeutend schneller als die Homogenisierung. Diese Möglichkeit ist hinsichtlich der erzielbaren Eigenschaften der Sinterlegierung optimal, da die Hohlraumeliminierung im wesentlichen unbeeinträchtigt vonstatten geht, und zum anderen eine bereits ausgedehnte, die Heterodiffusion begünstigende Kontaktfläche zwischen den miteinander reagierenden Komponenten existiert.

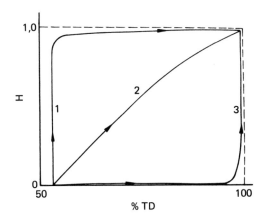

Bild 96. Schematische Darstellung grundsätzlicher Prozeßvarianten beim Reaktionssintern (nach [241]).

Die Varianten (*2*) und (*3*) sind nur in Ausnahmefällen und noch seltener in der Praxis zu verwirklichen. Damit Homogenisierung und Verdichtung in etwa synchron ablaufen, sind Aufheizgeschwindigkeiten $v_A \gg 10$ K·min^{-1} erforderlich (Bild 119 und 122). Zur Realisierung von (*3*) müßte die Aktivierungsenergie der chemischen Reaktion (Heterodiffusion) höher als die der Verdichtungsvorgänge sein. Das dürfte für metallische Systeme der Technik kaum zutreffen. Eine prinzipielle Möglichkeit zur Umsetzung von Variante (*3*) erblicken *Brook* und Mitautor in der Reduzierung der Pulverteilchengröße, mit der Reaktions- und Verdichtungsgeschwindigkeit zunehmen, letztere jedoch stärker, so daß unterhalb eines kritischen L_P-Wertes das sinternde System im Sinne von (*3*) beeinflußt werden könnte. In der Keramiksintertechnik sind $\bar{L}_P \lesssim 1$ μm üblich, in der Pulvermetallurgie hingegen Randerscheinung, so daß die genannte Optimierungsmöglichkeit für technisch relevante metallische Systeme nicht in Betracht kommt. Es besteht vielmehr die Tendenz, daß das Reaktionssintern metallischer Heterosysteme nach Prozeßvariante (*1*) verläuft. Eine grobe Abschätzung besagt ([93], S. 259), daß die Zeit, die zum Verlust der „chemischen Individualität" der Pulverteilchen erforderlich ist, etwa ein Zehntel der Zeit beträgt, in der die „Formindividualität" verloren geht. Der Vergleich von ε- und H-Verläufen, die unter technischen Bedingungen ($v_A \approx 10$ K·min^{-1}) aufgenommen wurden, bestätigt dies zumindest qualitativ (z. B. Bild 122). In einem bei 700 °C geglühten Ni-20 M%Cu-Sinterkörper ist nach ≈ 20 min im Röntgendiffraktogramm kein Volumen mit dem Cu-Gitter mehr zu erkennen [239].

4.1 Vorgänge bei Unlöslichkeit der Pulverbestandteile

In einem Gemenge aus Pulvern der Stoffe A und B, die keine Löslichkeit füreinander zeigen, tritt außer dem in Abschn. 3.3 besprochenen Einphasensintern von untereinander kontaktierenden A- bzw. B-Pulverteilchen das Zusammensintern von A- und B-Teilchen auf.

Nach *Dupré* beträgt die beim Sintern je Flächeneinheit freiwerdende Energie

$$A_{\gamma F} = \gamma_A + \gamma_B - \gamma_{AB} . \tag{73}$$

Damit sich ein AB-Kontakt ausbilden kann, muß $A_{\gamma F}$ positiv, d. h.

$$\gamma_{AB} < \gamma_A + \gamma_B \tag{73a}$$

sein (γ_A, γ_B Oberflächenspannung der Stoffe A, B; γ_{AB} Grenzflächenspannung im AB-Kontakt). Die auf die Ausweitung der Kontaktfläche hinwirkende treibende Kraft nimmt in dem Maße zu, wie γ_{AB} abnimmt. Ist $\gamma_{AB} > \gamma_A + \gamma_B$, wird kein Kontaktwachstum beobachtet, da die Erweiterung der AB-Kontaktfläche einer Vergrößerung der Oberflächenenergie im System gleichkommen würde. Es sintern dann nur A- und B-Teilchen unter sich.

Wird die Ungleichung (73a) erfüllt, so besteht nach *Pines* [242] insofern noch eine Differenzierung, als im Fall

$$\gamma_{AB} > |\gamma_A - \gamma_B| \tag{73b}$$

die Kontaktformierung nicht über eine bestimmte Annäherung der Teilchenmittelpunkte hinausgeht. Ist hingegen

$$\gamma_{AB} < |\gamma_A - \gamma_B| , \tag{73c}$$

dann wird die Phase mit der größeren Oberflächenspannung von der mit der niedrigeren durch Oberflächendiffusion (oder Verdampfen und Wiederkondensieren) bedeckt (Bild 97). Sobald erstere völlig eingehüllt ist, geschieht die weitere Verdichtung wie in einem Sinterkörper aus einem einphasigen Pulver.

Es ist nicht möglich, die Oberflächenspannung fester Körper exakt zu bestimmen. Die dazu benutzten Formeln basieren zum größten Teil auf der von *Schytil* [245] angegebenen Beziehung $\gamma \sim T_M/V_M^{2/3}$ (V_M Molvolumen). Sie führen zu Werten, die in der Größenordnung von 10% streuen, für Vergleiche aber geeignet sind. Gleichfalls unsicher ist die Kenntnis der Kontaktgrenzflächenspannung γ_{AB}. Sieht man vom Übergangsstadium, in dem sich der mechanische Kontakt zu einer Korn- bzw. Phasengrenze umbildet (Abschn. 3.1), und das einer Energiebilanz kaum zugänglich ist, ab, dann wird γ_{AB} um so niedriger sein, je stärker die chemischen und physikalischen Grenzflächenwechselwirkungen und damit der Zusammenhalt an der Phasengrenze sind. Im Fall vernachlässigbar kleiner Wechselwirkungen bildet sich an der Phasengrenze eine „Doppelschicht" aus den Oberflächen der weitgehend unabhängig voneinander bestehenden Phasen. Die Grenzenspannung ist dann praktisch die Summe der Oberflächenspannungen der Kontaktpartner.

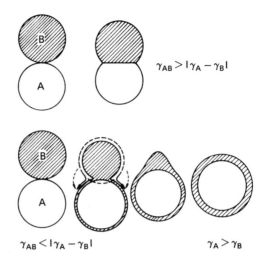

Bild 97. Schematische Darstellung des Kontaktwachstums beim Sintern von Teilchen der Stoffe A und B, die füreinander keine Löslichkeit aufweisen; ($\gamma_A > \gamma_B$) (nach [93]).

Dieser Zustand dürfte angenähert dort verwirklicht sein, wo Phasen mit unterschiedlicher Gitterbindung, z. B. Ionen- und Metallbindung (wie bei Cermets) im Kontakt stehen. Die Kontaktfestigkeit wird von Nebenvalenzkräften bestimmt. Bei sehr starker Wechselwirkung der Kontaktpartner nimmt γ_{AB} mit Vollendung der Umbildung im Kontakt Werte an, wie sie bei Grenzen von Phasen, die die gleiche Gitterbindung aufweisen und die durch Hauptvalenzkräfte verbunden sind, auftreten.

Die Wechselwirkungen in der Phasengrenze sind mit atomaren Umordnungsvorgängen verbunden [246], die durch gleichzeitige lokale Lösungsvorgänge beschleunigt werden können und damit das Sintern erleichtern. So wird beispielsweise das Sintern von Al_2O_3-Cr-Pulvergemischen dadurch gefördert, daß das sauerstoffaffine Chrom eine oberflächliche Cr_2O_3-Haut aufweist, die sich beim Sintern im Al_2O_3 löst (Al_2O_3 und Cr_2O_3 bilden eine lückenlose Mischkristallreihe). Derartige Verhältnisse lassen sich, wenn nicht von Natur aus gegeben, in nicht wenigen Fällen über eine entsprechende Behandlung, z. B. Beschichtung der Pulver herbeiführen.

Beim Sintern heterogener Körper, deren Ausgangskomponenten nicht bzw. nicht völlig ineinander löslich sind, entstehen je nach Anteilen der sich bildenden Phasen Einlagerungs- und Durchdringungsgefüge (Bild 98). Auch bei langsamer Abkühlung von Sintertemperatur treten dann im Sinterkörper thermisch induzierte Spannungen

$$\sigma_{th} = \phi\,(\alpha_1 - \alpha_2)\,\Delta T \tag{74}$$

auf, die von der Differenz der thermischen Ausdehnungskoeffizienten der Phasen α_1, α_2, dem durchlaufenen Temperaturintervall ΔT und einer Größe ϕ abhängen, die eine Funktion der elastischen Konstanten, der Mengenanteile und Anordnung der Phasen ist. Selbst für Modellfälle ist ϕ nur schwierig quantitativ anzugeben. Wenn nötig, müssen $\sigma_{th\,1}$, $\sigma_{th\,2}$ mit Hilfe der röntgenographischen Spannungsmessung bestimmt werden. In der Regel genügt für eine erste Beurteilung jedoch die Kenntnis von α_1 und α_2. Danach werden die thermischen Spannungen bei Durchdringungsgefügen über plastische Deformation abgebaut, wenn die Elastizitätsgrenze wenigstens einer Phase kleiner als die Festigkeit der Phasengrenze ist; ansonsten kommt es in der Phasengrenze zur Rißbildung. Bei Einlagerungsgefügen schrumpft die Matrixphase auf die eingelagerte Phase auf, wenn deren Ausdehnungskoeffizient kleiner als der der Matrix ist. Sind die Verhält-

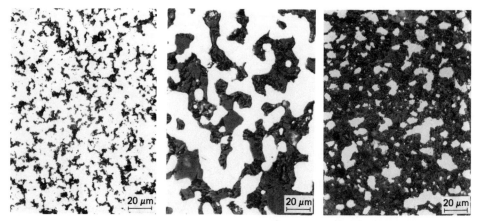

Bild 98. Gefüge von Al_2O_3-Cr-Cermets mit unterschiedlichem Cr-Anteil (helle Phase); a) und c) Einlagerungs-, b) Durchdringungsgefüge.

nisse umgekehrt, dann entstehen in der Phasengrenze Zugspannungen, die durch plastische Verformung oder Rißbildung abgebaut werden [246].

Eine interessante Lösungsvariante, die die Existenz induzierter innerer Spannungen nutzt, stellt die Al_2O_3-ZrO_2-Dispersionskeramik dar [247], [248]. Die in eine Al_2O_3-Matrix eingelagerten unstabilisierten ZrO_2-Teilchen wandeln bei der Abkühlung von Sintertemperatur im Temperaturbereich 900...700 °C von der tetragonalen in die monokline Modifikation um. Die Gittertransformation ist mit einer 4%igen Volumenzunahme verbunden, die in der die ZrO_2-Teilchen unmittelbar umgebenden aufgeschrumpften Al_2O_3-Matrix eine Spannungszone oder ein Mikrorißnetzwerk erzeugt. In beiden Fällen treten bei äußerer Belastung energieabsorbierende Vorgänge auf. Es bilden sich in der Spannungszone Mikrorisse oder die schon bestehenden Mikrorisse werden weiter verzweigt, so daß die normalerweise für die instabile Ausbreitung eines einzelnen Anrisses erforderliche Bruchenergie auf eine größere Anzahl von Mikrorissen verteilt (in Oberflächenenergie umgewandelt) und der Bruch hinausgezögert wird (energiedissipativer Bruchvorgang). Auf diese Weise konnte die Bruchzähigkeit der Al_2O_3-Keramik bis in den Bereich der von cobaltarmen Hartmetallen angehoben werden.

4.2 Vorgänge bei Löslichkeit der Pulverbestandteile

Aufgrund der Prozesse, die mit der Fremddiffusion verbunden sind und die sich den Vorgängen auf der Basis von Selbstdiffusion überlagern, ist die Kinetik des Sinterns heterogener Preßkörper wesentlich komplizierter als die von Einkomponentenpreßlingen. Deshalb ist es nicht möglich, die Kombination von chemischer Reaktion und Verdichtungsmassetransport quantitativ zu analysieren oder dafür ein Modell anzugeben, das allgemeinere Gültigkeit hat. Es lassen sich lediglich qualitative Hinweise hinsichtlich der Signifikanz dieser oder jener Teilvorgänge und der auf sie grundsätzlich Einfluß nehmenden Variablen (technologischen Parameter) geben [241]. Wegen der Überschaubarkeit beziehen sich alle weiteren Ausführungen auf Zweistoffsysteme.

4.2.1 Vorgänge im Kontaktbereich

Die Legierungsbildung im Kontaktgebiet folgt den im Zustandsdiagramm festgehaltenen Phasenreaktionen. Unter Gleichgewichtsbedingungen sowie idealisierten Kontaktverhältnissen und gleicher Intensität der Heterodiffusionsströme über die Kontakt-(Phasen-)Grenze A-B stellen sich die in Bild 99 für drei repräsentative Fälle wiedergegebenen Konzentrationsverläufe und Phasenräume ein. Im Realfall jedoch richtet sich deren Verteilung beiderseits der ursprünglichen Kontaktfläche nach der Größe der partiellen Diffusionskoeffizienten D_A, D_B und dem Realstrukturzustand im Kontaktbereich. Sie ist in der Regel unsymmetrisch. Mit fortschreitendem Konzentrationsausgleich wird sie – wenn die Sinterbehandlung nicht vorher abgebrochen wird – nach Zusammensetzung und Anteil so verändert, daß am Ende das auf die mittlere Zusammensetzung des Sinterkörpers angewendete Hebelgesetz erfüllt ist.

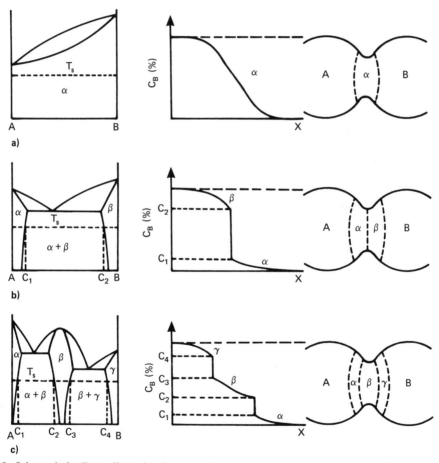

Bild 99. Schematische Darstellung des Zusammenhanges von Zustandsdiagramm und Phasenbildung im Kontaktbereich verschiedenartiger Teilchen (nach [229]); a) völlige Löslichkeit der Komponenten; b) teilweise Löslichkeit; c) teilweise Löslichkeit und Bildung einer intermetallischen Phase.

4.2.1.1 Partielle Diffusionskoeffizienten von ähnlicher Größe

Am übersichtlichsten sind die Verhältnisse, wenn die partiellen Diffusionskoeffizienten von vergleichbarer Größe sind ($D_A \approx D_B$), so daß keine Erscheinungen auftreten, die durch Abweichungen der wirklichen Leerstellenkonzentration von der Gleichgewichtsleerstellenkonzentration hervorgerufen werden. Das ist beispielsweise in den Systemen Cu-Ag [249], [250] und Ni-Co [251] (Bild 115) der Fall. Modellsinterexperimente an auf Lücke gewickelten Spulen aus aufeinanderfolgenden A- und B-Drahtlagen zeigen dann im A-B-Kontakt keine gegenüber den Einkomponentenkontakten auffallenden Veränderungen. Nur das Wachstum der Heterokontakte verläuft langsamer als das der Kontakte gleichartiger Diffusionspartner. Die Gleichgewichtsleerstellen, deren Konzentration durch die Temperatur bestimmt ist, haben nun im Unterschied zum Aneinandersintern gleichartiger Teilchen zwei miteinander konkurrierende Diffusionsströme „zu versorgen", den der Selbst- und den der Fremddiffusion.

4.2.1.2 Unterschiedliche Größe der partiellen Diffusionskoeffizienten

Für gewöhnlich jedoch läuft die Diffusionshomogenisierung ineinander löslicher Pulverbestandteile mit ungleichen partiellen Diffusionskoeffizienten ab ($D_A \neq D_B$). Für den Leerstellenmechanismus der Diffusion hat das einen resultierenden Leerstellenstrom zur Folge, der bei $D_A > D_B$ in die A-Teilchen hinein gerichtet ist. Häufig können die Überschußleerstellen, wenn ihre Konzentration nicht allzu hoch ist, aber von Leerstellensenken aufgenommen werden [47], so daß keine anderen als Schwindungserscheinungen wahrzunehmen sind. Wichtige Leerstellensenken sind Leerstellencluster, Korngrenzen, inkohärente Grenzflächen zwischen Matrix und Fremdeinschlüssen sowie Versetzungen mit Stufenkomponente. Im Gegensatz zur Leerstellenabsorption an Grenzen ist sie bei Versetzungen mit dem Verschwinden von Atompositionen verbunden. Das bedeutet, daß die Versetzungen nichtkonservative Bewegungen ausführen, also klettern. Auf diese Weise werden Leerstellensenken und -quellen aktiviert und löst die Fremddiffusion verdichtungsfördernde Teilvorgänge aus.

Merkliche Veränderungen (außer Schwinden) stellen sich bei den Kontaktpartnern meist erst dann ein, wenn die D_A-D_B-Differenz erhebliche Werte annimmt, eine Zehnerpotenz und mehr wie beispielsweise in den Systemen Cu-Ni (Bild 117c), Cu-Ti oder Fe-Ti (Tab. 6). Dazu zählen vor allem die Verschiebung der Ausgangskontaktgrenze des Diffu-

Tabelle 6. Partielle Diffusionskoeffizienten in den Systemen Cu-Ti und Fe-Ti (nach [252], [253], [254]).

Partielle Diffusionskoeffizienten [cm² s⁻¹]					
von	bei				
	850 °C	1000 °C	1100 °C	1200 °C	1300 °C
Ti in Cu	$1,1 \cdot 10^{-9}$	–	–	–	–
Cu in β-Ti	$2,0 \cdot 10^{-8}$	–	–	–	–
Ti in γ-Fe	–	$7,2 \cdot 10^{-12}$	$4,1 \cdot 10^{-11}$	$1,8 \cdot 10^{-10}$	$6,8 \cdot 10^{-10}$
Ti in α-Fe	–	$2,1 \cdot 10^{-10}$	$1,2 \cdot 10^{-9}$	$5,1 \cdot 10^{-9}$	$1,8 \cdot 10^{-8}$
Fe in β-Ti	–	$2,9 \cdot 10^{-8}$	$7,2 \cdot 10^{-8}$	$1,6 \cdot 10^{-7}$	$3,1 \cdot 10^{-7}$

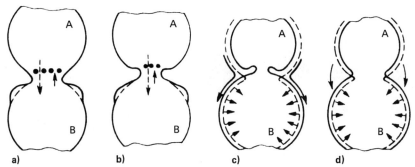

Bild 100. Schematische Darstellung von Kontakterscheinungen beim Heterosintern ineinander löslicher Stoffe (nach [93]); a), b) $D_A > D_B$; c) Oberflächendiffusion von A auf B; d) Verdampfen von A und Wiederkondensieren auf B.

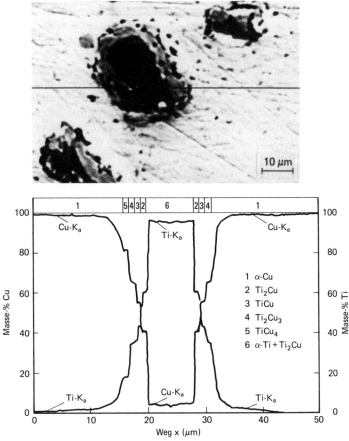

Bild 101. Phasenbildung und Auftreten von Diffusionsporosität in einem CuTi5-Preßling, der mit 10 K min^{-1} auf 850 °C erwärmt wurde (nach [255]); a) Rasterbild der Sekundärelektronen; b) Konzentrationsprofil durch Ti-Teilchen und umgebende Cu-Matrix.

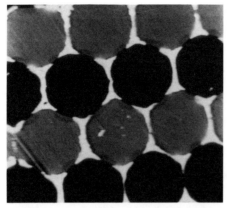 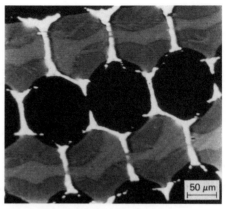

Bild 102. Rasterbild der absorbierten Elektronen von einem Kupfer(dunkel)-Titan(hell)-Drahtspulenmodell, das bei $T_S = 850\,°C$ gesintert wurde; a) 5 min; b) 45 min (nach [255]).

sionspaares (Kirkendall-Effekt) und eine durch Überschußleerstellenagglomeration verursachte Diffusionsporosität (Frenkel-Effekt). Letztere tritt im Volumen (Bild 100a, 101) oder, wenn die Leerstellen an der Halsoberfläche agglomerieren, als Kontakthalshinterschneidung auf (Bild 100b, 102). Ausgangskontaktebenenverschiebung und Diffusionsporosität wirken bei gleicher auslösender Ursache als miteinander konkurrierende Effekte. Die zur Porenbildung verbrauchten Leerstellen gehen der Verschiebung der Ausgangskontaktfläche verloren und umgekehrt. Unter realen Bedingungen herrscht der Frenkel-Effekt vor, da immer eine große Zahl von Störstellen existiert, die der Leerstellenagglomeration als Kondensationszentren dienen können [93].

Die von *Kuczynski* und *Stablein* [249], [250] an Drahtspulenmodellen verschiedener Systeme systematisch ausgeführten Experimente haben die Realität der durch den Kirkendall- und den Frenkel-Effekt bedingten Erscheinungen einschließlich der Volumenzunahme (Schwellung), die die Phase mit dem kleineren partiellen Diffusionskoeffizienten erfährt, überzeugend demonstriert (Bild 103). Diffusionsporosität auf der einen und

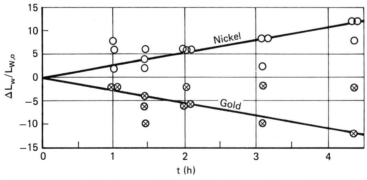

Bild 103. Relative Durchmesseränderung $\Delta L_W/L_{W_0}$ von Au- und Ni-Drähten, die als Drahtpaare gesintert wurden, in Abhängigkeit von der Sinterdauer t (nach [250]).

Schwellung auf der anderen Seite der kontaktierenden Phasen bedeuten auch, daß die relative Dichte des sinternden Systems zeitweise zurückgeht. In vielen praktischen Fällen sind jedoch Pulverteilchen- und damit Porengröße klein und die kapillarkraftbedingte Selbstdiffusion in den Porenraum intensiv genug, um den als Folge des Frenkel-Effekts eintretenden Dichteverlust überkompensieren zu können [47].

4.2.1.3 Wechselwirkungen von Homogenisierungs- und Versetzungsspannungen

Eine weitere Komplikation im Hinblick auf den Verdichtungsvorgang liegt vor, wenn die Intensität der Heterodiffusion (A⇌B) wesentlich von der der Selbstdiffusion (A→A, B→B) verschieden und folglich auch die Kontakthalswachstumsgeschwindigkeit an den AB-Kontakten anders als an den AA- bzw. BB-Kontakten ist. Es können dann im Teilchenkollektiv Spannungen entstehen, die zur plastischen Deformation oder Trennung bereits geknüpfter Kontakte führen (Bild 102). Eine anschauliche Vorstellung von der Stärke der Kräfte, die im Gefolge der Fremddiffusion im Kontaktbereich entstehen und wirksam werden können, gibt Bild 104. Wegen $D_{Cu} > D_{Ni}$ fließt von den auf einer polykristallinen Ni-Folie mit Hilfe einer Glimmerschablone fixierten monokristallinen

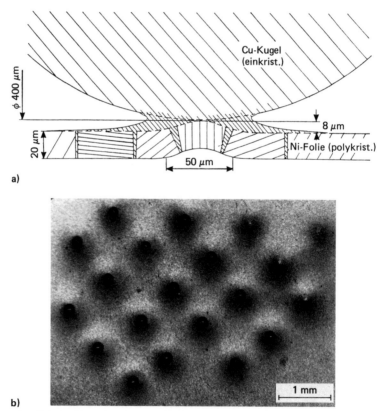

Bild 104. Modell aus Cu-Einkristallkugel und polykristalliner Ni-Folie, 1 h bei 1000 °C gesintert (nach [239]); a) schematische Darstellung; b) Lupenaufnahme des realen Objekts.

Cu-Kugeln ein resultierender Atomstrom ins Ni. Das dadurch induzierte Spannungsfeld reicht aus, um die Folie im Kontaktgebiet gegen das Gewicht der Cu-Kugeln anzuheben, d. h. zu deformieren. Bei der Heterodiffusion nimmt das Kupfer seinen Weg nicht allein durch die ursprüngliche Ni-Cu-Kontaktfläche, sondern breitet sich außerdem über Oberflächendiffusion bis auf makroskopische Entfernungen auf der kontaktumgebenden Ni-Oberfläche aus, um von dort ins Nickelinnere zu diffundieren. In dem von der intensiven Fremddiffusion erfaßten Nickelvolumen wurden mit Hilfe der Kossel-Technik [92], [256] erheblich erhöhte Versetzungsdichten nachgewiesen [239].

Wechselwirkungen zwischen Mischkristall- und Versetzungsbildung sind unter geeigneten Voraussetzungen grundsätzlich anzunehmen. An Modellen der ineinander löslichen Systeme KCl-KBr und KCl-NaCl wurde in der Diffusionszone nach einer Sinterbehandlung im Temperaturbereich 500...600 °C die Erzeugung von Stufen- und Schraubenversetzungen diagnostiziert und mittels Versetzungsätzung sichtbar gemacht. Rein äußerlich zeigt sich das Bild von Ätzgrübchenanordnungen wie es bereits in Verbindung mit Einkomponenten-Sintermodellen (LiF, [33]) im Abschn. 2.1.1.3 erwähnt wurde. Die Ursachen freilich sind andere. Bei der Fremddiffusion formieren sich die in Breite und Tiefe kontaktumschließenden Versetzungsanordnungen im Prozeß der Relaxation des Spannungsfeldes, das in der Diffusionszone bei unterschiedlichen Volumina der wechselseitig diffundierenden Atomarten und Ungleichheit ihrer Diffusionsströme entsteht [257]:

$$\sigma_c \simeq \beta \, G \, c \qquad (75)$$

($\beta = \Delta V_M / V_{M0}$ relative Volumenänderung des Kristalls infolge Mischkristallbildung, G Schubmodul, c Konzentration der eindiffundierenden Komponente). Die sich im Streben nach Relaxation bildenden und bewegenden Versetzungen senken das Spannungsniveau in der Diffusionszone; im KCl-KBr-Modellsinterexperiment, so die Abschätzung der Autoren, um zwei Größenordnungen (von 10^3 auf 10^1 MPa).

Das Versetzungsensemble entsteht unter dem Einfluß der durch die Heterodiffusion verursachten Spannungen und der den Versetzungen selbst eigenen Spannungen [258]. Infolge der abweichenden Größe verursachen die Legierungsatome eine symmetrische Verzerrung ihrer Umgebung und es entsteht ein Normalspannungsfeld. Gerät eine sich bewegende Stufenversetzung, die ebenfalls von einem Normalspannungsfeld umgeben ist, in die Nähe der Legierungsatome, so werden sich die Spannungsfelder gegenseitig beeinflussen. Die Spannungsrelaxation ist so zu verstehen, daß die Tendenz besteht, große Legierungsatome, die Druckspannungen bewirken, in das Zugspannungsfeld der Versetzungen und kleine Legierungsatome, die zu Zugspannungen führen, in das Druckspannungsfeld der Versetzungen, d. h. in die Halbebenen einzubauen. Dadurch wird die Gesamtverzerrung des Gitters verringert [200].

Analoge Aussagen zu einer mischkristallspannungsbedingten Versetzungsvervielfachung liefern Kugel-Platte-Modellsinterexperimente, die in Anlehnung an frühere Untersuchungen mit Einkomponentenmodellen (Abschn. 2.1.1.3) an Nickeleinkristallplatten und Kupfereinkristallkugeln ($2a = 0,3...0,4$ mm) vorgenommen wurden. Die in der Diffusionszone des Sinterkontaktbereichs parallel (x-Richtung) und vertikal (z-Richtung) zur Ni-Cu-Kontaktfläche mittels Kossel-Technik erhaltenen N-Profile weisen in allen untersuchten Fällen einen Verlauf auf, der durch die Korrespondenz von steilen Konzentrationsgradienten dc/dx bzw. dc/dz und erhöhten N-Werten charakterisiert ist (Bild 105). In Gebieten kurz unterhalb des geometrischen Kontaktes erreichen die Versetzungsdichten Maximalwerte von $N \approx 5 \cdot 10^9$ cm^{-2} und weisen in x-Richtung auch bei weiterer Entfernung von der Kontaktmitte noch Werte von $N \approx 3...5 \cdot 10^8$ cm^{-2} auf. In z-Rich-

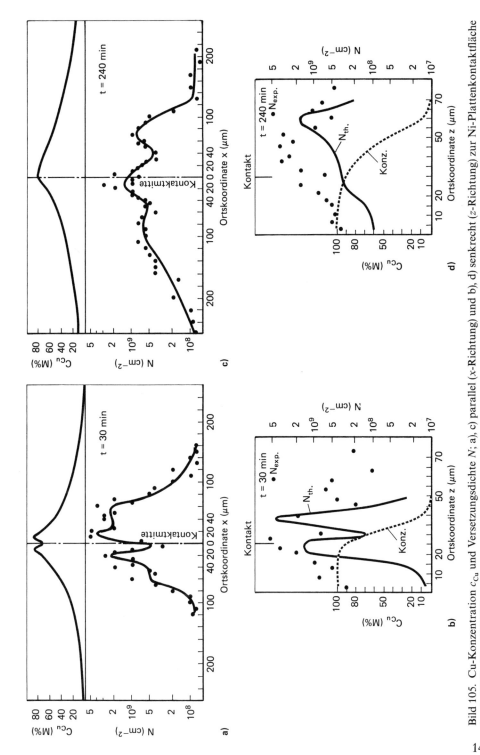

Bild 105. Cu-Konzentration c_{Cu} und Versetzungsdichte N; a), c) parallel (x-Richtung) und b), d) senkrecht (z-Richtung) zur Ni-Plattenkontaktfläche (nach [239]); $T_S = 1000\,°C$.

tung stellen sich erst weit außerhalb der Kontaktzone (in ca. anderthalbfacher Diffusionstiefe) die Ausgangsversetzungsdichten von $2\ldots5\cdot10^7\,\mathrm{cm}^{-2}$ ein.

Im Ergebnis der Analyse versetzungsabhängiger Vorgänge leitete *Friedel* [266] eine Beziehung ab, die die Versetzungsmultiplikation auf Grund von Spannungen in der Diffusionszone beschreibt

$$N = \frac{1}{\bar{a}_G^2} \frac{\mathrm{d}\bar{a}_G}{\mathrm{d}c} \delta\left(\frac{\mathrm{d}c}{\mathrm{d}z}\right) \tag{76}$$

und in der $\bar{a}_G$ der sich mit der Konzentration c ändernde mittlere Gitterparameter ist (Vegardsche Regel) und $\delta(\mathrm{d}c/\mathrm{d}z)$ die Änderung des Konzentrationsgradienten in z-Richtung kennzeichnet. Die nach (76) berechneten N_{th}-Verläufe stimmen in der Tendenz mit den Meßwerten N_{exp} überein. (Die Abbildungen 105 b, d sind in bezug auf die Modellgeometrie gegenüber den Bildern 15 a, c um 90° verdreht.) Wie die Theorie voraussagt, sind

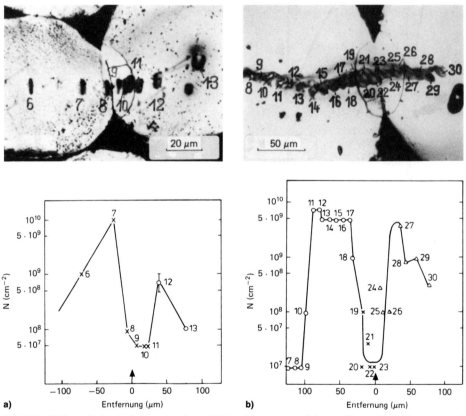

Bild 106. Lichtoptische Aufnahme und zugehörige Versetzungsdichten N vom Kugelinneren und von der Kontaktzone (nach [259], [260]); a) W-Kugeln mit Ni-Zusatz, $T_S = 1400\,°\mathrm{C}$; b) Ni-beschichtete W-Kugeln, $T_S = 1470\,°\mathrm{C}$. Die Bezifferung an den Kontaminationspunkten, die bei Anwendung der Kossel-Technik durch den Elektronenstrahl auf der Probe entstehen, deckt sich mit der der jeweils zugehörigen N-Verläufe.

die Bereiche der Diffusionszone mit steilen Konzentrationsgradienten durch hohe Versetzungsdichten gekennzeichnet. Dem Rückgang der Versetzungsdichte in der nickelseitigen Diffusionszone von $\approx 5\cdot 10^9$ cm^{-2} auf $\approx 3\cdot 10^8$ cm^{-2} entspricht ein Abfall der Mikrohärte (Prüflast $5\cdot 10^{-2}$ N) von 145 auf 80. Im Mittel beträgt D_{Cu} in der Diffusionszone das Dreifache des Wertes im „normal" gestörten Gitter.

Die wechselseitigen Beziehungen zwischen Homogenisierungsgeschehen und Versetzungsreaktionen können sich umkehren, wenn im Preßkontakt bereits vor Einsetzen der Heterodiffusion hohe Versetzungsdichten vorliegen. In halbmodellartigen Objekten aus W-Kugeln ($2a < 250$ μm) mit Ni-Zusätzen bzw. Ni-Beschichtung [259], [260], die mit 200 MPa verpreßt, bei 800 °C in den Ofen eingebracht und dann mit 10 K·min^{-1} auf 1300 bis 1470 °C erwärmt werden, entstehen von den Kontakten ausgehend W-Ni-Mischkristallkörner, die sich bei gleichzeitig verstärktem Kontaktwachstum zunehmend in das Wolfram ausbreiten. Die vordem in den Preßkontaktzonen gemessenen Versetzungsdichten von $N \approx 10^{10}$ cm^{-2} sind hernach im Mischkristall auf $N \approx 10^7...10^8$ cm^{-2} abgefallen (Bild 106). Die Energiebilanz belegt [259], daß Bildung und Wachstum der W-Ni-Körner versetzungsinduzierte (**s**tress **i**nduced **g**rain boundary **m**igration, SIGM) und nicht diffusionsinduzierte (**d**iffusion **i**nduced **g**rain boundary **m**igration, DIGM) Vorgänge sind. Die geschilderte Erscheinung wird nicht beobachtet, wenn W-Kugelagglomerate mit Ni-Zusatz, die keiner Preßverformung unterworfen worden waren, im gleichen T-Bereich gesintert werden. Liegt die Versetzungsdichte im Kontaktbereich (im betrachteten Fall wurde $N \approx 10^{11}$ cm^{-2} geschätzt) oberhalb des für eine Rekristallisation erforderlichen kritischen Wertes ($N \gtrsim 6\cdot 10^{10}$ cm^{-2}), dann setzt zunächst über Keimbildung Rekristallisation ein und das nachfolgende Wachstum der W-Ni-Körner wird von der Mischkristallbildung bestimmt [261].

Die praktische Bedeutung des SIGM-Mechanismus bezeugen Konzentrations- und Schwindungsmessungen an Mo-Ni-Pulvermischungen (0,25...1,0 M%Ni), die mit verschiedenen Drücken (100...500 MPa) gepreßt und von 950 bis 1350 °C unterschiedlich schnell (0,5...70 K·min^{-1}) aufgeheizt wurden [262], [263]. Danach setzt die Bildung der festen Lösung bei um so tieferen Temperaturen ein und die Sättigungskonzentration des

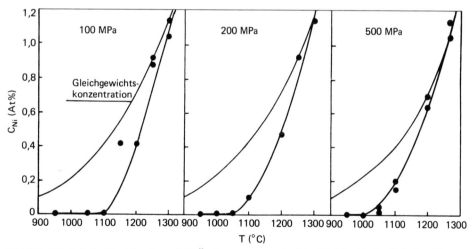

Bild 107. Einfluß des Preßdrucks auf die Änderung von c_{Ni} im Mo-Ni-Mischkristall für Preßkörper mit 1M%Ni, die mit 70 K min^{-1} auf 1350 °C aufgeheizt wurden (nach [262]).

Mo-Ni-Mischkristalls ist um so eher erreicht, je höher der Preßdruck (die eingebrachte Versetzungsdichte) war (Bild 107). Die Schwindung ändert sich gleichsinnig, d. h., sie nimmt mit der von der Versetzungsdichte abhängigen Mischkristallbildung zu (Bild 108).

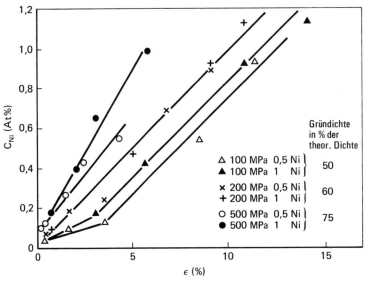

Bild 108. Abhängigkeit der Schwindung von der Ni-Konzentration des Mo-Ni-Mischkristalls für unterschiedliche Ni-Gehalte (M%) der Preßlinge, Preßdrücke und Gründichten (nach [262]).

4.2.1.4 Bedeckung durch Oberflächendiffusion

Unabhängig davon, ob D_A und D_B annähernd gleich oder sehr verschieden sind, kann sich die Sinterkinetik von der bisher beschriebenen (Heterodiffusion über den Teilchenkontakt) wesentlich unterscheiden, wenn die Oberflächenspannung der Stoffe A und B, aus denen die Teilchen des Pulvergemisches bestehen, größere Unterschiede aufweisen, so daß

$$\gamma_A < \gamma_B + \gamma_{AB} \tag{77}$$

ist. Dann wird die Teilchenart B auf dem Wege der Oberflächendiffusion mit einer Schicht des Stoffes A überzogen (Bild 100c). Dabei entwickelt sich die Fläche der Diffusionsfront B→A proportional x^2, die von A→B aber proportional L_{PB}^2 [93]. Über das zum Einfluß der Oberflächenspannung in Abschn. 2.1.1.2 Gesagte hinaus ist beim technischen Sinterkörper zu berücksichtigen, daß γ eine realstrukturempfindliche Größe ist. Wenn die Duktilität und damit die Verpreßbarkeit der A- und B-Teilchen stärker differieren, wird auch die von ihnen als plastische Deformation gespeicherte Preßarbeit verschieden sein und γ_A, γ_B in unterschiedlichem Maße beeinflussen. Die stärker defektangereicherte Oberfläche weist höhere γ-Werte auf. Deshalb kann auch dann, wenn mit den „Gleichgewichtswerten" für γ_A und γ_B Beziehung (77) nicht erfüllt werden sollte, im realen Sinterkörper, solange die Defektdichten noch nicht merklich reduziert sind, eine Beschichtung von B-Teilchen durch A-Substanz zustande kommen. Das erklärt auch, weshalb die Tendenz besteht, daß die Atome der Zusatzkomponente A während der

Aufheizphase, in der die B-B-Kontakte noch längere Zeit relativ „offene" Gebilde darstellen (Abschn. 3.1), bevorzugt in B-B-Zonen migrieren und damit gleichfalls auf eine Vergrößerung der Diffusionsfront hinwirken. Einen entsprechenden Einfluß auf die Oberflächenspannung können die A- und B-Pulver aufgrund ihrer Herkunft ausüben, indem beispielsweise ein Elektrolytpulver und ein Verdüspulver unterschiedliche Defektdichten in den dispersen Körper einbringen.

In der schon erwähnten Arbeit von *Stablein* und *Kuczynski* [250] wurde an Fe-Ni-Drahtspulenmodellen beobachtet, daß sich die feste Lösung nicht von Anfang an bildet, sondern das Eisen (900°C: $\gamma_{Fe} \approx 1,6 \, J \cdot m^{-2}$ [264]) zuerst auf das Nickel (900°C: $\gamma_{Ni} \approx 2 \, J \cdot m^{-2}$ [265]) diffundiert. Obwohl die Komponenten Fe und Ni bei der Versuchstemperatur beliebig ineinander löslich sind, verläuft die Bedeckung durch Oberflächendiffusion so schnell, daß auch nachdem die Fe-Drähte völlig „aufgezehrt" sind, auf den Ni-Drähten noch eine Fe-angereicherte Mischkristallschicht besteht, die sich gegen den Ni-Kern durch eine „Phasengrenze" markiert und aus der dann das Eisen bis zum vollen Konzentrationsausgleich über Heterodiffusion vergleichsweise langsam ins Nickelinnere vordringt. Der Heterodiffusionskoeffizient ist für Fe-reiche Legierungen etwa eine Zehnerpotenz kleiner als bei Ni-reichen [251].

Ein zeitweiser Stoffluß über Oberflächendiffusion kann auch dann auftreten, wenn, wie im System Cu-Ti, während des Sinterns Phasen entstehen, die die Volumenfremddiffusion hemmen. Bild 109 gibt einen solchen Fall wieder. Nach 45-minütigem Sintern existiert im Ti-Teilchen neben einem ausgedehnten α-Ti-Mischkristallbereich und einer Zone aus α-Ti-Mischkristall plus Eutektoid in unmittelbarer Kontaktnähe die intermetallische Phase TiCu und auf der Cu-Seite $TiCu_4$. Mit ihrem Auftreten wird die weitere Volumendiffusion (Homogenisierung) durch die schneller diffundierende Komponente Cu über den Kontakthals derart erschwert, daß es trotz einer damit verbundenen zeitwei-

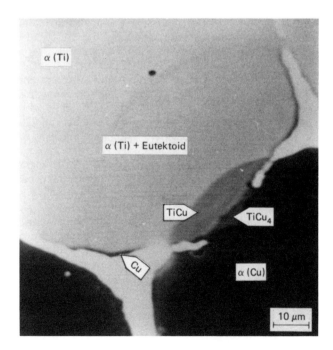

Bild 109. Rasterbild der absorbierten Elektronen von einem Kupfer(dunkel)-Titan(hell)-Drahtmodell (nach [255]); $T_S = 850°C$, $t = 45$ min.

sen Vergrößerung der Kontakthalsoberfläche in Form von Hinterschneidungen energetisch günstiger ist, Cu über Oberflächendiffusion aus der kupferseitigen Kontaktnähe zunächst auf die Titanoberfläche und erst von dort über Volumendiffusion weiter ins Innere zu transportieren. Bei fortgeschrittenerer Homogenisierung wird dieser Vorgang wieder eingestellt.

Eine sekundäre Folge der Ausbildung von Bedeckungen ist die beispielsweise bei den Systemen W-Ni und Fe-Cu beobachtete Erscheinung, daß die Zusatzkomponente (Ni, Cu) bevorzugt in die Korngrenzen der Basiskomponente eindiffundiert und sich von dort weiter ins Volumen ausbreitet oder gar zu einer Teilchendesintegration Anlaß gibt (Abschn. 5.3.2).

4.2.1.5 Bedeckung durch Verdampfen und Kondensieren

Außer durch Oberflächendiffusion kann die einer Diffusionshomogenisierung vorausgehende Vergrößerung der Diffusionsfront über Verdampfung und Kondensation erfolgen [267]. Wenn für die PM-Praxis auch seltener zutreffend, da die Dampdrücke der zum Einsatz kommenden Stoffe in der Regel zu niedrig sind, ist mit dieser Möglichkeit doch grundsätzlich zu rechnen (Bild 100d). Bedeutungsvolles Beispiel sind die von Šalak durchgeführten Untersuchungen zur Herstellung von Mn-legiertem Sinterstahl aus Fe-Mn-Pulvergemischen [39]. Der Mn-Dampfdruck liegt um einige Größenordnungen höher als der anderer Elemente [268]. Das Volumen des Mangandampfes ist beträchtlich größer als das des Porenraumes, demzufolge der Mn-Dampf das ursprüngliche Gas (Luft) aus den Poren verdrängt. Die Mangansublimation beginnt bereits bei relativ niedrigen Temperaturen (600...700 °C) und wird, wie Berechnungen bestätigen, noch in der Aufheizphase abgeschlossen. Die Manganteilchen ($\bar{L}_{PMn} = 15$ μm) sublimieren in einem Fe-1M%Mn-Sinterkörper bei 700 °C innerhalb von 130 s, also unter Bedingungen, wo sich im Preßling ($p_c = 589$ MPa) noch keine kompakten Fe-Fe-Kontakte ausgebildet haben ($\bar{L}_{PFe} < 0,10$ mm). Je kleiner die Mn-Partikel sind, um so schneller verläuft die Sublimation. Der Kondensations- und Diffusionsprozeß wird durch Volumen-, Korngrenzen- und versetzungsaktivierte Diffusion (zusätzliche Leerstellensenken und -quellen) in Abhängigkeit vom Realstruktur- und Gefügezustand des Eisenpulvers kontrolliert ([268] bis [270]). Aus diesem Grunde hängt die Sinterstahlqualität in starkem Maße von der gewählten Eisenpulversorte ab. Ein Stahl mit 4...4,5 M%Mn, der auf der Basis von Hametageisenpulver hergestellt ist, weist eine um rund 200 MPa höhere Zugfestigkeit als der mit RZ-Eisenpulver erzeugte Sinterstahl auf. Das schwammige RZ-Pulver hat, wie bei 750 °C 30 min gesinterte Preßlinge erkennen lassen, ein grobkörniges, defektarmes Gußgefüge, währenddem das schuppenförmige Hametagpulver feinkristallin und vom Pressen her defektreicher ist. Beim RZ-Pulverpreßkörper verläuft die Homogenisierung vorherrschend über Volumendiffusion. Beim Preßling aus Hametagpulver dominieren die schnellere Diffusion entlang Korngrenzen ins Teilcheninnere und eine dank der erhöhten Defektdichten intensivierte Volumendiffusion. Deshalb vollzieht sich die Homogenisierung unter sonst gleichen Bedingungen im Sinterstahl aus Hametagpulver rascher, was im verbesserten Festigkeitsverhalten zum Ausdruck kommt.

4.2.1.6 „Aktivierende" Deposite

Während des Sintersn – wie erörtert – oder durch eine zweckdienliche Behandlung des Pulvers (chemische, elektrochemische Abscheidung, Bedampfen im Vakuum usw.) können auf den Basispulverteilchen Beläge niedergeschlagen werden, die auf die Sinterverdichtung beschleunigend einwirken. Es hat sich deshalb für die damit verbundenen Erscheinungen der Begriff „aktiviertes Sintern" eingeführt, der wenig glücklich gewählt ist, da technisches Sintern in eben diesem Sinn schlechthin „aktiviert" verläuft.

Wesentlich ist, daß in solchen Systemen praktisch keine Kontakte zwischen verschiedenartigen Pulvern mehr existieren. Jeder Kontakt ist hinsichtlich der chemischen Zusammensetzung und des Strukturzustandes in erster Näherung – wie in einem Preßkörper aus fertiglegiertem Pulver – gleichartig. Außerdem treten die Erscheinungen des „aktivierten" Sinterns nur in Verbindung mit geringen Mengen der Zusatzkomponente auf (im System W-Ni beispielsweise bei $\leq 0{,}5$ M%Ni [40], [261]) so daß Vorgänge, wie die Bildung von Mikroporen (Frenkel-Effekt), bei der Schwindung nicht mehr in Erscheinung treten. Wegen der meist kleinen Menge der Zweitkomponente (Aktivator), an die das Auftreten des „aktivierten" Sinterns gebunden ist, spricht man bei den es betreffenden Materialien auch von gedopten Systemen. An dieser Stelle soll das Phänomen lediglich in gedrängter Form erörtert werden. In Abschn. 4.2.2.3 wird über gedopte Sinterwerkstoffe und die zu den Ursachen der „Aktivierung" entwickelten Vorstellungen ausführlicher zu berichten sein.

Systematische Untersuchungen zum Beschichtungseinfluß wurden von *Thümmler* [271] an den substitutionsmischkristallbildenden Kombinationen Fe-Ni, Co-Ni und Ag-Cu vorgenommen. Als Maß für die pro Zeiteinheit beim Sintern in den Kontakt trans-

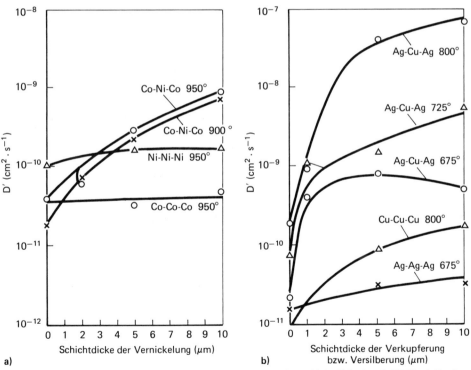

Bild 110. Beweglichkeitskoeffizient D' in Abhängigkeit von der Schichtdicke (nach [271]); a) für Co, Ni und Co mit Ni-Zwischenschichten; b) für Ag, Cu und Ag mit Cu-Zwischenschichten.

portierte Masse dient der sogen. Beweglichkeitskoeffizient D', der aus der Verschweißbreite elektrolytisch beschichteter und spiralig aufgewickelter Drähte ermittelt worden war. Für alle heterogen beschichteten Modelle (Fe-Ni-Fe, Co-Ni-Co, Ag-Cu-Ag) verlief der Materialtransport beim Sintern intensiver als in den gleichartig beschichteten (Bild 110). Über eine für jedes heterogene System unterschiedliche Grenzschichtdicke hinaus läßt sich keine Zunahme der sinterfördernden Wirkung mehr erzielen.

In Eisenbasissinterkörpern, die aus Hametagpulver hergestellt sind, wirkt sich der durch chemische Beschichtung erzeugte aktive Zustand bei Verwendung von Ni als Deposit weitaus stärker auf die Schwindung aus, als wenn mit Co beschichtet wird (Bild 111). Die Ursache hierfür erblicken *Andrijevski* und *Fedorčenko* (aus [231]) in der unterschiedlichen Richtung der Hauptatomströme bei der Heterodiffusion und den somit auch auf unterschiedlichen Seiten der Diffusionspaare konzentrierten Überschußleerstellen. Bei der Kombination Fe-Ni diffundiert das Ni vorrangig in das Fe und die Überschußleerstellen entstehen in der Ni-Beschichtung, während für die Kombination Fe-Co der Fe-Atomstrom ins Co überwiegt und die Überschußleerstellen im Fe-Substrat vorliegen. Den Darstellungen des Bildes 111 zufolge ist eine defektreiche Schicht gegenüber einem defektreichen Substrat die effektivere Variante zur Schwindungsintensivierung.

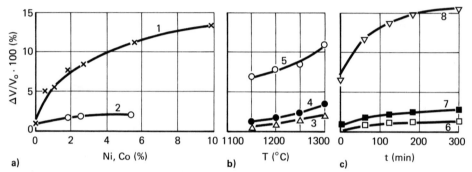

Bild 111. Volumenschwindung von Pulverpreßlingen (nach [231]); a) Hametag-Eisenpulver mit Zusätzen von Ni (*1*) und Co (*2*), $T_S = 1200\,°C$, $t = 1$ h; b) Eisenpulver (*3*), Fe-Pulver mit 1,8M%Co (*4*) und 1,9M%Ni (*5*) für verschiedene T_S, $t = 1$ h; c) Eisenpulver (*6*), Fe-Pulver mit 5,2M%Co-Zusatz (*7*) und 5,5M%Ni-Zusatz (*8*), $T_S = 1200\,°C$.

Damit wird ein grundsätzliches Problem angesprochen, das mit den „aktivierenden" Bedeckungen und der Wahl der Kombination auftritt. Bei den im Deposit und Substrat zu erwartenden Defekten handelt es sich nicht nur um Leerstellen und deren Agglomerate sowie infolge von Konzentrationsgradienten gebildete Versetzungen, sondern auch um Anpassungsversetzungen. Zumindest in den ersten Atomlagen, die in der Regel epitaktisch auf das Substrat aufwachsen, entstehen zur Minderung der durch den Misfit verursachten Epitaxiespannung Anpassungsversetzungen, die den Mechanismus des „aktivierten" Sinterns entscheidend beeinflussen können [93]. Es ist verständlich, daß die Depositwirkung auf einen bestimmten Dickenbereich beschränkt ist, nämlich auf jenes kontaktseitige Volumen, in dem noch eine deutlich höhere Defektkonzentration besteht. Es hängt von den Defektdichten in Matrix und Belag ab, wie groß die effektiven partiellen Diffusionskoeffizienten des Belag- und Matrixstoffes ausfallen und ob sich gegebenenfalls die Richtung des resultierenden Atomstromes umkehrt. In Bild 112 nimmt Kurve 1 den erwarteten Verlauf: $D_{Fe} > D_{Co}$, Überschußleerstellen und Diffusionsporosi-

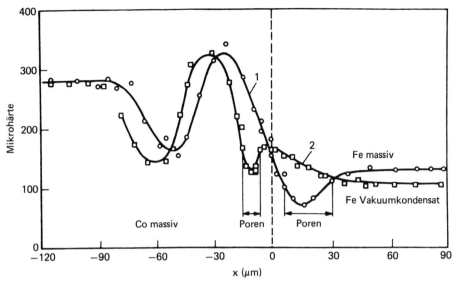

Bild 112. Verlauf der Mikrohärte innerhalb der Diffusionszone von Co-Fe-Proben (nach [272]); *1* Co, gegossen – Fe, gegossen; *2* Co, gegossen – Fe, im Vakuum abgeschieden.

tät im Eisen (Abfall der Mikrohärte). Im Vakuum auf Kobalt abgeschiedenes Eisen jedoch weist eine so hohe Defektdichte auf, daß sich (solange diese nicht ausgeheilt ist) die Verhältnisse umkehren, d. h. $D_{\text{eff.Co}} > D_{\text{eff.Fe}}$ ist. Demzufolge treten Überschußleerstellen und Porosität im dem Kontakt benachbarten Cobaltvolumen auf. Die temporäre Umkehrung des effektiven Leerstellen- und Atomstroms ist eine der spezifischen Besonderheiten der Diffusionshomogenisierung in Stoffen mit gestörter Struktur, wie sie poröse Preßlinge darstellen [93].

4.2.1.7 Homogene Mischkristallpulver

Ist das disperse Mehrkomponentensystem so beschaffen, daß die Pulverteilchen bereits den homogenen Zustand aufweisen, dann geschieht das Sintern, da Konzentrationsgradienten fehlen, in einer dem Einkomponentensintern vergleichbaren Weise. Die Frage nach dem Verdichtungsverhalten homogener Mischkristallpulver reduziert sich damit im wesentlichen auf die nach der Einflußnahme der im Matrixgitter gelösten Atomart. Da die Sinterverdichtung, allgemeiner ausgedrückt, an eine ausreichende Deformationsfähigkeit der Pulver und vor allem ihrer Kontaktbereiche geknüpft ist, darf angenommen werden, daß im Zustand einer festen Lösung befindliche Pulver, da sie mischkristallgehärtet sind und die Diffusionsbeweglichkeit der Atome gemindert ist [40], schlechter sintern.

In [271] wird diese Annahme für niedrige Zweitmetallgehalte bestätigt (Bild 113). Bei Fe-Sn- und Fe-Mo-Sinterlegierungen nimmt der Beweglichkeitskoeffizient D' mit dem Legierungsgehalt merklich ab und die nach Vickers für 770 °C gemessene Warmhärte in ebendem Maße zu. Beides ist auf größere Unterschiede der Durchmesser von Matrix- und Legierungsatomen und die damit verursachten inneren Spannungen zurückzuführen. Der an Fe-Ni- und Cu-Sn-Sinterlegierungen ermittelten unbedeutenden Konzentra-

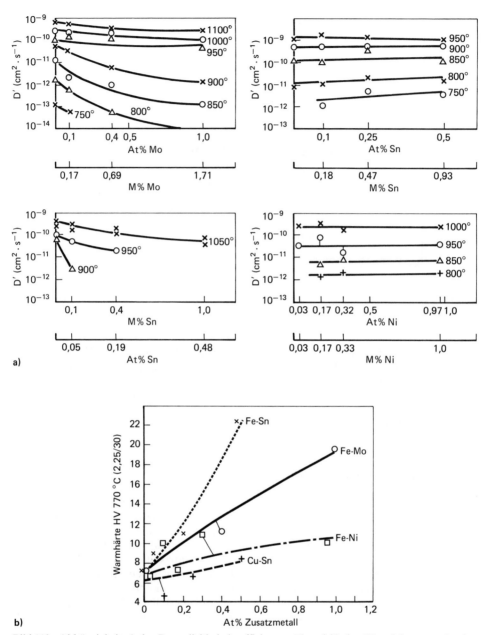

Bild 113. Abhängigkeit a) des Beweglichkeitskoeffizienten D' und b) der Warmhärte vom Legierungsanteil (nach [271]).

tionsabhängigkeit der D'-Werte entspricht eine unwesentliche Warmhärteänderung. Verallgemeinernd wird resümiert, daß ein durch das Zusatzmetall bedingter Anstieg der mechanischen Eigenschaften (es wurden auch Zugfestigkeit und Raumtemperaturhärte als Funktion der Konzentration gemessen) eine Verschlechterung der Sintereigenschaften bedeutet s. a. Bild 122). Nicht im Einklang damit stehen die $\Delta V/V_0 = f(c)$-Verläufe für Sinterkörper aus homogenen Pulvern unterschiedlicher Zusammensetzung der Systeme Co-Ni, Fe-Cr und Fe-Mn [273]. Die beobachteten Abhängigkeiten werden mit den Eigenheiten der jeweils gebildeten Mischkristallstruktur erklärt. Für nicht zu große Legierungszusätze wird angenommen, daß die Sintercharakteristik durch das Sinterverhalten der Basiskomponente geprägt ist.

Auch in einem Sinterkörper aus fertiglegiertem (homogenem) Pulver können im Pulverteilchenkontaktbereich defektbedingte und die Sinterverdichtung begünstigende Erscheinungen, wie lokale, partielle Entmischungen oder Segregationen, auftreten. Das Gefüge von Schnellarbeitsstahlpulver besteht aus einer die Matrix bildenden festen Lösung, in die feindispers Mischcarbide eingelagert sind. Im lose geschütteten Pulver treten bei hohen Temperaturen, die je nach Zusammensetzung des Schnellarbeitsstahles $\approx 1200 \ldots 1300\,°C$ betragen, in den Korngrenzen Anschmelzungen eutektischer Konzentration (s. a. Abschn. 5.2.6) auf. In einem konventionell kaltgepreßten Pulver dagegen bildet sich die Schmelze vorzugsweise in den Teilchenkontakten, wobei die Temperatur ihres Auftretens niedriger liegt und zwar um so mehr, je höher der Preßdruck war. Sie sinkt beispielsweise um 20 bis 40 K ab, wenn p_c von 350 auf 500 MPa angehoben wird. Gleichzeitig erhöht sich das Volumen der Schmelze um rund 100%, das Temperaturintervall jedoch, in dem die Schmelze existent ist, wird eingeengt. Dieses ungewöhnliche Verhalten findet in den Resultaten röntgendiffraktometrischer und differentialthermoanalytischer Messungen seine Erklärung [38]. Danach diffundieren die „versetzungsaffinen" Elemente Cr, V und C in die aufgrund erhöhter Versetzungsdichten verspannten Kontaktzonen und reichern sich dort soweit an, daß die eutektische Schmelze bei niedrigeren Temperaturen und mit größerer Intensität als im nichtverspannten Material gebildet werden kann. Das Entstehen derartiger Segregationen wurde durch Mikrohärtemessungen bestätigt [274]. Während im Ausgangszustand sich die Härteunterschiede zwischen dem zentralen und dem Oberflächenbereich der Schnellarbeitsstahlpulver innerhalb der Meßgenauigkeit des Verfahrens bewegten, lag die Härte nach dem Sintern bei 1200 und 1250°C für den Kontaktbereich um 25 bis 30% höher als im Teilcheninneren.

Störungen der Stöchiometrie im Kontaktbereich von Stoffen mit Einlagerungsstrukturen, wie ZrC [275] oder TiN [276], können gleichfalls dank der damit verbundenen Überschußleerstellen diffusions- und sinterfördernd wirken. Beim Vakuumsintern von TiN wird als Folge einer partiellen und von der Temperatur abhängigen Verdampfung von Stickstoff die Stöchiometrie in den Teilchenoberflächenzonen gestört und im N-Untergitter ein Leerstellenüberschuß geschaffen. Über Wechselwirkungen mit Liniendefekten (Versetzungen), die Kriechvorgänge und einen rascheren Umbau der Kontaktsubstanz auslösen, aktivieren die Überschußleerstellen die Bewegung ganzer Teilchen in den Porenraum und bewirken damit die ungewöhnlich starke Schwindung im Sinteranfangsstadium [276].

4.2.2 Sinterverhalten gepreßter Pulvergemische

Angesichts der vielfältigen und unter technischen Bedingungen kombiniert auftretenden Einflüsse erscheint es wenig aussichtsreich, umfassendere Gültigkeiten zum Heterosintern formulieren zu wollen. So haben auch Versuche, die Schwindung von Zweikomponentensystemen mit Löslichkeit durch phänomenologische Gleichungen zu beschreiben, in der Praxis keine Resonanz gefunden. Der Grund dafür ist, daß sie von wirklichkeitsfernen Voraussetzungen ausgehen, wie der Annahme gleichgroßer Pulverteilchen, idealer Nachbarschaftsverhältnisse und einer allein über Teilchenzentrumsannäherung verlaufenden Schwindung [276] oder, um der Realität näher zu kommen, von der Annahme zweier kugeliger Pulverarten unterschiedlichen Teilchendurchmessers, die im Gemisch ideal verteilt sind und schon deswegen die mit der Teilchengrößendifferenz zunehmende Verschlechterung der Mischungsgüte nicht berücksichtigen können [277]. Für die weitere Behandlung des Sinterns heterogener Systeme wird deshalb eine pragmatische Vorgehensweise gewählt, bei der der Stoff nach dem Löslichkeits- und gegebenenfalls Reaktionsverhalten der Komponenten gegliedert und am Schluß die sich durch Besonderheiten abhebende Variante der gedopten Systeme besprochen wird.

4.2.2.1 Sinterverhalten bei völliger Löslichkeit der Preßkörperkomponenten

Die Vorstellungen zum Sinterverhalten von Preßlingen, deren Bestandteile füreinander unbegrenzt löslich sind, orientieren sich überwiegend an den Ergebnissen der umfassenden Untersuchungen von *Fedorčenko* und *Ivanova* [251], [273]. Danach ist die Verdichtung eines Zweistoffsystems mit völliger Löslichkeit weder durch die Schmelztemperatur der Legierung noch durch die ihrer Komponenten oder deren Schwindungsverhalten bestimmt, sondern primär durch die der betreffenden Konzentration entsprechenden partiellen Diffusionskoeffizienten D_A, D_B bzw. den chemischen Heterodiffusionskoeffizienten $\tilde{D}$ determiniert. Diese Feststellung ist offenbar erfüllt (Bild 114), wenn die partiellen Diffusionskoeffizienten von ähnlicher Größe sind [40]. Umgekehrt werden starke Abweichungen beobachtet, wenn, wie im System Cu-Ni, zwischen D_A und D_B beträchtliche Unterschiede bestehen, die das Auftreten des Frenkel-Effekts (Schwellung) bedingen. Jedoch auch bei ähnlicher Größe von D_A, D_B treten Abweichungen der $\Delta V/V_0$-Kur-

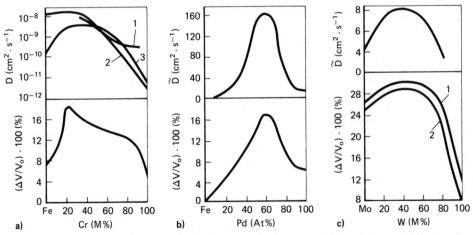

Bild 114. Konzentrationsabhängigkeit der Volumenschwindung $\Delta V/V_0$ und der Koeffizienten der Heterodiffusion $\tilde{D}$ bzw. D_A, D_B (nach [273]); a) System Fe-Cr, *1* $\tilde{D}$, *2* D_{Cr}, *3* D_{Fe}, $T_S = 1200\,°C$; b) Fe-Pd, $T_S = 1200\,°C$; c) Mo-W; *1, 2* unterschiedliche W-Pulver; $T_S = 2000\,°C$, $t = 2\,h$.

ven vom $\tilde{D}$- bzw. D_A, D_B-Verlauf auf (z. B. Ni-Pd, Fe-Mn). Oder die Koeffizienten der Heterodiffusion korrelieren lediglich bei einer bestimmten Sintertemperatur (z. B. Fe-Si, W-Mo) bzw. innerhalb eines begrenzten Konzentrationsbereiches (z. B. Ni-Cr) mit dem Gang der Verdichtung.

Nicht allein wegen z. T. erheblich differierender Beobachtungen und der ungenügenden Verfügbarkeit zuverlässiger thermodynamischer Daten erscheint eine pauschale Aussage zur Verdichtung der Heterosysteme mit völliger Löslichkeit der Komponenten verfrüht. Es sind auch andere Einwände zu bedenken. Die verwendeten Diffusionsdaten entstammen Methoden, bei denen die Heterodiffusion unter Quasigleichgewichtsbedingungen verläuft und untersucht wird. Sie widerspiegeln einen stetig in dieselbe Richtung fließenden Atomstrom gegebener Größe. Die ihnen als Funktion der Konzentration zugeordneten Schwindungen sind durch Werte vertreten, die in der Regel nach längerem isothermen Sintern (z. B. 2 h) gemessen wurden. Bei einer solchen Darstellung werden Größen miteinander in Beziehung gebracht, die Zustände beschreiben, die im realen Preßkörper erst 5 bis 10 min und später nach Eintritt in die isotherme Sinterphase existieren und denen zufolge nur noch ein relativ geringer Beitrag zur Verdichtung entsteht. Es wird ein Sinterspätzustand und ein gewisses Endresultat registriert, aber kaum etwas über das zeitliche Zustandekommen des Hauptanteiles der Verdichtung ausgesagt. Unter den üblichen technologischen Bedingungen liegt das Homogenisierungsgeschehen zeitlich größtenteils vor dem Einsetzen merklicher Verdichtung. Allenfalls durch hohe Aufheizgeschwindigkeiten, wie 200 K min^{-1}, gelingt es (Bild 116, 122), beide Prozesse in etwa zu überlagern. Die Lösungs- und Materialtransportvorgänge, die an den im Vergleich zu realen dispersen Körpern reaktionsträgen Modellen beobachtet werden, sind auf technische Objekte quantitativ nicht übertragbar. Das gilt auch für die auf dem Weg zum grundsätzlich gleichen Ziel jeweils durchlaufenen Zwischenstationen und eingetretenen Teilereignisse. Wie sich entgegen aller Erwartungen der Ablauf der Homogenisierung und damit sein Einfluß auf die Schwindung gestalten kann, lehrt das System Mo-Cr. Die partiellen Diffusionskoeffizienten der uneingeschränkt füreinander löslichen Komponenten differieren um eine Größenordnung (bei 1200 °C: $D_{Mo} = 1{,}4 \cdot 10^{-11}$ cm^2 s^{-1}, $D_{Cr} = 1{,}3 \cdot 10^{-10}$ cm^2 s^{-1}). Gerade deswegen ist die mittels röntgendiffraktometrischer Messungen verfolgte Bildung der festen Lösung in Mo-25M%Cr-Sinterkörpern ungewöhnlich. Bei $T_S = 1000 \ldots 1100\,°C$ formiert sich zunächst von den Kontaktflächen ausgehend und praktisch ohne Konzentrationsübergang zum Mo eine relativ stabile Zwischenphase Mo-5,7 M%Cr, deren Anteil im weiteren Lösungsverlauf solange zunimmt bis alles reine Mo aufgebraucht ist. Erst danach geht das restliche Cr bis zur Einstellung des Konzentrationsgleichgewichtes in Lösung [40].

Als Vertreter der Gruppe von Sinterlegierungen, deren Ausgangsbestandteile durch partielle Diffusionskoeffizienten ähnlicher Größe gekennzeichnet sind, und der, wo sie größere Unterschiede aufweisen, werden Ni-Co und Cu-Ni am häufigsten angeführt. Die relativ gute Kenntis dieser Systeme ist auf ein befriedigendes Angebot thermodynamischer Kennwerte, eine problemlose Technologie der Herstellung entsprechender Untersuchungsobjekte und dank der physikalischen Beschaffenheit auf eine hinreichende Diagnostikfreundlichkeit zurückzuführen. In Bild 115 sind die für 1197 °C nach Tracer-Verfahren ermittelten partiellen Diffusionskoeffizienten [279] D_{Ni} und D_{Co} sowie die nach zweistündigem isothermen Sintern bei 800 und 1200 °C gemessene Volumschwindung in Abhängigkeit von der Konzentration gegenübergestellt [251]. Die Preßkörperkenndaten lauten: Cobaltreduktionspulver ($\bar{L}_P = 20$ µm), Nickelcarbonylpulver ($\bar{L}_P \leq 10$ µm), GD = 65 ... 70% TD. Es ist offensichtlich, daß unter den genannten Bedingungen die Verdichtung mit den Diffusionskoeffizienten korreliert.

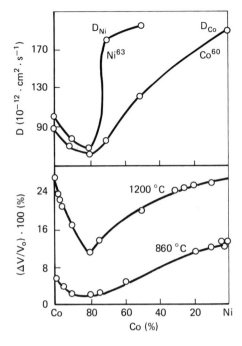

Bild 115. Volumenschwindung und partielle Diffusionskoeffizienten in Abhängigkeit von der Konzentration für das System Ni-Co (nach [251]).

Von F. Thümmler und W. Thomma [280] am gleichen System durchgeführte Dilatometermessungen weisen bei einer Sintertemperatur von 900 °C für die Legierungen stets eine größere Schwindung als für Ni und Co aus, während mit Erreichen der Endsintertemperatur von 1200 °C die Co-Sinterkörper maximal und die des Ni minimal geschwunden sind. Die dazwischenliegenden Zusammensetzungen alternieren und durchlaufen bei etwa Co60Ni40 ein flaches Minimum und für Ni60Co40 ein ebensolches Maximum der Schwindung.

Anders stellen sich die Verhältnisse dar, wenn von den Co-Ni-Proben – bei weitgehend ähnlicher Preßkörpercharakteristik – kinetische ε- und $\dot{\varepsilon}$-Kurven sowie die zugehörigen $\bar{\tau}$- und H-Verläufe aufgenommen werden. In den Abbildungen 116a, b sind diese für die reinen Komponenten und die sich gemäß Bild 115 im Diffusions- und Verdichtungsverhalten extrem unterscheidenden Zusammensetzungen Ni80Co20 sowie Co80Ni20 zusammengestellt. Es fällt auf, daß ε und $\dot{\varepsilon}$ für die Legierungen in prinzipiell derselben Weise mit $\bar{\tau}$ in Beziehung stehen, wie bei Einkomponentensinterkörpern (Abschn. 3.3.2): hohe Schwindung und Schwindungsgeschwindigkeit im Bereich des steilen $\bar{\tau}$-Abfalls. Die beiden $\dot{\varepsilon}$-Maxima der Ni-reichen Sinterlegierungen kommen wie beim Sinternickel in einer unterschiedlichen Neigung des $\bar{\tau}$-Abfalls zum Ausdruck (vergl. Bild 66). Bei Co80Ni20 sind wie für Co die $\dot{\varepsilon}$-Maxima „verwaschen". Die nach Bild 115 zwischen Sintercobalt und der Co80Ni20-Sinterlegierung zu erwartende größere Differenz der Schwindungswerte wird in Übereinstimmung mit den ebenfalls nahe beieinander liegenden $\bar{\tau}$-Kurven zu keiner Zeit des Sintervorganges beobachtet. Auffallend ist, daß die ε-Kurven der Ni- und Co-reichen Sinterlegierung im Intensivstadium sowohl den v_A- als auch den c-Einfluß erkennen lassen, der H-Verlauf hingegen nicht (Bild 116b). Der Homogenisierungsgrad ist allein von der Aufheizgeschwindigkeit abhängig. Das läßt den Schluß zu, daß der auf das Intensivstadium entfallende Verdichtungsanteil – wenn über-

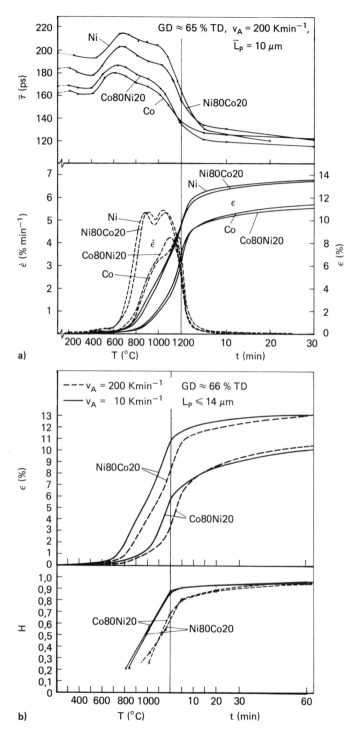

Bild 116. ε-, $\dot{\varepsilon}$- und $\bar{\tau}$-Kurven a) sowie ε- und H-Verläufe b) von Ni-, Co-, Ni80Co20- und Co80Ni20-Sinterproben (nach [281]).

haupt – nicht vordergründig vom Homogenisierungsgeschehen beeinflußt ist und daß für die Heterodiffusion nicht die Gleichgewichtskoeffizienten D_{Co}, D_{Ni}, sondern effektive partielle Koeffizienten $D_{Co,\,eff}$, $D_{Ni,\,eff}$ gelten, die unter den im untersuchten Bereich herrschenden Bedingungen konzentrationsunabhängig und von ähnlicher Größe sind.

Insgesamt besteht der Eindruck (in Abweichung zu der durch Bild 115 vermittelten Vorstellung), daß die Verdichtungscharakteristik der Ni- und Co-reichen Sinterlegierung durch die der jeweiligen Basiskomponente geprägt ist. Aufgrund seiner hohen Duktilität bringt das kubischflächenzentrierte Ni wesentlich größere Defektdichten in den Sintervorgang ein als das weit weniger duktile (bis 450 °C) hexagonale Co*). Ausdruck dessen ist die $\bar{\tau}$-Differenz für Raumtemperatur von ≈ 40 ps, die sich bei den in der Duktilität vergleichbaren Metallen Ni und Cu nur auf ≈ 10 ps beläuft (Bild 119). Dies trifft anteilig für die Legierungen Ni80Co20 und Co80Ni20 zu, wenn man von einer additiven Wirkung ausgeht. Das würde die relative Lage ihrer $\bar{\tau}$-Kurven und deren in etwa äquidistanten Verlauf bis zu jener Temperatur (bei $v_A = 200$ K min^{-1} sind das 900...1000 °C) erklären, wo eine Homogenisierung merklich wird. Bis dahin ist die Verdichtung im wesentlichen ein Ergebnis der in Abschn. 3.3.2.1.1 diskutierten Materialtransportvorgänge. Aber auch bei höheren Temperaturen wird, wie der Vergleich der Kurvenzüge nahelegt, die Verdichtung nicht grundsätzlich durch die Bildung der festen Lösung beeinträchtigt, wenngleich Wechselwirkungen zwischen den „alten" und den bei der Heterodiffusion entstehenden „neuen" Defekten anzunehmen sind. Die ab ≈ 1000 °C nicht mehr äquidistanten $\bar{\tau}$-Verläufe sprechen dafür. Es darf, da in Abbildung 116 nicht eingezeichnet, noch hinzugefügt werden, daß die Kurven aller hier erörterten Größen für Ni50Co50-Legierungen erwartungsgemäß zwischen denen der Ni- und Co-reichen liegen [282].

Das Sintergeschehen ist komplexer, wenn sich, wie im gut untersuchten System Cu-Ni, die Werte der partiellen Diffusionskoeffizienten stärker unterscheiden, so daß Verdichtung und die durch den Frenkel-Effekt verursachten Erscheinungen zeitweise überlagert sind. Besonders auffällig ist das bei mittleren Konzentrationen zu erwarten, wo das Verdichtungsgeschehen zwischen gleichartigen Pulverteilchen zurückgedrängt und die integrale Kontaktfläche zwischen fremdartigen Teilchen groß ist. Von *Fedorčenko* und *Ivanova* über den gesamten Cu-Ni-Konzentrationsbereich aufgenommene Schwindungskurven mit den Parametern T und t veranschaulichen das Wesentliche (Bild 117). Bei niedrigeren Sintertemperaturen (800 °C) wird das Geschehen von den Begleiterscheinungen der Fremddiffusion beherrscht. Wegen $D_{Cu} \gg D_{Ni}$ (Bild 117c) besteht ein resultierender Atomstrom, demzufolge das Nickel eine Volumenzunahme erfährt, im Kupfer dagegen Überschußleerstellen zu Mikroporen agglomerieren. Ab etwa jeweils ≈ 20 At% Legierungszusatz wird dilatometrisch keine Schwindung mehr registriert (Bild 117a). Die Proben sind gewachsen und zwar um so mehr, je länger die Expositionsdauer t, d. h. je weiter die Fremddiffusion fortgeschritten war. Bei Zunahme der Sintertemperatur (Bild 117b, 1000 °C) rückt der Massetransport in den Porenraum auch für die mittleren Konzentrationen mit t zunehmend in den Vordergrund. Ab $t = 15$ min wird über den gesamten Konzentrationsbereich eine Schwindung gemessen. Die $\varepsilon = f(c)$-Kurven jedoch

---

*) Für die Deformationsfähigkeit ist die Stapelfehlerenergie eine bedeutsame Kenngröße. Die Stapelfehler erschweren die Bewegung von Versetzungen und zwar um so mehr, je niedriger die Stapelfehlerenergie ist. Sie beträgt für Ni: $1,8 \cdot 10^{-1}$ J·m^{-2}, Cu: $5,6 \cdot 10^{-2}$ J·m^{-2}, Co(hex.): $9,0 \cdot 10^{-3}$ J·m^{-2} [283]. Die gleichfalls die Duktilität charakterisierende Bruchdehnung wird je nach Reinheitsgrad für Cu und Ni mit 40...50%, für Co(hex.) mit 7...20% angegeben [284].

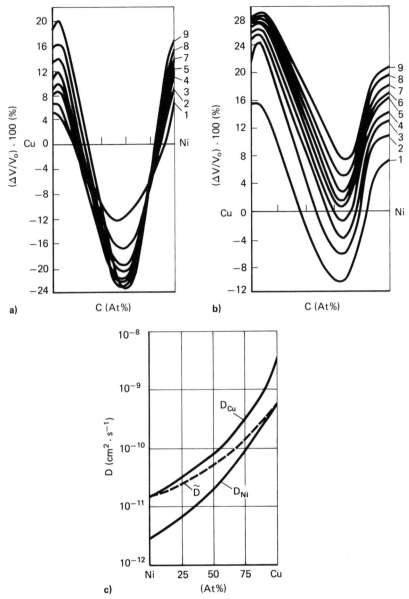

Bild 117. Verlauf der Volumenschwindung $\Delta V/V_0$ und der Koeffizienten der Fremddiffusion D_{Cu}, D_{Ni}, $\tilde{D}$ in Abhängigkeit von der Konzentration c im System Cu-Ni; a) $T_S = 800\,°C$; b) $T_S = 1000\,°C$ (nach *Fedorčenko* und *Ivanova* aus [40]), *1* $t = 0$ min, *2* $t = 2$ min, *3* $t = 5$ min, *4* $t = 10$ min, *5* $t = 15$ min, *6* $t = 20$ min, *7* $t = 30$ min, *8* $t = 60$ min, *9* $t = 120$ min; c) D_{Cu}, D_{Ni}, $\tilde{D} = f(c)$ für $1000\,°C$ (nach [285]).

durchlaufen bei 60 ... 65 At% ein Minimum. Eine Korrelation zur Konzentrationsabhängigkeit der Koeffizienten der Heterodiffusion D_{Cu}, D_{Ni}, $\tilde{D}$ besteht nicht (Bild 117c).

Wie die Zeitabhängigkeit der isothermen Schwindung zeigt, ist für Sinterlegierungen mit mittleren Konzentrationen der Einfluß der Fremddiffusion nach $t = 120$ min noch deutlich (Bild 118). Bei geringeren Legierungszusätzen klingt die Schwindungsgeschwindigkeit nach $t \approx 30$ min merklich ab, für höhere dagegen hält sie im untersuchten Zeitraum nahezu unvermindert an. Zu Wechselwirkungen zwischen verdichtendem Materialtransport und homogenisierender Fremddiffusion lassen sich nur wenige Hinweise geben. Die in Bild 119 dargestellten Resultate stammen von Proben, die aus Nickelreduktions- und Kupferelektrolytpulver gefertigt worden waren. Die ε-Kurven, soweit es den isothermen Teil betrifft, fügen sich in das mit den Abbildungen 117 und 118 vermittelte Bild vom Sintergeschehen ein. Geringe Probenschwellungen sind im letzten Drittel der Aufheizphase bei der Ni80Cu20- und einer (in den $\bar{\tau}$- und ε-Diagrammen nicht berücksichtigten) Ni50Cu50-Sinterlegierung festzustellen. In diesem Zusammenhang verdienen die $\bar{\tau}$-Verläufe des Cu80Ni20- und Ni80Cu20-Sintermaterials Beachtung. (Die $\bar{\tau}$-Kurve des Sinternickels ist mit der des Bildes 116 identisch.) Wie in allen anderen Fällen, ist der Bereich des $\bar{\tau}$-Abfalls auch der des intensiven Schwindens. Jedoch ist die Kurvencharakteristik für sich genommen wie auch in bezug auf die Ni,Cu-$\bar{\tau}$-Verläufe ungewohnt und anders als die der entsprechenden $\bar{\tau}$-Kurven beim $D_A \approx D_B$-Beispiel Ni-Co (Bild 116). Im letztgenannten Fall stehen die Größen $\bar{\tau}$ und H kaum in einer aktiven Beziehung. Das $\bar{\tau}$-Maximum ist durchlaufen noch ehe die Homogenisierung ein merkliches Ausmaß angenommen hat ($v_A = 200$ K min^{-1}). Demgegenüber fällt im System Cu-Ni der Anstieg zum $\bar{\tau}$-Maximum (Beginn des Umbaus des mechanischen Kontakts in eine Kontaktgroßwinkelkorngrenze) zeit- und temperaturmäßig mit dem des Homogenisierungsgrades zusammen und das $\bar{\tau}$-Maximum selbst liegt um ≈ 200 K höher. Außerdem ist H im System Cu-Ni konzentrationsabhängig, was bei den Co-Ni-Legierungen nicht der Fall ist. Alle diese Fakten werden unter den Bedingungen, daß $D_A \neq D_B$ ist, nur verständlich, wenn man davon ausgeht, daß die Begleiterscheinungen der Fremddiffusion (Abschn.

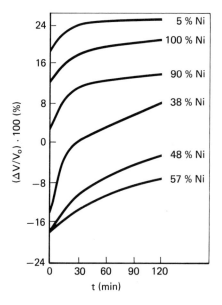

Bild 118. Volumenschwindung $\Delta V/V_0$ als Funktion der isothermen Sinterdauer t für Cu-Ni-Sinterlegierungen unterschiedlicher Konzentration (nach *Fedorčenko* und *Ivanova* aus [231]).

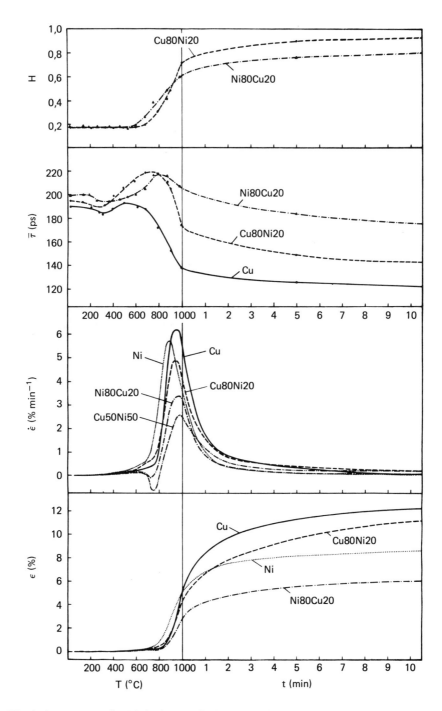

Bild 119. Kinetische ε-, $\dot{\varepsilon}$-, $\bar{\tau}$- und H-Verläufe von Ni-, Cu-, Cu80Ni20- und Ni80Cu20-Sinterproben (nach [281]); $\bar{L}_P = 10$ µm, GD = 65% TD; $v_A = 200$ K min^{-1}.

4.2.1), insbesondere aber das Auftreten von Überschußleerstellen und steilen Konzentrationsgradienten, von Anbeginn auf die Veränderungen der durch den Preßling eingebrachten Defektstruktur, so wie sie im $\bar{\tau}$-Verlauf zum Ausdruck kommen, unmittelbaren Einfluß nehmen. Darin dürfte der grundlegende Unterschied in der Realstrukturentwicklung und Art des Materialtransports im Intensivstadium gegenüber Systemen bestehen, für die $D_A \approx D_B$ und ein Materialtransport in den Grundzügen wie in Einstoffsystemen gilt. Für konkretere Angaben zu den Defektwechselwirkungen, die in vielfältiger Weise denkbar sind, und der daraus resultierenden Modifizierung des Materialtransports reichen die experimentellen Befunde nicht aus.

4.2.2.2 Teilweise Löslichkeit der Pulverkomponenten und Bildung intermetallischer Phasen

Derartige Systeme kommen in der Praxis sehr häufig vor. Ihre Verdichtung geschieht jedoch meist nicht als ausschließliches Festphasen- sondern als sog. temporäres Flüssigphasensintern. Dabei werden die für diese Kombinationen kennzeichnenden niedrigschmelzenden Eutektika über eine geeignete Anpassung des Temperatur-Zeit-Regimes zur Beschleunigung von Homogenisierung und Materialtransport genutzt (Kap. 6).

Grundsätzlich ist von kontaktierenden verschiedenartigen Teilchen, deren binäre Legierungen ein Zustandsdiagramm mit Mischungslücke und gegebenenfalls noch einer oder mehreren intermetallischen Phasen bilden, zu erwarten, daß in der Kontakt- und Diffusionszone zeitweise alle im Zustandsdiagramm verzeichneten Phasen auftreten (Bild 99). In der Aufheizphase durchlaufen die ursprünglichen A-B-Kontaktgebiete als Zwischenstationen jene Phasenfelder, die auf dem vom Gang der Temperatur bestimmten Weg zum Phasengleichgewicht gelegen sind. In Bild 101 ist die Konzentrationsänderung in einem Ti-Teilchen und der benachbarten Cu-Matrix und in Bild 120 zum Vergleich das Cu-Ti-Zustandsdiagramm dargestellt. Die Konzentrationen beider Ausgangskomponenten werden im Streben nach dem Gleichgewichtszustand (Cu-5 M%Ti-Mischkristall) so verändert, daß sie sich – bildlich gesprochen – im Zustandsdiagramm aufeinanderzubewegen. Dabei diffundiert das Cu wegen seines um eine Zehnerpotenz größeren partiellen Diffusionskoeffizienten (Tab. 6) schneller in den Ti-Zusatz als dieser in die Cu-Matrix. Deshalb auch die Bildung von Diffusionsporen in der näheren Umgebung des Titanteilchens. Wenn unter bestimmten Bedingungen das im Sinterverlauf gebildete Volumen einer Phase sehr klein ist, kann es aufgrund des begrenzten räumlichen Auflösungsvermögens der Mikrosonde (ESMA) – wie auch im angeführten Beispiel der Fall – vorkommen, daß eine oder einige Phasen nicht registriert werden.

Die wechselseitigen Beziehungen zwischen Phasenbildung und Schwindung sowie Homogenisierung und Aufheizgeschwindigkeit lassen sich anhand des Geschehens in einem CuSi4-Sinterkörper verfolgen (Bild 121, 122). Wie bei der CuTi5-Sinterlegierung ist für $T_S = 800 \ldots 860\,°C$ der Gleichgewichtszustand des CuSi4-Sintermaterials durch einen homogenen Mischkristall charakterisiert. Das Besondere des Systems Cu-Si besteht in einem extrem großen Unterschied der Werte für die partiellen Diffusionskoeffizienten ($800\,°C$: $D_{Cu} = 5 \cdot 10^{-5}$ cm^2 s^{-1}, $D_{Si} = 27 \cdot 10^{-10}$ cm^2 s^{-1} [288]). Der Homogenisierungsvorgang wird zunächst allein vom Cu bestimmt (Bild 121). Bei einer homologen Temperatur $T/T_M \approx 0{,}55$ ($480\,°C$) ist das Si bereits zu größeren Teilen bei $500\,°C$ völlig in η-Phase (Cu$_3$Si) umgewandelt worden. Ihr folgen mit zunehmender Zeit und Temperatur in Übereinstimmung mit dem Zustandsdiagramm die Cu-reicheren Phasen γ (Cu$_5$Si) und ϰ (Cu$_7$Si), jedoch mit dem Unterschied, daß ab $\approx 600\,°C$ auch das Si in merklichem Umfang an der Heterodiffusion teilzunehmen beginnt und in der Cu-Matrix ein rasch

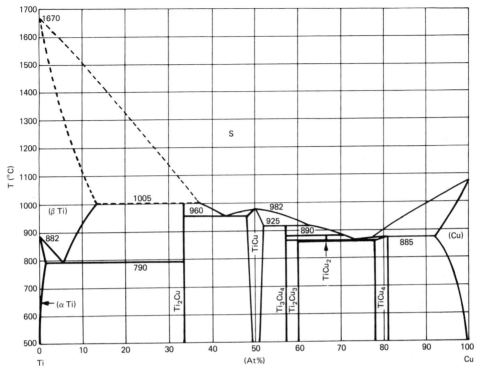

Bild 120. Zustandsdiagramm Cu-Ti (nach [286]).

wachsender Cu-α-Mischkristallanteil auftritt. Die nun gegenläufige Fremddiffusion ist mit einem leichten, ab ≈ 700 °C aber wieder unterbrochenem (Diffusionsporosität) ε-Anstieg verbunden. Erst mit Abschluß des Homogenisierungsprozesses ($\gtrsim 800\,°C$) nimmt die Schwindung den für den oberen Teil der Aufheizphase und das isotherme Sintern typischen Verlauf an.

Die für $v_A = 10\ \text{K min}^{-1}$ geschilderten Verhältnisse korrespondieren mit dem im Bild 122 wiedergegebenen H-Verlauf. Wird die Aufheizgeschwindigkeit gesteigert, werden die zeitabhängigen Homogenisierungsvorgänge immer mehr in Richtung auf den T, t-Bereich der Sinterverdichtung verschoben. Gleichzeitig nehmen ε und $\dot\varepsilon$ zu. Für das betrachtete System bedeutet das, daß die Bildung der festen Lösung, wenn sie sich teilweise der Verdichtung überlagert, diese positiv beeinflußt. Der Vergleich in Bild 122 macht deutlich, daß die Charakteristik der Verläufe von Schwindung und Schwindungsgeschwindigkeit der des Sinterkupfers entspricht, doch die Kurven im Niveau abgesenkt sind. Wie an weiteren gleichgearteten Systemen gesammelte Erfahrungen [231] lehren, darf daraus geschlossen werden, daß das Sintergeschehen in heterogenen Preßkörpern, deren Komponenten eine begrenzte Löslichkeit aufweisen und die unter den gegebenen Sinterbedingungen beim Konzentrationsgleichgewicht im einphasigen Zustand vorliegen, dem Sintern von Systemen mit unbegrenzter Löslichkeit vergleichbar ist. Wie dort können auch hier je nach Art der Legierungszusätze diese die Sinterverdichtung graduell verbessern oder verschlechtern. So werden (Bild 123) die mit dem Ni-Gehalt monotone $\Delta V/V_0$-Zu-

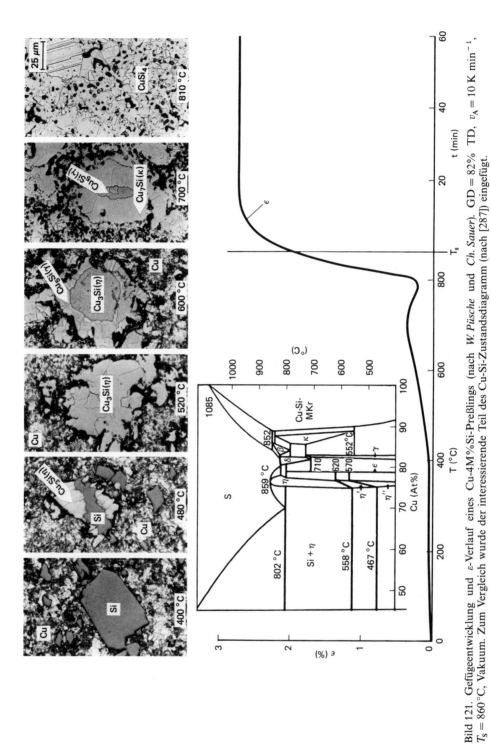

Bild 121. Gefügeentwicklung und ε-Verlauf eines Cu-4M%Si-Preßlings (nach *W. Püsche* und *Ch. Sauer*). GD = 82% TD, $v_A = 10$ K min^{-1}, $T_S = 860\,°$C, Vakuum. Zum Vergleich wurde der interessierende Teil des Cu-Si-Zustandsdiagramm (nach [287]) eingefügt.

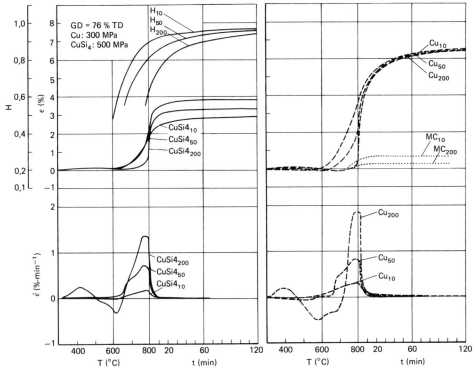

Bild 122. ε-, ε̇- und H-Kurven für Cu- und Cu-Si-Sinterkörper mit einer Gründichte GD = 76% TD (nach W. Püsche in [282]); die Indizes 10, 50 und 200 zeigen die Aufheizgeschwindigkeit v_A an). Die ε-Kurven der aus einem fertiglegierten Pulver geringer „geometrischer Aktivität" hergestellten CuSi4-Sinterkörper sind mit MC gekennzeichnet.

nahme der aus α-Mischkristallen bestehenden Cr-Ni-Sinterlegierungen auf die „aktivierende" Wirkung des Ni zurückgeführt und die stetige $\Delta V/V_0$-Abnahme der aus β-Mischkristallen gebildeten Ni-Cr-Sinterlegierungen dem „desaktivierenden" Einfluß des Cr-Zusatzes, der Erniedrigung der Diffusionskoeffizienten in diesen Legierungen und dem zunehmend sich bemerkbar machenden Frenkel-Effekt zugeschrieben [40].

Die zweite Gruppe binärer Sinterlegierungen, die in eutektischen Systemen mit begrenzter Löslichkeit anzutreffen ist, liegt innerhalb des Konzentrationsintervalls der Mischungslücke und ist zweiphasig (Bild 99 b). Unter Bedingungen, die den Konzentrationsausgleich begünstigen, wie feine Ausgangspulver, hohe Mischungsgüte, große Gründichte oder $D_A \approx D_B$, liegt vor Einsetzen der zur Verdichtung führenden Vorgänge bereits der Gleichgewichtszustand vor. Entsprechend dem sich mit der Konzentration ändernden Anteil gesättigter α- und β-Mischkristalle im Gefüge trägt die Änderung des Verdichtungsverhaltens solcher Sinterkörper größtenteils einen monotonen Charakter [231]. Die Schwindung läßt sich additiv und anteilmäßig aus der der einphasigen Sinterlegierungen herleiten, deren Gefüge bei T_S aus gesättigten α- oder β-Mischkristallen besteht.

Ein davon abweichendes und offenbar auch andersgeartetes Sinterverhalten der zweiphasigen Legierungen wird beobachtet, wenn ein sehr feinkörniges heterogenes Gefüge mit etwa gleichen Volumenanteilen von α- und β-Mischkristallkörnern vorliegt, in dem die integrale Phasengrenzfläche maximale Werte annimmt. Als dafür repräsentatives Beispiel gelten die Sinterlegierungen im mittleren Teil der Mischungslücke des Systems Cr-Ni [289], [290], für das die Untersuchungsobjekte unterschiedlicher Zusammensetzung aus Chromreduktionspulver ($\bar{L}_P = 10$ μm) und Nickelcarbonylpulver ($\bar{L}_P = 5$ μm) hergestellt wurden. Die nach schneller Abkühlung von $T_S = 1200\,°C$ an den Proben gemessene Volumenschwindung $\Delta V/V_0$ ist in Bild 123 gemeinsam mit dem Cr-Ni-Zustandsdiagramm dargestellt. Auffallend ist, daß für Sinterlegierungen mit Konzentrationen im zentralen Bereich der Mischungslücke, die durch etwa gleiche α- und β-Phasenvo-

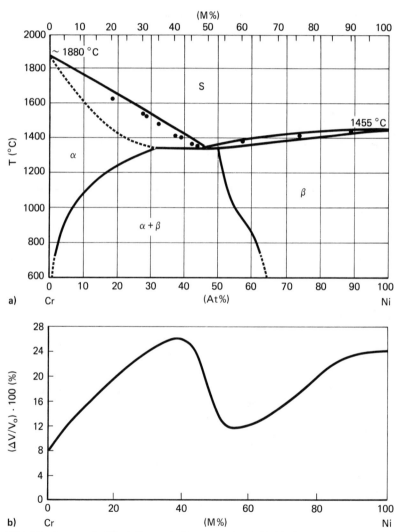

Bild 123. System Cr-Ni; a) Zustandsdiagramm (nach [287]); b) Volumenschwindung $\Delta V/V_0$ (nach [40]); $T_S = 1200\,°C$.

lumina gekennzeichnet sind, ein ausgeprägtes $\Delta V/V_0$-Maximum auftritt. Eine in Abhängigkeit von der Konzentration analoge Entwicklung der Verdichtung zeigen die zweiphasigen Sinterlegierungen der gleichfalls eutektischen Systeme mit Mischungslücke Cr-Pd und Cu-Ag [40] sowie Legierungen der Systeme TiB$_2$-TiC, ZrB$_2$-ZrN und VC-ZrC [231].

Als Erklärung für den ungewöhnlichen Gang der Schwindung in zweiphasigen Sintermaterialien mit großer integraler Phasengrenzfläche werden Erscheinungen der Superplastizität (Abschn. 3.2.3) angeführt [40], [231]. Dabei wird von den neueren Vorstellungen der Ashby-Verrall-Mechanismus [144] (Bild 54a) herangezogen, der die superplastische De-

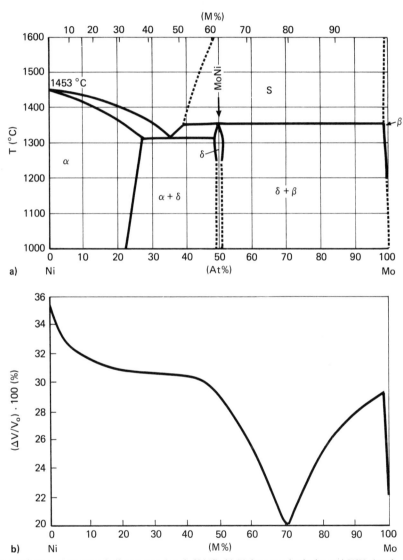

Bild 124. System Ni-Mo; a) Zustandsdiagramm (nach [287]); b) Volumenschwindung $\Delta V/V_0$ (nach [40]); $T_S = 1200\,°C$.

formation als eine Überlagerung von Korngrenzenabgleiten mit Diffusionsakkommodation und Versetzungskriechen beschreibt. Es gibt Gründe anzunehmen, daß der chemische Diffusionskoeffizient in der Phasengrenze größer als der Selbstdiffusionskoeffizient innerhalb jeder Phase ist [40], [291], [292]. Demzufolge verläuft auch die Diffusionsakkommodation, die für eine beschleunigte Sinterverdichtung auf der Basis von superplastischer Verformung Voraussetzung ist, schneller.

In Verbindung mit der Heterodiffusion (Bild 109) war bereits auf den hemmenden Einfluß, den intermetallische Phasen (i. Ph.) ausüben können, hingewiesen worden. I. Ph. haben eine kompliziertere Struktur, die aus zwei sich durchdringenden Untergittern mit Atomen unterschiedlicher Radien besteht. Wegen der im Vergleich zu den Komponenten, aus denen sie aufgebaut sind, größeren Peierlsspannungen und Burgers-Vektoren sind sie auch schwerer verformbar [200]. Die Sinterverdichtung hängt zu wesentlichen Teilen von der Deformationsfähigkeit des dispersen Gefüges, insbesondere der Teilchenkontaktbereiche ab. Deshalb ist zu erwarten, daß die Sinterfähigkeit durch einen in der Verdichtungsphase bestehenden Anteil i. Ph. bzw. allgemein durch weniger duktile bis spröde Phasen gemindert wird. Hierfür sprechen bekannte Beispiele wie das System Ni-Mo (i. Ph. NiMo), Co-Mo (i. Ph. Mo_6Co_7) oder Cr-Co (σ-Phase). In den genannten Fällen nimmt, wie stellvertretend für diese in Bild 124 am Beispiel Ni-Mo gezeigt wird, bei den es angehenden Sintertemperaturen (800 ... 1200 °C) die Schwindung der binären Sinterlegierungen des Zweiphasengebietes monoton mit dem Anteil, den die i. Ph. (bzw. σ-Phase) am Gefüge hat, ab. Der bei den Ni-Mo-Sinterlegierungen für sehr geringe Ni-Gehalte zu verzeichnende starke $\Delta V/V_0$-Anstieg ist durch die Aktivator-Rolle des Nickels verursacht. Darüber mehr im folgenden Abschnitt.

4.2.2.3 Sinterverhalten gedopter disperser Körper

In einer Reihe von Fällen wird beim Festphasensintern als Folge äußerst geringer Zusätze (0,05...0,5 M%) eine ungewöhnliche Intensivierung (Aktivierung) der Verdichtung beobachtet (Agte-Vacek-Effekt) [293], [294]. Das betrifft vor allem Sinterwolfram und -molybdän, aber auch andere hochschmelzende Metalle (Hafnium, Tantal, Niob, Rhenium) [295], denen Übergangsmetalle der VIII. Gruppe des Periodensystems zugegeben werden, oder auch Eisen mit Gold als Aktivator. Bei den hochschmelzenden Metallen, an erster Stelle für W und Mo, haben sich als Aktivatoren Ni und Pd am wirksamsten erwiesen. Durch sie werden bereits bei Temperaturen, die 1000 bis 1500 K niedriger liegen als die, die für das Sintern des reinen Wolframs und Molybdäns erforderlich sind, mehr als 90% der theoretischen Dichte (Bild 125), hohe Festigkeiten (Bild 126) und große Schwindungswerte (Bild 127) erzielt. Trotz technologischer Vorteile wird das gedopte Sinterwolfram technisch relativ selten und nur dann eingesetzt, wenn die durch das Doping verursachte Versprödung nicht ins Gewicht fällt, z. B. für Katoden in Plasmaschmelzöfen und Strahlenschutzteile oder zur Herstellung von W-Skelettkörpern, die nachträglich mit Ni und Cu oder Fe getränkt werden (Schwermetall).

Der Aktivator kann als Pulver dem Basispulver zugemengt oder mittels eines der bekannten chemischen, elektrochemischen oder physikalischen Beschichtungsverfahren auf die Pulverteilchenoberfläche niedergeschlagen und so in den dispersen Körper eingebracht werden. Bei der erstgenannten Variante setzen die verdichtungsfördernden Vorgänge verzögert ein, da sich der Aktivator vorher erst über Oberflächendiffusion (oder Verdampfen und Wiederkondensieren) im Pulverkörper ausbreiten und die erforderliche große Kontaktfläche mit dem Basismetall ausbilden muß. Jedoch hängt die Endschwin-

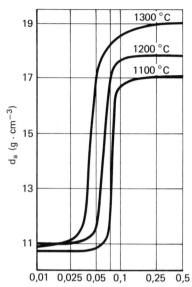

Bild 125. Dichte d_a von Preßlingen aus W-Pulver in Abhängigkeit vom Ni-Gehalt (M%) für verschiedene T_S (nach [295]).

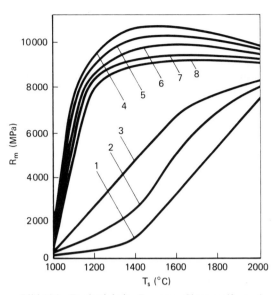

Bild 126. Zugfestigkeit R_m von Sinterwolfram in Abhängigkeit von der Sintertemperatur T_S für verschiedene Pd-Zusätze (M%) (nach [296]); 1 W; 2 W+0,05% Pd; 3 W+0,1% Pd; 4 W+0,2% Pd; 5 W+0,3% Pd; 6 W+0,4% Pd; 7 W+0,5% Pd; 8 W+1,0% Pd.

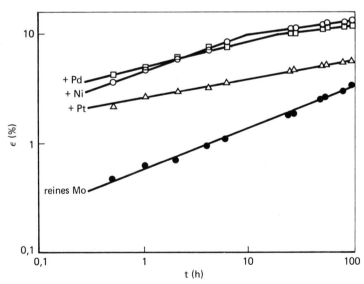

Bild 127. $\varepsilon = f(t)$ von Sintermolybdän mit Zusätzen von 0,31 M%Pd; 0,06 M%Ni; 0,33 M%Pt (nach [297]); $T_S = 1070\,°C$, $v_A \approx 150\,K\,min^{-1}$.

dung für einen gegebenen Aktivatorgehalt nicht von der Methode des Einbringens ab. Bei den in Betracht kommenden Mengen aktivierender Zusätze ($\lesssim 0{,}5$ M%) formieren sich Schichten, die, wenn man von einer gleichförmigen Bedeckung ausgeht und die spezifische Pulveroberfläche in Rechnung stellt, in der Regel nur einige Atomlagen (Monolagen) dick sind. Das Optimum ihrer aktivierenden Wirkung liegt bei vier bis zehn Atomlagen [303].

Die aktivierenden Additives haben bestimmte Anforderungen zu erfüllen [40], [298], [299], die sich mit einem daraufhin optimierten hypothetischen Zustandsdiagramm zusammenfassend veranschaulichen lassen (Bild 128). Der Schmelzpunkt des Zusatzes soll beträchtlich niedriger als der des Basismaterials liegen, um eine ausreichende Diffusionsbeweglichkeit in der Schicht zu gewährleisten. Die Additives müssen in bezug auf das Basismetall „oberflächenaktiv" sein, d.h. Beziehung (77) erfüllen und die Basis gut benetzen, so daß sich nur wenige Monolagen dicke und möglichst geschlossene Bedeckungen formieren können, sowie die Fähigkeit zeigen, auch in die Teilchenkontakte einzudringen und dort beständige Zwischenschichten zu bilden. Letzteres erfordert, daß mit steigender Aktivatormenge Liquidus- und Solidustemperatur fallen [300]. Die Löslichkeit des Basis- im Zusatzmetall sollte hoch, umgekehrt aber das Aktivatormetall in der Basis nur wenig löslich sein. Eine hohe Löslichkeit des Basismaterials in der Schichtsubstanz stellt die Voraussetzung für einen ausreichend großen resultierenden Atomstrom von Basismetall in die Schicht und somit letztlich auch für die schnelle Verdichtung dar. Andererseits bietet eine geringe Löslichkeit der Zusatz- in der Basiskomponente die Gewähr dafür, daß die sinteraktivierende Bedeckung die ganze Zeit des Sinterns über stabil ist und die Wirkung des Aktivators nicht infolge Legierungsbildung und Homogenisierung vorzeitig verloren geht. Die Löslichkeit des Mo im Ni beispielsweise beträgt bei $1100\,°C \approx 37$ M% (27 At%), die des Ni im Mo hingegen nur $\approx 0{,}5$ M% (0,8 At%) [297].

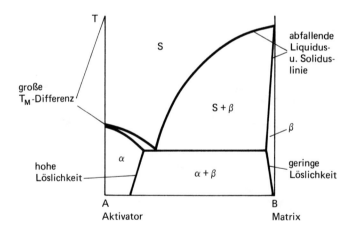

Bild 128. Idealisiertes Zustandsdiagramm von Basis-Metall B und Zusatzmetall A (Aktivator), in dem die für ein diffusionsgestütztes aktiviertes Sintern gedopter Systeme begünstigenden Bedingungen veranschaulicht sind (nach [298]).

Hinsichtlich der Ursachen des extremen Sinterverhaltens gedopter Systeme bestehen unterschiedliche Meinungen. Die Mehrzahl von ihnen bezieht sich auf das Ni-gedopte Sinterwolfram, da das Ni als Aktivator und das W als Basismetall den genannten Kriterien voll entsprechen. Im System W-Ni ist der Agte-Vacek-Effekt am stärksten ausgeprägt. Demzufolge sind an ihm auch die meisten Untersuchungen zu dessen Ursachen vorgenommen worden. Die im Zusammenhang damit entwickelten Ansichten zum

„aktivierten" Sintern sind jedoch von allgemeinem Interesse, da in ihnen schlechthin Vorstellungen über wesentliche Mechanismen der Verdichtungsintensivierung zum Ausdruck kommen. Einer der Mechanismen kann nach *Geguzin* [93] darin bestehen, daß sich an der Grenze zwischen Belag und Pulverteilchen Anpassungsversetzungen (misfit dislocations) bilden, deren Dichte pro Längeneinheit der Kontaktfläche $N_m \approx \Delta a_G / \bar{a}_G^2$ beträgt. Dabei sind $\bar{a}_G = (a_{GA} + a_{GB})/2$ und a_{GA}, a_{GB} die Gitterparameter von Schicht- und Matrixsubstanz. Bei vernünftigen a_G-Werten der ineinander löslichen Komponenten A und B erreicht $N_m \approx 10^7$ cm^{-1}. Im Drang, die durch die Versetzungsanhäufungen bedingten elastischen Gitterverzerrungen abzubauen, wandern die Anpassungsversetzungen in Richtung Teilcheninneres und verteilen sich. Die so in den Pulverteilchen und insbesondere in deren Kontaktgebieten gebildeten Versetzungsdichten liegen für $\bar{L}_P \approx 10^{-3} \ldots 10^{-4}$ cm in der Größenordnung von $N = 10^{10} \ldots 10^{11}$ cm^{-2} [93]. Aufgrund von Wechselwirkungen mit Überschußleerstellen auf der W-Seite vermögen die Versetzungen nicht nur die W-Diffusion in die Ni-Schicht und damit die Bildung der Ni-reichen festen Lösung zu intensivieren, sondern auch gegenseitige Abgleitbewegungen von Pulverteilchen längs der Kontaktflächen über nichtkonservative Versetzungsbewegungen „zu aktivieren" [301].

Das einer superplastischen Verformung vergleichbare Abgleiten der Pulverteilchen wird durch die Diffusionsprozesse in der festen Nickelbasislösung kontrolliert. Der zur Teilchentranslation erforderliche Umbau in den Oberflächen- bzw. Kontaktbereichen der Wolframteilchen geschieht, wie *Skorochod* und *Solonin* [40] annehmen, auf dem Diffusionswege über die nickelreichen Zwischenschichten (wie beim Flüssigphasensintern) in Form eines Auflösungs- und Wiederausscheidungsmechanismus. Unter dem Einfluß der Laplace-Spannung geht das weitgehend in der Nickelbedeckung lösliche Wolfram vor allem an den Stellen, wo es die Abgleitung hemmt, in die feste Lösung und diffundiert in dieser zu Orten, wo es zur Glättung des Kontaktes benötigt wird und wieder ankristallisiert. Der Diffusionskoeffizient des W im Ni-W-Mischkristall ist im Temperaturbereich von 1200...1400 °C außerordentlich hoch [40], [302] und groß genug, um einen solchen Vorgang zu ermöglichen. Dem genannten Vorgang vergleichbar sind die Vorstellungen von *Brophy* und Mitautoren [303], die von einer völligen Benetzung des Wolframs durch das Nickel und gleichmäßigen Verteilung des Ni auf der W-Pulverteilchenoberfläche ausgehen. Sie schlagen als fundamentalen Prozeß einen Verdichtungsmechanismus vor, der dem beim Flüssigphasensintern ähnelt (Kap. 5) und bei dem die nickelreiche Schicht als Trägerphase für den Wolframtransport und -umschlag dient.

Mit diesen Anschauungen, die von einer geschlossenen Aktivatorschicht ausgehen, nicht voll im Einklang stehen die Resultate elektronenmikroskopischer Untersuchungen von *Gessinger* und *Fischmeister* [304]. Sie zeigen, daß die vor dem Sintern auf die Wolframpulverteilchen aufgebrachte Nickelschicht bei den angewandten Sintertemperaturen von $T_S = 1000$ und $1100 °C$ aufreißt und das Nickel „Inseln" bildet, größtenteils aber von der Oberfläche zu den Kontakten der W-Teilchen abdiffundiert. Über eine bevorzugte Ansammlung des Ni in den W-Kontaktgrenzen während des Sinterns von Probekörpern aus beschichteten Pulvern wird auch in [261], [302], [305] berichtet. Darüber hinaus stellen die Autoren fest, daß Beziehung (73a) wohl erfüllt ist ($\gamma_{NiW} < \gamma_W + \gamma_{Ni}$), aber der Kontaktwinkel (Randwinkel, Kap. 5, Gl. (79)) nicht, wie es eine völlige Benetzung erfordert, $\approx 0°$ beträgt, sondern eine endliche Größe hat. Auf ebenen polykristallinen W-Flächen wurde er zu 35° bestimmt.

Angesichts dieser Tatbestände wird ein Modell entworfen (Bild 129), bei dem die Kontaktgrenze mit Ni angereichert und der Kontakthals ringförmig vom Ni umschlossen ist. Trotz der unvollkommenen Benetzung besteht die Ansicht, daß das Ni in die W-W-Kon-

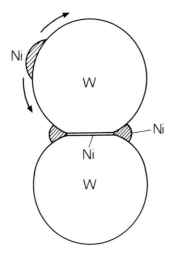

Bild 129. Geometrisches Modell für das Sintern von Ni-gedoptem Wolfram (nach [304]).

takte eindiffundiert, da sich damit eine Niederenergiekonfiguration einstellt. Das ist realistisch, wenn man bedenkt, daß die sich im Preßlingskontakt gegenüberstehenden W-Oberflächenelemente plastisch deformiert sind und deshalb dort $\gamma_{W,\,eff} > \gamma_W$ ist. Die Verdichtung (Teilchenzentrumsannäherung) geschieht über eine als Folge der Ni-Anwesenheit stark beschleunigte Diffusion von W aus der Kontaktgrenze hin zur Kontakthalsoberflächenregion in den Ni- bzw. Ni-W-Mischkristallringkörper. Auf der W-Oberfläche befindliche Ni-Inseln leisten keinen Beitrag zur Verdichtung. Aus der Extrapolation der von *Schintlmeister* und *Richter* [302] angegebenen Meßresultate, wonach die Korngrenzenselbstdiffusion des W in Gegenwart von Ni für 1000 °C auf das 2000- und bei 1100 °C auf das 900fache gesteigert ist, sowie aufgrund der Angaben von *Kaysser* und *Ahn* [213], die für $T_S = 1300\,°C$ Beschleunigungsfaktoren zwischen 500 und 5000 nennen, darf geschlußfolgert werden, daß der im geometrischen Modell (Bild 129) postulierte W-Materialtransport im Kontakt schnell genug ist, um die ungewöhnlich intensive Verdichtung zu verstehen. Daß, wie beobachtet, bei $T_S = 1100\,°C$ die Schwindung rascher mit der Zeit ansteigt, als es die Zunahme der Kontaktgrenzendiffusität erwarten läßt, erklären *Gessinger* und *Fischmeister* mit einem Materialtransport über das Abgleiten ganzer Teilchen.

Die Autoren selbst resümieren [304], daß die Diskrepanz in den Meinungen zur geometrischen Form des Aktivators – auf der einen Seite die Annahme eines dichten Belages, auf der anderen die Beobachtung einer im wesentlichen auf die Kontaktregion eingeengten lokalen Anreicherung – dann aufgehoben wird, wenn alle freien Oberflächen im dispersen Körper zu Kontaktflächen geworden sind. Um einen solchen Zustand zu realisieren, sind die empirisch ermittelten optimalen Aktivatormengen ($\lesssim 0,5$ M%) erforderlich, die größenordnungsmäßig ausreichen, die ursprüngliche integrale Pulverteilchenoberfläche mit einer geschlossenen Bedeckung zu versehen. In Verbindung damit ist es erwähnenswert, daß die in [304] untersuchten Pulverkörper mit 97 MPa gepreßt worden waren. Das ist gemessen an der mäßigen Raumtemperaturduktilität des kubischraumzentriert kristallisierenden Wolframs ein sehr niedriger Preßdruck, mit dem eine relativ geringe Gründichte und ein größerer Anteil freier Oberflächen verbunden ist. Im Realfall aber sind die Preßdrücke höher und eingedenk der Teilchennachbarschaftsverhältnisse im Preßling ist auch die integrale Kontaktfläche größer. Deshalb sollte der im Modell beschriebene Zustand eine nur relativ kurze Zeitspanne innerhalb des

Gesamtsinterverlaufes einnehmen und die totale Verdichtung nur zu einem Teil beschreiben können. Auch der auf unverformten Oberflächen gemessene Kontaktwinkel ist für die Benetzungsbedingungen im Preßkörper nicht repräsentativ. Er ist in stärkerem Maße vom Deformationszustand (Defektzustand) der Oberfläche beeinflußt. Mit der Erhöhung des Verformungsgrades einer (Kontakt-)Fläche nimmt der Kontaktwinkel schnell ab und dementsprechend die Benetzbarkeit zu (s. a. Bilder 135 und 200).

Die durch den Aktivator gesteigerte Mobilität des Basismetalls in den Kontaktgrenzen stellt für das isotherme Sintern, wo andere Defekte als Leerstellen weitgehend ausgeheilt sind, den grundlegenden Verdichtungsmechanismus dar. Daneben läßt *German* [298] für die nichtisotherme Aufheizphase Verdichtungsbeiträge zu, die, wie es auch in den Arbeiten [261], [301] diskutiert wird, auf Versetzungsreaktionen beruhen. Die experimentelle Verifizierung solcher Vorgänge gelang *Kaysser, Amtenbrink* und *Petzow* [262] mit der Analyse der Ergebnisse von Schwindungsexperimenten an Ni-gedoptem Mo. Wie die Dilatometer-ε-Kurven des Bildes 130a ausweisen, entfällt der bei weitem größere Teil der Verdichtung auf die Aufheizphase. In der $\ln \Delta L/L_0 = f(1/T)$-Darstellung (Bild 130b) werden für die Schwindung unabhängig von der Aufheizgeschwindigkeit Linienzüge erhalten, die aus zwei unterschiedlich geneigten Geradenstücken zusammengesetzt sind. Das weist auf die Dominanz zweier Verdichtungsvorgänge hin: Im Gebiet niedriger Dichte ein schneller, im Bereich höherer Dichte ein langsamerer Prozeß. In Übereinstimmung mit den bereits erwähnten Anschauungen von *Skorochod* und *Solonin* [40] sowie mit den in Verbindung zu Bild 65 gemachten Ausführungen zum Materialtransport (Abschn. 3.3.2.2) dürfte der schnellere Verdichtungsvorgang vor allem in der Pulverteilchentranslation bestehen, der langsamere vorrangig als intensivierte Basismetalldiffusion in der Kontaktsubstanz verlaufen. Beide sind auf die Auffüllung des Porenraumes mit Materie gerichtet.

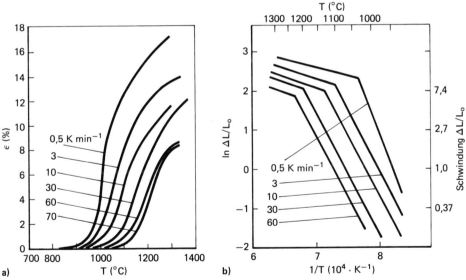

Bild 130. Schwindungskurven von Mo-0,5M%Ni-Sinterkörpern für unterschiedliche v_A (nach [262]); a) Dilatometerkurven, b) Arrhenius-Darstellung; $p_c = 200$ MPa.

Gefügebilder, die im Durchstrahlungselektronenmikroskop aufgenommen wurden, belegen die Mitwirkung von Versetzungen, die durch das Pressen in hoher Dichte eingebracht werden. Nach schnellem Aufheizen auf 1000 °C sind die Versetzungsanordnungen der Kontaktzonen im ungedopten und im Ni-gedopten Sintermolybdän noch annähernd gleichartig. Anzeichen einer Erholung oder Rekristallisation fehlen. Werden die Proben danach auf 1250 °C erwärmt, ändert sich das Bild. Im ungedopten Material sind die Versetzungen durch Rekristallisation annihiliert worden, während im gedopten nach wie vor hohe Versetzungsdichten in Form von Netzwerken und Subkorngrenzen, die für eine erholte Realstruktur charakteristisch sind, bestehen. Bei längerer Haltezeit auf 1250 °C verschwindet der größere Teil auch dieser Versetzungen.

Der angesichts einer Beteiligung von Versetzungsreaktionen auf den ersten Blick nicht verständliche, in [262] beobachtete v_A-Einfluß (Bild 130a), wonach im nichtisothermen Bereich für große v_A-Werte die Endschwindung kleiner ausfällt und der Schwindungsbeginn später und bei höheren Temperaturen einsetzt, ist durch die Herstellungstechnologie bedingt. Als Untersuchungsobjekte dienten Körper, die aus einer 99,5 M% Mo-0,5 M% Ni-Pulvermischung gepreßt waren (GD = 57% TD). Die Verdichtungsvorgänge in den gedopten Systemen, gleich welcher Art, haben eine zumindest in den Kontakten entwickelte Aktivatoranreicherung zur Voraussetzung, deren Ausbildung (Diffusionsvorgang) bei einem mechanischen Gemenge aus Basis- und Aktivatorpulver Zeit erfordert. Das ist der Grund, weshalb in dem betrachteten T- und t-Intervall eine niedrigere Aufheizgeschwindigkeit (auch wenn dadurch ein Teil der Versetzungen erholt werden sollte) günstiger ist und zu einer unter sonst gleichen Bedingungen weiter fortgeschrittenen Verdichtung führt. Für gedopte Materialien, die aus beschichteten Pulvern hergestellt sind, besteht eine derartige v_A-Einflußnahme natürlich nicht. Die in Bild 127 wiedergegebenen $\varepsilon = f(t)$-Kurven beziehen sich auf Proben, die aus beschichtetem Pulver gefertigt sind und die nahezu dieselbe Gründichte (GD = 58% TD) aufweisen wie die, die dem Bild 130 zugrunde liegen. Trotz wesentlich höherer Aufheizgeschwindigkeit ($v_A \approx 150$ K min^{-1}) werden bei $T_S = 1070$ °C immerhin Schwindungswerte erreicht, die in etwa denen entsprechen, die an den aus Pulvergemischen hergestellten, aber mit nur 3 K min^{-1} aufgeheizten Sinterproben gemessen werden. Das läßt sowohl Schlüsse auf eine Optimierung der Technologie, als auch auf eine effektivere „Ausnutzung" von schwindungsfördernden Defekten zu.

Im Verlaufe des fortgeschritteneren intensiven Schwindens, d. h. ab einer Restporosität in der Größenordnung von 10% [40], nimmt die Verdichtungsgeschwindigkeit merklich ab. Es setzt Kornwachstum ein, das die Schwindung beeinträchtigt, da in dem Maße, wie die Bildung großer Körner fortschreitet, eine Verdichtung über die Bewegung ganzer Teilchen erschwert und schließlich eingestellt wird. Daneben macht sich eine gewisse Porenkoaleszenz bemerkbar. Die in Abschn. 3.3.4 schon genannten Untersuchungen von *Kaysser* und *Ahn* [213] an 0,15 M% Ni-gedoptem Wolfram zeigen, daß unabhängig von Unterschieden in der Sinterbehandlung alle Proben dieselbe Korngröße aufweisen und diese in direktem Zusammenhang mit der Dichte steht. Das bedeutet, daß gedoptes Wolframsintermaterial gleicher Dichte auch durch eine gleiche Korngröße gekennzeichnet ist. Das Verhältnis des Anteiles von Poren, die auf den Korngrenzen liegen, und solchen, die sich im Korninneren befinden, ist eins. Dieser Wert wie auch der Porenformfaktor ändern sich praktisch nicht. Nur die mittlere Porengröße von Proben gleicher relativer Dichte nimmt mit v_A leicht zu.

Für das Verständnis der Triebkräfte, die die zum Kornwachstum führende Korngrenzenbewegung auslösen, dürften die von *Kaysser* und *Pejovnik* [306] an Ni-gedopten Mo-Halbmodellen gefundenen Zusammenhänge bestimmend sein. Wie aus der schematischen Darstellung in Bild 131 hervorgeht, ist die Korngrenzenmigration mit der Bildung einer festen Mo-Ni-Lösung ($\approx 0{,}5$ M%Ni) gekoppelt. Das ständig über Korngrenzendiffusion von der Kontakthalsperipherie eindiffundierende Ni (D_{GNi}) wird für die Bildung des Mo-Ni-Mischkristalls verbraucht. Die Volumendiffusionsgeschwindigkeit des Ni ins Mo ist gering, so daß die Ni-Konzentration senkrecht zur Kontaktkorngrenze auf niedrigem Niveau bleibt. Die infolge der Mischkristallbildung freigesetzte Energie ist 100- bis 1000mal größer als jene Energie, die für die Herausbildung zusätzlicher Korngrenzenflächenanteile, die mit der Korngrenzenbewegung entstehen, benötigt und verbraucht wird. Die Kornvergröberung ist also durch die Mischkristallbildung in der Basiskomponente begründet. Freilich ist auch der Fall, daß die treibende Kraft für die Korngrenzenmigration in der Einstellung möglichst niederenergetischer Korngrenzen zu suchen ist, wie es an Molybdänfolien in Gegenwart von Nickel beboachtet wurde [307], nicht auszuschließen.

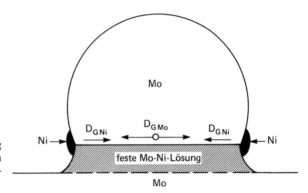

Bild 131. Schematische Darstellung der Diffusion in einer migrierenden Korngrenze in Ni-gedoptem Wolfram (nach [306]).

Es erscheint angebracht, abschließend noch einige Bemerkungen zum möglichen Zustand von Dünnstschichten, wie sie in der Mehrzahl für gedopte Systeme angenommen werden, anzufügen. Sicher ist er mit dem der gleichen Substanz, wenn sie in kompakter Form vorliegt, nicht vergleichbar. Aufgrund bekannter experimenteller Befunde an Monolagenbedeckungen und Feinstpulvern (im 10...100 nm-Bereich), bei denen z.T. beträchtliche Schmelzpunktserniedrigungen beobachtet wurden, ziehen *Duzević* und *Ristić* [308], [309] in Erwägung, ob nicht auch während des Sinterns in dünnsten Schichten mit einem Quasi-Flüssigkeitszustand zu rechnen wäre. Nach zweckdienlicher Umschreibung von Gleichung (2) zu $p = 2 \cdot \gamma_{SL}/a$ (γ_{SL} Grenzflächenspannung zwischen fester Matrix- und flüssiger Schichtphase) ergibt sich für die auf die Schmelzpunktserniedrigung angewandte Kelvin-Thomson-Gleichung (5) der Ausdruck

$$T(a) = T_M \exp\left(-\frac{2\gamma_{SL}\Omega}{q_{SL}\,a}\right) \tag{77}$$

in dem q_{SL} die Schmelzwärme (-enthalpie) pro Atom und $T(a)$ den unter einer gekrümmten Oberfläche auftretenden und gegenüber der nominalen Schmelztemperatur T_M erniedrigten Schmelzpunkt bedeuten. Wird im Fall einiger Monolagen unter der Annahme, daß dann die Elementarzelle die kleinste gekrümmte „Einheit" darstellt, in Beziehung (77) an Stelle des Krümmungsradius a der Gitterparameter a_G eingesetzt, so erhält man nach Angabe der Autoren für die meisten der gebräuchlichen Metalle als homologe Temperatur $T(a_G)/T_M$ Werte zwischen 0,40 und 0,60, womit die Annahme einer Quasi-Flüssigkeitsschicht eine Rechtfertigung erfahren hätte.

Es muß dahin gestellt bleiben, ob solche Vorstellungen in Verbindung mit dem Sintern gedopter Systeme realistisch sind. Als sehr wahrscheinlich darf jedoch gelten, daß einige Atomlagen dicke Schichten, deren Zustand (Ordnungs- bzw. Unordnungsgrad) zudem in nicht unerheblichem Maß von den Abscheidungsbedingungen abhängt, nicht mehr eindeutig einem Aggregatzustand zugeordnet werden können [299]. Das gilt auch für Flüssigkeitsfilme von einigen 10 nm Dicke, wie sie beim Sintern von bestimmten Spezialkeramiken angenommen werden; die in sie hineinreichenden Oberflächenkräfte der festen Matrix bedingen eine höhere Ordnung ihrer Bausteine. Man darf also erwarten, daß die sog. festen Dünnstschichten eine weit mehr gestörte Fernordnung als die „normale" Realstruktur und die sog. flüssigen Filme einen Ordnungsgrad, der größer als der einer Nahordnung ist, aufweisen. Damit freilich erhebt sich auch die Frage, inwieweit bei derartigen Heterosystemen das Zustandsdiagramm sowohl hinsichtlich der dort angeführten Phasenzustände als auch hinsichtlich der Werte für die gegenseitigen Löslichkeiten noch zutreffend ist. Andererseits bietet sich bei Anerkennung eines fließenden Überganges des Ordnungszustandes im Kontaktbereich die Möglichkeit, das Schwindungsintensivstadium für alle Arten des Sinterns einheitlich darzustellen. Festphasen- und Flüssigphasensintern unterscheiden sich dann im wesentlichen nur durch die Voskosität η der Kontaktzonensubstanz und auch die konkreten Formen des Materialtransports in den Hohlraum richten sich nach der Größe des η-Wertes [37] (Bild 217).

5 Sintern mit permanentem Auftreten einer Schmelze

Wird bei Mehrkomponentensystemen entsprechender Zusammensetzung die Sintertemperatur T_S bis in ein Zwei- bzw. Mehrphasengebiet zwischen Solidus- und Liquiduslinie angehoben, so spricht man von permanentem (stationären) Flüssigphasensintern. In Abweichung vom temporären (zeitweisen) Flüssigphasensintern (Kap. 6), wo das Auftreten einer oder mehrerer Schmelzen vorübergehender Bestandteil jener Veränderungen ist, die das sinternde System auf dem Wege zum Gleichgewicht durchläuft, befinden sich beim permanenten Flüssigphasensintern feste und schmelzflüssige Phase im Gleichgewichtszustand. Die Schmelze ist bis zum Abbruch des isothermen Sinterns existent.

Wie beim Festphasensintern heterogener Preßkörper strebt beim Sintern mit flüssiger Phase der Pulverkörper über eine Minimierung der totalen Oberflächenenergie und, sofern die Komponenten füreinander Löslichkeit zeigen, durch den Abbau von Konzentrationsgradienten einem energieärmeren Zustand zu. Eine Vorstellung vom Ausmaß der Triebkraft sei mit Energiewerten gegeben, die für einen typischen Vertreter flüssigphasengesinterter Werkstoffe, das Hartmetall (Abschn. 5.3), gelten. Ein hypothetischer Hartmetallpreßkörper aus 70 Vol% kugeligem Carbidpulver ($\bar{L}_P = 1$ μm, $\gamma_S = 2$ J·m^{-2}) und 30 Vol% Bindemetallpulver (Cobalt, $\gamma_S = 1{,}5$ J·m^{-2}), dessen Carbidteilchen anfangs nur Punktkontakte aufweisen und während des Sinterns völlig von der Bindemetallschmelze ($\gamma_{SL} = 0{,}5$ J·m^{-2}) umhüllt sind, erfährt bei der Verdichtung eines 1 cm³ auf 0,6 cm³ eine Energieerniedrigung von 3,3 J auf 0,6 J. Denkt man sich diese als Verdichtungsarbeit, die von einem fiktiven äußeren hydrostatischen Druck geleistet wird, dann beläuft sich der Druck auf 7 MPa [315].

Bei der Mehrzahl der in der Praxis anzutreffenden Sinterlegierungen, die über permanentes Flüssigphasensintern hergestellt werden, handelt es sich um eutektische Systeme (Bild 132 b). Dabei ist es nicht von grundsätzlicher Bedeutung, ob eine oder beide Komponenten im festen Zustand Mischkristalle bilden (füreinander begrenzt löslich sind). Folgt man dem als Beispiel eines eutektischen Systems in Bild 132 b wiedergegebenen Zustands-

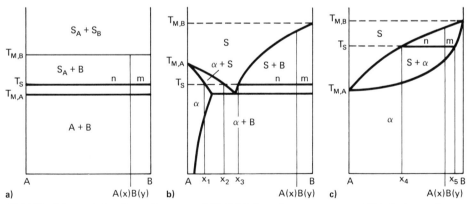

Bild 132. Schematische Darstellung von Möglichkeiten des permanenten Flüssigphasensinterns eines heterogenen Preßkörpers der Zusammensetzung A (x) B (y) anhand des Zustandsdiagramms; a) Unlöslichkeit der Komponenten im flüssigen und festen Zustand; b) Löslichkeit im flüssigen und begrenzte Löslichkeit im festen Zustand; c) Löslichkeit in flüssigen und festen Zustand.

diagramm, so nehmen beim Sintern eines Preßkörpers aus einem A-B-Pulvergemisch der Zusammensetzung $A(x)B(y)$ die in das höherschmelzende und basisbildende B-Pulver eingebetteten A-Teilchen zunächst die Konzentration x_1 des bei T_S gesättigten α-Mischkristalls (Mkr.) an. Mit fortschreitender Lösung von B-Atomen bildet sich eine Schmelze S, deren naheutektische Konzentration x_2 solange besteht, bis alle α-Mkr. in schmelzflüssige Phase umgewandelt wurden. Schließlich erreicht S infolge weiterer B-Aufnahme die der Gleichgewichtskonzentration entsprechende Zusammensetzung x_3, in der sie mit der Basiskomponente B bis zur Beendigung des isothermen Sintervorganges im Gleichgewicht steht. Nach dem Hebelgesetz ist dieser Zustand, in dem für die Gesamtmenge des sinternden Körpers die Strecke $n+m=1$ (Einheitsmenge der Legierung) steht, durch die Mengen n fester und m flüssiger Phasen gekennzeichnet. Die durch die Schmelze ermöglichten Verdichtungsvorgänge bestehen dann in einer auf eine dichtere Packung gerichteten Umordnung von B-Teilchen sowie in einer Auflösung und Wiederausscheidung von B-Substanz (Abschn. 5.2). Damit wird der Porenraum relativ rasch und soweit reduziert, daß die Restporosität in der Regel deutlich geringer ist als die, die unter vergleichbaren Verhältnissen nach dem Festphasensintern erhalten wird. Auf diese Weise gelingt es, technisch so wichtige Kombinationen wie W-Ni(Cu,Fe) (Schwermetall), WC(TiC,TaC)-Co (Hartmetall) oder Fe-Cu (höherfester Sinterstahl) zu Verbundwerkstoffen mit hervorragenden Gebrauchseigenschaften (Abschn. 5.3) zu verarbeiten.

Aus Kombinationen, deren Komponenten im flüssigen Zustand nicht bzw. nahezu nicht löslich sind, lassen sich schmelzmetallurgisch keine brauchbaren Materialien erhalten. Gemäß dem in Bild 132a dargestellten Zustandsdiagramm ordnen sich die Schmelzen S_A und S_B infolge unterschiedlicher Dichten (Schwereseigerung) schichtweise übereinander an und erstarren auch so. Derartige Heterosysteme können allein auf pulvermetallurgischem Wege zu Verbundwerkstoffen verarbeitet werden. Geschieht dies unter Beteiligung einer Schmelze, so kann diese entweder in einen gepreßten und gegebenenfalls noch vorgesinterten B-Skelettkörper eingetränkt oder über das Sintern eines aus dem B-A-Pulvergemisch gepreßten Formkörpers kurz oberhalb T_M der niedrigerschmelzenden A-Komponente genutzt werden. Bei der letztgenannten Variante des Flüssigphasensinterns vollzieht sich, da ein Auflösungs- und Wiederausscheidungsmechanismus ausgeschlossen ist, die Sinterverdichtung einzig als Umordnung der von Schmelze umgebenen Basispulverteilchen zu einer dichteren Packung. Das bedeutet auch, daß in solchen Fällen ein entsprechend höherer A-Anteil erforderlich und eine stärkere Abhängigkeit der Sinterdichte von der B-Pulverteilchengröße zu berücksichtigen ist, wenn ohne eine Nachbehandlung ausreichend dichte Verbundwerkstoffe wie beispielsweise W-Cu-Kontaktwerkstoffe oder Fe-Pb-Gleitmaterialien hergestellt werden sollen.

Gelangen für das Flüssigphasensintern Preßkörper, die aus einem bereits fertiglegierten und homogenen Mischkristallpulver bestehen, zum Einsatz, dann werden die primären Pulverteilchen nicht mehr wie in den vorher erwähnten Fällen von einer Flüssigphasenhaut umhüllt. Vielmehr bildet sich, wenn beim Aufheizen auf T_S der Existenzbereich des homogenen Mischkristalls durchlaufen ist und die Soliduslinie überschritten wird (Bild 132 c), die Schmelze innerhalb der Partikel der $A(x)B(y)$-Sinterlegierung selbst. Demzufolge ändert sich auch der Verdichtungsmechanismus (Abschn. 5.2.6). Die feste Phase hat die Zusammensetzung x_5, die flüssige die Konzentration x_4 angenommen.

Unabhängig von der Variante des Flüssigphasensinterns muß über die Wahl der Temperatur oder, sofern möglich, durch Veränderung des zugesetzten A-Anteiles die Menge der flüssigen Phase so bemessen sein, daß sie ausreicht, um die im jeweiligen Fall gegebenen Verdichtungsmechanismen auch effektiv werden zu lassen. Andererseits ist sie nach oben begrenzt, da Kapillarkräfte und Benetzungsverhältnisse nur eine bestimmte Menge flüssiger Phase im Pulverhaufwerk, ohne daß Schmelze austritt, zu halten gestatten (Abschn. 5.1) und vom Preßkörper verlangt wird, daß er formtreu sintert.

5.1 Bedingungen und Voraussetzungen

Verläuft das Sintern unter Anwesenheit einer flüssigen Phase, so ist für dessen Erfolg Bedingung, daß die Schmelze sich nicht nur auf den Teilchenoberflächen auszubreiten, sondern auch in die Teilchenkontakte einzudringen vermag (Bild 133).

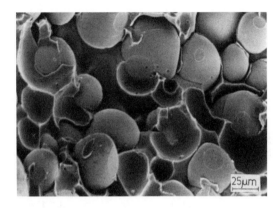

Bild 133. REM-Aufnahme der Bruchfläche einer W-15M%Ni-Schwermetallsinterlegierung (nach [310]); $T_S = 1510\,°C$, $t = 120$ min. Während des Flüssigphasensinterns werden die W-Pulverteilchen auch in den Kontaktbereichen von der Ni-reichen Schmelze völlig umhüllt.

Die bei der Verdichtung je Flächeneinheit frei werdende Energie beträgt in sinngemäßer Abwandlung von Gleichung (73)

$$A_{\gamma Fl} = \gamma_S + \gamma_L - \gamma_{SL}, \tag{78}$$

wobei γ_S die Oberflächenspannung der festen Phase*), γ_L die der flüssigen und γ_{SL} die Grenzflächenspannung an der Fest-Flüssig-Phasengrenze bedeuten. Die der Ungleichung (73a) entsprechende Forderung, daß $\gamma_{SL} < \gamma_S + \gamma_L$ ist, findet ihren Ausdruck in der Benetzbarkeit und in der Größe des Randwinkels ω. Je kleiner ω, um so besser ist die Benetzung. Wie Bild 134 zeigt, wirken beim Zusammenstoßen dreier Medien (Festkörper, Flüssigkeit, Gas) die drei Grenzflächen- bzw. Oberflächenspannungen γ_S, γ_{SL} und γ_L. Der Vektor der letzteren tangiert die Flüssigkeitsoberfläche unter dem Winkel ω (Rand-, Kontaktwinkel), dessen Größe von der Natur der Stoffe abhängt. Zerlegt man den Spannungsvektor γ_L nach dem Kräfteparallelogramm in seine Komponenten, dann erhält man eine waagerecht und eine senkrecht zur Festkörperoberfläche gerichtete Spannung, der durch die Festigkeit des Festkörpers Widerstand geleistet wird. Die waagerechte, auf der Körperoberfläche wirkende Spannungskomponente hat den Betrag $\gamma_L \cdot \cos \omega$. Das System befindet sich im Gleichgewicht, wenn $\gamma_S = \gamma_{SL} + \gamma_L \cdot \cos \omega$ ist (Bild 134). Dann gilt nach *Young* für den Randwinkel

$$\cos \omega = (\gamma_S - \gamma_{SL})/\gamma_L. \tag{79}$$

---

*) Die Bedeutung von γ_S ist identisch mit der von γ, γ_A, γ_B der vorangegangenen Kapitel. Der Index S (solidus) wurde in Gegenüberstellung zum Index L (liquidus) aus Zweckmäßigkeitsgründen gewählt.

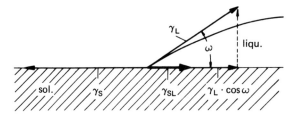

Bild 134. Schematische Darstellung der Ableitung der Beziehung von *Young* mit Hilfe der „Methode des liegenden Tropfens".

Beziehung (79) macht deutlich, daß der Randwinkel von der Differenz der Oberflächen- und Grenzflächenenergien und nicht von deren absoluten Werten abhängt. Die Kenntnis der Oberflächenenergien allein gibt noch keinen Einblick in das Benetzungsverhalten. Nach *Parikh* und *Humenik* [314] lassen sich jedoch folgende eingrenzenden Schlußfolgerungen ableiten:

- Der Randwinkel ω wird unabhängig davon, welchen Wert γ_{SL} annimmt, nicht Null sein können, solange $\gamma_L > \gamma_S$ ist.
- Für $\omega = 90$ grad ist, welchen Wert γ_L auch immer haben mag, $\gamma_S = \gamma_{SL}$.
- Wenn $\omega < 90$ grad und γ_{SL} konstant ist, dann nimmt ω mit γ_L ab. Beträgt ω mehr als 90 grad, so nimmt ω in dem Maße zu, wie γ_L abnimmt, vorausgesetzt, daß $\gamma_{SL} = $ const ist.

Für binäre und pseudobinäre Systeme, wie beispielsweise WC-Co, kann γ_{SL} aufgrund von Modellvorstellungen abgeschätzt werden [313].

Der Randwinkel ω läßt sich relativ einfach mit Hilfe der „Methode des liegenden Tropfens" experimentell ermitteln (Bild 134) [314]. Auf einer Unterlage aus der als Festphase in Betracht kommenden Substanz wird ein Materialstückchen mit der Konzentration der laut Zustandsdiagramm zu erwartenden Flüssigphase im Ofen niedergeschmolzen und ω optisch gemessen. Unabhängig von möglichen Einflüssen, die die Meßgenauigkeit beeinträchtigen [317], kann durch Randwinkelmessungen die Wirksamkeit von Maßnahmen zur Verbesserung der Benetzungsverhältnisse (Legieren, Beschichten u.a.) beurteilt werden, da ω nicht nur gegenüber der Konzentration und Viskosität der Schmelze, sondern auch der Zusammensetzung sowie dem Realstruktur- und Oberflächenzustand des Substratmaterials (Bild 135) sowie der Ofenatmosphäre empfindlich ist. Außerdem lassen sich über die ω-Bestimmung bei der Entwicklung entsprechender Verbundwerkstoffe Vorentscheidungen hinsichtlich der in Betracht kommenden Werkstoff- und Gefügekomponenten treffen.

Überschreitet ω eine gewisse von der Art des jeweiligen Systems abhängige Größe, kann die anfangs lokal im Pulverhaufwerk entstandene Schmelze sich nicht weiter ausbreiten sowie in Preßkontakte eindringen und die Pulverteilchen isolieren. Die Festphasenpartikel bilden ein über größere Entfernungen zusammenhängendes starres Skelett, in das die Schmelze mehr oder minder grob verteilt eingelagert ist, oder aus dem sogar Schmelze „ausschwitzt". Damit wird die Mitwirkung der Schmelze an der Verdichtung über Teilchenumordnung sowie Auflösen und Wiederausscheiden weitgehend vereitelt und am Ende auch ein den praktischen Erfordernissen nicht genügender Sinterwerkstoff erhalten. Werden hingegen die Pulverteilchenoberflächen völlig benetzt ($\omega \simeq 0$ grad) und erfüllen die Grenzflächenenergien an den Kontaktstellen der Pulverteilchen die Bedingung $\gamma_{SS} > 2 \cdot \gamma_{SL}$, dann sucht die Schmelze unter dem Zwang, die totale Grenzflächenenergie des Systems zu verringern, auch die Preßkontakte zu penetrieren (Bild 136) und die Pulverteilchen allseitig mit einem Flüssigkeitsfilm zu umgeben.

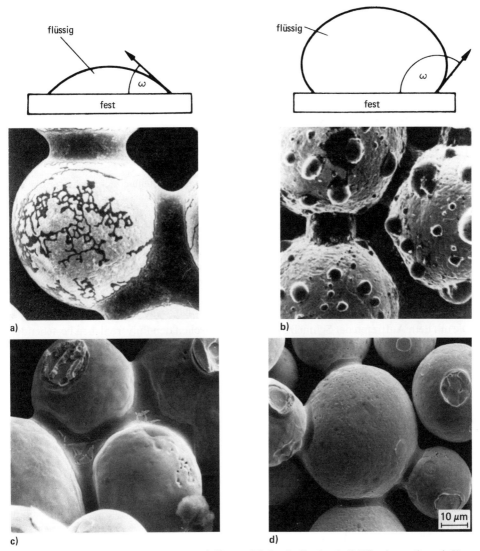

Bild 135. Beeinflussung der Benetzung: a), b) von W durch Cu (nach [312]); a) $\omega = 8$ grad, Vorbehandlung in reduzierender; b) $\omega = 85$ grad, Vorbehandlung in oxidierender Atmosphäre; $T_S = 1100\,°C$, $t = 4$ min; c), d) von W durch Ni (nach [311]), $v_A = 100\,K\,min^{-1}$, $T_S = 1500\,°C$, $t = 1$ min; c) W-Pulver im Attritor mechanisch aktiviert; d) W-Kugelpulver unbehandelt. Mit der Attributorbehandlung, im Verlaufe der die Pulverteilchenoberflächenzonen stark mit Versetzungen angereichert werden, wird die Änderung des Realstrukturzustandes in den Teilchenkontaktbereichen beim Pressen nachgeahmt.

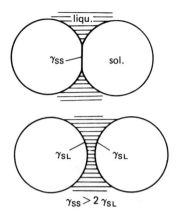

Bild 136. Schematische Darstellung der Voraussetzung für den Teilchenumordnungsvorgang.

Da unter Quasigleichgewichtsbedingungen für reine Metalle $\gamma_{SL}/\gamma_{SS} \approx 0{,}45$ gilt [313], hat es den Anschein, daß die Bedingungen für diesen Vorgang, der eine wichtige Voraussetzung für die Verdichtung beim Flüssigphasensintern darstellt, wenig günstig sind. Dererlei Bedenken erweisen sich jedoch als unbegründet, wenn man berücksichtigt, daß im Realfall die Preßkontaktbereiche hohe Defektdichten aufweisen, denen zufolge $\gamma_{SS,\,eff} > \gamma_{SS}$ ist (vgl. Bild 135c und d). Mit der sich im weiteren Sinterverlauf vollziehenden Umbildung der Kontakt- in eine Korngrenze geht auch γ_{SS} in γ_G über.

Die mit dem Auftreten der Schmelze anfänglich zwischen den Pulverteilchen bestehenden Schmelzbrücken üben auf die Partikel eine Kraft F_B aus, die kapillaren Ursprungs und eng mit den Benetzungsverhältnissen verknüpft ist [312], [315]:

$$F_B = 2\,r\,\pi\,\gamma_L \cos\phi + r^2\,\pi\,p\,. \tag{80}$$

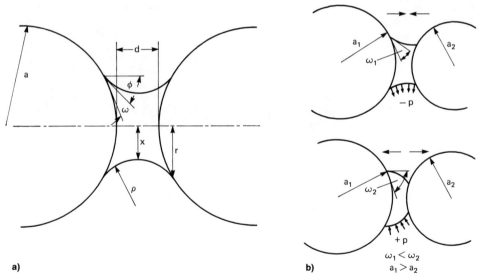

Bild 137. Schematische Darstellung einer Schmelzbrücke zwischen kugeligen Teilchen (nach [315], [316]); a) geometrische Bedingungen; b) Anziehung und Abstoßung der Teilchen in Abhängigkeit vom Randwinkel ω und Krümmungsradius ϱ.

Die Bedeutung der Symbole ist Bild 137a zu entnehmen. Beziehung (80) besteht aus einem Term für die Oberflächenspannung, die entlang der Berührungslinie $2r\pi$ wirkt, und einem Term, der die Kapillarspannung p, die an der gekrümmten Flüssigkeitsbrücke angreift, beinhaltet. Der Zusammenhang zwischen der Kapillarspannung und der Geometrie der Schmelzbrücke sowie dem Randwinkel wird durch Gleichung (3) $p = \gamma(1/x \pm 1/\varrho)$ und die Beziehung [316]

$$p = (2\gamma_L \cos \omega)/d \tag{81}$$

beschrieben. Wie in Abschn. 2.1.1 für den Festphasenkontakthals bereits erörtert wurde, erhält ϱ als konkave Krümmung vereinbarungsgemäß ein negatives, als konvexe ein positives Vorzeichen. Da $\varrho < x$ ist, herrscht somit an einem schmelzflüssigen Kontakthals mit konkaver Kontur eine negative Kapillarspannung, d. h. eine Zugspannung, an einem mit konvex gekrümmten Halsprofil dagegen eine positive Kapillarspannung (Druckspannung). Gemäß Gleichung (81) nimmt p mit γ_L zu und ist um so größer, je dünner der Flüssigkeitsfilm zwischen den Teilchen und je besser die Benetzung (kleiner Randwinkel ist). Die Zugspannung „$-p$" zieht die Schmelzbrücke in Richtung Hohlraum auseinander, wodurch d und der Abstand der Teilchenzentren verringert werden (Schwindung, Bild 137b). Für große ω-Werte und eine infolge konvexer Krümmung als Druck auf die Flüssigkeitsbrücke einwirkende Kapillarspannung „$+p$" werden die Teilchen auseinandergezwängt (Schwellung, Bild 137b) und gegebenenfalls sogar getrennt.

Die wechselseitige Beeinflussung der genannten Größen ist in Bild 138 zusammenfassend schematisch wiedergegeben. Ein abnehmender Randwinkel ω, d. h. eine verbesserte Benetzbarkeit, und ein vermindertes Kontaktflüssigkeitsvolumen erhöhen die zwischen den Partikeln wirkende Kraft F_B und damit auch die durch Teilchenumlagerung verursachte Schwindung; negative F_B-Werte haben eine Schwellung zur Folge. Resultate von Flüssigphasensinterexperimenten [315] mit zweidimensionalen Schüttungen aus Cu-beschichteten W-Kugeln ($\bar{L}_P \approx 100$ µm) bestätigen das. Für $\omega = 8$ und 25 grad wird nach Gleichung

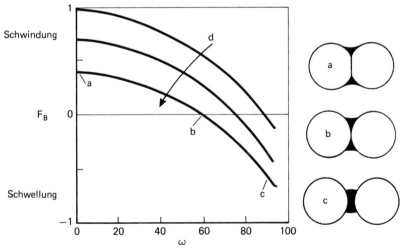

Bild 138. Schematische Darstellung von F_B und der gegenseitigen Bewegungsrichtung von zwei Pulverteilchen, die durch eine Flüssigkeitsbrücke miteinander verbunden sind, in Abhängigkeit von ω und d als Maß für das Schmelzevolumen (nach [316]).

(80) ein positiver F_B-Wert (anziehende Kraft) erhalten und in Übereinstimmung damit eine Sinterschwindung gemessen, wohingegen bei $\omega = 85$ grad F_B negativ (Abstoßung) und folglich eine Schwellung beobachtet wird. Daß im Fall höchster F_B-Werte (Anziehungskräfte), wie in den W-Cu-Sinterversuchen festgestellt wurde, und es auch in Bild 138(a) dargestellt ist, die interpartikulare Schmelze völlig verdrängt wird, gilt nicht generell. Es hängt vielmehr von den konkreten Bedingungen, unter denen sich die Benetzung vollzieht, ab, ob noch ein Schmelzfilm bestehen bleibt oder nicht. Wenn sich mit der Ausbreitung der Schmelze auf den Teilchenoberflächen zugleich Teilchensubstanz in ihr lösen kann, wie im System W-Ni (W und Cu sind füreinander unlöslich), dann werden auch nach der Erstarrung noch Ni-reiche Schichten in den ehemaligen Kontaktgrenzen beobachtet. Die Häufigkeit dessen wird vom Realstrukturzustand des Teilchenkontaktes beeinflußt. Defektreiche Kontaktzonen adsorbieren die Schmelze stärker (Bild 139).

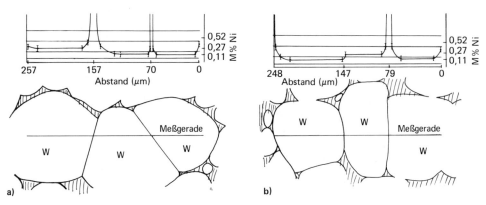

Bild 139. Weg-Intensitätskurven für Ni-K_α-Strahlung von W-7,5M%Ni-Sinterkörpern (nach [319]); $p_c = 600$ MPa, $T_S = 1510\,°C$, $t = 120$ min; a) W-Pulver aktiviert; alle W-Kontaktkorngrenzen zeigen über die Gleichgewichtskonzentration ($\approx 0,1$M%Ni) weit hinausgehende Ni-Gehalte; b) W-Pulver nicht aktiviert; in 80% aller Kontaktkorngrenzen werden stark erhöhte Ni-Konzentrationen gemessen.

In Systemen, wo die Basisphase in höherem Maße in der Schmelzphase löslich ist, geht der Einstellung der Sättigungskonzentration der Schmelze außerdem eine Glättung der Festphasenteilchenoberflächen einher, wodurch die Verdichtung über Teilchenumlagerung erleichtert wird. So ist es auch zu verstehen, daß F_B und ε bei Verwendung eines sphärischen Pulvers mit steigendem Anteil der Schmelze ab- und für irregulär geformte Pulverteilchen (in gewissen Grenzen) zunehmen [316]. Derselbe Sachverhalt wird offenkundig [318], wenn, in der Abfolge WC-Cu, WC-Cu Ni, WC-Ni, wo die Löslichkeit des WC in der flüssigen Bindephase von Null auf 15 M% zunimmt, die durch Teilchenumlagerung bedingte Schwindung von $\approx 0,4$ auf $\approx 3,2\%$ ansteigt (Bild 140).

Wenn die Schmelze während des Sinterns aus dem Teilchenkontakt verdrängt wird oder sich vor dem Aufschmelzen der Zusatzphase bereits eine Kontaktkorngrenze formiert hat, dann treten feste und flüssige Phase über die Einstellung des sog. Dihedralwinkels φ_D am Tripelpunkt $\gamma_{SL} - \gamma_G - \gamma_{SL}$ in Wechselwirkung. In deren Verlauf wird ein Gleichge-

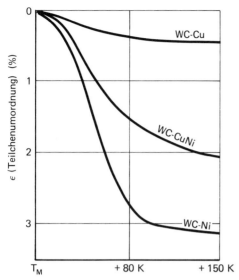

Bild 140. Schwindung durch Teilchenumordnung von WC-Basissinterwerkstoffen mit verschiedenen Bindemetallen (12 Vol.%) beim Erhitzen über den Schmelzpunkt T_M der Bindephase (nach [318]).

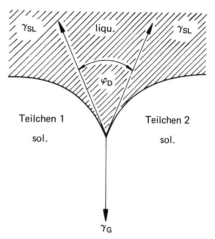

Bild 141. Schematische Darstellung der Einstellung des Dihedralwinkels φ_D unter Gleichgewichtsbedingungen.

wichtszustand angestrebt, für den in Abwandlung der Young'schen Gleichung für den Randwinkel (79) die Beziehung

$$\cos(\varphi_0/2) = \gamma_G/2\gamma_{SL} \tag{82}$$

gilt (Bild 141). Aus ihr lassen sich zwei Grenzfälle, die für die Ausbildung des Sinterwerkstoffgefüges von Bedeutung sind, ableiten. Ist $2 \cdot \gamma_{SL} > \gamma_G$, dann wird $\varphi_D/2 > 0$ und die Bildung sowie Vergrößerung von Kontaktkorngrenzen, d.h. die Vergrößerung des Gefüges um so mehr begünstigt, je kleiner $\gamma_G/2 \cdot \gamma_{SL}$ ausfällt. Für den Fall, daß $\gamma_G > 2 \cdot \gamma_{SL}$ ist, existiert kein Wert für φ_D, der Gleichung (82) befriedigt; die Schmelze dringt in die Korngrenzen ein, wodurch es letzten Endes zum Kornzerfall (Teilchendesintegration) kommen kann. Das trifft sowohl für Korngrenzen im ehemaligen Teilchenkontakt als auch für innerhalb der Teilchen befindliche Korngrenzen zu (Abschn. 5.2.2).

Die bei positivem Dihedralwinkel bestehende Neigung zur Bildung von Teilchenaggregaten wurde von *Cannon* und *Lenel* [45] postuliert und experimentell bestätigt. Sie setzt mit einer Feststoffbrückenbildung zwischen benachbarten Teilchen, die ursprünglich durch Schmelze getrennt waren, ein [320] und führt bei fortgesetztem Sintern zur Ausbildung einer skelettförmigen Anordnung der Festphase (Bild 142). Dadurch wird die Verdichtung stark verlangsamt. Sie verläuft im wesentlichen als Festphasensintern innerhalb der starren Multiteilchengefügebestandteile.

Freilich ist φ_D, wie bei der Erörterung von Gleichung (82) unterstellt wurde, nicht konstant. φ_D ändert sich mit der Orientierungsdifferenz der benachbarten Kristallite bzw. deren Oberflächenorientierung, da sowohl γ_G als auch γ_{SL} orientierungsabhängig sind. Für Großwinkelkorngrenzen ist dieser Effekt jedoch von einer Größe, die die in

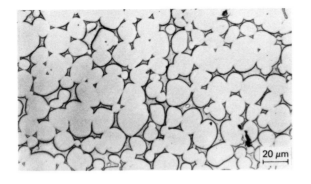

Bild 142. Gefüge eines W-7,5M%Ni-Schwermetalls; $T_S = 1500\,°C$, $t = 50$ min, ungeätzt; Skelettbildung der Festphase.

Verbindung mit Beziehung (82) getroffenen Aussagen nicht beeinträchtigt. Außerdem ändert sich φ_D in Systemen mit Löslichkeit, solange noch nicht die Gleichgewichtskonzentration erreicht ist und Schmelze und/oder feste Basis ihre Zusammensetzung ändern. Da im Realfall dieser Vorgang aber im Vergleich zu der Zeitspanne, die die Gefügeausbildung beansprucht, kurzzeitig ist, sollte auch von dieser Seite her die Gültigkeit der zum Einfluß des Dihedralwinkels getroffenen Tendenzaussagen nicht in Frage gestellt sein.

5.2 Vorgänge beim Flüssigphasensintern

Die wesentlichen Merkmale des Sinterns unter Anwesenheit einer flüssigen Phase wurden von *Price*, *Smithells* und *Williams* [46] am Beispiel von Schwermetall beschrieben. Mit nicht grundsätzlichen Modifikationen sind sie für alle Flüssigphasensintersysteme, deren Basiskomponente unter Sinterbedingungen in der Schmelze eine begrenzte Löslichkeit aufweist, typisch. Deshalb belegt man auch die in derartigen Kombinationen ablaufenden Vorgänge mit dem Sammelbegriff „heavy alloy mechanism". Wichtige technologische Bedingungen für diesen Mechanismus sind eine optimale Sintertemperatur und ein möglichst feinkörniges Pulver. Mit dem Auftreten der Schmelzphase, die von der Menge her ausreichen muß, die Teilchen zu umhüllen, aber nicht zu Änderungen der Preßkörperform führen darf, wird der Verdichtungsbeitrag um so größer sein und um so schneller erbracht werden, je höher die Dispersität der Festphase ist. So erreicht ein 90 M%W-6 M%Ni-4 M%Cu-Schwermetall, dessen W-Teilchengröße zu 98% unter 1 µm liegt, bereits nach einstündigem Sintern bei 1400 °C die volle Verdichtung, während dieselbe Sinterlegierung aus einem W-Pulver, dessen Teilchengröße zu 87% ein bis fünf µm beträgt, diesen Zustand erst nach dreistündigem Sintern bei 1500 °C einnimmt [47].

In den frühen Arbeiten von *Lenel* [44], *Gurland* und *Norton* [321] sowie *Cannon* und *Lenel* [45] wird das Sintergeschehen nach dem Heavy-Alloy-Mechanismus in Form dreier zeitlich aufeinanderfolgender Stadien gesehen:

– rasche Zunahme der Dichte infolge eines gegenseitigen Abgleitens von Festphasenteilchen auf den sie umgebenden Schmelzhäuten (Umordnungsprozeß);
– weitere, aber nicht mehr so schnelle Verdichtung über den gerichteten Transport von Festphasensubstanz in der Schmelze sowie Gefügevergröberung (Auflösungs- und Wiederausscheidungsprozeß sowie Koaleszenz);
– langsame Endverdichtung über Sintervorgänge innerhalb der festen Phase ohne Beteiligung der Schmelze (Festphasensintern).

Unterdessen ist das skizzierte Bild vom Flüssigphasensintern um weitere Mechanismen bereichert bzw. sind bekannte Vorgänge durch neue Phänomene untersetzt und einem detaillierteren Verständnis zugeführt worden. Auch wurde das klassische Bild dahingehend modifiziert, daß der simultane Ablauf verschiedener Verdichtungsvorgänge stärker betont und das wiederholte Auftreten einzelner Mechanismen berücksichtigt wird. Noch spürbarer als beim Festphasensintern ist die ungenügende, physikalisch begründete quantitative Beschreibung der Vorgänge.

5.2.1 Teilchenumordnung

Ist der in Bild 136 dargestellte Tatbestand $\gamma_{SS} > 2\gamma_{SL}$ erfüllt, besteht ein Gefügezustand, bei dem das einzelne Teilchen von Schmelze umhüllt und die Schmelze von nichtisomeren Poren durchsetzt ist (Bild 143 a). Zwischen jedem durch eine Schmelzbrücke verbundenen Partikelpaar wirkt eine Anziehungskraft F_B (Gleichung (80)), derzufolge im dreidimensionalen Netzwerk von Fest- und Flüssigphase sowie Hohlraum auf die Poren ein

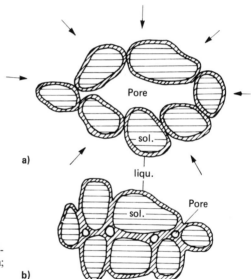

Bild 143. Schematische Darstellung der Teilchenumordnung beim Flüssigphasensintern; a) Ausgangs-, b) fortgeschrittener Zustand.

hydrostatischer Druck ausgeübt wird [316]. Unter der Einwirkung dieses Druckes bewegen sich die Teilchen auf den schmelzflüssigen Hüllen gegen die innere Reibung (Viskosität) der Schmelze. Dabei stürzen noch vom Pressen herrührende „Gewölbe" und „Brücken" ein und ordnen sich die Teilchen durch Gegeneinanderabgleiten so um, daß eine dichtere Packung entsteht (Bild 143 b). Hat der sinternde Körper unter dem Einfluß der Gesamtheit der Porenbinnendrücke einen Zustand erreicht, bei dem kein Porennetzwerk mehr existiert, sondern die Poren als geschlossene Hohlräume vorliegen, dann beträgt analog Beziehung (44) der einer mittleren Kapillarspannung entsprechende fiktive äußere hydostatische Druck $\bar{P} \approx 2\gamma_L \Theta / \bar{R}$ ($\bar{R}$ mittlerer Radius der Poren in der Schmelze). Sofern der Volumenanteil der Schmelze groß genug ist (bei kugeligen Teilchen $\gtrsim 35\%$), kann sich ein flüssigphasensinternder Körper allein über den Umlagerungsprozeß vollständig verdichten (Bild 144). Andererseits sagt Bild 144 aus, daß ein Sinterkörper, dessen Schmelzanteil unter einem kritsichen Wert liegt und dessen Basiskomponente in der Schmelze unlöslich ist, nicht völlig dicht sintern kann (s. a. Bild 150), da bei ihm andere Verdichtungsvorgänge als Teilchentranslation ausgeschlossen sind.

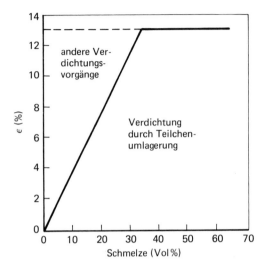

Bild 144. Anteil der Schwindung durch Umlagerung an der Gesamtschwindung ε kugeliger Teilchen in Abhängigkeit vom Volumenanteil der Schmelze (nach [322]).

Die technischen Sinterwerkstoffe, die einem Sintern mit Anwesenheit einer flüssigen Phase unterzogen werden, sind meist so beschaffen, daß der sich bildende Anteil an Schmelze unter dem kritischen Wert liegt, aber die Möglichkeit einer über die Teilchenumlagerung hinausgehenden Dichtezunahme durch Auflösen und Wiederausscheiden von Basissubstanz besteht. Für diese Fälle, wo die Teilchenumordnung allein nicht zur völligen Verdichtung führt, nimmt *Kingery* [48], [322], an, daß sich während der Umlagerung auch die Abmessungen der Poren (und damit $\bar{P}$) nicht wesentlich ändern. Somit kann der infolge von Teilchentranslationen auf der Basis eines viskosen Fließens zu erwartende Verdichtungsanteil als lineare Funktion der Zeit beschrieben werden:

$$\Delta V/V_0 = c_K (\bar{L}_P/2)^{-1} t^{1+y} . \tag{83}$$

c_K ist eine Geschwindigkeitskonstante. Über $\bar{L}_P = k_Z \bar{R}$ ist die Schwindung dem Teilchen- und dem Porenradius umgekehrt und der Kapillarkraft $\bar{P}$ direkt proportional (k_Z Zahlenwert). $y \ll 1$ soll dem mit der Verdichtung abnehmenden Porenradius und der damit zunehmenden Kapillarkraft Rechnung tragen.

Obgleich Beziehung (83) in einer Reihe von Untersuchungen an verschiedenartigen Sintermaterialien (z. B. [326]) als prinzipiell zutreffend befunden wurde (Bilder 145 und 164), kam man mit Blick auf technische Objekte nicht umhin, auf die ihr zugrunde liegende starke Vereinfachung des Geschehens hinzuweisen. Die experimentellen Arbeiten von *Huppmann* und Mitautoren [312], [325] zeigen, daß die Schwindung während des Umordnungsprozesses ausgeprägt von der Kapillarkraft abhängt (Bild 146), die in Gleichung (83) über $\bar{L}_P$ als eine unveränderliche Größe eingeht. Ebenso unberücksichtigt bleibt die Mischungsgüte, deren Wirkung auf die Schwindung erheblich sein kann (Bild 147). Hinzu kommt, daß – wie schon erwähnt – in Systemen, wo die Basiskomponente bei Sintertemperatur in der Schmelze partiell löslich ist, in Analogie zu den mit Gleichung

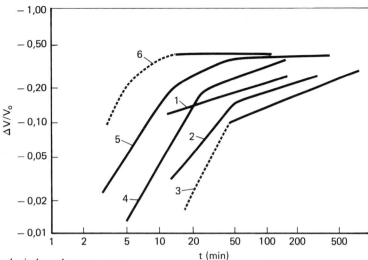

Bild 145. Volumenschwindungskurven von Fe-Cu-Sinterkörpern (nach [323] und [324]); *1* Carbonyl-Eisenpulver, $T_S = 1200\,°C$ [324]; *2* Reduktionseisenpulver, $T_S = 1200\,°C$ [324]; *3* Eisenpulver $\bar{L}_P = 33{,}1\,\mu m$, 22 M%Cu, $T_S = 1150\,°C$ [323]; *4* Eisenpulver $\bar{L}_P = 15{,}8\,\mu m$, 22 M%Cu, $T_S = 1150\,°C$ [323]; *5* Eisenpulver $\bar{L}_P = 9{,}4\,\mu m$, 22 M%Cu, $T_S = 1150\,°C$ [323]; *6* Eisenpulver $\bar{L}_P = 3{,}0\,\mu m$, 22 M%Cu, $T_S = 1150\,°C$ [323]; für die steilen Geradenstücke beträgt $(1+y) = 1 \ldots 1{,}5$.

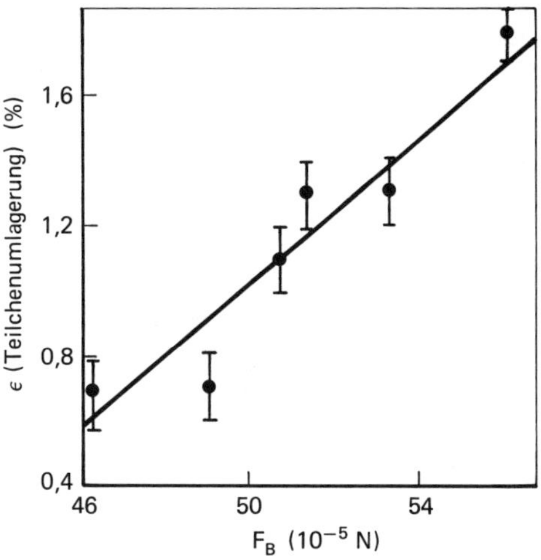

Bild 146. Schwindung ε durch Umlagerung in unregelmäßig gepackten (mittlere Kontaktzahl pro Kugel = 4) ebenen Schüttungen aus Cu-beschichteten W-Kugeln als Funktion der Kraft F_B (nach [312]).

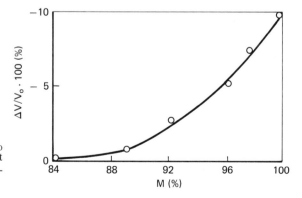

Bild 147. Volumenschwindung $\Delta V/V_0$ von Preßkörpern aus W-Kugeln mit 15 Vol.% Cu als Funktion der Mischungsgüte M (nach [325]).

(6) beschriebenen Vorgängen, der Lösung eine Glättung der Pulverteilchenoberfläche einhergeht. Deshalb ist bei technischen Sintermaterialien, die aus handelsüblichen Pulvern mit unregelmäßiger Gestalt und aufgerauhter Oberfläche hergestellt werden, auch eine stärkere Einflußnahme der Einebnung der Teilchenoberflächen zu beobachten (Bild 140), da durch sie die Umlagerung der Teilchen erleichtert wird, was besonders bei geringeren Anteilen schmelzflüssiger Phase ins Gewicht fällt. Zum weiteren verläuft die Umordnung in Form einer Agglomerat-(Cluster-)Bildung als diskontinuierlicher Prozeß, an dem im gegebenen Moment immer nur relativ wenige Teilchen oder -gruppen beteiligt sind (Bild 148), die sich sprungartig bewegen [312], [49].

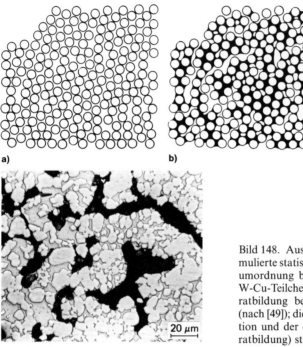

Bild 148. Ausgangszustand a) und computersimulierte statistische diskontinuierliche Teilchenumordnung b) beim Flüssigphasensintern von W-Cu-Teilchenmischungen sowie Agglomeratbildung bei W-7,5M%Ni-Sinterkörpern c) (nach [49]); die Ergebnisse der Computersimulation und der direkten Beobachtung (Agglomeratbildung) stimmen gut überein; $T_s = 1500\,°C$, $t = 5$ min.

Der Umordnungsvorgang setzt in kleinen an Schmelze reichen Volumina, die statistisch verteilt sind, ein. Unter der Wirkung der durch die Poren in der Schmelze verursachten Kapillarkräfte reißen primär gebildete Schmelzbrücken ab und werden weitere Festpartikel in die Schmelze gezogen (Bild 149). Es entstehen so schmelzphasenangereicherte Agglomerate von Teilchen, deren unmittelbare Umgebung durch einen erhöhten Anteil von Poren unterschiedlicher Größe gekennzeichnet ist (Bild 148). In einem nachfolgenden Verdichtungsschritt füllen sich diejenigen Poren auf, die wegen ihrer Kleinheit Kapillarkräfte ($p \sim 1/\overline{R}$) auslösen, die ausreichen, die Agglomerate heranzuziehen; größere Poren sind stabil [327]. Eine solche Betrachtungsweise erklärt auch, weshalb das Ausmaß und die Geschwindigkeit der Verdichtung durch Teilchenumordnung beim Flüssigphasensintern in so ausgeprägter Weise von geometrischen Faktoren abhängen. Die Agglomeratbildung wird – genügend Schmelze und gute Benetzung vorausgesetzt – durch eine homogene Packungsdichte und eine hohe Güte der Mischung gefördert.

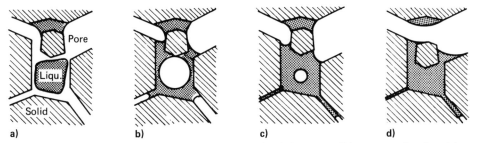

Bild 149. Schematische Darstellung eines Umordnungsschrittes zur Bildung von schmelzereichen Agglomeraten (nach [327]; a) bis d) entsprechen der zeitlichen Abfolge.

Andererseits wird der Mechanismus der Porenfüllung um so mehr begünstigt, je inhomogener die Ausgangsporengröße (die mit der Teilchengrößenverteilung im Zusammenhang steht) und die Verteilung der Schmelze sind. (Weiteres zur Porenfüllung s. Abschn. 5.2.4).

Für Sinterkörper aus Pulvergemischen, deren Basiskomponente in der Bindemetallschmelze unlöslich ist, stellt der Umordnungsprozeß den entscheidenden Verdichtungsvorgang beim Sintern dar. Das trifft beispielsweise für die wichtigen Sinterkontaktwerkstoffe W-Cu und W-Ag zu, deren Bindemetall- (Cu-, Ag-)Gehalt im allgemeinen zwischen 20 und 40% liegt [162]. Das Charakteristische der Schwindungskurven solcher Sintermaterialien besteht darin, daß nach einem kurzzeitigen Bereich schneller Schwindung, der durch den Umordnungsmechanismus verursacht ist, die Verdichtung nahezu völlig aufhört, da eine andere Art der Dichtesteigerung praktisch nicht gegeben ist (Bild 150). Die Schwindung läßt sich über die Erhöhung des Schmelzevolumens und der Sintertemperatur (Erniedrigung der Viskosität und Verbesserung des Benetzungsverhaltens) positiv beeinflussen.

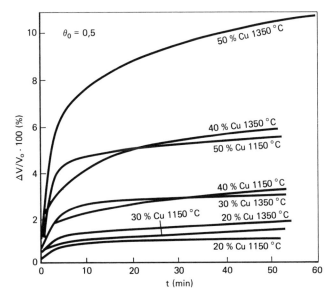

Bild 150. Volumenschwindungskurven von W-Cu-Sinterkörpern für unterschiedliche Bindemetallgehalte und Sintertemperaturen (nach [328]); GD ≈ 50% TD.

Für Sinterkörper aus Pulvergemischen, deren Basiskomponente in der Bindemetallschmelze partiell löslich ist – und das ist die Mehrzahl der flüssigphasengesinterten Werkstoffe – hat der (primäre) Umordnungsvorgang eine untergeordnete Bedeutung, da seine Wirkungsmöglichkeit aufgrund der Besonderheiten dieser Systeme stark eingeschränkt ist (Abschn. 5.3).

5.2.2 Teilchendesintegration

Die Teilchendesintegration gehört zu jenen Vorgängen, die in Systemen mit teilweiser Löslichkeit der festen Phase in der schmelzflüssigen Bindephase eine über die primäre Teilchenumordnung hinausgehende Verdichtung des sinternden Körpers ermöglichen (Bild 151). Die Verdichtungswirkung der Teilchendesintegration äußert sich auf zweierlei Art. Infolge der Bildung von Sekundärteilchen wird das Teilchengrößenspektrum erweitert. Dadurch kann eine zweite (sekundäre) Teilchenumordnung einsetzen, in deren Verlauf kleinere Sekundärpartikel in Zwischenräume eingebaut werden und größeren

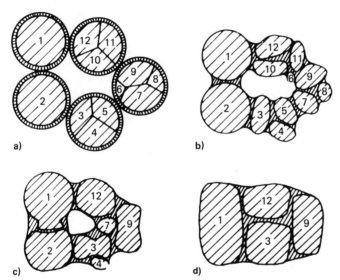

Bild 151. Halbschematische Darstellung der Teilchendesintegration an flüssigphasengesinterten nickelbeschichteten Wolframkugeln ($\bar{L}_P = 60 \ldots 212\ \mu m$) (nach [50]); die Teilbilder a) bis d) entsprechen der zeitlichen Abfolge des Geschehens.

Teilchen erneut eine gewisse Beweglichkeit eingeräumt wird. Aufgrund dessen ist beispielsweise die durch Umordnung kugeliger Teilchen erzielbare Schwindung bei gleichen Mengenanteilen der Zusatzkomponenten und technologischen Parameter im System W-Ni etwa 10% größer als für W-Cu-Objekte, wo keine Löslichkeit besteht und somit auch keine Teilchendesintegration gegeben ist [50]. Eine andere, die Verdichtung fördernde Folge der Ausweitung des Teilchengrößenspektrums besteht in der Vergrößerung der Grenzfläche Festphase – Schmelze, durch die die Materialumfällung von Basissubstanz über Auflösen und Wiederausscheiden (Abschn. 5.2.3) intensiviert oder, falls sie schon zum Erliegen gekommen war, wieder belebt wird. Unter geeigneten technologischen Bedingungen kann das mit der Teilchendesintegration gebildete feinkörnige Gefüge erhalten und zur Kompensation der vorher stattgehabten Kornvergröberung genutzt werden.

Wie die einzelnen Vorgänge, in deren Mittelfeld der Desintegrationsmechanismus steht, ineinandergreifen und sich gegenseitig bedingen können, soll an dem von *Kaysser*, *Huppmann* und *Petzow* [329] modellierten und untersuchten praxisrelevanten Beispiel des kupferlegierten Sinterstahls (Abschn. 5.3) einer näheren Betrachtung unterzogen werden. Gegenstand der Experimente waren Fe-10 M%Cu-Preßkörper hoher Gründichte ($p_c = 785$ MPa), die bei 1165 °C gesintert wurden. Nach Überschreiten des Cu-Schmelzpunktes ist die Schmelze innerhalb einiger Sekunden an Fe gesättigt und dringt im Verlaufe von weniger als 3 min in die Fe-Teilchenkontakte sowie in kleinere Hohlräume ein. Die ehemals von den Cu-Teilchen eingenommenen Volumina bleiben als Poren zurück (Bild 152a, 153a). Da eine Schwindung über primäre Teilchenumordnung in dem Maße erschwert wird, wie die Gründichte und die Größe der Preßkontaktflächen zunehmen, entspricht es der im vorliegenden Fall hohen Packungsdichte der Pulverteilchen, daß die mit dem Eindringen der Schmelze in die Teilchenzwischenräume verbundene Schwellung die durch Teilchenumordnung verursachte Schwindung überkompensiert.

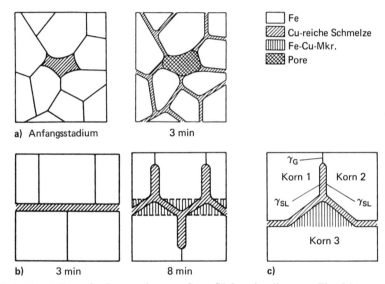

Bild 152. Schematische Darstellung der Penetration von Grenzflächen des dispersen Eisenkörpers durch Cu-reiche Schmelze (nach [329]); a) die Schmelze dringt in die Pulverteilchenkontakte ein; b) Ausschnitt aus a) mit Teilchendesintegration (Eindringen der Schmelze in Korngrenzen des γ-Eisens); c) vergrößerter Ausschnitt aus b).

Im Verlauf weiterer 5 min ist das Geschehen durch Korngrenzenpenetration (Bild 152 b, 153 b) und merkliche Mischkristallbildung des Fe mit dem Cu, die sich gleichfalls als Schwellung äußern, gekennzeichnet. Infolge fortschreitender Penetration desintegrieren die Fe-Teilchen in sekundäre Partikel, die der Sättigungskonzentration des Fe-Cu-Mischkristalls zustreben. Das nach der Desintegration bestehende erweiterte Teilchengrößenspektrum ist Anlaß für eine sekundäre Umlagerung von Teilchen und für eine Materialumfällung, die zur Teilchenabrundung und -abflachung im Kontaktgebiet führt (Bild 153c). In Abhängigkeit von der Packungsdichte herrscht der eine oder andere Mechanismus vor und wird über Teilchenumordnung oder -gestaltsanpassung (Kontaktabfla-

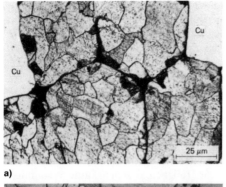
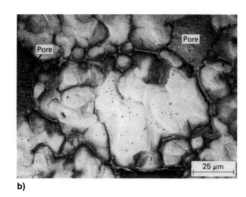

Bild 153. Gefügebilder von Fe-10M%Cu-Kugelpulverkörpern, die mit 785 MPa gepreßt und bei 1165 °C isotherm gesintert wurden (nach [329]); $\bar{L}_P = 100$ µm; a) Gefüge des Preßlings; b) Gefüge nach 8 min und c) nach 23 min isothermen Sinterns.

chung) für die beobachtete Schwindungskomponente bestimmend. Die gleichfalls in [329] vorgenommene quantitative Analyse des Sintergeschehens der Fe90Cu10-Preßkörper in den ersten 8 min ergibt, daß die gemessene Gesamtschwellung von 6% zu 65% der Benetzung der Fe-Teilchen (Penetration der Teilchenkontakte) und der Korngrenzenpenetration und zu 35% der Fe-Mischkristallbildung zuzuschreiben ist. In der Praxis werden die die Verdichtung unterschiedlich beeinflussenden Teilvorgänge Schwindung und Schwellung zur Schwindungskompensation genutzt (Abschn. 5.3).

In Analogie zur Kontaktflächenpenetration bei der primären Teilchenumordnung (Abschn. 5.2.1) muß für die Korngrenzenpenetration als Voraussetzung der Teilchendesintegration die Bedingung $\gamma_G > 2\gamma_{SL}$ erfüllt sein. Nur dann kann die Schmelze in die Korngrenzen der Teilchen eindringen und Pulverteilchensubstanz aus dem Korngrenzenbereich auflösen und so abtransportieren, daß sie auf der der Korngrenze nächstgelegenen Teilchenoberfläche als feste Lösung (Mkr.) wieder ausgeschieden wird (Bild 152c). Doch wie im Fall der Kontaktpenetration erscheint auch hier angesichts der Faustregel $\gamma_{SL}/\gamma_G \approx 0,45$ [313] die Wahrscheinlichkeit für das Auftreten genügend hoher γ_G-Werte in keinem Verhältnis zur Häufigkeit, mit der die Teilchendesintegration beobachtet wird, zu stehen. Dazu zwei relevante Beispiele. Bei 1500 °C betragen $\gamma_W \approx 1$ J·m^{-2} [261] und $\gamma_{W-Ni} \approx 0,5$ J·m^{-2} [313] und für 1100 °C $\gamma_{Fe} \approx 0,86$ J·m^{-2} [33] und $\gamma_{Fe-Cu} \approx 0,44$ J·m^{-2} [331]. Danach ergibt sich für beide Systeme $\gamma_G \approx 2\gamma_{SL}$ und die Schlußfolgerung, daß der Kornzerfall in flüssigphasensinternden W-Ni- und Fe-Cu-Pulverkörpern wenig begünstigt ist, was freilich den Tatsachen widerspricht.

Um das Ausmaß der Teilchendesintegration, in dem sie tatsächlich auftritt, zu verstehen, muß man davon ausgehen, daß (wie für γ_{ss} bei der Kontaktpenetration) in der überwiegenden Zahl der Fälle $\gamma_{G,\text{eff}} > \gamma_G$ gilt. Aufgrund der durch das Pressen an den Korngrenzen erzeugten Versetzungsstrukturen und -aufstauungen (pile up) und der damit verbundenen Gitterspannungen ist die effektive Korngrenzenergie erhöht und die Korngrenzensubstanz verhält sich gegenüber einer flüssigen Phase „unedler", so daß sie von der Schmelze gelöst und die Korngrenze penetriert werden kann. Dem entspricht die Feststellung, daß die Korngrenzenpenetration in Sinterkörpern, die durch Pressen hergestellt sind, weitaus häufiger anzutreffen ist als in Pulverschüttungen gleicher Zusammensetzung und Teilchengröße (Bild 154). Die Teilchendesintegration ist eine für den Preßling spezifische Erscheinung. Da der Hauptanteil der in Kaltverfestigung umgesetzten Preßarbeit zur Deformation der kontaktnahen Volumina verbraucht wird, d. h. dort besonders hohe Versetzungskonzentrationen bestehen, setzt die Desintegration auch bevorzugt in den Kontaktbereichen ein (Bild 155).

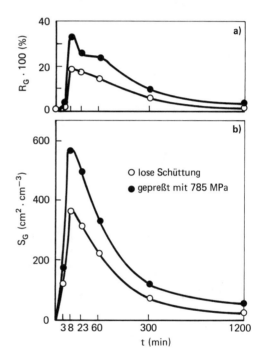

Bild 154. Penetration der Schmelze entlang den Korngrenzen von Fe-10M%Cu-Sinterkörpern, $T_S = 1165\,°C$ (nach [329]); a) Verhältnis R_G von penetrierten zu nichtpenetrierten Korngrenzen; b) spezifische Fläche S_G der penetrierten Korngrenzen.

Die Empfindlichkeit für den Desintegrationsmechanismus ist nicht nur eine Sache des Zustands der Korngrenzenbereiche, der sich in der Größe des γ_G-Wertes ausdrückt. Eine ebensolche Sensitivität besteht im Hinblick auf die Zusammensetzung der Schmelze, mit der sich die Grenzflächenspannung γ_{SL} ändert. Aufgrund dessen ist es beispielsweise im System Al_2O_3-Alkaliboratglas möglich, die durch primäre und sekundäre Teilchenumordnung bedingte Schwindung zu separieren [335]. Bei 1400 °C verdichten sich Al_2O_3-Alkaliboratglas-Sinterkörper allein über den primären Umordnungsmechanismus, während dem die Größe und Gestalt der Pulverteilchen gewahrt bleiben. Erst mit Überschreiten dieser Temperatur (Bild 156) und nachdem die Glasschmelze, in der sich das Al_2O_3 teilweise löst, eine bestimmte Zusammensetzung erreicht hat, werden die Al_2O_3-Korn-

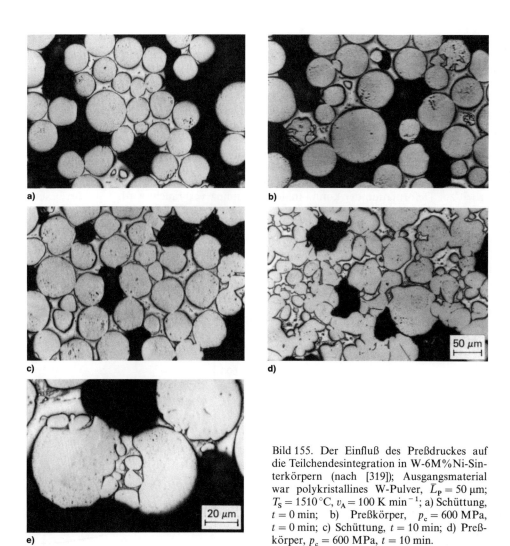

Bild 155. Der Einfluß des Preßdruckes auf die Teilchendesintegration in W-6M%Ni-Sinterkörpern (nach [319]); Ausgangsmaterial war polykristallines W-Pulver, $\bar{L}_P = 50$ μm; $T_S = 1510\,°C$, $v_A = 100$ K min^{-1}; a) Schüttung, $t = 0$ min; b) Preßkörper, $p_c = 600$ MPa, $t = 0$ min; c) Schüttung, $t = 10$ min; d) Preßkörper, $p_c = 600$ MPa, $t = 10$ min.

grenzen angegriffen und die polykristallinen Teilchen desintegriert. Es entstehen feinere Partikel, die eine mit erneuter und stärkerer Schwindung verbundene sekundäre Teilchenumordnung bedingen.

In welch hohem Maße die Teilchendesintegration sowie allgemein die Gefügeausbildung von den Auswirkungen des Realstrukturzustandes betroffen sein kann, verdeutlichen die Untersuchungen von *Kaysser* und Mitautoren [342], [343]. Untersuchungsobjekte sind W-7 M%Ni-3 M%Fe-Schwermetallproben, die bereits bei 1470 °C dicht gesintert waren und bei denen sowohl in den W(Ni,Fe)-Mischkristallkörnern als auch in der Ni,Fe-reichen Bindephase die Gleichgewichtskonzentration vorlag. Auf diese Weise wird eine spätere Beeinträchtigung der Gefügeentwicklung durch Poren und chemische Nichtgleichgewichtszustände ausgeschlossen. Die Simulation der Einflußnahme erhöhter Ver-

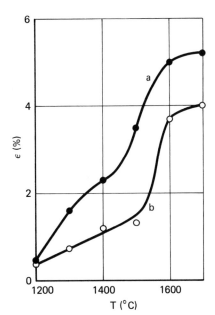

Bild 156. Schwindung von Al_2O_3-Alkaliboratglas-Sinterkörpern in Abhängigkeit von der Sintertemperatur (nach [335]); a) $t = 1$ h, b) $t = 1$ min.

setzungsdichten, die sonst durch das Pressen vorzugsweise in die Pulverteilchenkontaktbereiche eingeführt werden, geschah über eine graduell unterschiedliche Kaltverformung der dichtgesinterten Proben und ein anschließendes Festphasensintern bei 1420 °C sowie Flüssigphasensintern bei 1470 °C.

Danach zeigte sich, daß bis zu Verformungsgraden von 5% lediglich unmittelbar im Kontaktbereich an einigen Stellen kleine Kristallite ($L_G = 5\ldots7$ μm) entstanden sind, die nicht weiterwachsen, aber sonst noch keine Rekristallisation zu beobachten ist. Das bedeutet, daß die infolge der Kaltverformung im Kontaktbereich gebildeten Versetzungen über die Veränderung des chemischen Potentials direkt auf das Sintergeschehen einwirken können. Die Erhöhung des chemischen Potentials $\Delta\mu_D$ ist der Steigerung der Versetzungsdichte ΔN direkt proportional

$$\Delta\mu_D = \Omega_M\, G\, b^2\, \Delta N \tag{84a}$$

(Ω_M Molvolumen der Festphase; $G b^2 \approx E_V$, die mittlere spezifische Linienenergie der Versetzungen). Geht man weiter davon aus, daß sich die Potentialdifferenz beiderseits einer gekrümmten Korngrenze auf

$$\Delta\mu_G = -4\gamma_G\, \Omega_M / R_G \tag{84b}$$

beläuft und daß die Kristallitbildung mindestens $\Delta\mu_D = \Delta\mu_G$ erfordert, dann läßt sich, da alle anderen Größen bekannt sind, über die Messung der linearen Mittelkorngröße $\bar{L}_G$ der kleinen Kontaktbereichskristallite ΔN überschläglich angeben. ($4/R_G$ ist die Summe von größtem und kleinstem Krümmungsradius des ein Unrund bildenden Korns und beträgt angenähert L_G). Bemerkenswert ist die Feststellung, daß nach Verformungsgraden bis 5% die erhöhten N-Werte ausschließlich im unmittelbaren Kontaktbereich vorliegen, was den Annahmen, die in Verbindung mit den Versetzungsreaktionen beim Festphasensintern (Abschn. 3.3.2.1) gemacht wurden, entspricht.

Von diesen Beobachtungen und Betrachtungen ausgehend, schlagen *Kaysser* und Mitarbeiter ein Modell vor (Bild 157), bei dem ein Schmelzfilm von $\lesssim 1$ µm Dicke die ursprüngliche Kontaktgrenze penetriert. Am Kopfende der vordringenden Schmelzhaut wird das Kontaktzonenmaterial, das eine gesteigerte Versetzungsdichte und ein erhöhtes chemisches Potential aufweist, gelöst, darauf in der Schmelze abtransportiert und hernach an Orten außerhalb des Kontaktbereiches wieder auskristallisiert. Nimmt man an, daß die W-Teilchen im Verlaufe des Festphasensinterns durch Grenzflächendiffusion mit einer Ni-Monolage überzogen wurden und daß mit dem Aufschmelzen der Monoschicht ein $1{,}24 \cdot 10^{-10}$ m dicker Schmelzfilm entsteht, dann benötigt das Modell für die komplette Penetration des Kontaktes 1016, 164 und 32 s, wenn die N-Werte in der Kontaktzone 10^9, 10^{10} und 10^{11} cm^{-2} betragen. Ein solches Ergebnis steht mit der beobachteten Gefügeentwicklung in Einklang.

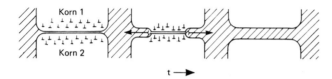

Bild 157. Schematische Darstellung der Penetration von Schmelze in die Kontaktgrenze von im Kontaktbereich deformierten W(Ni, Fe)-Körnern (nach [342]).

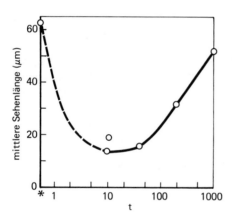

Bild 158. Mittlere Sehnenlänge in Abhängigkeit von der Sinterdauer t für 50% kaltverformte W-7M%Ni-3M%Fe-Sinterkörper, die bei $T_s = 1470\,°C$ flüssigphasengesintert wurden (nach [343]); die Markierung mit dem Sternchen betrifft den Gefügezustand, wie er nach 20 min Festphasensintern bei 1420 °C bestand.

Bei höherer als 5%iger Verformung treten Rekristallisationserscheinungen und versetzungs-(spannungs-)induzierte Korngrenzenbewegungen (SIGM, Abschn. 4.2.1) auf. Die Bereiche erhöhter Versetzungsdichten greifen mit zunehmendem Verformungsgrad immer mehr auf das W-Teilcheninnere über. Der Bildung neuer Korngrenzen folgt ihre Penetration durch die Schmelze. An der Peripherie der ursprünglichen W-Teilchen gelegene, durch Rekristallisation neu gebildete Körner trennen sich mit der Penetration ab und bewegen sich in schmelzreichere Volumina. Für eine 50% verformte W-7 M%Ni-3 M%Fe-Probe war nach 40 min isothermem Flüssigphasensintern die Desintegration der „alten" W-Teilchen deutlich ausgeprägt. Bild 158 veranschaulicht die damit verbundene drastische Gefügeverfeinerung, die bis etwa $t = 40$ min andauert. Danach wird eine zunehmende Kornvergröberung gemessen, der die in Abschn. 5.2.3 und 5.2.5 zu behandelnden Vorgänge zugrunde liegen. Am Ende hat das Gefüge die Qualität des zuerst dichtgesinterten Materials wieder erlangt.

5.2.3 Materialumfällung

In Sinterwerkstoffen, bei denen für T_S zumindest die Feststoffkomponente in der schmelzflüssigen Bindephase teilweise löslich ist und relativ geringe Anteile an Schmelze auftreten, ist neben der Teilchenumordnung für die Erzielung hoher Dichten eine Materialumfällung bestimmend. Die Umfällung geschieht in der Weise, daß an bestimmten Stellen des Pulverhaufwerkes Festphasenmaterie aufgelöst, in der Schmelze abtransportiert und an anderen Orten wieder auf der Basisphase abgeschieden wird. Die dadurch erzielte Verdichtung ist mit der Entstehung eines typischen Gefüges verknüpft, in dem die Oberflächen der Teilchen neben abgeflachten Kontaktflächen abgerundete Formen (Bild 159a) oder bei stärker ausgeprägter Abhängigkeit der Grenzflächenspannung γ_{SL} von der kristallographischen Orientierung Gleichgewichtsformflächen (Bild 159b) ausbilden. Nach dem klassischen Bild von der Materialumfällung kann diese über einen der Ostwald-Reifung analogen Transport oder als Kingery-Mechanismus erfolgen.

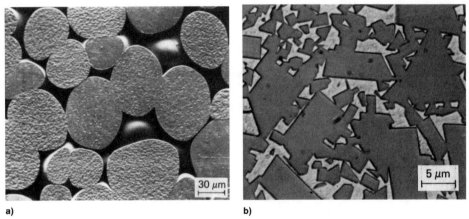

a)   b)

Bild 159. Gefüge flüssigphasengesinterter Werkstoffe; a) W-7,5M%Ni, die Ni-reiche Bindephase wurde herausgelöst (nach [310]); b) WC-6M%Co-Hartmetall (nach *G. Leitner* und *L. Tecza*).

In den grundlegenden Untersuchungen von *Price*, *Smithells* und *Williams* [46] an W-Ni-Cu-Schwermetall sowie an Ag-Cu- und Fe-Cu-Sinterlegierungen wurde erstmals die Materialumfällung im Sinne einer Ostwald-Reifung erörtert (Heavy-Alloy-Mechanismus). Die Ostwald-Reifung beinhaltet, daß die Löslichkeit c_{ai} eines Teilchens in der schmelzflüssigen Phase von dessen Krümmungsradius a_i abhängt

$$c_{ai} \simeq c_0 \left(1 + \frac{2\gamma_{SL}\Omega}{kT}\frac{1}{a_i}\right) \tag{85}$$

(c_0 Löslichkeit der festen Phase bei $a_i = \infty$). Demzufolge wird von kleineren Teilchen, die schließlich verschwinden, Material zu größeren, die wachsen und deren Krümmungsradien zunehmen, via Schmelze umgefällt. Nach der LSW-Theorie verläuft das Teilchenwachstum gemäß $a \sim t^{1/3}$ (Abschn. 3.3.3).

Ostwald-Reifung und LSW-Theorie gehen davon aus, daß die Teilchen soweit voneinander entfernt sind, daß sie sich bei der mit der Umfällung verbundenen Änderung von

Teilchengröße und -gestalt nicht gegenseitig behindern. Im Streben nach einer möglichst niedrigen integralen Grenzflächenenergie strukturieren sich die irregulären Teilchen in runde oder von Gleichgewichtsformflächen begrenzte Teilchen um (Bild 157) (Abschn. 5.3.1). Ergebnisse von Rechnungen, wonach ein solcher Auflösungseffekt erst bei $L_P < 1$ μm merklich wird und größere Teilchen als Keime für die Wiederausscheidung von Material dienen, wurden in [46] experimentell bestätigt. Sind die Teilchen mit $L_P < 1$ μm verbraucht, sollte auch die Umfällung zum Stillstand kommen.

Im Fall von WC-Co-Hartmetall steht der beschriebene Auflösungs- und Wiederausscheidungsvorgang offenbar noch am ehesten mit der Realität im Einklang. Bei einem WC-Hartmetall mit beispielsweise 6% Co wird mit Überschreiten der Temperatur des WC-Co-Eutektikums durch fortgesetzte Aufnahme von WC der Schmelzpunkt des Co schrittweise erniedrigt, bis bei Sintertemperatur (z. B. 1400 °C) eine Zusammensetzung von ≈91% Co und ≈9% WC erreicht ist und die gesamte Bindephase schmelzflüssig wird. Mit fortschreitender Sinterung wird weiteres WC gelöst; bis zu etwa 52% WC im Gleichgewichtszustand. Schließlich besteht der Sinterkörper aus etwa 91,5% festem WC und 8,5% flüssiger Phase (Bild 160). Die flüssige Phase benetzt das Carbid, löst zwischen den Carbidteilchen gebildete Brücken auf und dringt in Poren ein. Die Verdichtung, die vor dem Auftreten der Schmelze infolge von Festphasensinterreaktionen bereits ein erhebliches Ausmaß angenommen hat [47], [315], geschieht nun über Teilchenumlagerung sowie Auflösung und Wiederausscheidung, die so verlaufen, daß eine dichte Packung mit minimaler integraler Oberflächenenergie entsteht (Facettierung der WC-Körner [336]). Während der Abkühlung geht der größte Teil des gelösten WC wieder aus der Lösung

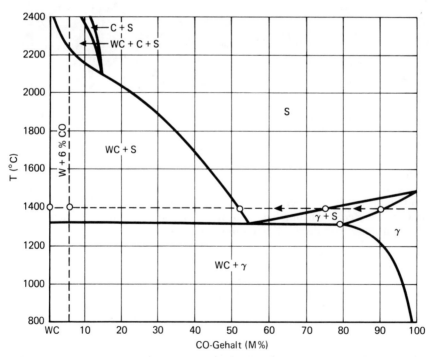

Bild 160. Quasibinärer Schnitt WC-Co im Zustandsdiagramm W-C-Co (nach *S. Takeda*).

und lagert sich an WC-Kristallen an. Danach liegt ein nahezu porenfreies Gefüge vor, in dem die von Flächen niedriger Oberflächenspannung [337] begrenzten polyedrischen WC-Partikel (Bild 159 b), die gegenüber dem Ausgangszustand nur wenig vergrößert sind [47], [314], von cobaltreichen Häuten umschlossen werden.

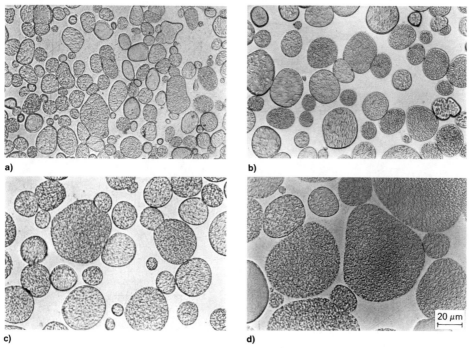

Bild 161. Gefüge von W-20M%Ni-Schwermetall; $p_c = 400$ MPa, $v_A = 100$ K min^{-1}, $T_S = 1510\,°C$ (nach [311]); a), b), c), d): $t = 1, 30, 60, 300$ min.

Weit weniger gut mit der Vorstellung einer Ostwald-Reifung in Übereinstimmung befindet sich das Sinterverhalten und der sich in Verbindung damit einstellende Gefügezustand der Schwermetalle. Nur bei hohen Bindemetallgehalten verläuft die Umfällung so, daß sie über einen längeren Zeitraum mit der Ausbildung sphärischer (oberflächenminimierter) W-Partikel verknüpft ist (Bild 161). In den technischen Schwermetallen aber belaufen sich die Bindemetallgehalte in der Regel auf $\lesssim 10\%$. In diesen Fällen wachsen nicht nur, wenn keine Partikel <1 μm Durchmesser mehr vorhanden sind, die Teilchen weiter, sondern sie erfahren zugleich eine ausgeprägte Kontaktabflachung (Gestaltsakkommodation), die bei kleinen Anteilen flüssiger Phase die beobachteten hohen Dichten überhaupt erst verständlich macht (Bild 162). Schreitet die Kontaktabflachung fort, so bedeutet das für Teilchen, die sich in einer dichten Packung befinden zwangsläufig, daß sich andere Partien der Partikeloberfläche wieder stärker krümmen müssen (Bild 162 d), was ebenso wie deren örtliche Einebnung mit einer Ostwald-Reifung nicht vereinbar ist.

Diese offensichtliche Diskrepanz veranlaßt *Kingery* [322], die Erklärung für das Auftreten eines gestaltsakkommodativen Verdichtungsvorganges im Wirken der mittleren Ka-

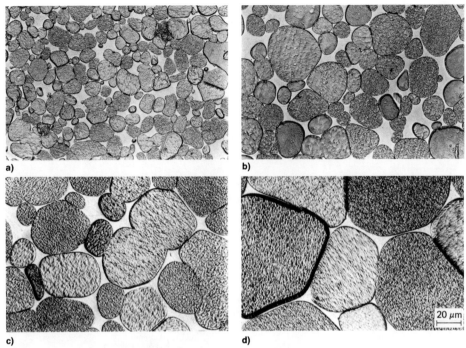

Bild 162. Gefüge von W-7,5M%Ni-Schwermetall, $p_c = 400$ MPa, $v_A = 100$ K min^{-1}, $T_S = 1510\,°$C (nach [311]); a), b), c), d): $t = 1, 30, 60, 300$ min.

pillarkraft $\bar{P}$ zu suchen, die sich am einzelnen Kontakt als Kapillardruckkomponente Δp äußert (Bild 163). Dazu nimmt *Kingery* an, daß die zwischen den kontaktierenden Teilchen bestehende Schmelzhaut $\lesssim 100 \cdot 10^{-10}$ m dick und damit in der Lage ist, Δp zu übertragen. Unter diesen Umständen erhöhen sich das chemische Potential um

$$\Delta \mu_p = \mu_p - \mu_0 = k\,T \ln \frac{c_p}{c_0} = \Omega\,\Delta p \tag{86a}$$

und die Löslichkeit der festen Phase im Schmelzfilm um $\Delta c = c_p - c_0$. Die unter der Druckspannung Δp gesteigerte Löslichkeit beträgt dann

$$c_p \simeq c_0 \left(1 + \frac{\Omega}{k\,T} \Delta p \right). \tag{86b}$$

Die Indizes „0" und „p" beziehen sich auf den kapillardrucklosen Zustand und den unter Δp-Einwirkung.

Gemäß Beziehung (86b) besteht zwischen höher und niedriger bzw. nicht belasteten Bereichen in der Schmelze ein Konzentrationsgradient, der wieder abgebaut wird, indem die gelöste Komponente aus dem Kontaktgebiet abdiffundiert und nach vorübergehender Übersättigung der Schmelze in den geringer oder nicht belasteten Gebieten auskristallisiert. Bei Aufrechterhaltung dieses Vorganges verändert sich nicht nur die Teilchengestalt in Richtung auf eine dichtere Packung (Kontaktabflachung), sondern es wird auch

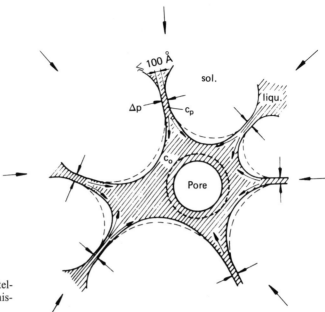

Bild 163. Schematische Darstellung des Kingery-Mechanismus; 1 Å = 10^{-10} m.

der Zentrumsabstand der Teilchen verringert und noch bestehender Hohlraum aufgefüllt. Die Zeitabhängigkeit der durch den Kingery-Mechanismus verursachten Schwindung läßt sich mit den von *Petzow* und *Huppmann* [338] modifizierten Gleichungen *Kingery*s beschreiben:

$$\Delta L/L_0 = \text{const.} \, r^{-4/3} \, (t-t_0)^{1/3} \tag{87a}$$

für den Fall, daß die Abdiffusion des im Schmelzfilm gelösten Materials der geschwindigkeitsbestimmende Teilvorgang ist und

$$\Delta L/L_0 = \text{const.} \, r^{-1} \, (t-t_0)^{1/2} \, , \tag{87b}$$

wenn das Überschreiten der Phasengrenze Teilchen/Schmelzfilm über die Gesamtgeschwindigkeit entscheidet ($r = L_P/2$, Teilchenradius).

Die Überprüfung der Realität des Kingery-Mechanismus, der auf der Annahme einer gleichmäßigen und konstanten Teilchengröße fußt, bereitet wegen der in Pulverpreßlingen differenzierten Teilchengeometrie und -anordnung sowie der Tatsache, daß der Zeitexponent in den Gleichungen (87a, b) in kritischer Weise von t_0 abhängt [43], größere Schwierigkeit. Infolge der Überschneidung von Teilchenumordnung und Lösung-Wiederausscheidung ist t_0, der Zeitpunkt des Auflösungsbeginns im Schmelzfilm, nicht exakt bestimmbar. Obgleich die Zeitgesetze vor allem in Form der Beziehung (87a) des öfteren experimentell bestätigt wurden (s. z. B. [43], [326], Bild 145, 164), fehlt der direkte Beweis für die Einstellung des ihnen adäquaten Gefügezustands, d. h. der Abplattung der Kontakte unverändert gleichgroßer Teilchen [339].

Auch wenn beide Mechanismen der Materialumfällung „vernünftig" sind und der elementaren Forderung nach Reduzierung der totalen Grenzflächenenergien genügen, haftet ihnen, gemessen an den praktischen Erfahrungen, der Mangel an, daß der eine (Ostwald-Reifung) die Gestaltsanpassung und der andere (Kingery-Mechanismus) die

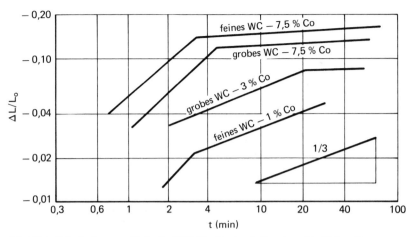

Bild 164. Schwindungsverläufe für WC-Co-Hartmetall unterschiedlicher Zusammensetzung (nach [326]); der steile Geradenast entspricht dem Umordnungsmechanismus (Steigung 1/1), der schwächer geneigte (Steigung 1/3) dem Kingery-Mechanismus.

Gefügevergrößerung vernachlässigt und nicht erklären kann. Unter diesen Umständen sind die Untersuchungen von *Yoon* und *Huppmann* [51] für das qualitative Verständnis des Heavy-Alloy-Mechanismus von Bedeutung. Sie zeigen, daß eine Materialumfällung von Teilchen mit kleinen Krümmungsradien zu solchen mit größeren eine Gestaltsakkommodation nicht ausschließt, die freilich mit der des Kingery-Mechanismus nur das Gefügephänomen „Kontaktabplattung" nicht aber die Kinetik gemeinsam hat.

W-Ni-Pulvermischungen, die gleiche Massenanteile von monokristallinen W-Kugeln (L_P = 200 ... 250 µm) und einem feinen W-Pulver ($\bar{L}_P$ = 10 µm), aber verschiedene Mengen (4 und 14 M%) feines Ni-Pulver enthielten, wurden bei 1670 °C gesintert. Bild 165 zeigt zwei Sinterstadien der bindephasenarmen Mischung (4 M% Ni). Die Materialumfällung, bei der W-Pulverteilchen mit kleinem Krümmungsradius aufgelöst und das in Lösung gegangene W durch die gesättigte schmelzflüssige Bindemetallphase transportiert und auf den Oberflächen benachbarter großer W-Kugeln als W-reicher Mischkristall ($\approx$ 0,15 M% Ni) niedergeschlagen wird, ist offenbar ein von der Ostwald-Reifung kontrollierter Vorgang. Nach der Murakami-Ätzung heben sich die abgeschiedenen Anteile deutlich von den ursprünglichen W-Kugelteilchen ab. Die Ausfällung an den großen W-Teilchen geschieht so, daß sich über deren Gestaltsänderung und -anpassung eine dichte Packung der Festphase ausbildet. Die für den speziellen Fall der Teilchenkonfiguration A-B-C des Teilbildes b zu beobachtende regelmäßig-polyedrische Abplattung der Kontaktflächen tritt unter den Bedingungen einer bidispers gleichmäßigen Teilchenpackung auf, wie sie Bild 165a angenähert ausweist. Für jenen Zeitraum, wo eine solche Packung besteht, ist dann, wie Bild 165c schematisch verdeutlicht, ein pro Zeiteinheit in etwa gleich starker und allseitiger Strom von Material, der den Oberflächen der großen Teilchen zur Abscheidung zugeführt wird, zu erwarten. Diese Erscheinung verliert sich in dem Maße, wie sich unter den ehemals etwa gleich kleinen W-Partikeln selbst eine merkliche Differenzierung ihrer Größe und damit spürbare Materialumfällung einstellt. Die bindemetallreichen Proben mit 14 M% Ni (entspricht etwa 30 Vol% Ni) sintern gleichfalls dicht. Die Materialumfällung jedoch geschieht als Ostwald-Reifung, d. h. von kleinen zu großen Teilchen, deren Radius auf Kosten des der kleinen Partikel zunimmt.

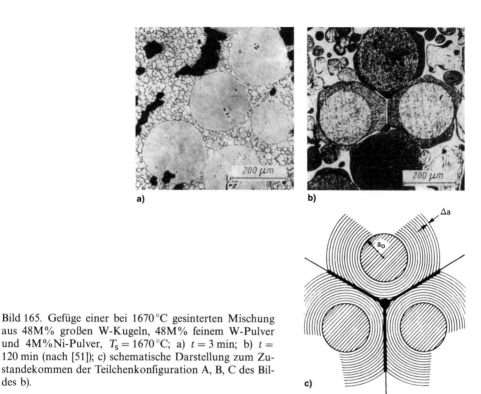

Bild 165. Gefüge einer bei 1670 °C gesinterten Mischung aus 48M% großen W-Kugeln, 48M% feinem W-Pulver und 4M%Ni-Pulver, $T_s = 1670$ °C; a) $t = 3$ min; b) $t = 120$ min (nach [51]); c) schematische Darstellung zum Zustandekommen der Teilchenkonfiguration A, B, C des Bildes b).

Der hohe Bindemetallgehalt macht eine Gestaltsanpassung und Kontaktabplattung überflüssig. Es versteht sich von selbst, daß in den schmelzarmen wie -reichen Sinterobjekten der Verdichtung über Auflösen und Wiederausscheiden Teilchenumordnungsvorgänge voran- und einhergehen [51].

Die Materialumfällung mit Gestaltsanpassung (gestaltsakkommodative Ostwald-Reifung) wird auch bei polydispersen Sinterkörpern, die aus Pulvern mit einem breiten Teilchengrößenspektrum gewonnen wurden, beobachtet. Die von einem solchen Objekt erhaltenen Befunde (Bild 166) stehen mit denen von *Yoon* und *Huppmann* in Einklang. Die mittels Murakami-Lösung geätzten Schliffflächen lassen deutlich die ursprünglichen W-Teilchen erkennen, deren Ni-Gehalt etwa $3 \cdot 10^{-3}$ M% beträgt, währenddem das über die Umfällung ankristallisierte W-reiche Material ungefähr $8 \cdot 10^{-2}$ M% Ni enthält [310]. Eine größere Anzahl von Teilchen läßt jedoch keine Anzeichen dafür erkennen, daß auf ihrer Oberfläche aus der Lösung Substanz abgeschieden wurde. Sie sind hinsichtlich der Zusammensetzung homogen und weisen den erhöhten Ni-Gehalt des an den anderen Teilchen niedergeschlagenen Materials auf (Bild 166, Meßstrecken B, C). Das deutet darauf hin, daß eine Mitwirkung des Kingery-Mechanismus bei der Verdichtung nicht völlig auszuschließen ist.

In Abbildung 167 sind die beim Flüssigphasensintern möglichen und Verdichtung bewirkenden Vorgänge für den Fall, daß die feste Phase in der Schmelze teilweise löslich ist, schematisch dar- und zusammengestellt. Danach kann in einem monodispersen System (Bild 167a) ein Verdichtungsbeitrag nur über die Teilchenumordnung und die Kontakt-

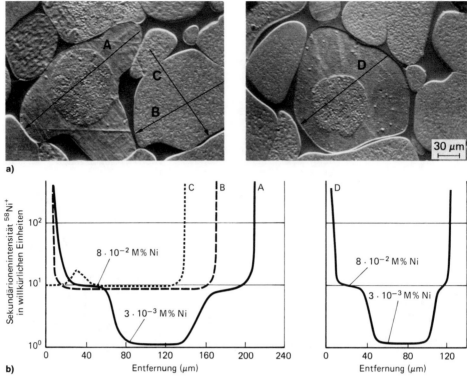

Bild 166. a) REM-Aufnahmen von W-6M%Ni-Kugelschüttungen, Murakami-Ätzung; b) Weg-Intensitäts-Kurven der Sekundärionen $^{58}NI^+$ über W-Teilchen; A, D mit erkennbarem Abscheidungsgebiet; B, C von homogen aussehenden Teilchen (nach [310]); $v_A = 100$ K min^{-1}, $T_S = 1510\,°C$, $t = 120$ min.

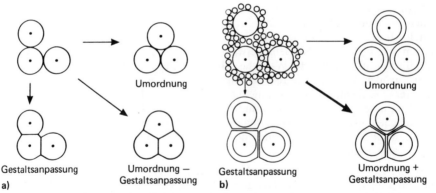

Bild 167. Schwindung durch Teilchenumordnung und -gestaltsanpassung mit Teilchenzentrumsannäherung; a) in einem monodispersen; b) in einem polydispersen System (nach [340]).

abflachung mit Teilchenzentrumsannäherung in der Art des Kingery-Mechanismus erbracht werden. In Systemen mit breiterem Teilchengrößenspektrum, das durch den Ausgangszustand des dispersen Körpers gegeben und/oder über eine Teilchendesintegration entstanden ist, kommen zu diesen noch weitere Verdichtungsschritte hinzu. Die Umfällung der in Teilchen mit kleinem Krümmungsradius verkörperten Substanz macht den Weg für eine weitergehende, sekundäre Umordnung großer Teilchen frei und löst ebenfalls als gestaltsakkommodative Ostwald-Reifung eine Kontaktabplattung mit Teilchenzentrumsannäherung aus (Bild 167b). Bei Systemen mit kontinuierlicher Teilchengrößenverteilung ist es nicht entschieden, welcher der beiden kontaktabflachenden Mechanismen den größeren Anteil zur Verdichtung beiträgt [339]. Im kombinierten Wirken von Ostwald-Reifung mit Gestaltsanpassung plus sekundärer Teilchenumordnung sehen *Kaysser* und *Petzow* [341] den wesentlichen Verdichtungsprozeß von Objekten, die nach dem Heavy-Alloy-Mechanismus sintern. Die Schwindungswerte, die auf der Basis einer modifizierten, die Kornvergröberung mit berücksichtigenden Beziehung errechnet wurden, liegen unter den experimentell ermittelten, so daß die Kontaktabflachung mit Teilchenzentrumsannäherung allein zur Erklärung der beobachteten Verdichtungsanteile nicht ausreicht [341].

Bei der Erwägung des durch den Kingery-Mechanismus erbringbaren Verdichtungsanteils ist zu bedenken, daß sich dieser im Pulverpreßkörper nicht nur auf die mit den Gleichungen (86a, b) zum Ausdruck gebrachten Weise vollzieht [319]. Von der in Bild 168 gezeigten W-Einkristallkugel wurden durch die Ni-Schmelze vorzugsweise die äußeren, stark verformten und kaltverfestigten Partien weggelöst, während der Abtrag an der nicht deformierten gleichgroßen W-Einkristallkugel nach allen Richtungen hin in etwa gleich und insgesamt wesentlich geringer war. Ein entsprechendes Verhalten ist grundsätzlich auch für den Preßkontakt anzunehmen, in dem sich bereits während des Aufheizens und noch im festen Zustand ein dünner Film der Bindephase gebildet hat. Die Erhöhung des chemischen Potentials im Preßkontaktbereich $\Delta\mu$ ist demnach, sobald das Bindemetall aufgeschmolzen ist, das Resultat einer Überlagerung von kapillardruck- und versetzungsdichtebedingter Potentialsteigerung, für die $\Delta\mu = f(\Delta\mu_p, \Delta\mu_D)$ gilt. Ein derart

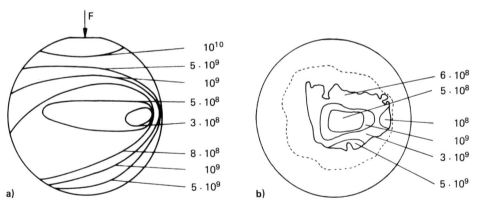

Bild 168. Versetzungsdichteverteilung an einer Wolframeinkristallkugel, die deformiert, in Ni-Pulver eingebettet und wärmebehandelt wurde (nach [310]); a) N-Verteilung nach Deformation zwischen zwei Platten mit $p_c = 21{,}82$ kN; b) danach in Ni-Pulver eingebettet, mit $v_A = 25$ K min^{-1} auf $T_S = 1510\,°C$ erhitzt ($t = 0$ min), schnell abgekühlt und wieder N-Verteilung bestimmt; ——— Ausgangs- und Endform, - - - Umrisse des W-Einkristalls, der durch Anlösung einer ehemals gleichgroßen und in gleicher Weise behandelten, aber nicht deformierten W-Kugel entstand.

modifizierter Kingery-Mechanismus ist solange existent, wie sich noch versetzungsangereicherte, durch den Schmelzfilm verbundene Kontaktflächen gegenüberstehen und der Kapillardruck im dispersen System ausreicht, die Kontaktflächen immer wieder soweit zusammenzuführen, daß es trotz der Materialabwanderung aus dem schmelzgefüllten Kontaktspalt gelingt, diesen $\lesssim 100 \cdot 10^{-10}$ m breit zu halten. Der modifizierte Kingery-Mechanismus ist leistungsfähiger, da Materialabtransport aus dem Kontakt und Kontaktabplattung intensiver und somit auch die Teilchenzentrumsannäherung (Schwindung) rascher verlaufen.

5.2.4 Porenfüllung und -eliminierung

In den vorangegangenen Abschnitten zum Verdichtungsgeschehen während des Flüssigphasensinterns war vorwiegend die Rede davon, was mit der festen Phase geschieht, damit die totale Energie aller Grenzflächen einem Minimum zugeführt wird. Zur Abrundung des damit vom Materialtransport skizzierten Bildes sollen noch einige Betrachtungen angestellt werden, die der Frage nachgehen, wie sich bei all dem die schmelzflüssige Phase verhält.

In realen Preßkörpern ist die Schmelze nicht, wie es beim Kingery-Modell vorausgesetzt wird, gleichmäßig im Pulverhaufwerk angeordnet. Vielmehr liegen, wie schon im Abschn. 5.2.1 erörtert wurde, statistisch verteilte Agglomerate von Teilchen vor, die mit Schmelze angereichert sind, und die während des Teilchenumordnungsprozesses eine Ausweitung und Umschichtung erfahren (s. Bild 148, 149). In ihrer unmittelbaren Umgebung existieren Poren unterschiedlichen Durchmessers, deren weitere Auffüllung mit Schmelze in mehreren Schritten geschehen kann.

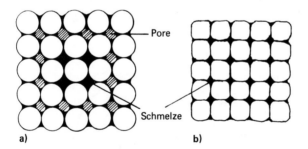

Bild 169. Modellierte Darstellung a) eines Flüssigkeits-Teilchen-Agglomerates und b) der Ausbreitung der Schmelze in die umliegenden Poren bei gleichzeitiger Gestaltsakkommodation der Teilchen (nach [344]).

Die äußere Begrenzung des Schmelzanteiles in einem Agglomerat setzt sich aus einer Vielzahl konkav (negativ) gekrümmter Flüssigkeitsmenisken zusammen (Bild 169), die sich zwischen den Pulverteilchenkontakten formiert haben und nun die freie Oberfläche der Schmelze des Agglomerates bilden. Die Menisken üben einen negativen Druck (Zug) aus, demzufolge die Schmelze in die benachbarten Poren gesogen wird oder auch Pulverteilchen in das Innere der Schmelze gezogen werden. Das Ausfließen der Schmelze aus dem Agglomerat ist nur dann möglich und von einer Verdichtung begleitet, wenn mit der Ausbreitung der Schmelze eine Formanpassung der Pulverteilchen über Auflösen und Wiederausscheiden vonstatten geht. Die Geschwindigkeit der Gestaltsakkommodation bestimmt die Ausbreitung der Schmelze in den angrenzenden Porenraum [344].

Am Ende dieses Stadiums weist das Gefüge für gewöhnlich noch einzelne größere Poren auf, die voneinander isoliert relativ stabil sind. Bei fortdauerndem Sintern können auch diese mit Schmelze gefüllt werden und so zur Verdichtung beitragen. Bild 170 gibt diesen Sachverhalt wieder. Die Zahl eliminierter großer Poren wächst mit t. Wie die schematische Darstellung eines solchen Verdichtungsschrittes in Bild 171 erkennen läßt, besteht die Porenoberfläche aus negativ gekrümmten Fest- und Flüssigphasenflächenelementen. Letztere sind die Ursache für eine Kapillarzugspannung, die das die Pore umgebende Material in den Hohlraum zu ziehen trachtet. Die feste Phase kommt dem über Kontaktabplattung durch Auflösen und Wiederausscheiden in einer Art nach, bei der die Grenzflächen Partikel/Pore der sich vergrößernden Teilchen in Richtung Porenzentrum vorrücken. Die Schmelze dringt entlang der Kontaktspalten direkt in das Poreninnere ein und füllt es auf. Auch hier hängt die Geschwindigkeit der Porenschließung von der der Teilchenformanpassung ab.

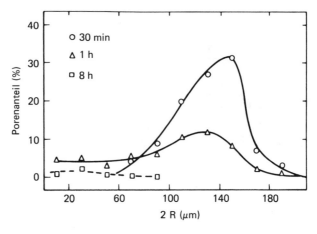

Bild 170. Verteilung der Porengröße 2R für verschiedene Sinterzeiten t in W-4M%Ni-Sinterkörpern (nach [344]); $\bar{L}_{P,Ni} = 125$ μm, $T_S = 1550\,°C$.

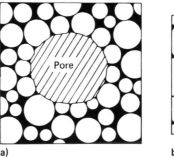 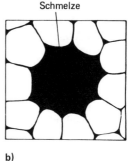

Bild 171. Modellierte Darstellung a) einer isolierten Pore mit den sie umgebenden Teilchen und der Schmelze vor und b) nach der Füllung der Pore mit Schmelze (nach [344]).

Weitere Einzelheiten zu dem mit der Poreneliminierung verbundenen Geschehen erbrachten experimentelle Untersuchungen an Schwermetallegierungen auf W- und Mo-Basis [344], [345]. Zur künstlichen Erzeugung großer Poren bediente man sich einer speziellen Präparationstechnik. Dem feindispersen W- bzw. Mo-Pulver ($L_p \approx 1\ldots 10$ μm) wurde das Bindemetall Ni zum Teil als feines ($L_p \approx 1,5\ldots 4,5$ μm), zum Teil als großes Pulver ($L_p \approx 30\ldots 125$ μm) zugemischt. Mit dem Aufschmelzen der Bindephase beim Sintern dringt diese in das räumliche Kapillarnetzwerk ein und hinterläßt an den Stellen der gröberen Ni-Teilchen größere Poren. Außerdem wurde für die 3 h bei 900 °C vorgesinterten Mo-Basis-Preßkörper eine zyklische Sinterbehandlung angewendet, bei der die Proben auf Flüssigphasensintertemperatur (1460 °C) erhitzt und wieder auf 1300 °C abgekühlt werden. Der etwa 30 min beanspruchende Zyklus wird mehrfach wiederholt. Auf diese Weise ist es in Verbindung mit der dabei auftretenden Mikroseigerung mittels einer kräftigen Murakami-Ätzung möglich, die bei jedem Zyklus auf den Mo-Teilchen neu niedergeschlagene Schicht sichtbar zu machen und anhand der Schichtlinien den Abscheidungsmechanismus zeitlich zu verfolgen (Bild 172a). Die Mo-Teilchen enthalten im Konzentrationsgleichgewicht 1,03 M% Ni, die sie umgebende Schmelze 48 M% Ni und 52 M% Mo.

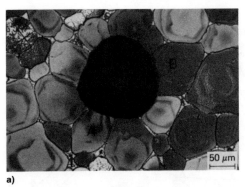 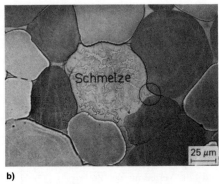

a) b)

Bild 172. Gefüge von Mo-4M%Ni-Sinterproben (nach [345]); a) in der Umgebung einer großen Pore nach drei Sinterzyklen von jeweils 30 min; b) nach Füllung der Pore mit Schmelze und drei Sinterzyklen 60–30–30 min.

Bild 172a veranschaulicht, daß das laterale Wachstum der Mo-Teilchen, die die Pore umschließen, eine ständige Abscheidung von Material impliziert (z. B. Korn A, B), das durch die Auflösung kleinerer Partikel freigesetzt und über die schmelzflüssige Phase abtransportiert wird. Demnach kann die gestaltsakkommodative Ostwald-Reifung auch noch in einem schon dichteren Material auftreten. Wird bei verlängerter Sinterdauer die Pore mit Schmelze gefüllt (Bild 172b), dann ändert sich nach geraumer Zeit auch das Vorzeichen der Krümmung der Teilchenoberflächen, die an die Schmelze angrenzen, von negativ nach positiv (Bild 171b). Infolge des Transportes von Material durch die Kontaktspalten und dessen Kristallisation an der Grenzfläche zur Schmelze nehmen die Teilchen an der Fest-Flüssig-Phasengrenze eine konvexe Krümmung an und wachsen so in die Schmelze hinein. Daneben können sich einzelne von Desintegrationsprozessen herrührende Teilchen oder ganze Teilchenkollektive mit der Schmelze als viskoser Fluß in Hohlräume hinein bewegen (mit Kreisen versehene Volumina in Bild 173b). Ein viskoser Teilchen-Schmelze-Fluß ist dann gegeben, wenn die Teilchen nicht (wie in Bild 172a) eine dichte Packung, die im Verlaufe der Formanpassung entstanden ist, bilden. Durch ihn werden schließlich die an die Stelle früherer Poren getretenen „Schmelzetümpel" so mit Material aufgefüllt, daß ein homogenes Gefüge vorliegt (Bild 173) [345].

Im konkreten Fall ist es schwer zu sagen, welcher der genannten Vorgänge (Teilchenwachstum in die Schmelze, Desintegration fester Gefügebestandteile oder ein von

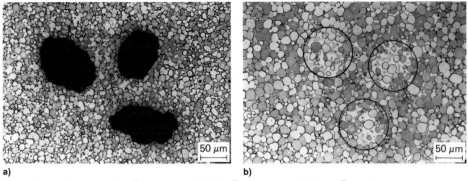

Bild 173. Gefüge von Mo ($\bar{L}_P = 7\,\mu m$) -5M%Ni ($\bar{L}_P = 1,5\,\mu m$) -3M%Ni ($\bar{L}_P = 100\,\mu m$) -Sinterproben (nach [345]); a) isolierte Poren nach $t = 1$ min; b) homogenisiertes Gefüge nach $t = 3$ min (die Kreise bezeichnen Orte ehemaliger „Schmelzetümpel").

Schmelze getragener viskoser Fluß ganzer Teilchengruppen) bei der Gefügehomogenisierung dominiert. Ist das Verhältnis R/L_P groß, der φ_D-Wert niedrig und der Schmelzeanteil hoch, dann sollte dafür das Einfließen von Teilchenkollektiven bestimmend sein [345].

Es ist naheliegend, daß in technischen Pulverpreßkörpern beim Flüssigphasensintern auch Vorgänge wirksam werden, die auf die durch das Pressen eingeführte hohe Energie zurückzuführen sind. Als solche kommen die versetzungsaktivierte Penetration und Desintegration (Bild 157), der modifizierte Kingery-Mechanismus (Abschn. 5.2.3) oder allgemein die Verbesserung der Benetzungsverhältnisse als Folge einer Defektanreicherung im Teilchenoberflächen- bzw. -kontaktbereich in Betracht. Bei einem W-Ni-Fe-Schwermetall, das nach dem Sintern bei 1480 °C noch größere Poren ($\bar{R} \approx 50\,\mu m$) aufwies, werden auch durch ein zweites Flüssigphasensintern diese nicht beseitigt und keine merklichen Gefügeveränderungen beobachtet. Erst wenn eine 25- bis 30%ige Kaltverformung zwischengeschaltet wird, füllen sich beim wiederholten Sintern die Poren mit Schmelze und die Festphasengefügebestandteile werden in der für das Schwermetall typischen Weise abgerundet und eingeformt [346].

Die Vorgänge der Poreneliminierung werden – wie beim Festphasensintern (Abschn. 3.3.3) – beeinträchtigt, wenn in den isolierten Poren Gase eingeschlossen sind. Für den Fall, daß das eingeschlossene Gas in der Porenumgebung unlöslich ist, kommt für eine einzelne kugelige Pore die Porenfüllung zum Stillstand, wenn mit der Abnahme des Porenradius R der Gasdruck p_v in der Pore soweit angestiegen ist, daß $p_v = p = 2\,\gamma_L/R$, d. h. p_v mit dem Kapillarbinnendruck p im Gleichgewicht steht. Als Folge dessen verbleibt im Sinterkörper eine gewisse Restporosität Θ_{min}, die sich abschätzen läßt. Ist Θ_0 die Porosität zu dem Zeitpunkt, wo alle isolierten Porten dicht geschlossen sind, und herrscht in den Poren der Gasdruck $p_{v,0}$, dann beläuft sich die Restporosität, sobald der Zustand $p_v = p$ erreicht ist, auf

$$\Theta_{min} \simeq 0{,}172\,(p_{v,0}\,\Theta_0/\gamma_L)^{3/2}\,N_P^{-1/2} \tag{88a}$$

(N_P Anzahl der Poren pro Volumeneinheit). Bezieht man diesen Sachverhalt auf den mittleren Anfangsradius $\bar{R}_0$ der isolierten geschlossenen Poren, so nimmt Beziehung (88a) die Form

$$\Theta_{min} \simeq \Theta_0\,[p_{v,0}\,\bar{R}_0/(2\,\gamma_L)]^{3/2} \tag{88b}$$

an [316]. Da $\bar{R} \sim \bar{L}_\mathrm{P}$ ist, sagt Beziehung (88b) aus, daß $\Theta_{\min}$ mit der mittleren Teilchengröße $\bar{L}_\mathrm{P}$ abnimmt. Andererseits ist die Restporosität von der Poren- und damit auch von der Sinteratmosphäre abhängig. Sie reicht bei völliger Unlöslichkeit des Gases in der Matrix (wie erörtert) von einigen Prozent bis zu $\Theta_{\min} \simeq 0\%$, wenn eine hohe Löslichkeit für das eingeschlossene Gas besteht oder im Vakuum gesintert wird.

5.2.5 Gefügeentwicklung

Beim stationären Flüssigphasensintern treten infolge von Wechselwirkungen zwischen Fest- und Flüssigphase nicht nur Verdichtungsprozesse auf, sondern auch Vorgänge, die zur Vergröberung des Gefüges führen. Die Vergröberungserscheinungen sind zwar bei Systemen mit begrenzter Löslichkeit von fester in flüssiger Phase am häufigsten zu finden, werden jedoch in Form des Zusammenschlusses ganzer Teilchen zu Gruppen oder größeren Aggregaten auch in Systemen ohne Löslichkeit der Komponenten beobachtet. In der Regel ist mit ihnen eine Verschlechterung der mechanischen Eigenschaften, vor allem der Bruchzähigkeit verbunden, weshalb man sie in der Praxis zu vermeiden sucht.

5.2.5.1 Gefügevergröberung bei der Materialumfällung

In Abschn. 5.2.3 wird darauf hingewiesen, daß der Materialumfällung in Form einer mit Gestaltsanpassung verknüpften Ostwald-Reifung eine Vergrößerung der mittleren Teilchengröße $\bar{L}_\mathrm{P}$ einhergeht (Bilder 161, 162, 165 und 166). Die Zeitabhängigkeit dieses Teilchenwachstums wird analog dem Zeitgesetz für das Kornwachstum (64) durch die Beziehung

$$\bar{L}_\mathrm{G}^n - \bar{L}_\mathrm{G0}^n = K_\mathrm{G}(t - t_0) \tag{89}$$

beschrieben (K_G Geschwindigkeitskonstante) [338]. Sind die Pulverteilchen der Basiskomponente monokristallin, wie bei Schwermetallen, ist $\bar{L}_\mathrm{G} \cong \bar{L}_\mathrm{P}$. Je nachdem, ob für die gestaltsakkommodative Ostwald-Reifung die Abdiffusion in der Schmelze oder der Übertritt über die Phasengrenze der geschwindigkeitsbestimmende Schritt ist (s. a. Gleichung 87a, b), wird $n=3$ oder $n=2$. In vielen experimentellen Untersuchungen wurde das kubische Zeitgesetz bestätigt (z. B. Bild 174), d. h. daß das Kornwachstum diffusionskontrolliert verläuft [338], [341]. Freilich gilt die Einschränkung, daß während des Festphasensinterns (Aufheizphase) noch keine nennenswerte Skelettbildung innerhalb der festen Phase stattgefunden haben darf [347], was um so eher der Fall sein wird, je größer der Volumenanteil der Schmelze ist. Außerdem macht *H. E. Exner* [348] aufgrund von Untersuchungen an VC- und TaC-Hartstofflegierungen mit 40 Vol% Ni oder Co darauf aufmerksam, daß aus der Zeitabhängigkeit des Teilchenwachstums nicht mit Sicherheit auf den geschwindigkeitsbestimmenden Schritt geschlossen werden kann. Selbst nach der Einstellung eines stationären Zustandes der Teilchengrößenverteilung, der für die Anwendung der Theorie der Ostwald-Reifung vorausgesetzt wird, sind die experimentellen Fehler häufig noch so groß, daß sie die zu erwartenden Effekte überwiegen. Zudem wird das Flüssigphasensintern oft vor dem Bestehen einer stationären Teilchenvergrößenverteilung beendet [338].

Die Kornvergröberung, die der gestaltsanpassenden Materialumfällung einhergeht, kann zu Sondererscheinungen führen, indem dritte Phasen im Verlaufe des Partikelwachstums völlig umschlossen werden und innerhalb der monokristallinen Teilchen der Basiskomponente als Einschlüsse verbleiben. Mit Hilfe der im Abschnitt 5.2.4 geschilderten zykli-

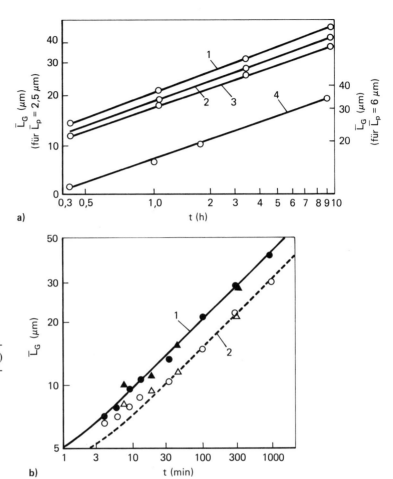

Bild 174. Kornwachstum infolge Materialumfällung; a) 1, 2, 3 W-$\bar{L}_P = 2{,}5$ μm; 4 W-$\bar{L}_P = 6$ μm;
1 W-1,5M%Fe-1,5M%Ni;
2, 4 W-5M%Fe-5M%Ni;
3 W-10M%Fe-10M%Ni;
$T_S = 1450\,°C$ (nach [347]);
b) 1 Fe-30M%Cu;
2 Fe-60M%Cu;
$T_S = 1150\,°C$ (nach [341]).

schen Wärmebehandlung (s. a. Bild 172a) wurde an Mo-3 M% Ni-Schwermetall beobachtet, wie während des Flüssigphasensinterns Mikroporen und kleine „Schmelzetümpel" von der ihnen benachbarten Teilchensubstanz umwachsen und schließlich eingeschlossen werden. Die „Schmelzetümpel" entstehen in einem späteren Stadium des Teilchenwachstums, wenn nicht eliminierte Poren noch mit Schmelze gefüllt werden [349].

Auf dieselbe Weise nachgewiesen und modelliert wurde das Wachstumsverhalten von Mo-Teilchen, die mit Al_2O_3-Partikeln während des Flüssigphasensinterns einer Mo-4 M% Ni-0,6 M% Al_2O_3-Schwermetallegierung im Kontakt stehen [350]. Die sich rasch vergröbernden Mo-Teilchen ($\bar{L}_{P0} \approx 7$ μm) umwachsen die inerten Al_2O_3-Partikel ($\bar{L}_P \approx 30$ μm). Der Dihedralwinkel zwischen Mo und Al_2O_3 beträgt 0 grad, so daß die Phasengrenze Mo/Al_2O_3 von einem während des Flüssigphasensinterns stabilen Schmelzfilm der Zusammensetzung ≈ 52 M% Mo $- \approx 48$ M% Ni durchsetzt werden kann. Der Schmelzfilm dient als Medium für einen schnellen Diffusionsmaterialtransport (Diffusionskonstante $> 5 \cdot 10^{-9}$ m^2 s^{-1}), der durch Auflösen in und Wiederausscheiden aus der Schmelze die Festphase um die Al_2O_3-Teilchen herumführt und sie schließlich ganz mit Festphasensubstanz umgibt. Das Schwermetallteilchenwachstum und die Ausbildung des für Schwermetall typischen Gefüges verlaufen ungehindert weiter.

5.2.5.2 Koaleszenz und Skelettbildung

Im späteren Stadium des Flüssigphasensinterns können über die Aneinanderlagerung und das Zusammenwachsen von Partikeln Multiteilchenaggregate gebildet werden. Dieser Vorgang kann bis zur Formierung eines starren Skeletts der Festphase führen (Bild 142). Die Bildung von Vielteilchenaggregaten, die mit einem Koaleszenzvorgang erklärt wird, trägt relativ wenig zur Verdichtung bei. Erfolgt die Skelettformierung schon zu einem früheren Zeitpunkt, kann sie die Endverdichtung sogar behindern.

Der Begriff „Koaleszenz" wird nicht in jedem Fall in Strenge angewendet. Im engeren Sinn versteht man darunter die Vereinigung zweier in bezug auf ein ortsfestes Achsenkreuz kristallographisch unterschiedlich orientierter Kristallite (oder Teilchen) bei gleichzeitiger Eliminierung der sie trennenden Großwinkelkorngrenze (z. B. [351]). Die erweiterte Auslegung des Begriffs „Koaleszenz" schließt auch das Zusammenwachsen unterschiedlich orientierter Volumina bei Bestehenbleiben einer Großwinkelkorngrenze ein (z. B. [47]).

Die Neigung zum Zusammenwachsen und Koaleszieren von Teilchen hängt grundsätzlich von der Größe des Dihedralwinkels φ_D (Bild 141) ab. Die schematische Darstellung in Bild 175 verdeutlicht den Zusammenhang zwischen Kontaktwachstum, während dem γ_{SS} in γ_G übergeht, und der mit Gleichung (82) zum Ausdruck gebrachten wechselseitigen Beeinflussung von φ_D und dem Verhältnis γ_{SS}/γ_{SL}. Je geringer die spezifische Energie der Festphasengrenze $\gamma_{SS}(\gamma_G)$ gegenüber der der Fest-Flüssig-Phasengrenze γ_{SL} ist, um so größer ist der Dihedralwinkel und um so stärker werden Bildung und Ausbreitung der Kontaktflächen zwischen den Teilchen sowie ihr Zusammenwachsen begünstigt [45].

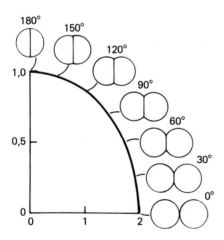

Bild 175. x/a-Verhältnis für zwei kontaktierende Teilchen in Abhängigkeit vom γ_{SS}/γ_{SL}-Verhältnis für Dihedralwinkel $\varphi_D = 0 \ldots 180$ grad (nach [316]).

Die Koaleszenz im engeren Sinne stellt eine Teilchenagglomeration dar, bei der benachbarte Partikel auf eine Art zusammenwachsen, die im Korngrenzenätzbefund keine Kontaktgroßwinkelkorngrenzen mehr erkennen läßt. Die Konturen der so entstandenen Sekundärteilchen bzw. -agglomerate gestatten in der Regel, die Lage der ursprünglichen

Kontaktgrenzen zu rekonstruieren. Dieses Vergröberungsphänomen wird häufig und am ausgeprägtesten beobachtet bei metallischen Systemen, die nach dem Heavy-Alloy Mechanismus sintern [352], aber auch an Systemen mit Unlöslichkeit der Fest- in der Schmelzphase, wie W-Cu und W-Au [353], für die es den dominanten Vergröberungsmechanismus bedeutet. Zur Einstellung eines solchen Zustandes kommen mehrere Erscheinungen in Betracht: spannungsinduziertes Kornwachstum, die Bildung von Niederenergiekorngrenzen beim Kontaktschluß sowie eine Teilchenrotation.

5.2.5.2.1 Spannungsinduzierte Kontaktkorngrenzenmigration

Zeichnen sich kontaktierende Teilchen beispielsweise als Folge der beim Pressen erlittenen unterschiedlichen Kaltverformung (-verfestigung) durch größere Unterschiede in der Versetzungsdichte aus, so kann eine spannungsinduzierte Kontaktkorngrenzenmigration (SIGM) einsetzen. Derartige abrupte Änderungen der Versetzungsdichte beiderseits der Kontaktfläche werden im allgemeinen durch die geometrischen Verhältnisse (Teilchengröße, -form und -größenverteilung) veranlaßt, aufgrund der beim Pressen verschieden große Kräfte in die Teilchen eingeleitet werden, die je nach relativer Lage der Gleitebenen beim Pressen zu unterschiedlichen Verformungsgraden auf beiden Seiten des Kontaktes führen. Bei der SIGM bewegt sich die Kontaktkorngrenze in das Teilchen mit der höheren Versetzungsdichte hinein (Bild 176). Der dabei für die Vergrößerung der Korn-

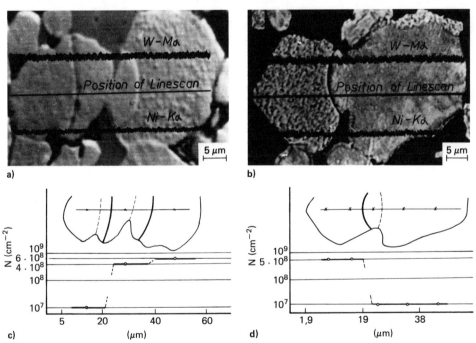

Bild 176. Spannungsinduzierte Kontaktkorngrenzenmigration bei W-6M%Ni-Schwermetall; T_S = 1400 °C, t = 20 min (nach [310]); a, b Rasterbilder der rückgestreuten Elektronen mit Linienscan der W- und Ni-Verteilung; c, d Versetzungsdichteverteilung; --- Lage der Korngrenze vor, —— nach der Migration.

grenzenfläche aufzubringende Energiebetrag wird durch die im Zuge des Ausheilens von Versetzungen freigesetzte Verzerrungsenergie erbracht. Bild 176 zeigt, daß das von der wandernden Grenze überstrichene Gebiet niedrigere N-Werte aufweist als vorher. Die Grenze hinterläßt demnach ein energieärmeres Volumen. Hat die migrierende Grenze auf diese Weise den maximalen Teilchenquerschnitt erreicht, wird auch das restliche Teilchenvolumen – unabhängig von dessen Defektdichte – von ihr durchschritten, da damit eine Verringerung der Korngrenzenfläche (Korngrenzenenergie) verbunden ist. Ein solcher Koaleszenzfall lag offensichtlich auch in [338] vor, wo an W-Ni-Schwermetall beobachtet wurde, daß die Kontaktkorngrenzen von Teilchen geringer Mikrohärte, also mit niedriger gespeicherter Energie, wegwandern und sich durch Nachbarteilchen höherer Mikrohärte hindurchbewegen. Am Ende bleibt ein größeres Teilchen niedriger Härte übrig.

Die Kornvergröberung infolge spannungsinduzierter Kontaktkorngrenzenbewegungen läßt sich übersteigern und besser verfolgen, wenn das Basis-Pulver als Mischung aus mechanisch aktivierten (defektangereicherten) und nicht aktivierten Teilchen zur Verwendung kommt. Damit wird die Wahrscheinlichkeit, daß Teilchen mit signifikanten Versetzungsdichteunterschieden kontaktieren, erhöht. In Bild 177 sind die an so hergestellten W-6 M% Ni-Schwermetallsinterkörpern erhaltenen Ergebnisse wiedergegeben und denen von sonst gleichen Proben, deren W-Pulver jedoch keine mechanisch aktivierten Anteile enthielt, gegenübergestellt. Bemerkenswert ist der in beiden Fällen hohe Anteil spannungsinduzierten Kornwachstums, das im wesentlichen im letzten Drittel der Aufheizphase abgeschlossen zu sein scheint, ohne daß eine merkliche W-Ni-Mischkristallbildung stattgefunden hat (Bild 176). Die mit dem Auftreten der Schmelze beobachtete starke Abnahme von Fällen spannungsinduzierter Kontaktkorngrenzenwanderung hat zweierlei Gründe. Die Mehrzahl der wandernden Grenzen hat die Teilchen bereits voll durchlaufen und ein Teil der migrierten Grenzen wurde von der Schmelze soweit penetriert, daß Teilchendesintegration eintrat.

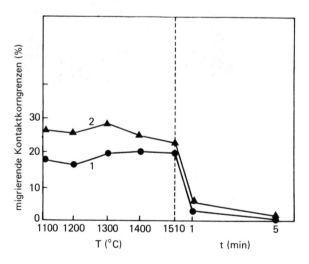

Bild 177. Prozentualer Anteil spannungsinduziert migrierter Kontaktkorngrenzen in Abhängigkeit von T und t; W-6M%Ni-Schwermetall, $\bar{L}_{Go} = 14\,\mu m$, $p_c = 400$ MPa, $v_A = 100$ K min^{-1} (nach [319]); *1* nicht aktiviertes W-Pulver; *2* Mischung aus 50% mechanisch aktiviertem und 50% nicht aktiviertem W-Pulver.

Der Erscheinung einer spannungsinduzierten Kontaktgrenzenwanderung wurde im Rahmen der Bemühungen, die Ursachen für das Koaleszenzgeschehen aufzuklären, weniger Aufmerksamkeit geschenkt, da sie bereits am Ende des Aufheizens nahezu abgeschlossen ist und das Hauptfeld entsprechender Untersuchungen der isotherme Prozeß war. Neben der Gefügevergröberung durch Materialumfällung (Abschn. 5.2.5.1) dürfte die SIGM jedoch als wichtigste Ursache für das vor allem bei Schwermetallen anzutreffende Teilchenwachstum gelten.

5.2.5.2.2 Bildung von Niederenergiekontaktkorngrenzen

Entsteht mit dem Kontaktschluß eine Niederenergiekorngrenze, dann ist gemäß Beziehung (82) ein großer Dihedralwinkel und damit die Ausweitung der Kontaktkorngrenzenfläche gegeben, die soweit gehen kann, daß die Kontaktkorngrenze abwandert und somit das kontaktierende Teilchenpaar koalesziert. Bild 178 gibt einen solchen Fall wieder. Die Ätzgrübchen weisen die beiderseits des ehemaligen Kontaktes gelegenen Volumina als nun gleich orientiert aus. Aufgrund sorgfältiger Experimente und Messungen an den Systemen Fe-Cu und Cu-Ag kommt *Takajo* [351] zu dem Schluß, daß die Niederenergiegrenzen in Form von Kleinwinkel- und Koinzidenzkorngrenzen auftreten und etwa 3,4% aller Kontaktkorngrenzen in einem Pulverhaufwerk auf diese Weise zur Koaleszenz beitragen können. Dieser Prozentsatz nimmt jedoch mit steigender Beweglichkeit der Teilchen infolge eines erhöhten Schmelzanteiles und einer intensivierten Teilchendesintegration [333] oder während des viskosen Schmelze-Teilchen-Flusses bei der Auffüllung größerer Poren (Abschn. 5.2.4) sowie bei der Anwendung spezieller Technologien der Sintertechnik (Schlickergießen) merklich zu [358]. *Takajo* [351] nimmt einen dreistufigen Koaleszenzprozeß an. Zunächst bildet sich ein Kontakthals, der eine niederenergetische Grenze enthält. Danach wird außerhalb der Halsregion aufgelöste Festphase zum Halsgebiet andiffundiert und so wieder ausgeschieden, daß der Kontakthals wächst. Bei fortgeschrittenem Wachstum der Kontaktkorngrenzenfläche schließlich wandert die Grenze aus dem Kontakt ab und vollendet die Koaleszenz.

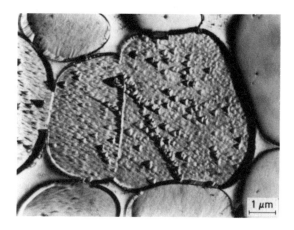

Bild 178. Koaleszenz durch Bildung einer Niederenergiekorngrenze im Gefüge eines W-7,5M%Ni-Sinterkörpers; $T_S = 1500\,°C$, $t = 2\,h$, Tiefenätzung mit Murakami-Lösung (nach [311]).

Zukas und Mitautoren [353] untersuchten das Koaleszenzverhalten von Schwermetall W-3,5 M% Ni-1,5 M% Fe (≈ 13 Vol% Bindephasenschmelze) sowie von W-13 Vol% Cu- und W-13 Vol% Au-Sinterkörpern, bei denen im Gegensatz zum Schwermetall die feste Phase nicht in der Schmelze löslich ist. Dazu waren die Pulvergemische in eine MgO-Form geschüttet und zur besseren Handhabbarkeit der Proben leicht mit 5 MPa angedrückt worden. Auch während des Sinterns und der nachfolgenden Schliffpräparation wurde das Material in der Form belassen. Die beobachteten Koaleszenzerscheinungen werden als das Ergebnis kristallographisch „zufälliger Berührungen" interpretiert, also als Koaleszenz über die Bildung von Niederenergiekontaktkorngrenzen angenommen. Aus der Ähnlichkeit der für unterschiedliche Sinterzeiten ermittelten Teilchengrößenverteilungen wird geschlußfolgert, daß die Koaleszenzhäufigkeit relativ unabhängig vom Löslichkeitsverhalten der Festphase und für beide Materialgruppen von vergleichbarer Größe ist. Auch das infolge Koaleszenz verursachte Teilchenwachstum ist für beide Werkstoffarten vergleichbar. Die logarithmische Darstellung von L_P über t ergibt Geraden mit einer Neigung, die je nach Sintertemperatur und Zusammensetzung beim Schwermetall 1,43 ($T_S = 1600\,°C$, 5 M% Bindephase) bzw. 1,36 ($T_S = 1460\,°C$, 15 M% Bindephase) und für das W-Cu- sowie W-Au-Sintermaterial (beide $T_S = 1350\,°C$) 1,34 bzw. 1,36 beträgt. Danach ist die Koaleszenz nicht nur ein schneller, sondern auch ein die Gefügevergröberung zu wesentlichen Teilen mit tragender Prozeß.

5.2.5.2.3 Gerichtetes Kornwachstum

Eine der Koaleszenz infolge spannungsinduzierten Kornwachstums in gewisser Weise verwandte Bildung von Teilchengruppen ist das sog. gerichtete Kornwachstum. Dieses Sinterphänomen wurde an großen Festphasenpartikeln der Systeme Fe-Cu, Mo-Ni und ZnO-Bi$_2$O$_3$-Li$_2$O [339] sowie insbesondere bei W-Ni beobachtet und näher untersucht [51]. Benachbarte Partikel wachsen ineinander, wobei aus dem Kontakt als „Grenze" eine mehr oder weniger dicke Schicht gesättigter Schmelze in eines der Teilchen hineinwandert und hinter sich einen gesättigten Mischkristall zurückläßt. Das vom Durchlauf der Schmelzhaut nicht betroffene Teilchen bleibt in seiner Zusammensetzung ebenso unverändert, wie es jenes Volumen des Nachbarteilchens ist, das vom gerichteten Kornwachstum noch nicht erfaßt wurde. Die ehemals durch eine Schmelzbrücke getrennten Kristalle sind nun durch einen Mischkristall miteinander verbunden. Bild 179 demon-

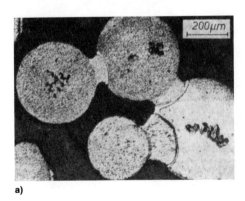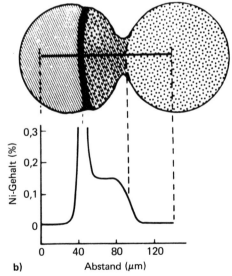

Bild 179. Gefüge mit gerichtetem Kornwachstum; W-Kugel ($L_P = 200 \ldots 250\,\mu m$) mit 2M%Ni bei 1640°C 60 min gesintert (nach [51]); a) mit Murakami-Lösung geätzt, b) Darstellung der Konzentration in einem Teilchenpaar.

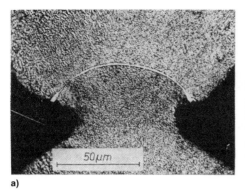 

Bild 180. Gefüge des Kontaktbereiches mit Mischkristallbildung und Wandern einer schmelzflüssigen „Grenze" (nach [51]); a) extrem dünne Schmelzhaut; b) beiderseits des am weitesten vorgeschobenen Mischkristallteiles breite Gebiete mit Schmelze.

striert diesen Vorgang am System W-Ni. Dabei dürfte für den Fall, daß die sich bewegende schmelzflüssige „Grenze" extrem dünn ist (Bild 180a), das Wachstum des Mischkristalls von der Phasengrenzflächenreaktion kontrolliert werden; anderenfalls (Bild 180b) von der Diffusion durch die Schmelze. Die Einleitung und Richtung des Kornwachstums, das heißt, welcher der benachbarten Kristallite von der Mischkristallbildung „befallen" wird, hängt von mehreren Faktoren, die auf die Keimbildung Einfluß nehmen, wie unterschiedliche Versetzungsdichte, Orientierung, Oberflächenrauhigkeit und Krümmungsradien der in Nachbarschaft befindlichen Teilchen sowie zwischen diesen bestehenden Temperaturgradienten ab. Die treibende Kraft für das Mischkristallkornwachstum ist die Differenz zwischen dem chemischen Potential des sich in der Schmelzhaut auflösenden Wolframs und der sich auf der anderen Seite der schmelzflüssigen „Grenze" abscheidenden W-Ni-Mischkristallphase [51]. Dabei erfährt die freie Energie des Systems eine Verringerung um etwa 72 J mol^{-1}, die den Zuwachs an Grenzflächenenergie Schmelze/Wolfram und Schmelze/W-Ni-Mischkristall überkompensiert [339]. Sind die Festphasenteilchen bereits mit Bestandteilen der Schmelze entsprechend den bestehenden Gleichgewichtsbedingungen gesättigt, dann wird kein gerichtetes Kornwachstum beobachtet [354].

5.2.5.2.4 Koaleszenz über Teilchenrotation

Eine Koaleszenz, die sich im Ergebnis einer Teilchenrotation vollzieht, kann als ein Spezialfall der Koaleszenz über die Bildung einer Niederenergiekontaktkorngrenze (Abschn. 5.2.5.2.2) angesehen werden.

Vom Festphasensintern her ist bekannt, daß sich die Teilchen gegeneinander bewegen können (Rotation, Rollen) (Abschn. 2.1.1.2, 2.2.1) [70]. Die Triebkraft für diesen Vorgang besteht in der Minimierung der Kontaktkorngrenzenenergie [73]. Eine Erhöhung der Versetzungsdichte im Kontaktbereich intensiviert die Teilchenbewegung und die Einstellung von Niederenergiekorngrenzen [107]. Auch beim Flüssigphasensintern wird eine Teilchenrotation beobachtet [355]. Allerdings dürfte der Beitrag, den die Eliminierung von Korngrenzen über eine Teilchenrotation zur Koaleszenz liefert, gering sein [47]. Voraussetzungen für eine Teilchenrotation mit anschließender Koaleszenz liegen vor, wenn der Sinterkontakthals durch einen kleinen Dihedralwinkel (großes γ_{ss}) gekennzeichnet ist. Dann ist es möglich, daß die Schmelze in den Teilchenkontakt eindringt und denkbar, daß im Streben nach Veringerung von γ_{ss} über eine Teilchenrotation Niederenergiegrenzen eingestellt werden [73], [355], die schließlich zur Koaleszenz der es betreffenden Teilchen führen können. Dieser Vorgang wird begünstigt durch höhere Anteile von Schmelze sowie das Bestehen einer größeren Zahl von Kombinationen aus großen und sehr kleinen Teilchen, die, leicht beweglich, die Rotation auf dem Kontaktschmelzfilm eher zu vollführen vermögen [47], [340]. Außerdem sollte ein solcher Vorgang nachdrücklicher in Erscheinung treten, wenn die Kontakte des Basispulvers versetzungsangereichert (wie im Preßling deformiert) sind, da damit die Möglichkeit der Bildung von Kontakten, die durch hohe γ_{ss}-Werte charakterisiert sind, zunimmt.

Die Überprüfung solcher Vorstellungen geschah in der Weise, daß Schwermetallschüttungen W-6 M% Ni und W-15 M% Ni, deren W-Pulver einmal im Attritor mechanisch aktiviert und das andere Mal nicht aktiviert worden war und zu jeweils 50% aus kleinen ($L_P < 40$ μm) und großen ($L_P = 200$ μm) W-Teilchen bestand, bei 1510 °C gesintert wurden [319]. Die in Bild 181 zusammengefaßten Ergebnisse entsprechen den Erwartungen. Die Neigung zur Koaleszenz über eine Teilchenbewegung nimmt mit der Beweglichkeit der kleinen W-Partikel in der Schmelze zu. Sie ist demzufolge für die Proben mit 15 M% Ni stärker als für solche mit 6 M% Ni ausgeprägt. Analoges ergibt die Gegenüberstellung der Sinterkörper aus aktiviertem und nicht aktiviertem W-Pulver. In den Proben mit aktiviertem W-Pulver ist die Triebkraft zur Koaleszenz über Rotation und zur Einstellung einer Niederenergiekorngrenze zwischen großen und kleinen W-Teilchen im Mittel größer. Der bei den Proben aus aktiviertem W-Pulver zu Beginn des isothermen Sinterns zu beobachtende nicht monotone Verlauf der $Z = f(t)$-Kurven ist der Überlagerung von merklicher Desintegration großer W-Teilchen und der Anlagerung kleiner W-Partikel an größere zuzuschreiben.

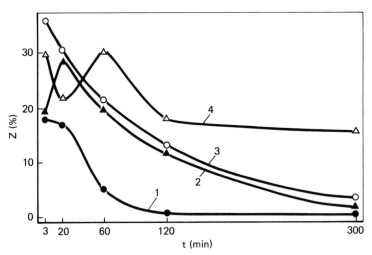

Bild 181. Koaleszenzneigung über Teilchenrotation in Abhängigkeit von der isothermen Sinterdauer t; Z ist der prozentuale Anteil der im Kontakt mit großen W-Teilchen ($L_P = 200$ μm) koaleszierten bzw. koaleszenzfähigen kleinen W-Partikel ($L_P < 40$ μm), $T_S = 1510$ °C (nach [319]); *1* 6M%Ni, W nicht aktiviert; *2* 6M%Ni, W aktiviert; *3* 15M%Ni, W nicht aktiviert; *4* 15M%Ni, W aktiviert.

5.2.6 Supersolidus-Flüssigphasensintern

Gegenstand der vorangegangenen Abschnitte war das stationäre Flüssigphasensintern, wie es für gewöhnlich vorgenommen wird. Ausgangsprodukt für den Preßling ist ein Gemenge aus Basis- und Zusatzpulver. Ab einer gewissen Temperatur geht die Zusatzkomponente, meist noch begleitet von Konzentrationsänderungen, in den schmelzflüssigen Zustand über. Unter entsprechend geeigneten Benetzungsverhältnissen breitet sich die Schmelze zunächst im sinternden dispersen Körper so aus, daß sie als Bindephase die Teilchen der Basiskomponente umhüllt (Bild 133). Erst danach kann in größerem Umfang eine Teilchendesintegration stattfinden.

Obgleich dem traditionellen Flüssigphasensintern ähnlich, bestehen beim sog. Supersolidus-Flüssigphasensintern (SLPS, **s**upersolidus **l**iquid **p**hase **s**intering) jedoch Besonderheiten, die dadurch verursacht sind, daß das Ausgangsprodukt ein Legierungspulver ist. Wird der daraus hergestellte Preßkörper auf Sintertemperatur ins Zweiphasengebiet zwischen Solidus- und Liquiduslinie erwärmt, so bildet sich die Schmelze innerhalb der Teilchengefüge. Der Verdichtungsvorgang ist dann dem eines porösen viskos fließenden Stoffes vergleichbar.

Das Supersolidussintern ist in kritischer Weise von der Konzentration und der Sintertemperatur T_S abhängig. Wie Bild 182 veranschaulicht, ändert sich die Menge der Schmelze m mit T_S und der Zusammensetzung $A(x)B(y)$ der Sinterlegierung. Von der Pulverherstellung her aber sind Mikroheterogenitäten innerhalb des einzelnen Pulverteilchens ebensowenig auszuschließen wie Temperaturschwankungen in den technischen Sinteranlagen. Um das Supersolidussintern technologisch beherrschen und optimal nutzen zu können, sind deshalb eutektische Systeme bzw. Systeme mit lückenloser Mischbarkeit der Komponenten, bei denen Solidus- und Liquiduslinie in dem es betreffenden Konzentrationsbereich möglichst weit auseinander liegen favorisiert. Die Distanz zwischen T_{sol} und T_{liqu} sowie x_{sol} und x_{liqu} muß so groß sein, daß sich T, x-Schwankungen auf die prozentuale Veränderung des Schmelzeanteiles wenig auswirken. Zur Veranschaulichung des Einflusses der Sintertemperatur auf die Eigenschaften einer supersolidusgesinterten

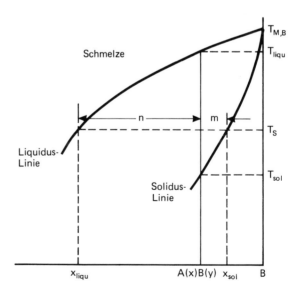

Bild 182. Zustandsschaubild – Charakteristik für das Supersolidussintern.

Ni-Basis-Superlegierung (54 M% Ni, 15 M% Cr, 16 M% Co und 15 M% weiterer Legierungselemente wie Mo, Al, Ti, Fe und C) sind die von *Kieffer, Jangg* und *Ettmayer* [356] mitgeteilten Meßwerte in Bild 183 graphisch dargestellt. Der mit T_S zunehmende Schmelzeanteil m ($n + m = 1$; Einheitsmenge der Legierung) fördert die Verdichtung und die Entwicklung der Härte (als Maß für das mechanische Verhalten), aber auch die Kornvergröberung. Die doch erheblichen Eigenschaftsänderungen vollziehen sich innerhalb eines T-Intervalls von nur 35 K. Das macht zugleich die erhöhten Anforderungen an die Temperaturkontrolle bei der SLPS-Technik deutlich. Für $T_S \gtrsim 1330\,°C$ ist das Schmelzvolumen bereits so groß geworden, daß der Preßkörper sein Formbeständigkeitsvermögen verloren hat. Zum anderen werden bei zu niedriger Sintertemperatur die Möglichkeiten der SLPS nicht voll ausgeschöpft, da sich ein zu geringer Teil Schmelze einstellt und eine größere Zahl von Fest-Fest-Kontakten formiert, wodurch insgesamt der Verdichtungsgrad niedriger ausfällt. Die optimale Sintertemperatur, bis zu der sich auch ein völlig homogenes Gefüge herausgebildet hat, liegt im betrachteten Fall bei $\approx 1320\,°C$. Allgemein hängt sie in ausgeprägter Weise von der Zusammensetzung der Sinterlegierung ab.

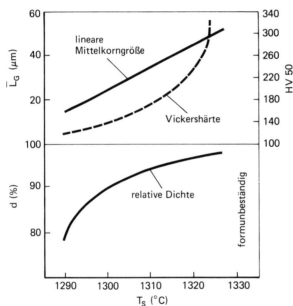

Bild 183. Relative Dichte d, lineare Mittelkorngröße $\bar{L}_G$ und Vickershärte $HV\,50$ einer Nimonic 115-Superlegierung in Abhängigkeit von der Sintertemperatur T_S nach dem Supersolidussintern; $t = 2$ h (nach [356]).

Das lokale Aufschmelzen innerhalb der Pulverteilchen wird durch Mikroheterogenitäten der Zusammensetzung, die als Schmelzkeime dienen und außer im Kristallitvolumen vor allem an den Korngrenzen anzutreffen sind, veranlaßt. Die Legierungspulver werden in der Regel über eine Druckwasser- oder Inertgasverdüsung hergestellt, indem die aus einem Tiegel ausfließende Schmelze von einem Wasser- oder Gasstrahl zerstäubt und rasch abgekühlt wird. Die Dichte der Mikroheterogenitäten nimmt mit der Geschwindigkeit, mit der die Schmelze abgekühlt wird, zu. Für die Mikroheterobereiche gilt nicht der im Zustandsdiagramm verzeichnete Gleichgewichtszustand, so daß das lokale Aufschmelzen schon vor Überschreiten der Soliduslinie einsetzen kann. Es hängt von der Aufheizgeschwindigkeit v_A auf isotherme Sintertemperatur T_S ab, ob während des Aufheizens ein mehr oder minder großer Teil der Mikroinhomogenitäten durch Diffusion beseitigt wird. Größere v_A-Werte unterbinden eine stärkere Homogenisierung und führen letztlich auch zu einer schnelleren Verdichtung [357]. Durch Verunreinigung oder legierende Additive, die an den Korngrenzen segregieren, kann die Temperatur der Schmelzebildung und die Menge der Schmelze beeinflußt werden. Die Zugabe von Metalloiden unterstützt den Sinterprozeß durch Verringerung der Solidustemperatur, woraus ein feineres Anfangskorn resultiert und das Aufschmelzen in den Korngrenzenflächen begünstigt wird [358].

Die beim Supersolidus-Flüssigphasensintern zu einer schnellen und weitgehenden Verdichtung führenden Teilvorgänge sind in Bild 184 skizziert. Die in den Korngrenzen und Teilchenkontakten entstandene Schmelze desintegriert das starre Festphasenskelett. (Im Kristallitinneren gelegene „Schmelzetropfen" üben keinen Einfluß auf das Verdichtungsgeschehen aus.) Die dem einhergehende Fragmentierung der Pulverteilchen in Kristallite bedeutet für die Schwindung den wesentlichsten Teilschritt. Deshalb ist die Verdichtung auch in erster Näherung dem Schmelzevolumen proportional [357]. Unter der Wirkung der Kapillarkräfte (Porenbinnendrücke) setzt – wie bei klassischem Flüssigphasensintern – eine Umordnung der Kristalle zu einer dichten Packung ein, die in der Art eines viskosen Partikel-Schmelze-Flusses verläuft. Gegebenenfalls wird die Verdichtung von Lösungs- und Wiederausscheidungsvorgängen unterstützt. Daneben beginnt sich das Gefüge zu vergröbern.

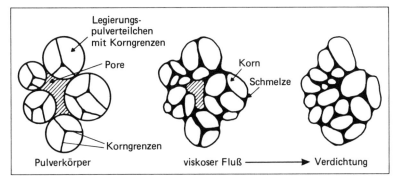

Bild 184. Schematische Darstellung der Vorgänge innerhalb eines Pulverhaufwerkes beim Supersolidus-Flüssigphasensintern (nach [316]).

5.3 Sinterverhalten realer Preßkörper

Die im Abschn. 5.2 geschilderten Vorgänge, die im sinternden Körper bei ständiger Anwesenheit einer schmelzflüssigen Phase ablaufen, und vorzugsweise jene, die auf eine Verdichtung des dispersen Körpers gerichtet sind, sind grundsätzlich auch in einem realen Preßkörper gegeben. Mit „realem" Preßkörper ist ein Pulverhaufwerk gemeint, das aus einem handelsüblichen Pulver und unter technologischen Bedingungen, wie sie auch in der Praxis vorzufinden sind, hergestellt wurde. Dabei ist freilich zu bedenken, daß die Experimente, die zum Nachweis der Flüssigphasensintermechanismen geführt haben, in der Regel so angelegt waren, daß der als Untersuchungsziel angestrebte Effekt auch möglichst deutlich zu Tage treten konnte. Das bedeutet im allgemeinen eine gewisse

Modellierung des Untersuchungsobjekts (u. U. auch der Experimentierbedingungen), die darin bestehen kann, daß größere Pulverteilchen, oft noch dazu vereinfachter Geometrie, Teilchen eines Durchmessers oder ein Pulver mit einer „synthetischen" Teilchengrößenverteilung, niedrige Preßdrücke oder Schüttungen, höhere Bindemetallgehalte und damit mehr Schmelze u.a.m. zur Anwendung kamen. Auf diese Weise wird in der Literatur nicht selten der Eindruck erweckt, daß die dergestalt vermittelten Vorstellungen vom Flüssigphasensintern qualitativ *und* quantitativ auf das technische Objekt übertragbar seien oder, sehr pauschal ausgedrückt, die Verdichtung flüssigphasengesinterter Materialien im wesentlichen das Ergebnis des Wirkens eben dieser Flüssigphasensinterphänomene darstellt.

Eingangs des Abschn. 3.3 war angedeutet worden, daß bei repräsentativen Vertretern der Materialien, die über Flüssigphasensintern gefertigt werden, ein erheblicher Anteil der Gesamtverdichtung als Heterofestphasensintern geschieht (Bild 58a, b). In der Technik werden unregelmäßig geformte Pulver eingesetzt, die für eine Reihe von Sinterwerkstoffen außerdem sehr feindispers sind oder als Agglomerate anfallen, die noch aufgemahlen werden (Bild 185). Als Folge dessen erweist sich (wie in Kap. 3 und 4 ausführlich dargelegt wurde) der reale Preßkörper als ein sehr sinteraktives Gebilde, in dem große Anteile und oft sogar der überwiegende Anteil der Verdichtung vor Auftreten der schmelzflüssigen Phase anfallen. Das schließt weiterhin ein, daß die Bindephase häufig nicht erst als Schmelze penetriert. Vielmehr bildet sie sich über Oberflächen- und Heterodiffusion in fester Form auf den Teilchenoberflächen und in den Teilchenkontakten sowie teilweise auch in Korngrenzen vor [337], um dort bei gegebener Temperatur nur noch aufzuschmelzen. Die Tatsache, daß ein sinternder Körper vor dem Auftreten der Schmelze bereits höher verdichtet ist, und daß die Bindephase sich im festen Zustand bereits an jenen Orten befindet, wo sie aufgeschmolzen eine weitere Dichtezunahme ermöglicht, weisen den Mechanismen des Flüssigphasensinterns im realen Preßkörper auch eingeengtere Wirkungsmöglichkeiten zu.

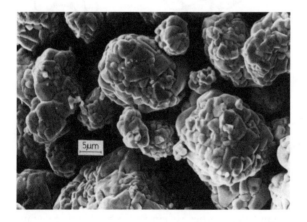

Bild 185. WC-Pulverteilchenagglomerate mit „Himbeerstruktur" (nach *P. Ettmayer*).

In den folgenden Abschnitten sollen in exemplarischer Weise anhand einiger typischer Vertreter des Flüssigphasensinterns dieser Gesichtspunkt sowie die Gefügevergröberung und das Wechselspiel zwischen Schwellung und Verdichtung noch näher beleuchtet werden.

5.3.1 Sintern von Hartmetall

Den Sinterverlauf von WC-12 M% Co-Hartmetall mit unterschiedlicher Bindephasenkonzentration sehen *Exner* und Mitautoren [359] in mehreren Phasen. Bis etwa 800 °C ist das Sinterverhalten unabhängig von der Carbidteilchengröße sowie von Art und Menge der zur Variation der Bindephasenzusammensetzung beigefügten Zusätze von Wolfram und Graphit. Mit darüber hinausgehender Sintertemperatur beginnt sich das Co bei gleichzeitiger Lösung von W über Oberflächendiffusion auf den WC-Teilchenoberflächen ($\bar{L}_P = 1$ µm) auszubreiten. Dieser Vorgang wird durch eine merkliche Erhöhung der Koerzitivfeldstärke angezeigt. Je nach C-Gehalt der Legierung beläuft sich der in der Bindephase gelöste W-Anteil auf 4 bis 16 M%. Mit der Menge des im Co gelösten W verlangsamt sich die Ausbreitung und verschlechtert sich die Verteilung der Bindephase, was einer niedrigeren Koerzitivfeldstärke entspricht und wodurch letztlich auch die Schwindungsgeschwindigkeit vermindert wird.

Als qualitative Begründung für die Unterschiede in der Ausbreitungsgeschwindigkeit der Bindephase wird die mit steigendem C-Gehalt (abnehmendem W-Gehalt) zunehmende Stabilität des WC gesehen. Die damit verbundene Erhöhung der Grenzflächenenergie WC/Bindephase setzt die Triebkraft für die Bedeckung des WC mit Bindephase herab. Für gröbere WC-Pulver ($\bar{L}_P = 10$ µm) wirken sich wegen der geringeren integralen Kontaktfläche WC/Bindephase die Unterschiede der Ausbreitung des Bindemetalls auf das WC weniger stark aus. Am Ende dieser Phase, also kurz vor dem Aufschmelzen des Bindemetalls beträgt die Dichte des Hartmetalls bereits 95% der theoretischen Dichte. Die letzte Phase des Sinterns schließlich ist durch die Existenz der schmelzflüssigen Bindephase und die damit verbundenen Verdichtungsvorgänge (Abschn. 5.2), die lediglich etwa 4% Dichtezunahme erbringen, gekennzeichnet.

Die Vorstellungen über das Gesamtsinterverhalten des Hartmetalls konnten von *G. Leitner* und Mitarbeitern [360], [361] mit Hilfe von parallel laufenden zeitgleichen Schwindungs-, Schwindungsgeschwindigkeits- und DSC-Messungen weiter konkretisiert werden (DSC: Dynamische Differenzkalorimetrie). In den Bildern 186 und 187 sind die $\Delta L/L_0$-, $\Delta(\Delta L)/\Delta t$- und DSC-Kurven von WC-6 M% Co dargestellt mit dem Unterschied, daß die Messungen des Bildes 186 für ein Normalkorn-WC ($\bar{L}_P = 2{,}0$ µm) und die der Abbildung 187 für ein Feinkorn-WC ($\bar{L}_P = 1{,}5$ µm) gelten.

Das mit einer Wärmetönung verbundene Aufschmelzen der Bindephase zeigt sich als DSC-Extremum an. Bis dahin verläuft die Verdichtung als Heterofestphasensintern, während dem $\gtrsim 80\%$ der Verdichtung realisiert werden und auch $\Delta(\Delta L)/\Delta t$ hohe Werte annimmt. Für das Hartmetall mit Normalkorncarbid werden ein „Tieftemperatur"- und ein „Hochtemperatur"-$\Delta(\Delta L)/\Delta t$-Maximum beobachtet, die unterschiedlichen Verdichtungsmechanismen zuzuordnen sind. Das erstere einer Teilchenumordnung, das zweite den Flüssigphasenmechanismen (Abschn. 5.2). Im Fall des Feinkorn-WC wird das „Tieftemperatur"-$\Delta(\Delta L)/\Delta t$-Maximum nicht registriert. Dagegen treten anstelle eines „Hochtemperatur"-$\Delta(\Delta L)/\Delta t$-Maximums jetzt zwei deutlich differenzierte $\Delta(\Delta L)/\Delta t$-Extrema auf (beim Normalkorn-WC-Hartmetall lediglich angedeutet), von denen eines dem Festphasenmaterialtransport aus den Kontaktzonen (sicherlich kombiniert mit Teilchenumordnung), das andere wiederum den Flüssigphasensintervorgängen zuzuschreiben ist. In beiden Fällen ist die durch das Auftreten der Schmelze verursachte Dichtezunahme relativ gering. Das bedeutet freilich nicht, daß sie für die Qualität des Hartmetalls, dessen Restporosität < 1% sein soll, nicht von entscheidender Bedeutung wäre. Das trifft insbesondere für die damit verbundene erhebliche Steigerung der Bruchzähigkeit zu.

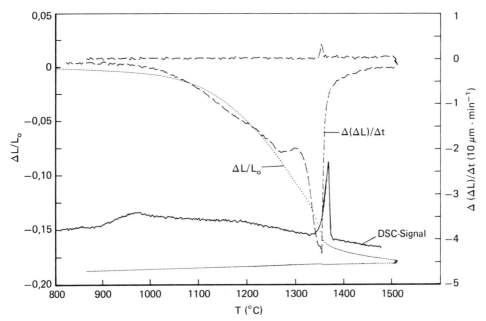

Bild 186. $\Delta L/L_0$-, $\Delta(\Delta L)/\Delta t$- und DSC-Verläufe in Abhängigkeit von T für WC-6M%Co-Hartmetall ($\bar{L}_{P,WC} = 2{,}0$ µm), $v_A = 10$ K min^{-1} (nach [361]).

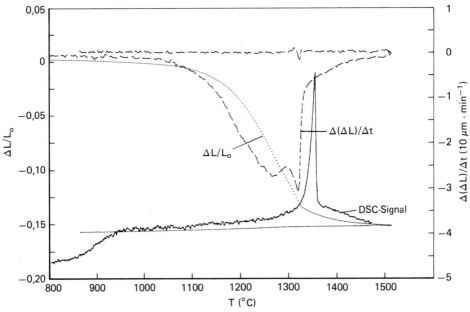

Bild 187. $\Delta L/L_0$-, $\Delta(\Delta L)/\Delta t$- und DSC-Verläufe als Funktion von T für WC-6M%Co-Hartmetall ($\bar{L}_{P,WC} = 1{,}5$ µm), $v_A = 10$ K min^{-1} (nach [361]).

Werden die Proben von T_s abgekühlt, dann ist mit der Erstarrung der Bindephasenschmelze eine in den $\Delta L/L_0$-Verläufen nicht erkennbare, wohl aber bei den $\Delta(\Delta L)/\Delta t$-Kurven deutlich als „Spitze" registrierte Volumenänderung verbunden. Daß diese mit der Temperatur zusammenfällt, bei der sich das DSC-Maximum herauszuheben beginnt, deutet darauf hin, daß die Bindephase noch im festen Zustand über Heterodiffusion in etwa die Gleichgewichtskonzentration erreicht hatte. Diese Annahme wird durch mehrmaliges Durchlaufen des Sinterzyklus, wobei stets wieder die gleichen Verhältnisse beobachtet werden, und die Bestimmung der zum Aufschmelzen der Bindephase verbrauchten Energie (20 J g^{-1}) verifiziert.

Die Gegenüberstellung von $\Delta L/L_0$-Verläufen unterschiedlicher Hartmetalle zeigt (Bild 188), daß, soweit es das WC-Co-Hartmetall betrifft, der Verdichtungseffekt der Festphasensinterreaktionen um so augenscheinlicher ist, je höher der Co-Gehalt und je stärker und kompletter die Umhüllung der WC-Teilchen durch die Bindephase ist [337], [361]. Damit nähert sich das Sintern in fester Phase immer mehr einem de facto „Einphasenfestphasensintern" (s. Bild 97), d. h. das Verdichtungsgeschehen wird von der Bindephase bestimmt.

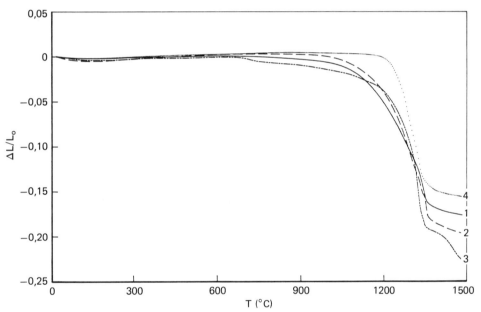

Bild 188. $\Delta L/L_0 = f(T)$-Verläufe für Hartmetall unterschiedlicher Zusammensetzung (nach [361]), $v_A = 10$ K min^{-1}; *1* WC-6M%Co; *2* WC-9M%Co; *3* WC-20M%Co; *4* WC-TiC-6M%Co.

Messungen in der Thermowaage, die mit massen- und infrarotspektroskopischen Untersuchungen gekoppelt waren, haben für das WC-6 M% Co-Hartmetall ergeben, daß der zwischen 700...800°C eintretende Masseverlust von $\approx 0{,}3\%$ auf die Reduktion restlicher Oxidhäute, die sich noch auf den WC-Teilchenoberflächen befanden und als Kohlenoxid entweichen, zurückzuführen ist. Auf diese Weise entsteht (und das gilt auch für die anderen WC-Co-Hartmetalle) eine saubere und hochreaktionsfähige WC-Oberfläche bzw. WC/Bindephasen-Grenzfläche, derzufolge die Wechselwirkungen mit dem Bindemetall aktiviert werden. *Meredith* und *Milner* [337] nehmen in diesem Zusammenhang an, daß aufgrund der bestehenden Löslichkeit des WC im Co (s. Bild 160) an der Grenzfläche Carbid/Bindephase ein Grenzflächendiffusionsfluß von W- und C-Atomen existiert, durch den die Aktivierungsenergie für die Atombeweglichkeit herabgesetzt und allgemein die Beweglichkeit der Atome entlang den Ober- und Grenzflächen erhöht, d. h. der Materialtransport verstärkt wird. Das ist auch der Grund, weshalb sich im genannten T-Intervall die $\Delta L/L_0$-Kurven deutlich aus der Horizontalen herauszuheben beginnen. Beim WC-Ti C-6 M% Co-Hartmetall setzt die Reduktion der Restoxide bei höheren Temperaturen ($\approx 1100 \ldots 1200\,°C$) ein und demzufolge auch das Verdichtungsgeschehen [361].

Mit der Verlängerung der Dauer des Flüssigphasensinterns zeigen die Carbidpartikel die Tendenz zur Facettierung. Über Auflösungs- und Wiederausscheidungsvorgänge formen sie sich zu Teilchen prismatischer Gestalt um und vergröbern dabei. Die im Verlaufe der Facettierung gebildeten Begrenzungsflächen der prismatischen Partikel sind Niederenergieflächen [337]: Kontaktieren Teilchen mit solchen Flächen, dann können sie über die Bildung von Niederenergiekontaktkorngrenzen koaleszieren (Abschn. 5.2.5.2.2).

Die Kinetik der Auflösung und Wiederausscheidung sowie der dem einhergehenden Facettierung und Carbidkornvergröberung wird in [336] u. a. für ein WC-10 M% Co-

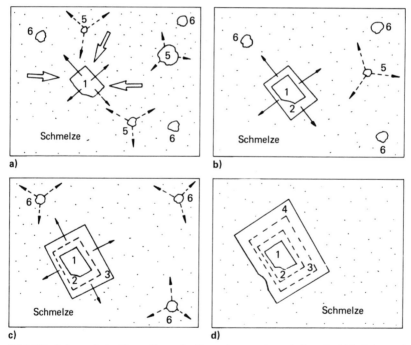

Bild 189. Schematische Darstellung der Entstehung prismatischer Carbidteilchen mit unterschiedlicher (Mo, W)-Verteilung beim Flüssigphasensintern eines WC-10M%Co-4M%Mo$_2$C-Hartmetalls (nach [336]); $T_S = 1500\,°C$, $t = 60$ min. Durch Elektronenstrahlmikroanalyse (energiedispersives System) gemessenes Impulsratenverhältnis W/Mo für Phase 1: 100/1, Phase 2: 98,66/1,34, Phase 3: 93,94/6,06, Phase 4: 96,53/3,47.

4 M% Mo₂C-Hartmetall beschrieben. Die lineare Mittelkorngröße $\bar{L}_P$ des WC betrug 1,29 µm, die des wesentlich gröberen Mo₂C ca. 20 bis 30 µm. Da Mo₂C den Co-Schmelzpunkt erniedrigt und im Co stärker als WC löslich ist, setzt die Auflösung von Carbid in der Co-Schmelze mit dem Mo₂C ein (Phase 5, Bild 189a, b). Mit der Temperaturerhöhung auf T_S nimmt die Mo₂C-Auflösung zu. Daneben beginnen auch kleine WC-Partikel (kleine Krümmungsradien) in Lösung zu gehen (Phase 6, Bild 189c). Die Carbide zerfallen in der Co-Schmelze, so daß ihre Bestandteile Mo, W und C entweder atomar oder in einer gewissen Nahordnung zueinander in der Schmelze vorliegen.

Auf der Basis der Löslichkeit der Co-reichen Schmelze für die Carbide und des zwischen Auflösung und Wiederausscheidung bestehenden dynamischen Gleichgewichts kristallisieren auf größeren, reinen (unlegierten) W-Körnern (Phase 1, Bild 189) Mo-reiche (Mo, W)-Mischcarbide (Phase 2, 3) epitaktisch aus. Dieser Prozeß dauert solange an, bis alles Mo₂C aufgelöst ist (Bild 189c). In dem Maße, wie sich das Mo-Angebot verringert, steigt der W-Gehalt in der Schmelze an. Dadurch nimmt auch der Mo-Anteil im weiter aufwachsenden (Mo, W)-Mischcarbid ab. Demzufolge ist die zuletzt ankristallisierende Phase 4, die in ihrer Zusammensetzung relativ konstant bleibt, schließlich ein molybdänverarmtes (Mo, W)C (Bild 189d).

5.3.2 Sintern von Schwermetall

Die für das Sintern von technischem Schwermetall charakteristischen Erscheinungen sind in den Experimenten von *Park*, *Kang*, *Eun* und *Yoon* [42] mit W-1 M% Ni-1 M% Fe-Schwermetall umfassend untersucht und dargestellt worden. Die Pulvermischungen wurden mit 120 MPa zu zwei Probenchargen verpreßt, die sich durch die W-Teilchengröße $\bar{L}_P = 1$ µm (Legierung 1) und $\bar{L}_P = 5$ µm (Legierung 2) deutlich unterscheiden (Nickel: $\bar{L}_P = 4,6$ µm; Eisen: $\bar{L}_P = 5$ µm). Aus der Art des betriebenen Sinteraggregates und der angegebenen Zeitdauer bis zum Erreichen der maximalen Sintertemperatur kann auf eine mittlere Aufheizgeschwindigkeit von etwa 100 K min^{-1} geschlossen werden. Die Änderung der relativen Dichte beim nichtisothermen und isothermen Sintern ist in Bild 58b als Übersicht und in Bild 190 in Einzelheiten, die der nachfolgenden Diskussion zugrunde liegen, dargestellt. Die isotherme Sinterphase setzt bei 1460 °C, dem Schmelzpunkt der Bindephase, ein.

Die meiste Aufmerksamkeit verdient die unerwartet starke und schnelle Schwindung in der nichtisothermen Aufheizphase. Derzufolge erzielen beispielsweise die Legierung 1 zwischen 1200 und 1250 °C (Punkt A' bis B') das $\dot{\varepsilon}$-Maximum und der Preßkörper mit einer Gründichte von 57% bis zu Beginn des Flüssigphasensinterns 95% der theoretischen Dichte. Die mikrofraktographischen Aufnahmen zeigen noch bei 1000 °C im wesentlichen das Bild individueller W-Pulverteilchen. Ab 1200 °C beginnt die Legierung stark zu sintern sowie wenige Teilchengruppen und -agglomerate zu bilden. Bei weiterer T-Steigerung ist die Dichtezunahme von einem stärker um sich greifenden Kornwachstum bei gleichzeitig fortschreitender Gestaltsakkommodation der W-Teilchen und über Punkt B ($d = 83,5\%$) hinaus von der Formierung eines typischen polygonalen Gleichgewichtskorngrenzennetzes mit 120 grad-Korngrenzenzwickeln begleitet, das bis kurz vor Auftreten der Schmelze seine Komplettierung erfährt ($d = 95\%$). Lediglich in Korngrenzenzwickeln sind noch kleinere und in der Ni-Fe-reichen Bindephase (≈ 33 M% Fe, 42 M% Ni, 25 M% W) größere Poren zu finden.

Die Festphasenverdichtung der Legierung 2 verläuft im Vergleich zu der der Legierung 1 wegen des gröberen zu ihrer Herstellung verwendeten W-Pulvers ($\bar{L}_P = 5$ µm) zeitlich

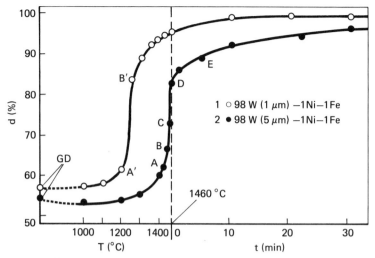

Bild 190. Änderung der relativen Dichte d als Funktion der Temperatur T (Aufheizphase) und der Zeit t (isotherme Phase) beim Sintern von W-1M%Ni-1M%Fe-Schwermetall (nach [42]); Legierung 1: $\bar{L}_{P,W} = 1$ µm; Legierung 2: $\bar{L}_{P,W} = 5$ µm; $T_S = 1460\,°C$, $v_A \approx 100$ K min^{-1}.

und temperaturmäßig verzögert. Im Verlauf der intensiven Schwindung (Punkt A bis C) entsteht ein relativ dichtes Gefüge der Basiskomponente mit formangepaßten W-Teilchen, jedoch eines erst in den Anfängen seiner Bildung begriffenen polygonalen Korngrenzennetzes. In Abweichung vom Verhalten der Legierung 1 setzt sich bei der Legierung 2 das intensive mit maximalen $\dot{\varepsilon}$-Werten verbundene Schwinden bis zum Aufschmelzen der Bindephase (Punkt D) fort.

Ungeachtet gradueller Unterschiede steht für beide Schwermetallchargen die Frage nach der Art der Vorgänge, die einen so hohen und sich schnell vollziehenden Verdichtungsanteil während des nichtisothermen Festphasensinterns ermöglichen. Es ist vom System W-Ni bekannt, daß die Zusatzkomponente Ni noch im festen Zustand auf die Teilchenoberflächen der Basiskomponente und auch in Korngrenzen des polykristallinen Basispulvers diffundiert. An Halbmodellen, die aus einem mit Ni bedampften monodispersen kugeligen W-Pulver ($L_P = 60$ µm) bestanden und bei 1500 °C flüssigphasengesintert wurden, konnte schon unterhalb des Aufschmelzens der Bindephase ($< 1452\,°C$) eine intensive Teilchendesintegration beobachtet werden. Die mittlere Teilchengröße beträgt nach der Fragmentierung etwa 7 µm. Für die parallel zur Teilchendesintegration gemessene erhebliche Festphasenschwindung wird als dominierender Verdichtungsmechanismus eine infolge der Desintegration des W-Pulvers erst möglich gewordene Teilchenumordnung genannt [50]. Auch im Fall des Schwermetalls muß angenommen werden, daß die Ni-Fe-Bindephase im Aufheizstadium über Oberflächendiffusion in die W-Teilchenkontakte eindringt und die W-Teilchen umhüllt sowie Wolfram löst. Die ungewöhnlich schnelle Verdichtung ist ebenfalls nur in Form einer Teilchenumordnung denkbar. Eine W-Teilchendesintegration dürfte allenfalls bei der Legierung 2 ($\bar{L}_P = 5$ µm) merklich mitwirken können. Die W-Teilchen der Legierung 1 ($\bar{L}_P = 1$ µm) sind praktisch als einkristallin anzunehmen und aufgrund ihrer Feinheit ohnehin umordnungsfähig. Die sich im Schwindungsintensivbereich vollziehende Gestaltsakkommodation läßt eine gegenseitige Abgleitung der Teilchen zu.

Für das den Festphasenverdichtungsvorgängen teilweise einhergehende Kornwachstum nehmen die Autoren von [42] an, daß es sich um einen dem gerichteten Kornwachstum (Abschn. 5.2.5.2.3) analogen Vorgang handelt [362]. Eine Abwandlung des Vorganges besteht insofern, als daß als Grenze nicht eine gesättigte schmelzflüssige Phase wandert, sondern die durch Oberflächen- und Heterodiffusion zwischen den W-Partikeln gebildete gesättigte Bindephase im festen Zustand migriert und einen mit Ni und Fe gesättigten W-Kristall hinter sich zurückläßt. Die Richtung der Migration könnte durch die beiderseits des Preßkontaktes unterschiedliche Versetzungsdichte bestimmt sein. Die „Bindephasen-Grenze" bewegt sich in das W-Teilchen mit der höheren Defektdichte hinein. In diesem Fall wird nicht nur ein an Ni und Fe gesättigter, sondern auch defektärmer Kristall hinterlassen. Die Einstellung beider Zustände ist mit einer Erniedrigung der Energie des Systems verbunden, die die Triebkraft für diesen Vorgang liefert. Ein derart gerichtetes Kornwachstum schon vor Auftreten der Schmelze wird auch in [336] als gegeben angesehen.

Angesichts der noch während des Aufheizens erzielten hohen relativen Dichte ist es verständlich, daß, wie es auch die mikrofraktographischen Befunde belegen, die mit dem Aufschmelzen der Bindephase einsetzenden Verdichtungsvorgänge des Flüssigphasensinterns im wesentlichen auf die Auffüllung des restlichen Porenraumes gerichtet sind. Mit anderen Worten, von all den im Abschn. 5.2 behandelten Verdichtungsmechanismen des Flüssigphasensinterns war allein die Porenfüllung und -eliminierung noch schwindungswirksam. Die bereits im festen Zustand als räumliche Matrix vorgebildete Bindephase läßt mit dem Übergang in den schmelzflüssigen Zustand einen solchen Prozeß spontan zu. Die Porenfüllung und -eliminierung verläuft qualitativ in derselben Weise, wie es für modellierte Objekte in Abschn. 5.2.4 dargelegt worden ist (Bild 191). Die den Porensaum bildenden W-Teilchen sind zum Hohlraum hin konkav gekrümmt (Bild 191 a). In dem

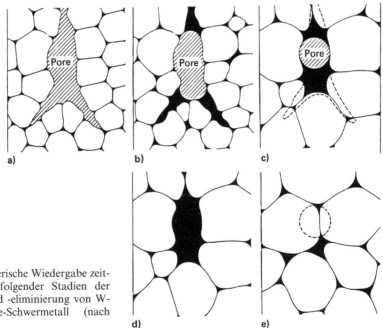

Bild 191. Zeichnerische Wiedergabe zeitlich aufeinanderfolgender Stadien der Porenfüllung und -eliminierung von W-1M%Ni-1M%Fe-Schwermetall (nach [42]).

Maße, wie die Schmelze aus den dichteren Regionen in den Hohlraum einfließt und diesen ausfüllt, geht die Randlinie der W-Partikel in eine gegenüber der Schmelze konvexe Krümmung über (Bild 191 c). Die Auffüllung der im Realfall irregulären Poren mit Schmelze beginnt in den feinen Verästelungen und setzt sich in Richtung Porenzentrum fort. Simultan rückt die Festphase über Auflösung und Wiederausscheidung bei gleichzeitiger Gestaltsakkommodation vor bis das für das dichte Schwermetall typische Endgefüge formiert ist (Bild 191 e). Dieser Vorgang ist von der Bewegung ganzer, dem Hohlraum benachbarter Teilchen und einer Kornvergrößerung begleitet. Während dieses Verdichtungsgeschehens verändert sich die Porensehnenlängenverteilung in charakteristischer Weise (Bild 192). Die noch in größerer Zahl vorhandenen kleineren bis mittelgroßen Poren werden bald eliminiert, während sich die Zahl der großen Poren auch bei längerem Flüssigphasensintern kaum ändert. Da zwischen Teilchen- und Porengröße Proportionalität besteht, ist zu erwarten, daß im Vergleich zur Legierung 2, deren Porensehnenlängenverteilung in Abhängigkeit von der Dauer des Flüssigphasensinterns in Bild 192 wiedergegeben ist, im Fall von Liegerung 1 die Restporosität durch kleinere und entsprechend der höheren relativen Dichte auch wesentlich weniger Poren gekennzeichnet ist.

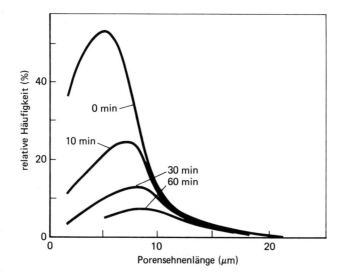

Bild 192. Porensehnenlängenverteilung in Abhängigkeit von der Dauer des Flüssigphasensinterns in einem W-1M%Ni-1M%Fe-Schwermetall (nach [42]); $\bar{L}_{P,W} = 5$ µm, $T_S = 1460\,°C$.

5.3.3 Eisen-Kupfer-Sinterlegierungen

Der wohl am häufigsten beschrittene Weg zur Erzeugung von legiertem Sinterstahl durch Flüssigphasensintern ist der Zusatz von 1 bis 10 M% Kupfer- zum Eisenpulver. Daneben ist für höhere Gehalte auch das Eintränken einer Cu-Schmelze in einen gesinterten Eisenskelettkörper in Anwendung [162].

Bei den technisch üblichen Sintertemperaturen ($\approx 1100\ldots 1200\,°C$) hängt es vom Cu-Gehalt ab, ob das Flüssigphasensintern stationär oder temporär verläuft. Wegen der in beiden Fällen vom Grundsätzlichen her gleichen Erscheinungen soll das Sintern der Fe-Cu-Legierungen an dieser Stelle erörtert werden, auch wenn damit ein teilweiser Vorgriff auf das folgende Kap. 6 verbunden sein sollte. Die Grenze zwischen permanenter und vorübergehender Anwesenheit der Schmelze liegt bei 9 M% Cu. Oberhalb dieses Gehaltes herrscht stationäres Flüssigphasensintern.

Außer der festigkeitssteigernden Wirkung (Mischkristall-, Ausscheidungshärtung) hat die Löslichkeit der Komponenten eine Volumenzunahme zur Folge, die sowohl durch Mischkristall- wie Schmelzebildung bedingt ist. Damit stellt dieser Legierungstyp das klassische Beispiel für ein Sintermaterial dar, an dem das Wechselspiel zwischen Schwellung und Schwindung nicht nur anschaulich zu verfolgen ist, sondern auch effektiv genutzt wird.

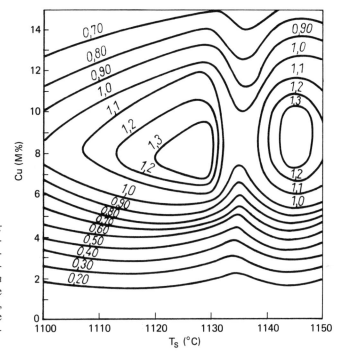

Bild 193. Abhängigkeit der Schwellung (in %) vom Cu-Gehalt der Fe-Cu-Sinterlegierungen und der Sintertemperatur T_S (nach *Gummenson* und *Forss* in [10]); die Werte wurden an Proben ermittelt, die einheitlich auf eine relative Dichte $d = 6{,}2$ g cm^{-3} gesintert worden waren.

Wie Bild 193 erkennen läßt, ist die Maßänderung beim Sintern ausgeprägt vom Cu-Gehalt abhängig. Damit ist es beispielsweise möglich, die Sinterschwindung durch die vom Cu-Zusatz verursachte Schwellung zu kompensieren und bereits mit einmaligem Pressen und Sintern von Pulvern, die ≈2 M% Cu enthalten, weitgehend maßgetreue Teile herzustellen. Nach Bild 193 treten zwei Schwellungsmaxima auf, eines bei ≈8 M% Cu und 1127 °C, das andere für 8,75 M% Cu und 1145 °C. Sie werden der unterschiedlichen Überlagerung von Schwindung und Schwellung, die durch die Fremddiffusion des Cu ins Fe verursacht ist, zugeschrieben. Daß die Lage der Schwellungsmaxima von der Dichte beeinflußt wird (wenn auch nur wenig), ändert nichts am Grundsätzlichen des Verhaltens. Dilatometermessungen von *Dautzenberg* [363], in denen die Längenänderung von Sintereisen und einer Fe-3 M% Cu-Sinterlegierung gegenübergestellt sind (Bild 194), machen jedoch deutlich, daß die Schwellung nicht eine Folge der Heterodiffusion allein sein kann. Oberhalb des Cu-Schmelzpunktes wird mit dem Auftreten der Schmelze für die Fe-3 M% Cu-Sinterlegierung eine im Vergleich zum Sintereisen nahezu schlagartige Ausdehnung der Probe, die sich innerhalb 1 min vollzieht, registriert. Eine derart augen-

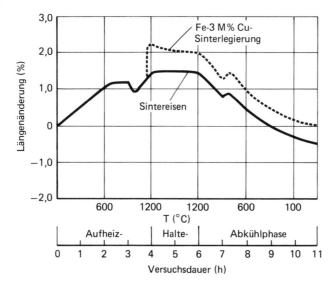

Bild 194. Längenänderung von Sintereisen und einer Fe-3M%Cu-Sinterlegierung (nach [363]); GD = 6,75 g cm^{-3}, v_A = 300 K h^{-1}, T_S = 1200 °C, $\overset{A}{t}$ = 2 h, Abkühlungsgeschwindigkeit von 1200 °C 300 K h^{-1}; die Dilatometerkurve gibt die thermisch und die durch die Sintervorgänge bedingten Längenänderungen summarisch wieder.

blickliche Schwellung läßt sich nicht auf eine Heterodiffusion, die Zeit benötigt, zurückführen. Sie ist nur dann erklärbar, wenn vorausgesetzt wird, daß die Schmelze, wie an Modellen beobachtet wurde, auch im Preßkörper die Korngrenzen und Teilchenkontakte penetriert und in Räume zwischen die Teilchen eindringt.

Schon wegen der Überlappung der in Betracht kommenden Vorgänge der Schwellung und der Schwindung ist es schwer, qualitative Angaben zu deren jeweiligem Beitrag zu machen. Um den Schwindungsanteil auf ein vernachlässigbares Ausmaß zu reduzieren, verwendeten *Kaysser*, *Huppmann* und *Petzow* [329] deshalb die schon in Verbindung mit der Teilchendesintegration erörterten Pulveranordnungen (Bild 153). Ein Gemisch aus Fe ($\bar{L}_P$ = 98 µm)- und Cu ($\bar{L}_P$ = 97 µm)-Kugeln wurde mit ungewöhnlich hohem Druck (785 MPa) verpreßt, so daß ein weitgehend dichtgepackter Preßling mit abgeplatteten und bienenwabenförmig angeordneten Kontaktgrenzen entstand (Bild 153 a). Der Cu-Gehalt war auf 10 M% bemessen, damit während des gesamten Untersuchungszeitraumes immer ein gewisser Kupferüberschuß existiert. Bei der gewählten Sintertemperatur (T_S = 1165 °C) sind bis zu 8 M% Cu im Eisengitter lösbar.

Nach Überschreiten des Cu-Schmelzpunktes ist die Schmelze innerhalb weniger Sekunden mit Eisen gesättigt. Im Ergebnis der Wechselwirkung von Schmelze und Eisenbasis treten vier, zur Schwellung in unterschiedlichem Umfang beitragende Prozesse auf:

- Die Schmelze penetriert die Teilchenkontakte innerhalb von weniger als 3 min und füllt kleine Poren auf. Anstelle der Cu-Partikel bleiben Poren zurück. Wegen der polyedrischen Fe-Teilchenform ist eine Teilchenumordnung nicht möglich. Die in die Teilchenkontakte eingedrungene Schmelze führt zu einem Schwellbeitrag (I).
- Von der Grenzfläche Teilchen/Schmelze aus dringt letztere in die Korngrenzen der Basiskomponente ein. Infolge der Korngrenzenpenetration erhalten die flachen Teilchenkontaktgrenzen des Preßlings eine wellige Form (Bild 153 b). Die Korngrenzenpenetration bedingt einen abermaligen Beitrag zur Schwellung (II). Die mit der Korngrenzenpenetrierung verbundene Teilchendesintegration zieht im Fall der betrachteten hochverdichteten Pulverkörper keine Schwindung, jedoch eine stärkere Abnahme der Schwellrate nach sich.

- Die Diffusion des Cu aus der schmelzflüssigen Phase ins γ-Fe verursacht gleichfalls eine Volumenzunahme. Und zwar auf zweierlei Weise: Durch Heterodiffusion über die Phasengrenze Schmelze/Teilchenoberfläche (Beitrag III) und durch Fremddiffusion von den im Teilcheninneren gelegenen Korngrenzen aus ins Teilchenvolumen (Beitrag IV).

Mit Hilfe bestimmter, auf Modellbetrachtungen fußender Annahmen haben die Autoren von [329] die einzelnen Anteile der Schwellung als Funktion der Sinterdauer t berechnet (Bild 195). Wie das obere Teilbild der Abbildung 195 erkennen läßt, stimmen bis $t = 8$ min die Rechenergebnisse mit den über Dichte- und Porositätsmessungen ermittelten Volumenzunahmen überein. Die darüber hinaus auftretende Diskrepanz wird der sekundären Teilchenumordnung zugeschrieben, die in der Berechnung nicht berücksichtigt ist. Etwa 60% der Schwellung sind auf Penetrations-, ca. 40% auf Diffusionsvorgänge zurückzuführen. Wenn die Ergebnisse quantitativ auch nur in Verbindung mit den benutzten speziellen Modellobjekten gelten, so veranschaulichen sie doch gewisse Relationen und die Tatsache, daß zu Beginn des Auftretens der Schmelzphase die Volumenzunahme des Pulverkörpers vornehmlich durch Penetrationsprozesse verursacht ist. Mit geringer werdender Ausgangsdichte freilich nimmt die Bedeutung des über eine Teilchenumordnung erwirkten Schwindungsanteiles zu, insbesondere dann, wenn feine Pulver verwendet werden.

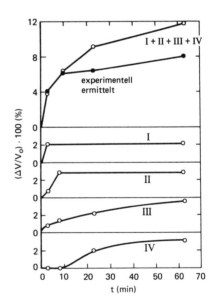

Bild 195. Schwellung beim Sintern von Fe-10M%Cu-Preßkörpern in Abhängigkeit von der Sinterdauer t (nach [329]); $p_c = 785$ MPa, $T_s = 1165$°C; oberer Bildteil: errechnete und experimentell ermittelte Gesamtschwellung; unterer Bildteil: Darstellung der Anteile I–IV der Schwellung (Erläuterung s. Text).

Die Beobachtung einer Schwellung beim System Fe-Cu wird für gewöhnlich in der Weise kommentiert (z. B. [365]), daß erst die Schmelze gebildet sein muß, ehe eine Schwellung einsetzen kann. Das bedeutet, daß entgegen dem Verhalten der Systeme WC-Co und W-Ni(Fe), die Zusatzkomponente Cu nicht schon vorher, d. h. im festen Zustand, in die Kontakte und Korngrenzen der Teilchen der Basiskomponente diffundiert. Andere Untersuchungen lassen es jedoch auch im Fall von Fe-Cu-Sinterkörpern als sicher gelten, daß bereits im Aufheizstadium die Fe-Pulverteilchen durch Diffusion mehr oder weniger vollständig mit einer Cu-Bedeckung überzogen und penetriert werden.

Die in Bild 196 wiedergegebenen Schwindungs-Schwellungs-Kurven wurden dilatometrisch (bei Abzug der thermischen Ausdehnung) an Sintereisen und Fe-Cu-Sinterlegierungen unterschiedlicher Herstellung aufgenommen. Für alle gleichermaßen gilt die Teilchengröße des durch Druckwasserverdüsung gewonnenen Eisenpulvers ($L_P =$ 63–40 µm), der Preßdruck (300 MPa), die Aufheizgeschwindigkeit (50 K min^{-1}), die isotherme Sintertemperatur (1200 °C) und für die Legierungen ein Cu-Zusatz von 2,5 M%. Die Kupferzugabe geschah in Form einer galvanischen und einer stromlosen Beschichtung (Zementation) des Eisenpulvers sowie auf dem Wege der Herstellung einer Fe-2,5 M% Cu-Pulvermischung.

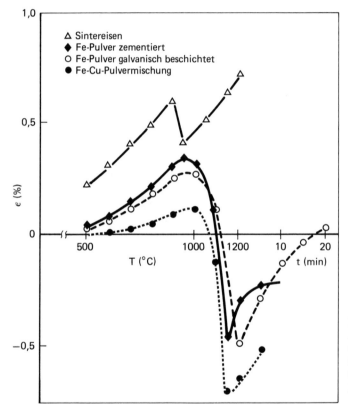

Bild 196. Der Einfluß unterschiedlicher Herstellungsmethoden von Fe-2,5M%Cu-Sinterkörpern auf das Schwindungs- und Schwellungsverhalten (nach *K.-P. Wieters*); $p_c = 300$ MPa, $T_s = 1200$ °C.

Vergleicht man die ε-Kurven der Fe-Cu-Legierungen mit der des Eisens, so fällt auf, daß sich bei den Legierungen die α-γ-Umwandlung des Eisens nicht mehr im ε-Verlauf markiert. Sobald sich die γ-Modifikation des Eisens bildet, nimmt die Lösungsfähigkeit des Eisens für das Kupfer so stark und abrupt zu, daß sich die damit verbundene Unstetigkeit im ε-Verlauf bei dem in Bild 196 verwendeten Maßstab nicht mehr abbildet. Die Gegenüberstellung der ε-Kurven des Sintereisens und der aus einem Pulvergemenge gepreßten Fe-Cu-Legierung spricht dafür, daß sich bereits im festen Zustand während der oberen Aufheizphase Cu zwischen den Eisenteilchen und gegebenenfalls auch in deren Korngrenzen befindet. Angesichts der Cu-Pulverteilchengröße, die mit $L_P < 60$ µm der des Fe ähnlich ist, und eines Cu-Zusatzes von nur 2,5 M% sollte das Fe-Cu-Pulvergemenge auch bei hoher Mischungsgüte immer noch so beschaffen sein, daß im Gebiet des Festphasensinterns – wenn nichts anderes geschieht – für Eisen- und Fe-Cu-Preßkörper ein in etwa vergleichbares Schwindungsverhalten zu erwarten gewesen wäre. In Wirklichkeit aber erreicht die Schwindung der aus der Mischung gefertigten Legierung wegen der durch die Cu-Diffusion verursachten verschiedenen Schwellungsanteile Werte, die maximal etwa 1/5 der des Sintereisens betragen.

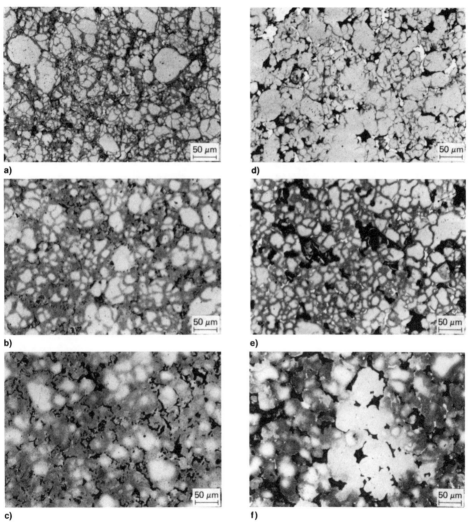

Bild 197. Gefüge von Fe-10M%Cu-Sinterkörpern, die aus beschichtetem (a, b, c) und nicht beschichteten (d, e, f) druckwasserverdüstem Fe-Pulver ($L_P = 40 \ldots 63$ μm) hergestellt wurden (nach K.-P. Wieters); $p_c = 500$ MPa, $v_A = 50$ K min^{-1}, mit 3%iger alkoholischer HNO$_3$-Lösung geätzt; a), d) $T_S = 1000\,°C < T_M$, $t = 30$ min; b), e) $T_S = 1100\,°C > T_M$, $t = 30$ min; c), f) $T_S = 1200\,°C > T_M$, $t = 30$ min.

Metallographische Befunde von Fe-10 M% Cu-Sinterkörpern, die zum einen aus Cu-beschichtetem druckwasserverdüstem Eisenpulver (Bild 197a, b, c) und zum anderen aus einer Pulvermischung mit demselben Fe-Pulver hergestellt wurden (Bild 197d, e, f), bestätigen die Cu-Diffusion zwischen und in die Fe-Pulverteilchen. Wenn im Fall des beschichteten Pulvers verständlicherweise auch ausgeprägter, so weist die gepreßte und 30 min bei 1000 °C gesinterte Probe doch eine merkliche Cu-Diffusion in Teilchenkontakte und -korngrenzen aus (Bild 197d). Daneben sind auch noch nicht gelöste Restkupferpulverbestandteile (weiße Kornschnittflächen) erkennbar. Mit dem Auftreten der Schmelze ($T_S = 1100$ °C und 1200 °C) werden die Diffusionssäume breiter und die Mischkristallbildung schreitet fort. Das im Zentrum von Bild 197f gelegene und hell gebliebene (von der Cu-Diffusion nicht erfaßt gewesene) Eisenpulverteilchenagglomerat ist auf eine unzureichende Mischungsgüte zurückzuführen. Die sich den Schwellvorgängen überlagernde Schwindung ist angesichts des verhältnismäßig geringen Schmelzanteiles der Legierung durch eine sekundäre Teilchenumordnung verursacht, die durch die vorangegangene Teilchendesintegration ermöglicht und von Auflösungs- und Wiederausscheidungsreaktionen der Basiskomponente Eisen begleitet wird. Es hängt im wesentlichen von der Aufheizgeschwindigkeit, der Eisenpulverteilchengröße und der Mischungsgüte ab, wieviel Kupfer bereits für die Mischkristallbildung in der Fe-Basis „verbraucht" wurde und wieviel noch für die Bildung der schmelzflüssigen Phase in den Kontakt- und Korngrenzen verblieben ist.

6 Temporäres Flüssigphasensintern

Wie zu Beginn von Abschn. 4.2.2.2 schon erwähnt, wird bei Systemen mit teilweiser Löslichkeit der Komponenten häufig so gesintert, daß vorübergehend eine schmelzflüssige Phase auftritt. Dabei werden die für diese Kombinationen charakteristischen niedriger schmelzenden eutektischen Konzentrationen zur Intensivierung des Homogenisierungs- und Verdichtungsgeschehens genutzt. Das temporäre Flüssigphasensintern ist grundsätzlich auch für Systeme mit völliger Löslichkeit der Komponenten anwendbar (Bild 198), technisch aber nicht von Bedeutung.

Beim temporären Flüssigphasensintern wird der aus einem Gemenge von Elementepulvern oder einem Element – und einem Vorlegierungspulver hergestellte Preßkörper in einen praktisch homogenen Sinterwerkstoff überführt. Dank einer dem Phasendiagramm in geeigneter Weise angepaßten Temperaturführung (Aufheizgeschwindigkeit) bildet sich als Bestandteil jener Veränderungen, die das sinternde System auf dem Weg zum Gleichgewicht erfährt, vorübergehend und kurzzeitig (Minuten) eine schmelzflüssige Phase. Danach wird der Sinterwerkstoff in dem auf diese Weise eingestellten Zustand oder, was meist der Fall ist, nach einer zusätzlichen Wärmebehandlung im ausgehärteten (z. B. Sinteraluminiumlegierungen) oder abschreckgehärteten Zustand (hochfester Sinterstahl) eingesetzt.

Typische Vertreter des temporären Flüssigphasensinterns sind gesinterte Aluminiumlegierungen, hoch- und höchstfeste Stähle [356] oder bestimmte Zinnbronzeerzeugnisse sowie SiALON-Keramik. Neben dem Vorteil einer schnellen Verdichtung und Festigkeitszunahme bietet es die Möglichkeit, stark sauerstoffaffine Elemente ohne die Folgen einer Qualitätsbeeinträchtigung in der Pulvermetallurgie einsetzen zu können. Diese lassen sich relativ grobkörnig und damit von vornherein sauerstoffarm, wie das Ti, direkt als Elementpulver oder, wie im Fall des Mn und Cr, an einen Legierungsträger (z. B. ein Mehrfachcarbid) gebunden, in die Legierung einbringen [366], [367]. Das nur kurzzeitige Bestehen der schmelzflüssigen Phase sowie die schnelle Verteilung, Wiedererstarrung und Lösung von Legierungsbestandteilen bei gleichzeitig rascher Verdichtung schließen eine Oxidation durch noch in der Sinteratmosphäre vorhandene Sauerstoffreste praktisch aus. In Verbindung mit dem Einsatz von Vorlegierungen bezeichnet man das temporäre Flüssigphasensintern auch als Masteralloy-Technik [162].

6.1 Grundlegende Vorgänge

Die mit dem zeitweisen Bestehen einer flüssigen Phase verbundenen Sinterreaktionen stellen eine Kombination der Vorgänge des Festphasenheterosinterns (Kap. 4) und des permanenten Flüssigphasensinterns (Kap. 5) dar. Grundsätzlich sind alle für diese Formen des Sinterns in den vorangegangenen Kapiteln abgehandelten Prozesse auch beim temporären Flüssigphasensintern gegeben und beobachtet worden; so das Schwellen als Folge der Heterodiffusion im festen Zustand, das Aufschmelzen und Ausbreiten der Schmelze in die Hohlräume des Pulverhaufwerkes sowie die damit verbundene Bildung sekundärer Poren an den Stellen der schmelzebildenden Pulverteilchen der Zusatzkomponente, die Kontakt- und Korngrenzenpenetration durch die Schmelze und eine damit gegebene Teilchenumordnung, Auflösungs- und Wiederausscheidungsreaktionen sowie nach Wiedererstarren der Schmelze die Ausbildung eines Festkörpergefüges [316].

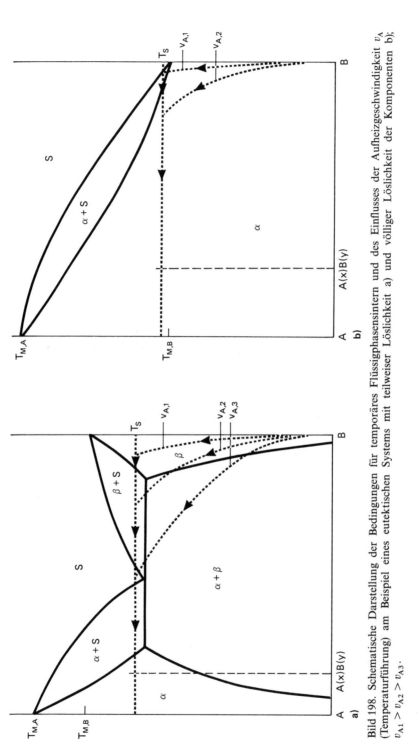

Bild 198. Schematische Darstellung der Bedingungen für temporäres Flüssigphasensintern und des Einflusses der Aufheizgeschwindigkeit v_A (Temperaturführung) am Beispiel eines eutektischen Systems mit teilweiser Löslichkeit a) und völliger Löslichkeit der Komponenten b); $v_{A1} > v_{A2} > v_{A3}$.

Ehe anhand konkreter Beispiele näher auf das alternierende Fest-Flüssig-Festphasen-Sintergeschehen eingegangen wird, sollen zunächst allgemein für das temporäre Flüssigphasensintern geltende Tendenzen erörtert und der im Vergleich zu anderen Formen des Sinterns überaus starke Einfluß, den die technologischen Bedingungen auf den Sinterverlauf ausüben, deutlich gemacht werden. Das Auftreten einer vorübergehend existenten Schmelze beim Sintern setzt voraus, daß die Konzentration der Zusatzkomponente B niedriger ist als die Löslichkeitsgrenze für B-Atome bei Sintertemperatur T_S (Bild 198). Die Zusammnsetzung der Sinterlegierung $A(x)B(y)$ und die Sintertemperatur sind so gewählt, daß der Gleichgewichtszustand der Legierung einer Lage in einem Festphasenfeld, d. h. unterhalb der Soliduslinie entspricht. Im Fall eutektischer Systeme bedeutet das gleichzeitig, daß ein temporäres Flüssigphasensintern nur innerhalb eines begrenzten Konzentrationsbereiches möglich ist.

Der mit dem temporären Flüssigphasensintern angestrebte optimale Gefügezustand (und damit das Eigenschaftsbild) des Sinterwerkstoffs hängen in hohem Maße von der Menge der sich bildenden Schmelze und der Zeitdauer ihres Bestehens ab. Der im Zusammenhang damit bei gegebener Teilchengröße, Gründichte, B-Konzentration und Benetzung wesentliche Prozeßparameter ist die Aufheizgeschwindigkeit v_A (Bild 198). Bei zu langsamem Aufheizen geht bereits im festen Zustand ein größerer B-Anteil in die Basiskomponente in Lösung und/oder wird für die Bildung intermetallischer Phasen verbraucht. Die Auswirkungen dessen auf den Sinterprozeß sind in mehrerlei Weise negativ. Der vorzeitig gebundene B-Anteil bedingt Schwellerscheinungen, geht der Bildung von Schmelze verloren und schränkt letztlich deren „Lebensdauer" und Wirkungsmöglichkeiten im Hinblick auf Verdichtung und Homogenisierung ein. Beim Bestehen intermetallischer Phasen kommt noch deren Sinterhemmung hinzu. Für Systeme mit völliger Löslichkeit der Komponenten (Bild 198 b) ist bei noch vertretbaren Sintertemperaturen und selbst hohen v_A-Werten in der Regel eine merklich verminderte Einflußnahme der vorübergehend existenten Schmelze zu erwarten.

Nach *German* [316] besteht zwischen dem Volumenanteil der sich bildenden Schmelze V_L, der Konzentration der Zusatzkomponente c_B und der Aufheizgeschwindigkeit v_A der Zusammenhang

$$1 - [V_L/(f\, c_B)]^{1/3} = K(T_M/v_A)^{1/2} , \qquad (90)$$

wobei f und K Proportionalitätskonstanten und T_M die Temperatur der Schmelzebildung sind. Danach ist das Volumen der temporär anwesenden Schmelze um so größer, je höher die Aufheizgeschwindigkeit und der B-Anteil im Pulverkörper sind. Andererseits nimmt unter sonst gleichen Bedingungen V_L mit der Pulverteilchengröße $\bar{L}_P$ ab. Wegen der mit fallender Teilchengröße rasch anwachsenden spezifischen Pulverteilchenoberfläche gehen in der Zeitspanne vor dem Aufschmelzen mehr B-Atome über Fremddiffusion in die mit der Matrix gebildete feste Lösung ein als bei der Verwendung eines gröberen Pulvers.

Das mit dem zeitweisen Bestehen einer Schmelzphase verfolgte Grundanliegen ist deren Ausbreitung in Hohlräume und Kontakte des dispersen Körpers, um von dort aus über die Mechanismen des Flüssigphasen- und Heterosinterns auf einen genügend dichten und homogenen Sinterkörper hinwirken zu können (Bild 199). Für Systeme mit Löslichkeit der Komponenten dürfen im allgemeinen befriedigende Benetzungsverhältnisse angenommen werden, deren Einstellung durch die in den Preßkontaktbereichen angehobenen Defektdichten noch begünstigt wird. Ein anschauliches Beispiel dafür liefert das in Bild 200 wiedergegebene unterschiedliche Benetzungsverhalten von verschiedenen vorbehandelten Cu-Ti-Modellobjekten. Das mit dem mechanisch aktivierten Cu-Pulver hergestellte Sintermodell läßt auf eine gegenüber dem aus unbehandeltem Cu-Pulver weitaus

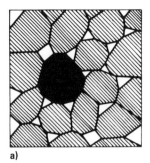 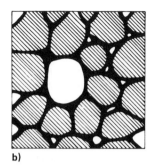 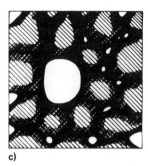

a)　　　　　　　　　　　　b)　　　　　　　　　　　　c)

Bild 199. Schematische Darstellung der Gefügeänderungen beim temporären Flüssigphasensintern; a) heterogener Ausgangszustand; b) Schmelze benetzt unter Hinterlassen von Poren die Teilchenoberflächen; c) von den entstandenen Schmelzesäumen aus setzt Mischkristallbildung ein.

bessere Benetzung schließen. Die Folge ist eine erhebliche Vergrößerung der Diffusionsfront Schmelze/Matrix, die nicht zuletzt auch eine Intensivierung des Homogenisierungsgeschehens nach sich zieht.

Unter der Voraussetzung guter Benetzbarkeit verläuft die Durchtränkung des dispersen Körpers beim temporären Flüssigphasensintern ähnlich wie bei der in Abschn. 5.2.4 für das stationäre Flüssigphasensintern geschilderten Poreneliminierung. Ist der mittlere Radius der vom Pressen her in die Matrix eingebrachten primären Poren $\bar{R}_1$ kleiner als der mittlere Radius $\bar{R}_2$ der durch das Aufschmelzen der Zusatzphase entstandenen sekundären Poren ($\bar{R}_1 < \bar{R}_2$), dann wird infolge der Kapillarkraftdifferenz die temporär existente Schmelze in Hohlräume und Teilchenkontakte auch der weiteren Matrixumgebung der Sekundärporen eingesogen (Bild 199). Ein die Sekundärporen wieder auffüllender viskoser Teilchen-Schmelze-Fluß jedoch, der für das permanente Flüssigphasensintern eine größere Bedeutung hat (Bild 173), ist wenig wahrscheinlich. Die Gründe dafür

a)

b)

Bild 200. Rasterbild der rückgestreuten Elektronen von Cu-Pulver/Ti-Draht-Modellen (nach B. Rieger); Modell auf $T_S = 1000\,°C$ mit $v_A = 50\ \text{K min}^{-1}$ erwärmt und rasch abgekühlt; a) Cu-Pulver ungemahlen; b) Cu-Pulver in Schwingmühle 60 min gemahlen (mechanisch aktiviert); Ti-Draht hat sich völlig gelöst. Zum Vergleich der gebildeten Phasen siehe Bild 120.

sind die bis zum Aufschmelzen bereits fortgeschrittene Verdichtung und die demzufolge verminderte Teilchenbeweglichkeit sowie die bei den Sinterlegierungen dieses Typs in der Regel geringeren Gehalte schmelzebildender Komponenten, von denen außerdem noch Teile durch die Mischkristallbildung der Schmelzeformierung abgehen [368]. Die Entstehung der Sekundärporosität ist also verfahrensspezifisch und dem temporären Flüssigphasensintern in gewissem Grad immanent. Da die Porengröße praktisch der der Zusatzpulververteilchen entspricht, empfiehlt es sich, ein möglichst feindisperses B-Pulver zu verwenden. Wie die Untersuchungen von *Danninger* [369] and Fe-3 M% Cu-Sinterkörpern zeigen, ist, wenn man von der Schlagzähigkeit absieht, ein merklich negativer Einfluß der Sekundärporosität auf das mechanische Verhalten dieses Materials erst ab mittleren Porendurchmessern von $2\bar{R} \approx \bar{L}_{P,Cu} \gtrsim 40$ µm zu verzeichnen (Bild 201). Um höchsten Qualitätsansprüchen zu genügen, müssen temporär flüssigphasengesinterte Werkstoffe noch nachverdichtet werden (Heißpressen, Sinterschmieden).

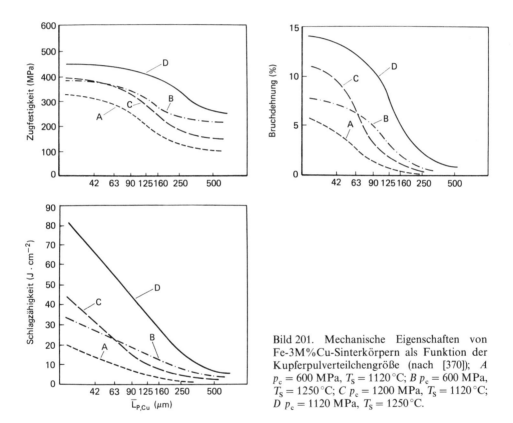

Bild 201. Mechanische Eigenschaften von Fe-3M%Cu-Sinterkörpern als Funktion der Kupferpulverteilchengröße (nach [370]); A $p_c = 600$ MPa, $T_S = 1120\,°C$; B $p_c = 600$ MPa, $T_S = 1250\,°C$; C $p_c = 1200$ MPa, $T_S = 1120\,°C$; D $p_c = 1120$ MPa, $T_S = 1250\,°C$.

Bestimmte Eigenschaftswerte einer Reihe von Werkstoffen, die über temporäres Flüssigphasensintern gewonnen werden, lassen sich mit Hilfe einer thermischen Nachbehandlung in einem größeren Bereich variieren. Technisch geschieht dies vor allem über Ausscheidungs- oder Abschreckhärten. Der Erfolg einer solchen Behandlung erfordert eine ausreichende Gefügehomogenität, die außer durch andere der erörterten technologischen Parameter in entscheidendem Maße von der Gründichte des Pulverkörpers beeinflußt wird. Mit steigender Gründichte GD wird der Schmelzfluß aus den Poren in die umgebende Matrix immer mehr erschwert und/oder durch intermetallische Phasen, die sich um die Sekundärporen im Kontaktbereich Schmelze/Matrix bilden, behindert.

Lee und *Yoon* [371] beispielsweise haben die Einflußnahme der Ausgangsdichte auf das Sinter- und Homogenisierungsverhalten an Cu-4 M% Al-Preßkörpern, deren Gründichten GD = 65, 80, 95% TD betrugen, eingehend studiert. Danach liegt für $T_S = 632\,°C$ und GD = 65% eine weitgehend homogene Matrix aus Cu-α- und Cu-β-Mischkristallen vor, in die an Stelle der kugeligen Al-Pulverteilchen nun etwa gleichgroße Kugelporen eingebettet sind. Sämtliches Zusatzmetall (Al) ist zuerst auf dem Schmelzweg zwischen und hernach auf dem Diffusionsweg in die Matrixkristallite unter Bildung einer festen Lösung eingegangen. Dagegen lassen die Proben mit höchster Ausgangsdichte (GD = 95%) lediglich in etwa konzentrisch um die Poren angeordnete schmale Säume von γ_2- (innen) und β-Phase (außen) erkennen. In der übrigen Cu-Matrix ist kein Al festzustellen. Die Proben mit GD = 80% nehmen eine Mittelstellung ein, die dadurch gekennzeichnet ist, daß nun auch etwas weiter von den Poren entfernte Regionen bestehen, in denen ein Gemisch von α- und β-Phase vorliegt. Wird die Sintertemperatur auf $T_S = 1030\,°C$ angehoben, dann ist in allen Fällen das Al völlig in der Cu-Basis (α-Mkr) gelöst. Dennoch zeigen sich noch immer die Folgen einer unterschiedlichen und auf das Homogenisierungsgeschehen Einfluß nehmenden Preßlingsdichte. In den Proben mit GD = 80%, insbesondere aber in denen mit GD = 95% ist der Zustand ausreichender Homogenität auch jetzt nicht erreicht. Innerhalb des α-Mischkristalls existiert ein vom Porenrand sich in die Matrix erstreckender steiler Konzentrationsgradient.

Mit den in Bild 199 dargestellten und vorwiegend Schwellung verursachenden Vorgängen der Penetration durch die Schmelze sowie der nachfolgenden Bildung einer festen Lösung über Heterodiffusion sind die mit dem temporären Flüssigphasensintern verknüpften Erscheinungen nicht erschöpft. Neben den genannten laufen Sinterreaktionen ab, die Verdichtung bewirken. Die in den Arbeiten [372], [373] an modellartigen Objekten, wie Cu-beschichteten Ni-Kugelschüttungen und niedrig verdichteten Cu-beschichteten Ni-Kugelpreßlingen, beobachtete (primäre) Teilchenumordnung und -gestaltsanpassung dürfte der dafür günstigen Teilchenform sowie geringen Packungsdichte und dem hohen Anteil temporär flüssiger Phase (≈ 13 bis 16 Vol%), die die Teilchen von Anfang an umhüllt, zuzuschreiben sein. Für technische Objekte aber ist eine primäre Teilchenumordnung kaum anzunehmen. In ihnen haben die zwischen den irregulär geformten Pulverteilchen gebildeten Preßkontakte mehr oder weniger kompliziert gestaltete Konturen und die Gehalte an Schmelze ($\lesssim 5$ Vol%), die unter ständiger Änderung ihrer Zusammensetzung erst zwischen die Teilchen und in den Hohlraum eindringen muß, sind wesentlich niedriger.

An realen Sinterkörpern als nachgewiesen darf ein Verdichtungsbeitrag über Teilchendesintegration und sekundäre Teilchenumordnung gelten, die bei nicht zu kleinen Anteilen und Verweilzeiten der Schmelze von merklichen Auflösungs- und Wiederausscheidungsvorgängen sowie Gestaltsakkommodation begleitet sind. In-situ-Beobachtungen an Cu-3 M% Ti-Preßlingen im Hochtemperaturmikroskop [374] belegen, daß sich beim kontinuierlichen Aufheizen ($v_A \approx 15$ k min^{-1}) ab $\approx 700\,°C$ um die in die Cu-Matrix eingelagerten Ti-Teilchen Diffusionssäume zu bilden beginnen, bei $810\,°C$ auch die Korngrenzen in einem größeren Umfeld um die Ti-Teilchen von der Heterodiffusion betroffen sind und sich bis zum Aufschmelzen ein nahezu das gesamte Volumen erfassendes dichtes Netz solcher Korngrenzen herausgebildet hat (Bild 202). Die dem parallel gehenden Konzentrationsänderungen (s. Abschn. 6.2) bedingen, daß mit Überschreiten der eutekti-

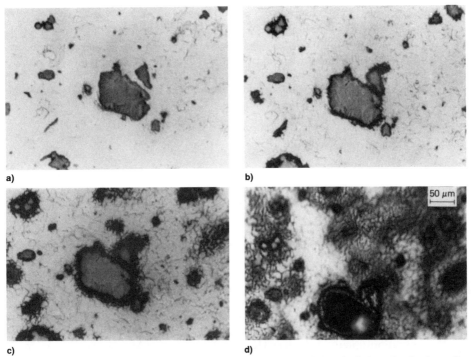

Bild 202. Im Hochtemperaturmikroskop während des kontinuierlichen Aufheizens beobachtete Gefügeveränderung eines Cu-3M%Ti-Sinterkörpers (nach [374]); $v_A \approx 15$ K min^{-1}; a) $T = 600\,°$C; b) $T = 740\,°$C; c) $T = 810\,°$C; d) $T = 880\,°$C.

schen Temperatur ($\approx 880\,°$C) nicht nur die ehemaligen Titanteilchen, sondern auch die Korngrenzensubstanz aufschmelzen und damit der Weg für die sekundäre Teilchenumordnung freigegeben wird.

6.2 Realfälle temporären Flüssigphasensinterns

Noch im Rahmen des permanenten Flüssigphasensinterns war im Abschn. 5.3.3 das System Fe-Cu behandelt worden, dessen Sinterlegierungen bei den für sie üblichen Sintertemperaturen je nach Kupfergehalt permanent ($\gtrsim 9$ M% Cu) oder temporär (< 9 M% Cu) flüssigphasensintern. In der technischen Praxis herrscht die letztgenannte Gruppe vor. Der gekupferte Sinterstahl als wichtigster Vertreter weist Kupferanteile von < 5 M% auf.

Seitens der auftretenden Phasenreaktionen ist das Geschehen in den temporär flüssigphasensinternden kupferarmen Fe-Cu-Legierungen leicht überschaubar. Mit Überschreiten von $T_{M,Cu}$ beginnt die Kupferschmelze einige Prozent Fe zu lösen, verschwindet jedoch bald wieder, um auf dem Wege der Heterodiffusion mit der Fe-Matrix die dem Gleichgewichtszustand entsprechende feste Lösung einzugehen. Während der kurzen Dauer ihrer Existenz laufen die zwischen Schmelze und Matrix im vorangegangenen

Abschnitt geschilderten Wechselwirkungen ab [369], [370], denen zufolge sich Schwindung und Schwellung in etwa die Waage halten (Bild 193, 194).

Bei der Mehrzahl der temporär flüssigphasengesinterten Materialien liegen jedoch hinsichtlich Phasenbildung und Sinterreaktionen vielschichtigere und komplexere Verhältnisse vor und die Systeme sind oft auch höher als zweikomponentig. Dennoch existieren Gemeinsamkeiten, die für sie kennzeichnend sind (z. B. [375]) und die nachfolgend anhand einiger Beispiele veranschaulicht werden sollen.

6.2.1 Cu-Ti-Sinterlegierungen

Die Herstellung von aushärtbaren Cu-Ti-Sinterwerkstoffen geht von Cu-Ti-Pulvergemischen mit Ti-Gehalten von 2 bis 5% aus, die bei Temperaturen $\geq 930\,°C$ gesintert werden. Da der partielle Cu-Diffusionskoeffizient größer als der des Ti ist (Tab. 6), diffundiert hauptsächlich das Cu in das Ti und ändert dessen Zusammensetzung so schnell, daß innerhalb weniger Minuten nacheinander die im Zustandsdiagramm (Bild 120, von links nach rechts) verzeichneten Phasen gebildet werden, bis kurzzeitig (etwa eine Minute) zwischen Ti_2Cu_3 und $TiCu_4$ eine schmelzflüssige Phase auftritt (Bild 203). Sie benetzt die Kupfermatrix, die bisher wenig Ti aufgenommen hat, und dringt zwischen deren Teilchen und in Korngrenzen ein, wodurch die Diffusionsfront (Phasengrenzfläche Kupfer-Schmelze) stark vergrößert wird. Im Verlaufe des nun rasch erfolgenden weiteren Konzentrationsausgleiches in Richtung α-Cu-Mischkristall reichert sich die Schmelze schnell mit Cu bis zur Sättigung an, so daß diese erstarrt und der Abbau noch bestehender Konzentrationsunterschiede über Heterodiffusion in der Matrix und den sie umgebenden erstarrten Zonen geschieht. An der Stelle ehemaliger Ti-Teilchen befinden sich Poren. Die entstandenen α-Cu-Mischkristalle sind aushärtbar.

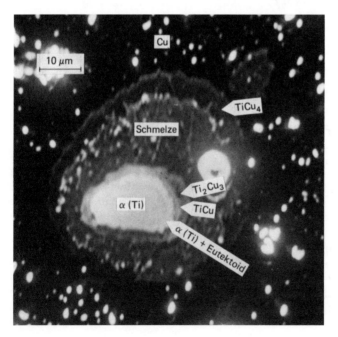

Bild 203. Rasterbild der absorbierten Elektronen von einer Cu-Ti-Sinterlegierung, die innerhalb von 10 min auf 920 °C erhitzt, 0,5 min gehalten und danach abgeschreckt wurde (nach [255], [376]); das Bildzentrum veranschaulicht die eingetretenen Phasenreaktionen.

Die schnelle Diffusion des Cu ins Ti, die zur Bildung der flüssigen Phase führt, wird durch das Verhalten des dem Titan anhaftenden Sauerstoffs nicht beeinträchtigt. Die Ti-Teilchen sind im Ausgangszustand von Oxidhäuten umgeben, die eine Dicke von etwa 10^{-5} mm aufweisen [377]. Anders als bei Aluminium ist jedoch der Sauerstoff im Ti bis zu 14 M% löslich, so daß er beim Aufheizen auf Sintertemperatur in das Innere der Ti-Teilchen diffundieren kann. Dieser Vorgang verläuft beim Temperaturen $\gtrsim 900\,°C$ besonders intensiv, so daß die Cu-Diffusion ins Ti nicht von Oxidhäuten behindert wird.

Der geschilderte Ablauf der Phasenreaktionen spiegelt sich auch in der Schwindungskurve wider (Bild 204a). Bis etwa 800 °C schwinden die Legierungen 1 und 2 im wesentlichen durch Sintervorgänge in der Cu-Matrix. Das „Plateau" um 700 °C ist, wie parallel laufende Messungen in der Thermowaage anzeigten, durch Gasausbruch und eine damit verbundene Gefügeauflockerung verursacht [376]. Ab ca. 850 °C wird die mit Schwellung verknüpfte α-Cu-Mischkristallbildung merklich. Danach setzt bei Legierung 1 das Aufschmelzen der Ti-reichen Gefügebestandteile, eine Teilchenkontakt- und -korngrenzen-

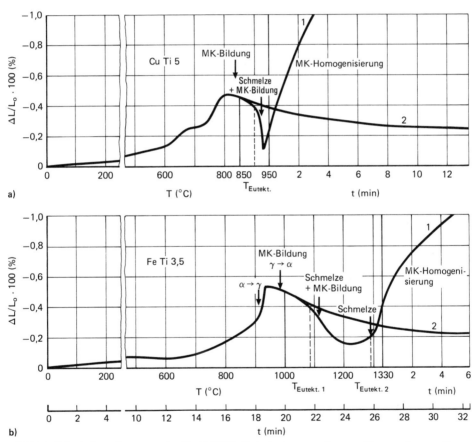

Bild 204. Schwindungskurven: a) Cu-5M%Ti-Sinterlegierung, $L_{P,Cu} < 40$ μm, $L_{P,Ti} < 63$ μm, $p_c = 500$ MPa, GD ≈ 85% TD; b) Fe-3,5M%Ti-Sinterlegierung, $L_{P,Fe} < 40$ μm, $L_{P,Ti} < 40$ μm, $p_c = 600$ MPa; MK Mischkristall; $v_A = 50$ K min^{-1}; 1 Sintern mit flüssiger Phase bei 950 bzw. 1330 °C; 2 Sintern ohne flüssige Phase bei 850 bzw. 1000 °C; (nach [376], [378]).

penetration und eine rasche α-Cu-Mischkristallbildung ein, denen zufolge der Sinterkörper zunächst stärker wächst und noch vor Erreichen der isothermen Sintertemperatur (950 °C) über die durch die Anwesenheit der Schmelze ermöglichten Verdichtungsmechanismen neuerlich zu schwinden beginnt. Nachdem die Schmelze erstarrt ist, werden eine fortschreitende Homogenisierung und Festphasensinterreaktionen für die weitere Längenabnahme bestimmend. Für Legierung 2, die ohne Anwesenheit einer Schmelzphase sintert, ist in dem betrachteten Zeitraum lediglich eine geringe Längenzunahme (Schwellung) zu beobachten, die in der Hauptsache durch die α-Cu-Mischkristallbildung bedingt ist. Die isotherme Schwindung (in Bild 204a nicht mehr erfaßt) verläuft im weiteren Sintergang nur träge. Der nach technisch noch vertretbaren Sinterzeiten erreichte Homogenisierungsgrad ist gering und demzufolge die erzielbare Härtezunahme nach einer Aushärtungsbehandlung unzureichend.

6.2.2 Fe-Ti-Sinterlegierungen

Bei entsprechendem Zustandsdiagramm des zu sinternden Systems und Wahl eines geeigneten Temperatur-Zeit-Regimes ist es möglich, den „Schmelzeffekt" mehrmals zu nutzen [356]. Beispiel hierfür sind Eisenbasissinterlegierungen mit 3,5 M% Ti und 7 M% Ti; letztere zeigt bei entsprechender Wärmebehandlung eine starke Aushärtungswirkung [378], [379].

Wegen des gegenüber dem Diffusionskoeffizienten Ti→Fe um ein bis zwei Zehnerpotenzen größeren Diffusionskoeffizienten Fe→Ti (Tab. 6) reichern sich beim Sintern die Ti-Pulverteilchen schnell mit Fe an. Die dabei beobachteten wichtigsten Stationen ihrer Zusammensetzung sind als punktierter Kurvenzug im Fe-Ti-Zustandsdiagramm schematisch dargestellt (Bild 205). Die im einzelnen ablaufenden Teilvorgänge lassen sich anschaulich mit der während der Aufheizphase und unter isothermen Sinterbedingungen aufgenommenen Schwindungskurve von Pulverpreßlingen der 3,5%igen Legierung erläutern.

Im Grundsätzlichen stimmt das Schwindungsverhalten der Fe-Ti-Legierungen mit dem an entsprechenden Cu-Ti-Sinterlegierungen beobachteten überein (Bild 204a, b) und bringt das Typische am Schwindungsverhalten temporär flüssigphasengesinterter Pulverkörper zum Ausdruck. Zusätzliche Einflüsse sind durch Modifikationswechsel sowie das Auftreten zweier Eutektika gegeben. Die ab rund 650 °C einsetzende merkliche Schwindung ist überwiegend den in der Fe-Matrix ablaufenden Sintervorgängen zuzuschreiben. Ihnen überlagern sich die α-γ-Umwandlung des Eisens und die α-β-Umwandlung des Titans. Selbstverständlich gilt auch für die Fe-Ti-Sinterlegierungen (s. Abschn. 6.2.1), daß sich der auf den Ti-Teilchen befindliche Sauerstoff bei $T \gtrsim 900\,°C$ schnell im Ti löst, so daß die Titanoxidhäute die Heterodiffusion und Homogenisierung nicht behindern [379].

Nach einem Schwindungsmaximum bei etwa 930 °C beginnt sich der Preßling infolge der Titandiffusion in das Eisen, die eine γ-α-Rückumwandlung auslöst, langsam auszudehnen. Parallel dazu nehmen die Titanpulverteilchen solange Eisen auf, bis die Grenzkonzentrationen des β-Mischkristalls und – entsprechende Aufheizgeschwindigkeiten vorausgesetzt – im Fall von Legierung 1 der Schmelzbereich des titanreichen Eutektikums erreicht sind: Die ehemaligen Titankörner fangen an von außen nach innen aufzuschmelzen. Dem einher geht eine starke Zunahme der Ausdehnung. Sie ist durch das größere spezifische Volumen der Schmelze, die sich aufgrund ihres gegenüber der eisenreichen

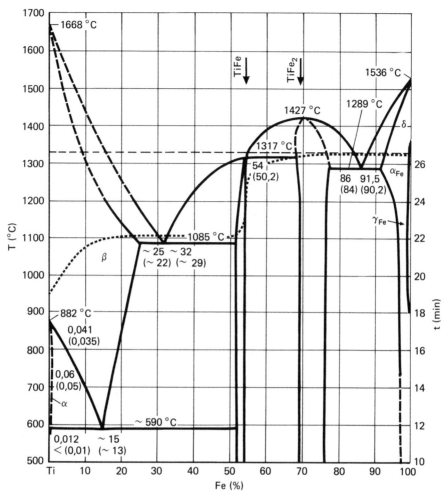

Bild 205. Zustandsdiagramm Fe-Ti (nach *U. Zwicker*); die punktierte Kurve gibt die wichtigsten Stationen der Änderung der Titanzusammensetzung in einer Fe-3,5M%Ti-Sinterlegierung an; $v_A = 50$ K min^{-1}, $T_S = 1350\,°C$ (nach [378]).

Matrix nur mäßig guten Benetzungsverhaltens ($\omega \gtrsim 25$ grad) lediglich in die nächstgelegenen Hohlräume ausbreitet, und die gleichzeitig vorwiegend über Korngrenzendiffusion intensivierte α-Fe-Mischkristallbildung verursacht. Im Temperaturbereich um 1250 °C halten sich die auf eine Volumenzunahme und -abnahme gerichteten Vorgänge in etwa die Waage.

Die weitere Anreicherung der Schmelze mit Fe führt über die Bildung von FeTi, die von der der Eisenmatrix zugewandten Seite ausgeht und schnell die gesamte Schmelze erstarren läßt, schließlich zur Entstehung der intermetallischen Phase Fe$_2$Ti und bei gleichzeitigem Überschreiten der zweiten eutektischen Temperatur (1289 °C) zum neuerlichen Auftreten von Schmelze. Die eisenreiche eutektische bzw. naheeutektische Schmelze zeigt gegenüber der α-Fe-Matrix ein ausgezeichnetes Benetzungsverhalten ($\omega \lesssim 10$ grad), demzufolge sie sich über weite Bereiche auf den Körnern der Eisenmatrix ausbreitet. Die damit um Größenordnungen ausgedehnte Kontaktfläche und Diffusionsfront hat sowohl eine Teilchenkontakt- und -korngrenzenpenetration und sekundäre Teilchenumordnung als auch bei etwa gleichzeitigem Erstarren der Schmelze eine über Korngrenzen- und Volumendiffusion schnelle Homogenisierung zur Folge. Die Intensität von Diffusion und Materialtransport ist so groß, daß als resultierende makroskopische Erscheinung nur Schwindung registriert wird [378].

Über die Menge der temporär gebildeten Schmelze, d. h. den prozentualen Ti-Zusatz zur Legierung lassen sich Schwindung und Schwellung in einem weiten Bereich variieren (Bild 206) [379].

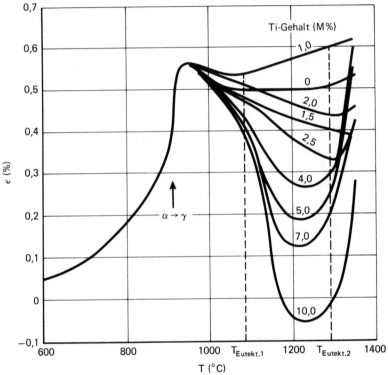

Bild 206. Schwindung von Fe-Ti-Preßkörpern als Funktion des Ti-Gehaltes (nach [379]); $p_c = 600$ MPa, $v_A = 50$ K min^{-1}.

6.2.3 Fe-Ni-P-Sinterlegierungen

Gelegentlich stehen den Vorteilen des temporären Flüssigphasensinterns hohe Sintertemperaturen (z. B. Fe-Ti) und – wenn nicht unter Druckanwendung gesintert wird – eine relativ große Schwindung als nachteilig gegenüber. Für in den Abmessungen eng tolerierte Sinterformteile wird gefordert, daß die Schwindung nur so groß ist, daß sie die positive Änderung der Formteilabmessungen durch das elastische „Auffedern" beim

Ausstoß aus dem Preßwerkzeug gerade kompensiert. Da eine derartig geringe Schwindung häufig allein nicht ausreicht, die vom Sinterformteil geforderte Festigkeit zu erbringen, muß das Sintern noch von anderen festigkeitssteigernden, jedoch der Maßstabilisierung nicht zuwiderlaufenden Vorgängen begleitet sein. Auch hierfür läßt sich das temporäre Flüssigphasensintern mit Vorteil verwenden, wie am Beispiel eines höherfesten (Zugfestigkeit $\geq$ 700 MPa), mit Ni und P legierten Sinterstahls deutlich gemacht werden soll.

Bei Temperaturen zwischen etwa 700 und 1000 °C laufen im Gemisch aus Fe- und Ni-P-Vorlegierungspulver rasch aufeinanderfolgende Vorgänge ab. Das Fe diffundiert in die Ni-P-Teilchen, das Ni ins Fe. Die mit Fe angereicherten Ni-P-Partikel erreichen die Zusammensetzung einer schmelzflüssigen Phase. Die gut benetzende Schmelze wird schnell vom Porenraum und in Grenzflächen aufgenommen, wodurch die Kontaktfläche zum Fe stark vergrößert wird, Schwellungs- und Flüssigphasenverdichtungsvorgänge wirksam werden und die Bildung von Fe-Ni-Mischkristallen sehr beschleunigt wird. An den Stellen der Ni-P-Teilchen bleiben Poren zurück. Mit zunehmendem Ni-P-Anteil (Bild 207) wird der Einfluß der α-γ-Umwandlung des Eisens (Kurve 4) aufgehoben und die durch die Fe-Ni-Mischkristallbildung verursachte Volumenzunahme größer (Kurven 2, 1). Die das Volumen reduzierenden Verdichtungsvorgänge und die dem entgegenwirkende Poren- und Mischkristallbildung überlagern sich so, daß der Sinterstahl mit 4,1% Ni und 0,5% P (Kurve 2) nach der Abkühlung eine Schwindung von nur etwa 0,3% erlitten hat. Das ist die Schwindung, die nötig ist, um das „Auffedern" zu kompensieren und das Formteil im gleichen Werkzeug, in dem das Pulver verpreßt wurde, auf ein eng

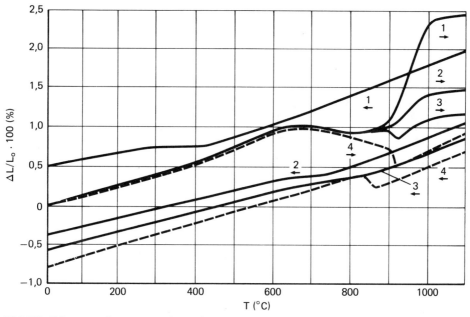

Bild 207. Dilatometerkurven von Eisenpulverpreßlingen mit unterschiedlichen Anteilen eines Ni-P-Vorlegierungspulvers (nach *M. v. Ruthendorf-Przewoski*); *1* 7,35M%Ni, 0,9M%P; *2* 4,1M%Ni, 0,5M%P; *3* 2,5M%Ni, 0,3M%P; *4* Fe; → Erwärmung, ← Abkühlung; die thermische Ausdehnung ist in den Dilatometerkurven mit enthalten.

toleriertes Endmaß kalibrieren zu können. Die geforderte Festigkeit des Sinterstahls (der Porenraumanteil hat sich nur wenig geändert) wird über die Fe-Ni-Mischkristallverfestigung erbracht.

6.2.4 Fe-Si-Sinterlegierungen

Fe-Si-Sinterlegierungen sind als weichmagnetische Formteile vor allem im Hinblick auf die Miniaturisierung von technischem Interesse [380]. Ihre Herstellung geht von Fe-Si-Elementepulvergemischen oder – was technologisch günstiger ist – von einem Gemisch aus Eisenpulver und dem Pulver einer Vorlegierung aus. In [381] wurden beide Varianten

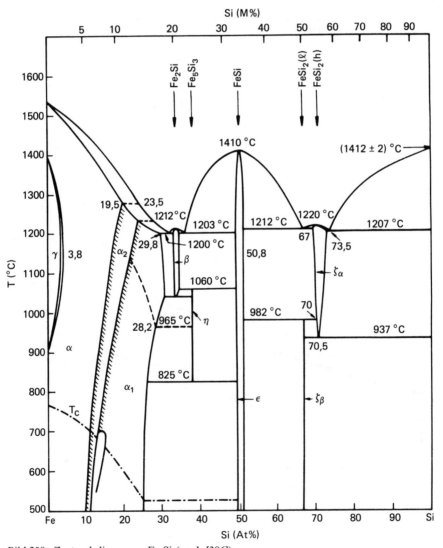

Bild 208. Zustandsdiagramm Fe-Si (nach [386]).

genutzt und als Vorlegierung die Zusammensetzung FeSi33,5 gewählt, was der intermetallischen Phase FeSi (ε-Phase) entspricht.

Für die in [381] untersuchten Fe + 6,5 M% Si-Preßkörper wird das in der Aufheizphase beginnende Sintergeschehen durch die Si-Diffusion ins Fe eingeleitet, die zur Bildung von α-Fe-Mischkristallen führt. Danach kehrt sich die Hauptdiffusionsrichtung um. Begünstigt durch den hohen α-Fe-Diffusionskoeffizienten und die geringe Raumerfüllung der Si-Elementarzelle ($\approx 34\%$) [383], [384] sowie aufgrund der Tatsache, daß das Fe im Si praktisch unlöslich ist, bilden sich in Übereinstimmung mit dem Zustandsdiagramm (Bild 208) in rascher Abfolge aus dem Si die ζ-, ε-, η- und β-Phase. (In Bild 208 ist der ungefähre Gang von Temperatur und Phasenbildung durch Pfeile markiert.) Dadurch entsteht im α-Fe, dessen Anteil nur langsam zunimmt, Diffusionsporosität (Frenkel-Effekt). Mit der Annäherung des Systems an den Gleichgewichtszustand werden die genannten intermetallischen Phasen in der Reihenfolge ihrer Bildung wieder eliminiert. Die sich im Verlaufe des Aufheizens auf isotherme Sintertemperatur vollziehenden Phasenumbildungen wurden übereinstimmend durch die Kombination von Gefügebefunden und ESMA-Messungen [385] sowie DTA-Untersuchungen [382] für $v_A = 10$ und 50 K min^{-1} bestätigt (Bild 210, Tab. 7). (Bei der unter Verwendung der Vorlegierung hergestellten Fe + FeSi33,5-Sinterlegierung tritt die ζ-Phase natürlich nicht auf.)

Tabelle 7. Den DTA-Messungen des Bildes 210 zuzuordnende Phasenumwandlungen in Fe + 6,5M%Si-Sinterkörpern beim Aufheizen auf isotherme Sintertemperatur.

50 K min^{-1}	10 K min^{-1}	Reaktionen
A1	B1	magnetische Transformation
A2	B2	α–γ-Transformation
A3	B3	Beginn der Phasenbildung $Si \rightarrow \zeta\text{-}FeSi_2 \rightarrow \varepsilon\text{-}FeSi \rightarrow \eta\text{-}Fe_5Si_3$
A4	B4	Ende der Phasenbildung
A5	B5	Zerfall der Phase $\eta\text{-}Fe_5Si_3 \rightarrow \beta\text{-}Fe_2Si + \varepsilon\text{-}FeSi$
A6	B6	Fortsetzung der Phasenbildung $\varepsilon\text{-}FeSi \rightarrow \beta\text{-}Fe_2Si \rightarrow \alpha\text{-}Fe$
A7	B7	Ende der Phasentransformation
A8	B8	temporär flüssige Phase

Die durch die Phasenreaktionen verursachten wechselseitigen Schwell- und Verdichtungsvorgänge sind in Bild 209 für einige im Hinblick auf das Sinterverhalten wichtige Stadien am Beispiel der Fe + FeSi33,5-Legierung dargestellt. Bei Temperaturen, die noch relativ niedrig, aber doch so hoch sind, daß eine merkliche Volumenselbstdiffusion abläuft, werden erste Schwindungsbeiträge beobachtet, die auf Materialtransportvorgänge innerhalb der Fe-Matrix zurückzuführen sind ($T_{\text{isoth}} = 890, 950\,°C$). Solange $T_{\text{isoth}} \lesssim 1000\,°C$ ist, bestimmen diese das gesamte Sintergeschehen (Verdichtung). Oberhalb $1000\,°C$ werden die bereits erörterten Phasenbildungen bestimmt. Im Temperaturbereich $1050\ldots 1100\,°C$ liegt das Si nahezu vollständig in Form der β-Phase Fe_2Si (Dichte $3,82$ g cm^{-3}) und nur noch ein geringer Anteil als Rest-η-Phase Fe_5Si vor.

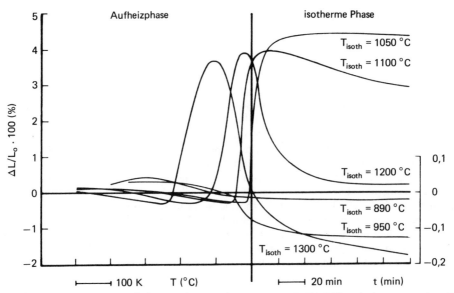

Bild 209. Kurven der relativen Längenänderung von FeSi6,5-Sinterlegierungen des Typs Fe+FeSi33,5 während des Aufheizens und isothermen Sinterns bei unterschiedlichen T_{isoth}; $v_A = 10$ K min^{-1}, Teilchengröße des FeSi33,5-Pulvers <100 µm. Der $\Delta L/L_0 \cdot 100$-Maßstab der rechten Ordinate gilt für die Kurven $T_{isoth} = 890$ und $950\,°C$ (nach [381]).

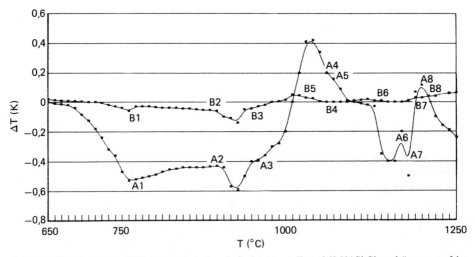

Bild 210. Resultate der DTA-Messung beim Aufheizen von Fe+6,5M%Si-Sinterkörpern auf isotherme Sintertemperatur $T_S = 1250\,°C$ (nach [382]); die den A_n-Wärmetönungen ($v_A = 50$ K min^{-1}) und B_n-Wärmetönungen ($v_A = 10$ K min^{-1}) zugehörigen Phasenreaktionen sind in Tab. 7 aufgeführt.

Wegen des gegenüber dem FeSi (Dichte 6,16 g cm^{-3}) wesentlich größeren spezifischen Volumens ist ihr Auftreten mit einer merklichen Schwellung verbunden, was in den Kurven für $T_{isoth} = 1050$ und 1100 °C des Bildes 209 seinen Ausdruck findet. Im Temperaturgebiet >1100 °C wird diese während des isothermen Sinterns über eine verstärkte Heterodiffusion und Homogenisierung sowie die Eliminierung der Diffusionsporosität wieder abgebaut (Kurve für $T_{isoth} = 1200$ °C). Schließlich schmilzt bei noch weiterer Steigerung der Sintertemperatur (technisch >1200 °C) das von α-Fe und β-Phase gebildete Eutektikum auf. Es liegt temporäres Flüssigphasensintern vor, über dessen Verdichtungsmechanismen die Sinterlegierung stark schwindet (Kurve für $T_{isoth} = 1300$ °C). Infolge einer intensivierten Si-Diffusion in die Fe-Matrix erstarrt die Schmelze wieder und es stellt sich schließlich der Gleichgewichtszustand (α-Fe-Mischkristall) ein.

Das Ausmaß von Schwellung und Schwindung wird u. a. durch die technologischen Parameter „Aufheizgeschwindigkeit" und „Pulverteilchengröße des Si-Trägers" kontrolliert. Mit steigenden v_A-Werten (Bild 211) nimmt, wie vom Einkomponentenfestphasen-

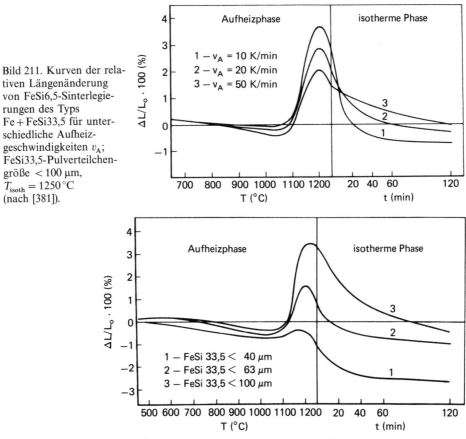

Bild 211. Kurven der relativen Längenänderung von FeSi6,5-Sinterlegierungen des Typs Fe + FeSi33,5 für unterschiedliche Aufheizgeschwindigkeiten v_A; FeSi33,5-Pulverteilchengröße < 100 μm, $T_{isoth} = 1250$ °C (nach [381]).

Bild 212. Kurven der relativen Längenänderung von FeSi6,5-Sinterlegierungen des Typs Fe + FeSi33,5 für unterschiedliche FeSi33,5-Pulverteilchengrößen; $v_A = 10$ K min^{-1}, $T_{isoth} = 1250$ °C (nach [381]).

255

sintern her bekannt, die Mitwirkung von Gitterdefekten bei der Schwindung der Fe-Matrix zu (T-Bereich $\leqslant 1000\,°C$). Andererseits erhöht sich unter sonst gleichen Bedingungen mit der Verlangsamung des Aufheizens der vor Erreichen von T_{isoth} entstandene β-Phasenanteil (zunehmende Schwellung im T-Bereich $\approx 1100\ldots 1200\,°C$) und bei Überschreiten der eutektischen Temperatur ($1200\,°C$) die Menge der von β-Phase und α-Fe gebildeten Schmelze, was sich in einer verstärkten Schwindung äußert.

Eine ähnliche Wirkung hat die Verringerung der Teilchengröße des FeSi33,5-Pulvers (Bild 212). Je feiner das Siliciumträgerpulver ist, um so größer fällt auch die Fläche des zwischen Fe-Matrix und Ferrolegierung geschlossenen Kontaktes aus. Damit wird das Ausmaß der Diffusion und Homogenisierung schließlich soweit gesteigert, daß im Fall des feinsten Zusatzpulvers (FeSi33,5 < 40 μm) der gesamte Sintervorgang im Schwindungsbereich abläuft (Kurve 1) und lediglich noch eine relative Schwellung auftritt.

6.2.5 Sintern unter Bildung intermetallischer Phasen

Die in den vorangegangenen Abschnitten erörterten Beispiele des temporären Flüssigphasensinterns betreffen Legierungen, deren angestrebter Endzustand ein möglichst homogener Mischkristall ist. Auf dem Weg dahin werden meist auch Existenzbereiche intermetallischer Phasen (i. Ph.) „durchlaufen". Dereen Bestehen ist jedoch zeitlich sehr begrenzt und nur insofern, wie sie das Sintergeschehen beeinflussen, von Interesse, sonst aber ohne gewollte Bedeutung für das Endprodukt.

In Abweichung davon ist der nun vorgesehene Fall temporären Flüssigphasensinterns dadurch gekennzeichnet, daß der Endzustand und damit der Sinterwerkstoff selbst eine intermetallische Phase (i. Ph.) ist. Eine Reihe von i. Ph. weisen eine gute Hochtemperaturfestigkeit und -korrosionsbeständigkeit auf, mit denen, wie bei den Al-reichen i. Ph. der Systeme Ni-Al und Fe-Al [387], als weitere günstige Eigenheit eine niedrige Dichte verbunden sein kann.

Der Nutzung solcher i. Ph. stehen die diesen Materialien eigene Sprödigkeit und die damit verbundenen Schwierigkeiten ihrer Formgebung mit Hilfe herkömmlicher Verfahren der spanlosen und -gebenden Bearbeitung entgegen. Alternativlösungen dazu bietet die Sintertechnik an. Zu ihnen gehört neben der Verwendung schmelzlegierter und mechanisch legierter Pulver auch das temporäre Flüssigphasensintern stöchiometrisch zusammengesetzter Elementepulvergemische.

Legt man den in Bild 213 dargestellten Fall eines Systems, das die intermetallische Phase η enthält, zugrunde, dann bilden sich im Pulvergemisch bei entsprechender Temperaturführung noch in der Aufheizphase nach Überschreiten der Sättigungskonzentration von α- und β-Mkr. in den A-B-Teilchenkontaktbereichen erste η-Phasenanteile. Steigt die Temperatur über die des niedriger schmelzenden Eutektikums hinaus, entsteht eine Schmelze, die die feste Matrix benetzt und in deren Hohlräume eindringt. Weist das Pulvergemenge zudem die stöchiometrische Zusammensetzung AB auf, so wandelt sich über Diffusion die gesamte Matrix in η-Phase um (Bild 214). Wegen der bei der η-Phasenformierung freigesetzten Reaktionswärme kann dieser Prozeß spontanen Charakter annehmen (reaktives Sintern).

Wie Untersuchungen von *German* und Mitautoren [388], [389] zur Herstellung von Sinteraluminiden belegen, sind Verdichtung und i. Ph.-Bildung schwer unter Kontrolle zu halten. Der Erfolg des temporären Flüssigphasensinterns hängt in empfindlicher Weise

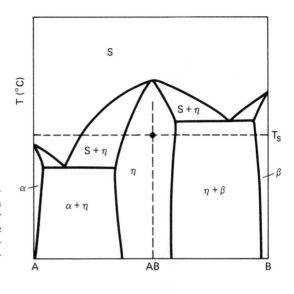

Bild 213. Zustandsdiagramm mit begrenzter Löslichkeit der Komponenten A und B im festen Zustand und der Bildung einer intermetallischen Phase η; T_S Sintertemperatur, AB Zusammensetzung des Gemisches aus A- und B-Elementepulver.

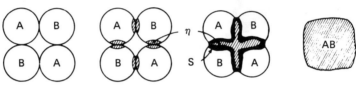

Bild 214. Schematische Darstellung der Reaktionsschritte beim temporären Flüssigphasensintern von Preßkörpern, die aus einem Pulvergemisch der Zusammensetzung AB hergestellt wurden (nach [316]).

außer von der Aufheizgeschwindigkeit von der Einhaltung der stöchiometrischen Zusammensetzung, der Gründichte und der Teilchengröße ab und erfordert, daß die vorübergehend existente Schmelze ein räumliches Netz bildet, bei dem idealerweise jeder Pulverteilchenkontakt von einer Schmelzhaut durchdrungen sein sollte. Für die Sinter-Ni$_3$Al-Herstellung hat sich ein Teilchengrößenverhältnis von $L_{P,Ni}/L_{P,Al} = 45/15$ µm als optimal erwiesen (Bild 215). Die damit erzielten Sinterdichten liegen bei 95% bis 97% TD. Eine zu große Ni-Al-Grenzfläche fördert die Heterodiffusion vor Auftreten der Schmelze und reduziert somit das dann noch mögliche Schmelzevolumen ebenso, wie die Zeitspanne, während der die Schmelze existent ist. Ein zu grobes Al-Pulver beeinträchtigt nicht nur die räumlich gleichmäßige Ausbreitung der Schmelze in das Pulverhaufwerk hinein, sondern hinterläßt auch große Poren (Bild 215), die das mechanische Verhalten des Sintermaterials merklich verschlechtern.

Desgleichen kommt im betrachteten Beispiel der Sinteratmosphäre eine erhöhte Bedeutung zu. Gase leiten wegen ihrer höheren Wärmeleitfähigkeit im Vergleich zu Vakuum die Wärme unerwünscht schnell vom reaktionssinternden Objekt ab. Wasserstoff, der im Ni$_3$Al höher als Argon löslich ist, hat die glückliche Eigenschaft, noch bevor sich die Poren schließen, wieder zu entweichen. Deshalb werden in H$_2$-Atmosphäre unabhängig von der Aufheizgeschwindigkeit höhere Dichten als beim Sintern in Argon erzielt. Dennoch werden die besten Resultate durch Vakuumsintern erhalten [388].

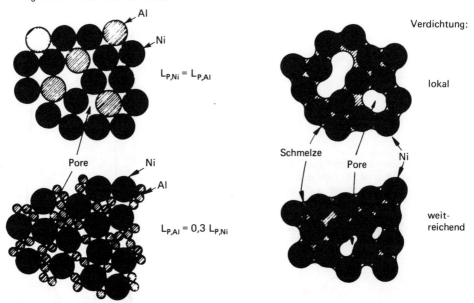

Bild 215. Schematische Darstellung des Teilchengrößeneinflusses auf die Herstellung von Sinter-Ni$_3$Al (nach [388]).

Es sei noch angemerkt, daß das Sinter-Ni$_3$Al mehr als Studienobjekt, weniger aber im Hinblick auf eine technische Nutzung interessant ist. Seine Dichte reicht bereits in die Nähe der der gesinterten Nickelbasis-Superlegierungen, die als Hochtemperaturwerkstoffe in jeder Weise leistungsfähiger sind.

7 Nachbetrachtung

Eine generelle und für alle Erscheinungen gleichermaßen zutreffende Darstellung des Sintergeschehens ist nicht möglich. Der Grund dafür liegt in der Vielfalt der für die verschiedenen Techniken des Sinterns kennzeichnenden Vorgänge. Die ausgeprägte Abhängigkeit von den technologischen Bedingungen differenziert das Bild von den Sinterprozessen noch weiter. Dennoch dürfte es nützlich sein, einige wenige Aspekte noch einmal aufzugreifen und in einer vom Konkreten mehr abgehobenen Weise zu erörtern. Über verbindende Gemeinsamkeiten erscheint es möglich, zu einer in gewissen Grenzen verallgemeinernden Betrachtung zu gelangen.

Für jede Art des drucklosen Sinterns wird der Hauptbeitrag zur Verdichtung in der Aufheizperiode und für gewöhnlich über Festphasensinterreaktionen erbracht (Bilder 57, 58, 66 und 67). Die nichtisotherme unterscheidet sich von der isothermen Phase des Sinterns durch Porenform und -größe im Preßling sowie durch das Bestehen von Teilchenkontakten mit einem stark vom Gleichgewicht abweichenden Zustand und – als Folge all dessen – durch eine ungewöhnlich hohe Geschwindigkeit der Schwindung. Aus der Porosität erwachsen die Kräfte kapillaren Ursprungs, die auf die Verdichtung hinwirken. Aus dem Abbau der in den Teilchenkontakten gespeicherten Überschußenergie resultiert die Verringerung der Viskosität des kontaktnahen Materials. Sie geht soweit, daß die relativ kleinen Kapillarkräfte ausreichen, den intensiven Materialtransport zu bewerkstelligen.

Die außergewöhnlichen Verhältnisse, unter denen sich die Verdichtung im oberen Teil der Aufheizperiode vollzieht, spiegeln sich im Verlauf der für dieses Stadium erhaltenen $\lg \varepsilon = f(\lg t)$-Geraden wider. In Bild 216 sind solche von einigen Vertretern des Fest- und Flüssigphasensinterns dargestellt. In allen Fällen werden im Bereich des nichtisothermen Festphasensinterns Geradensteigungen von $1/n \gtrsim 1$ beobachtet (s. a. Bild 130b). Das sind Werte, die den von *Kingery* für die (primäre) Teilchenumordnung beim Flüssigphasensintern genannten entsprechen (Abschn. 5.2.1). Letztere basieren auf der Annahme, daß sich die von Schmelzhäuten umhüllten Pulverteilchen unter dem Einfluß der Kapillarkräfte über viskoses Fließen ungehindert zu einer dichteren Packung umordnen. Offensichtlich ist das Festphasensintern im Schwindungsintensivstadium zeitweise durch einen ähnlichen schnellen Materialtransportvorgang gekennzeichnet.

Die in [364] zur Erklärung des verstärkten Materialtransports im Schwindungsintensivstadium gegebene theoretische Begründung der in Betracht gezogenen Defektwechselwirkungsmechanismen (Abschn. 3.3.2.1.1) besagt, daß in Übereinstimmung mit den Positronenlebensdauermessungen ein Komplex (Cluster) aus sechs bis sieben Leerstellen optimal ist und ein kritischer Clusterradius $R_{Cl}^* \approx 10^{-9}$ m existiert. Wird dieser infolge von Leerstellenübergängen aus kleineren in größere Cluster überschritten, ist es energetisch günstiger, den Leerstellenkomplex in eine Versetzungsschleife umzubilden, die unter den im dispersen Körper wirkenden Spannungen klettern kann (erhöhter Materialtransport). Für $R_{Cl} < R_{Cl}^*$ dagegen herrscht die Tendenz vor, daß sich die Cluster auf Versetzungslinien anordnen. Deren weiteres Schicksal besteht darin, daß sie entweder schwinden, wenn die Versetzung als Leerstellensenke wirkt, oder wachsen, wenn die Versetzung eine Leerstellenquelle ist (Bild 69a). In beiden Fällen bewirkt der Leerstellenaustausch, daß die Versetzungen einer zusätzlichen Kraft in der Größenordnung der Laplace-Kräfte ausgesetzt sind, unter der sie sich rascher bewegen (schnellerer Materialtransport).

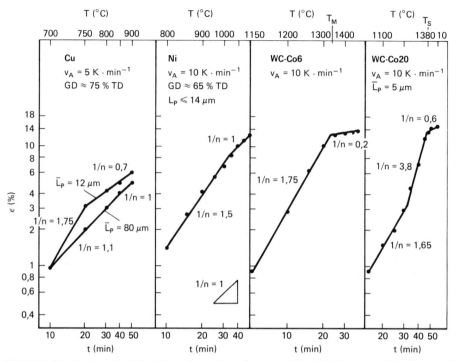

Bild 216. Schwindung im Schwindungsintensivstadium in Abhängigkeit von der Zeit für verschiedene Sinterwerkstoffe. Als $t = 0$ wurde jene Zeit gewählt, bei der sich ε- und $\dot{\varepsilon}$-Kurven merklich aus der Horizontalen heben und für die die Schwindung $0{,}5 < \varepsilon < 1\%$ gilt.

Nicht nur Versetzungen, sondern auch Leerstellencluster können den Punktdefekten als Senken und Quellen dienen. Dabei geschieht der Austausch von Punktdefekten nicht allein jeweils zwischen Versetzungen bzw. Clustern, sondern auch kreuzweise von Versetzungen zu Clustern und umgekehrt (Bild 69b). Auf diese Weise nimmt im Schwindungsintensivstadium die mittlere Länge der Diffusionswege $\bar{L}_{SQ}$ ($\bar{L}_{SQ}$ mittlerer Abstand zwischen beliebigen Leerstellensenken und -quellen) sehr kleine und $\dot{\varepsilon} \sim D_V/\bar{L}_{SQ}^2$ sehr große Werte an. Wegen $\eta \sim \bar{L}_{SQ}^2/D_V$ bedeutet dies letztlich eine erhebliche Erniedrigung der Viskosität der Kontaktzonensubstanz. So wird es möglich, daß die Teilchen entlang der „aufgeweichten" Kontaktregion als Ganzes in den Hohlraum abgleiten können und Kontaktzonensubstanz versetzungsviskos unter Teilchenzentrumsannäherung in die Poren ausfließen kann (Bild 65). Das heißt aber nichts anderes, als daß der Sinterkörper in diesem Stadium ungewöhnlich schnell schwindet (Abschn. 3.3.2).

Bei einiger Abstrahierung des skizzierten Bildes darf auch ein Einkomponentensystem im Hinblick auf den Zustand des Teilchenkontaktbereiches und den des zentralen Teilchenvolumens als „zweiphasig" gelten. Damit kommt der Viskosität des Kontaktes eine übergreifende Rolle zu. Denn auch beim Flüssigphasensintern übt die schmelzflüssige Bindephase die Funktion einer „Kontaktzonensubstanz" aus, die Teilchenumordnung und Materialumschlag ermöglicht. Und für das Heterofestphasensintern reduziert sich die zentrale Frage nach dem Einfluß der Legierungsatome auf die Verdichtungsfähigkeit in erster Linie auf das Problem, ob mit der Legierungsbildung die Kontaktviskosität erniedrigt wird oder nicht. Nach all dem erhält die von Frenkel vor rund einem halben Jahrhundert in den Mittelpunkt aller Diskussionen um das Sintern gerückten Meinung, daß die Viskosität des Kontaktes entscheidet, und derzufolge er auch für den kristallinen Körper als Materialtransportmechanismus viskoses Fließen annahm (Gleichung (4)), erneut Aktualität.

In Bild 217 ist der vorerst grobe Versuch einer verallgemeinernden Betrachtung und Beurteilung des Sinterns unter besonderer Berücksichtigung der Viskosität der Kontaktzonenmaterie schematisch dargestellt. Für alle Arten des Sinterns sind Anfangs- und Endstadium durch dieselben vorherrschenden Vorgänge gekennzeichnet: Am Anfang Adhäsion und gerichtete Diffusion, in Folge der sich die ersten punkt- und stegförmigen Diffusionskontakte zwischen den Teilchen herausbilden, am Ende wiederum gerichtete Diffusion und Ostwald-Reifung der Poren (Diffusionskoaleszenz), die den Gefüge- (und Endeigenschafts-)zustand bestimmen. Adhäsion und Diffusionskoaleszenz („inneres Sintern") liefern keinen Verdichtungsbeitrag. Dazwischen, im Intensivschwindungsstadium, dominieren als Verdichtungsmechanismen Teilchenumordnung und Materialumfällung mit Zentrumsannäherung. Über den konkreten Vorgang, nach dem das geschieht, entscheidet die Größe des η-Wertes der Kontakt-(Binde-)phase bzw. der Ordnungsgrad ihrer Bausteine. Höhe und Zahl der $\dot{\varepsilon}$-Maxima hängen weitgehend von den technologischen Parametern ab.

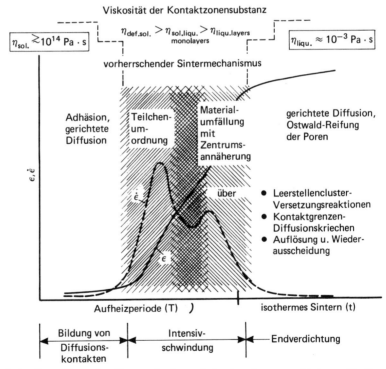

Bild 217. Schematische Darstellung des Sinterverlaufes und der in seinen verschiedenen Stadien vorherrschenden Vorgänge (nach [37]).

Zwischen Fest- und Flüssigphasensintern besteht demnach für das Schwindungsintensivstadium bis zu einem gewissen Grad Analogie und ein fließender Übergang. In Richtung von Fest- zu Flüssigphasensintern geht die „Kontaktphase" vom (höherviskosen) Zustand einer stark gestörten Fernordnung ihrer Bausteine in den (niedrigviskosen) Zustand einer Nahordnung über, die sich jedoch wegen der in sie hineinwirkenden Oberflächenkräfte der festen Basis von der Nahordnung einer „kompakten" Schmelze unterscheidet und mit abnehmender Dicke des Schmelzfilmes eine zunehmend weitreichendere Ordnung aufweist. Eine Mittelstellung einnehmen dürften Systeme mit festen und flüssigen Zweitphasenschichten im $10^1 \ldots 10^2$-nm-Bereich, wie beim Ni-gedopten Sinterwolfram oder Y_2O_3-stabilisierten Zircondioxid. Deren Beschaffenheit liegt zwischen einer gestörten Fernordnung und einer „weiterreichenden Nahordnung" und ist hinsichtlich des Aggregatzustandes im klassischen Sinn nicht mehr streng definierbar. In gewisser Hinsicht gehören hierher auch Sinterkörper aus Feinstpulvern ($\bar{L}_P < 1$ µm), die durch ein großes spezifisches Kontaktzonenvolumen gekennzeichnet sind.

Freilich ist eine Betrachtungsweise, die die Viskosität bzw. den Defektgrad der Kontaktsubstanz als differenzierendes wie auch verbindendes Merkmal jeder Form des technischen Sinterns ansieht, in ihrer Begründung noch lückenhaft. Doch ist sie geeignet, Anregungen für eine Richtung weiterer Arbeiten zu liefern, die ein besseres Verständnis des technischen Sintervorganges fördern.

Literaturverzeichnis

[1] *F. Sauerwald:* Kolloid Z. **104** (1943) 144
[2] *F. Sauerwald:* In: *Thilo E*: Aktuelle Probleme der physikalischen Chemie. Berlin: Akademie Verlag 1952
[3] *G. F. Hüttig:* Kolloid Z. **97** (1941) S. 281
[4] *G. F. Hüttig:* Kolloid Z. **98** (1942) 6, 263
[5] *W. E. Kingston* und *G. F. Hüttig:* Fundamental Problems of Sintering Processes. In: *W. E. Kingston:* The Physics of Powder Metallurgy. New York/Toronto/London McGraw-Hill Book Company Inc 1951
[6] *M. W. Klassen-Nekljudova* und *T. A. Kontorova:* J. Techn. Physics 10 (1940) 1041
[7] *M. J. Balsin:* Poroskovoje metallovedenije. Moskau: Metallurgisdat 1948
[8] *J. K. Mackenzie* und *R. Shuttleworth:* Proc. Phys. Soc. B **62** (1949) 833
[9] *G. M. Butler* und *T. P. Hoar:* J. Inst. Metals **80** (1952) 207
[10] *W. D. Jones:* Principles of Powder Metallurgy. London: Edward Arnold (Publishers) Ltd. 1937
[11] *W. D. Jones:* Fundamental Principles of Powder Metallurgy. London: Edward Arnold (Publishers) Ltd. 1960
[12] *J. I. Frenkel:* J. Physics USSR, **9** (1945) 5, 385
[13] *B. J. Pines:* Z. techn. fiz. USSR, **16** (1946) 6, 737
[14] *G. C. Kuczynski:* Trans. AIME **185** (1949) 169
[15] *G. C. Kuczynski:* J. appl. Phys. **21** (1950) 632
[16] *J. C. Geguzin:* Wie werden aus Pulvern kompakte Werkstoffe. Leipzig: Deutscher Verlag für Grundstoffindustrie 1981
[17] *J. G. R. Rockland:* Z. Metallkde. **58** (1967) 476, 564
[18] *D. L. Johnson:* Phys. Sintering **1** (1969) 1, 1
[19] *D. L. Johnson:* J. Appl. Physics **40** (1969) 192
[20] *C. Herring:* J. Appl. Physics **21** (1950) 437
[21] *B. J. Pines:* Uspechi fisiceskich nauk, **52** (1954) 501
[22] *W. D. Kingery* und *M. Berg:* J. Appl. Phys. **26** (1955) 1205
[23] *G. Bockstiegel:* Trans. Amer. Inst. Min. Met. Eng. **206** (1956) 580
[24] *R. L. Coble:* In *W. D. Kingery* (Ed.): Kinetics of High-Temperature Processes. New York (1959) S. 147
[25] *R. L. Coble:* J. Amer. Ceram. Soc. **41** (1958) 55
[26] *H. Ichinose* und *G. C. Kuczynski:* Acta metall. **10** (1962) 209
[27] *R. L. Coble:* J. Appl. Physics **32** (1961) 787
[28] *D. L. Johnson:* Proceedings of First International Ceramic Science and Technology Congress. Anaheim, California, Oct./Nov. 1989
[29] *H. E. Exner:* Grundlagen von Sintervorgängen. Berlin/Stuttgart: Gebrüder Borntraeger 1978
[30] *J. E. Geguzin* und *J. I. Klincuk:* Poroskovaja metallurgija (1976) 7, 17
[31] *G. Kuczynski:* Sintering '85. Edited by *G. C. Kuczynski, D. P. Uskokovic, Hayne Palmour* III and *M. M. Ristic.* New York and London: Plenum Press 1987, 3
[32] *A. Šalak:* powder metallurgy international **16** (1984), S. 260
[33] *J. E. Gaguzin:* Fisika spekanija. Moskwa: Nauka 1984, 248
[34] *J. J. Nunes, F. V. Lenel* und *G. S. Ansell:* Acta metall. **19** (1971) 107
[35] *W. Schatt, E. Friedrich* und *K. P. Wieters:* Reviews on Powder Metallurgy and Physical Ceramics **3** (1986) 1
[36] *M. Slesar, E. Dudrova, L. Parilak, M. Besterci* und *E. Rudnayova:* Science of Sintering **19** (1987) 17
[37] *W. Schatt:* Z. Metallkde. **80** (1989) 809
[38] *A. Sanin, W. Domarizkij, W. Nikolajev* und *W. Belojarzev:* IX. Int. Pulvermet. Tagg. i.d. DDR, 1989, Bd. 2, 101
[39] *A. Šalak:* powder metallurgy international **18** (1986) 266

[40] *V. V. Skorochod* und *S. M. Solonin:* Fisiko-metallurgiceskije osnovi spekanija poroskov. Moskva: Metallurgija 1984
[41] *W. Schatt* und *E. Friedrich:* A generalized reflection on the densification during sintering, PM '90, 2.–6.7.90, London
[42] *Jong-Ku Park, Suk-Joong L Kang, Kwang Yong Eun* und *Duk-N Yoon:* Metallurgical Transactions A, 20A (1989) 837
[43] *E. Exner* und *H. Fischmeister:* Metall **18** (1964) 932, **19** (1965) 113, 941
[44] *F. V. Lenel:* Trans. AIME **175** (1948) 878
[45] *H. S. Cannon* und *F. V. Lenel:* Some Observations on the Mechanism of Liquid Phase Sintering. In: *Benesovsky* (Hrsg.): 1. Plansee Seminar 1952 Reutte (1953) 106
[46] *G. H. S. Price, C. J. Smithells* und *S. V. Williams:* J. Inst. Metals **62** (1938) 289
[47] *F. V. Lenel:* Powder Metallurgy. Metall Powder Industries Federation, Princeton, New Jersey (1980)
[48] *W. D. Kingery:* Sintering in Presence of a Liquid Phase. In: *Kingery* (Ed.): Kinetics of High-Temperature Process. New York: John Wiley and Sons Inc., London: Chapman and Hall Limited (1959) 187
[49] *W. J. Huppmann, J. H. Riegger, W. A. Kaysser, V. Smolej* und *S. Pejovnik:* Z. Metallkde. **70** (1979) 707
[50] *W. J. Huppmann, J. H. Riegger* and *G. Petzow:* Science of Sintering **10** (1978) 45
[51] *D. N. Yoon* und *W. J. Huppmann:* Acta metall. **27** (1979) 693, 973
[52] *W. Schatt, S. Rolle, A. Sibilla* und *E. Friedrich:* Science of Sintering **18** (1986) 3
[53] *W. Schatt, W. A. Kaysser, S. Rolle, A. Sibilla, E. Friedrich* und *G. Petzow:* Powder Metallurgy International **19** (1987) 14, 37
[54] *M. Mitkov* und *W. A. Kaysser:* IX. German-Yugoslav Meeting on Materials by Advanced Processing. Ed. *W. A. Kaysser, J. Weber-Bock*, Hirsau/Stuttgart 1989, 207
[55] *V. A. Ivensen:* Poroskovaja metallurgija (1970) 4, 20
[56] *V. A. Ivensen:* Poroskovaja metallurgija (1970) 5, 39
[57] *W. Schatt, J. I. Boiko, A. Scheibe* und *E. Friedrich:* Science of Sintering **19** (1987) 3
[58] *J. I. Frenkel:* Z. eksp. teoret. fiz. **16** (1946) 1, 29
[59] *M. F. Ashby:* Acta Met. 22 (1974) 275
[60] *D. S. Wilkinson* und *M. F. Ashby:* In: Sintering and Related Phenomena, *G. C. Kuczynski* (Ed.), New York/London: Plenum Press 1976, 473
[61] *M. F. Ashby, S. Bahk, J. Bevk* und *D. Turnbull:* In: Progress in Materials Science **25** (1980) 1. London: Pergamon Press Ltd.
[62] *C. Herring:* J Appl. Phys. **21** (1950) 301
[63] *B. H. Alexander* und *R. W. Baluffi:* Acta metall. **5** (1957) 666
[64] *R. Schober, J. Boiko* und *W. Schatt:* Planseeber. f. Pulvermet. **21** (1973) 246
[65] *H.-J. Ullrich* und *G. E. R. Schulze:* Kristall u. Technik **7** (1972) 207
[66] *M. McLean:* Acta metall. **19** (1971) 387
[67] *J. E. Geguzin, A. S. Dzjuba, V. L. Indenbohm* und *N. N. Ovcarenko:* Kristallografija **18** (1973) 800
[68] *K. P. Wieters:* Dissertation B. TU Dresden, 1989
[69] *G. Herrmann:* Dissertation. TH Bochum, 1975
[70] *G. Herrmann, H. Gleiter* und *G. Bäro:* Acta metall. **24** (1976) 353
[71] *P. G. Shewmon:* In: Recrystallization, grain growth and textures. American Society of Metals, Metals Park, Ohio 1966, 165
[72] *H. Sautter, H. Gleiter* und *G. Bäro:* Acta metall. **25** (1977) 467
[73] *U. Erb, H. Gleiter* und *G. Schwitzgebel:* Acta metall. **30** (1982) 1377
[74] *Siu-Wai Chan* und *R. W. Baluffi:* Acta metall. **33** (1985) 1113
[75] *Siu-Wai Chan* und *R. W. Baluffi:* Acta metall. **34** (1986) 2191
[76] *H. Mykura:* Acta metall. **27** (1979) 243
[77] *K. P. Wieters, J. I. Boiko* und *W. Schatt:* Crystal Res. and Technol. **19** (1984) 1195
[78] *C. Herring:* In: *W. E. Kingston* (Ed.): The Physics of Powder Metallurgy. New York: McGraw-Hill 1951
[79] *J. P. Hirth:* In: Proc. Conf. on the Relation between Structure and Mechanical Properties of Metals, H. M. Stationary Office, London 1963

[80] *K. E. Easterling* und *A. K. Thölen:* Met. Sci. J. **4** (1970) 130
[81] *J. E. Sheehan, F. V. Lenel* und *G. S. Ansell:* Physics of Sintering **5** (1973) 15
[82] *G. Gessinger:* Physics of Sintering **2** (1970) 19
[83] *C. S. Morgan* und *C. S. Yust:* J. Nucl. Mat. **10** (1963) 182
[84] *C. S. Morgan:* In: Modern Developments in Powder Metallurgy, *H. Hausner* (Ed.), Vol. 4, New York/London: Plenum Press 1971
[85] *V. F. Lenel, G. S. Ansell* und *R. C. Morris:* In: Modern Developments in Powder Metallurgy, *H. Hausner* (Ed.), Vol. 4, New York/London: Plenum Press 1971
[86] *R. C. Morris:* Acta metall. **23** (1975) 463
[87] *J. I. Boiko, J. E. Geguzin, V. G. Kononenko, E. Friedrich* und *W. Schatt:* Poroskovaja metallurgija (1980) 10, 14
[88] *F. V. Lenel:* The Role of Plastic Deformation in Sintering, PM '87, Tokyo, 4.–6. November 1987
[89] *G. Gessinger, F. V. Lenel* und *G. S. Ansell:* Scripta metall. **2** (1968) 547
[90] *W. Schatt* und *E. Friedrich:* Planseeber. Pulvermet. **25** (1977) 145
[91] *W. Schatt* und *E. Friedrich:* Z. Metallkde. **73** (1982) 56
[92] *H. J. Ullrich, A. Herenz, E. Friedrich, W. Schatt* und *Ch. Döring:* Mikrochimica Acta (Wien) (1983) I, 175
[93] *J. E. Geguzin:* Physik des Sinterns. Leipzig: Deutscher Verlag für Grundstoffindustrie 1973
[94] *W. Schatt* und *E. Friedrich:* Powder Metallurgy International **13** (1981) 15
[95] *Landolt-Börnstein:* Zahlenwerte und Funktionen aus Physik, Chemie, Astronomie, Geophysik, Technik. Vol. IV 2 b. Berlin/Göttingen/Heidelberg/New York: Springer-Verlag 1964
[96] *W. Schatt, E. Friedrich* und *D. Joensson:* Acta metall. **31** (1983) 121
[97] *W. Schatt, H. E. Exner, E. Friedrich* und *G. Petzow:* Acta metall. **30** (1982) 1367
[98] *W. Schatt, E. Arzt, E. Friedrich* und *A. Scheibe:* Z. Metallkde. **77** (1986) 228
[99] *R. Schober:* Dissertation. TU Dresden, 1975
[100] *G. H. Gessinger, F. V. Lenel* und *G. S. Ansell:* Transaction of the ASM **61** (1968) 598
[101] *H. E. Exner:* Radex-Rundschau. (1977) No 2, 171
[102] *J. I. Boiko* und *R. Lachtermann:* Poroskovaja metallurgija (1976) 8, 31
[103] *G. Petzow* und *H. E. Exner:* Z. Metallkde. **67** (1976) 611
[104] *F. A. Nichols* und *W. W. Mullins:* J. Appl. Phys. **36** (1965) 1826
[105] *W. C. Carter* und *R. M. Cannon:* J. Amer. Ceram. Soc. **72** (1989) 1
[106] *P. C. Eloff* und *F. V. Lenel:* In: Modern Developments in Powder Metallurgy, Vol. 4, Ed. *H. Hausner*, New York/London: Plenum Press 1971, 291
[107] *W. Schatt, K. P. Wieters* und *M. Rolle:* Powder metallurgy international **17** (1985) 176
[108] *W. Schatt, J. I. Boiko, E. Friedrich* und *A. Scheibe:* powder metallurgy international **16** (1984) 9
[109] *R. Pond* und *D. Smith:* Scripta metall. **11** (1977) 77
[110] *M. Rolle:* Dissertation. TU Dresden, 1984
[111] *H. Gleiter:* Struktur und Eigenschaften von Großwinkelkorngrenzen in Metallen. Berlin/Stuttgart: Gebrüder Borntraeger 1972
[112] *K. Smidoda, W. Gottschalk* und *H. Gleiter:* Acta Metall **26** (1978) 1833
[113] *L. K. Barret,* und *G. S. Yust:* Trans. AIME **239** (1967) 1172
[114] *P. C. Eloff:* Ph. D. Thesis, Rensselaer Polytechnic Institute, Troy, N.Y. (1969)
[115] *H. E. Exner, G. Petzow* und *P. Wellner:* In: Sintering and Related Phenomena. Ed.: *G. C. Kuczynski*. New York: Plenum Press 1973, 351
[116] *P. Wellner:* Dissertation. Universität Stuttgart 1973
[117] *G. Bäro, H. Gleiter* und *K. Smidoda:* Scripta Metall. **10** (1976) 83
[118] *R. L. Eadie, W. A. Miller* und *G. C. Weatherly:* Scripta Met. **8** (1974) 755
[119] *E. Dudrova* und *A. Šalak:* powder metallurgy international **8** (1976) 122
[120] *K. Akechi* und *Z. Hara:* In: Sintering – New Developments, Ed. *M. M. Ristić*. Amsterdam/Oxford/New York: Elsevier Scientific Publishing Company 1979, 67
[121] *M. M. Ristić* und *L. Zagar:* Teorija i Technologija spekanija. Kiev: Naukova Dumka 1974, 5
[122] *N. J. Shaw:* Powder metallurgy international **21** (1989) 16
[123] *R. L. Coble* und *J. E. Burke:* In: Reactivity of Solids, *J. H. De Boer* (Ed.). Amsterdam/London/New York/Princeton: Elsevier Publishing Company 1961, 38

[124] *D. L. Johnson:* In: Modern Developments in Powder Metallurgy, H. H. Hausner (Ed.). New York/London: Plenum Press 1971, 189
[125] *F. Thümmler* und *W. Thomma:* Metallurgical Reviews **12** (1967) 69
[126] *W. Beere:* Acta Metall. **23** (1975) 139
[127] *R. L. Eadie, G. C. Weatherly* und *K. T. Aust:* Acta Metall. **26** (1978) 759
[128] *D. L. Johnson:* Ultra-Rapip Sintering of Ceramics. In: Proceeding of Seventh World Round Table Converence on Sintering, Herceg-Novi, Yugoslavia, Sept. 1989
[129] *H. E. Exner:* Jahrbuch „Technische Keramik", Essen: Vulkan-Verlag 1988, 28
[130] *R. Raj* and *M. F. Ashby:* Metallurg. Trans. **2** (1971) 1113
[131] *M. J. Balschin:* Pulvermetallurgie. Halle (Saale): Wilhelm Knapp Verlag 1954
[132] *E. Dudrová, L. Parilák, E. Rudnayová* und *M. Šlesár:* In: VI. Internationale Pulvermetallurgische Tagung der CSSR, Brno 1982, Bd. I, 73
[133] *M. Šlesár, M. Besterci* und *E. Dudrová:* In: Synthetics Materials for Electronics, Proceedings of the Second International Summer School, Jachranka near Warsaw, 8.–10. Oct. 1979. Warzawa: PWN–Polish Scientific Publishers, Amsterdam/Oxford/New York: Elsevier Scientific Publishing Company 1981, 311
[134] *M. Šlesár, M. Besterici* und *E. Dudrová:* Poroškovaja Metallurgija (1982) 7, 100
[135] *E. Dudrová, E. Rudnayová* und *G. Leitner:* Powder metallurgy international, **16** (1984) 255
[136] *E. Dudrová* und *E. Rudnayová:* In: V. Int. Conference on Powder Met. in ČSSR, Gottwaldov, 1978, Bd. II, 347
[137] *F. R. Nabarro:* In: Rept. Confer. Strength of Solids (The Physical Soc.) London 1948, 75
[138] *R. L. Coble:* J. Appl. Phys. 34 (1963) 1679
[139] *B. Ilschner:* Hochtemperatur-Plastizität. Berlin/Heidelberg/New York: Springer-Verlag 1973
[140] *M. F. Ashby:* Acta Metall., **20** (1972) 887
[141] *A. M. Kosevič:* Uspechi fizičeskich Nauk, SSSR, **114** (1974) 509
[142] *L. I. Trusov, V. N. Lapavok* und *V. I. Novikov:* Problems of Sintering Metallic Ultrafine Powders. Science of Sintering **23** (1991) 63
[143] *I. I. Novikov* und *V. K. Portnoj:* Superplastizität von Legierungen. Leipzig: Deutscher Verlag für Grundstoffindustrie 1985
[144] *M. F. Ashby* und *R. A. Verrall:* Acta Metall. **21** (1973) 149
[145] *R. C. Gifkins* Journal of Materials Science **13** (1978) 1926
[146] *R. I. Kuznetsova, N. N. Zhukov, O. A. Kaibyshev* und *R. Z. Valiev:* Phys. stat. sol. **70** (1982) 371
[147] *R. C. Gikins:* Metallurgical Transactions A, **7A** (1976) 1225
[148] *H. M. Tensi* und *M. Wittmann:* Superplastisches Verformungs- und Bruchverhalten hochfester Aluminiumlegierungen (Hrsg. Dr. *M. Thoma*) Frankfurter Aluminium-Forum, 08.–09.03.1990, Praxis-Forum, Berlin
[149] *H. M. Tensi* und *M. Wittmann:* Aluminium, **66** (1990) 134
[150] *J. E. Geguzin:* Solid State Physics (UdSSR) **17** (1975) 7, 1950
[151] *J. E. Geguzin:* Dokladi Akademii Nauk, SSSR, **229** (1976) 3, 601
[152] *J. E. Geguzin:* Fisika spekanija. 2. Auflage. Moskva: Nauka 1984
[153] *R. L. Coble, S. C. Samanta* und *F. C. A. Yen:* in Teorija i Technologii spekanija. Kiev: Verlag „Naukova dumka" 1974, 121
[154] *D. Kolar:* In: Nat. Sci. Res. Vol. 13, Ed. *G. C. Kuczynski.* New York and London: Plenum Press 1980, 340
[155] *C. S. Morgan, V. J. Tennery:* In: Mat. Sci. Res. Vol. 13, Ed. *G. C. Kuczynski.* New York and London: Plenum Press 1980, 427
[156] *W. Schatt* und *P. Hinz:* powder met. int. **20** (1988) 6, 17
[157] *P. Greil, G. Petzow* und *H. Tanaka:* Ceramics international **13** (1987) 19
[158] *W. Schatt, B. Vetter* und *E. Friedrich:* Powder Metallurgy **34** (1991) 179
[159] *B. Vetter, W. Schatt* und *E. Friedrich:* IX. Internat. Pulvermetall. Tagg. d. DDR, Dresden, 23.–25.10.89 Band II, S. 75
[160] *B. Vetter:* Dissertation. TU Dresden, 1991
[161] *D. L. Johnson* und *I. B. Cutler:* Journal of The American Ceram. Soc. **46** (1963) 54 1
[162] *W. Schatt:* Pulvermetallurgie. Sinter- und Verbundwerkstoffe. Leipzig: Deutscher Verlag für Grundstoffindustrie 1988

[163] H. *Palmour* III und T. M. *Hare:* In: Sintering '85, Ed. G. C. Kuczynski, D. P. Uskokovic, H. *Palmour* III and M. M. *Kistic.* New York and London: Plenum Press 1987, 17
[164] D. *Uskokovič* und H. E. *Exner:* Science of Sintering **9** (1977) 265
[165] W. *Schatt:* Sitzungsberichte der Akademie der Wissenschaften der DDR, Mathematik-Naturwissenschaft-Technik, 7 N. Berlin: Akademie-Verlag 1989
[166] C. S. *Morgan* und V. J. *Tennery:* In: Sintering Processes, Vol. 13, Ed. G. C. Kuczynski. New York and London: Plenum Press 1980, 427
[167] V. A. *Ivensen:* Science of Sintering **10** (1978) 175
[168] V. A. *Ivensen:* Fenomenologija spekanija. Moskva: Metallurgija 1985
[169] K. *Brzezinski* und W. *Schatt:* Planseeber. f. Pulvermetall. **28** (1980) 3
[170] G. S. *Morgan* und C. J. *Mc Hargue:* Physics of Sintering **2** (1970) 55
[171] R. *Krause,* W. *Schatt,* B. *Vetter* und A. *Polity:* Crystal Research and Technology **25** (1990) 819
[172] G. *Dlubek,* O. *Brümmer* und E. *Hensel:* Phys. stat. sol. (a) **34** (1976) 737
[173] G. *Dlubek,* R. *Krause,* O. *Brümmer,* Z. *Michno* und J. *Gorecki:* J. Phys. F.: Met. Phys. **17** (1987) 1333
[174] M. J. *Puska* und R. M. *Nieminen:* Phys. F.: Metal Phys. **13** (1983) 333
[175] W. *Schatt* und E. *Friedrich:* In: Powder Metallurgy 1986, State of the Art, Vol. 2, Freiburg: Verlag Schmid GmbH 1987, 101
[176] G. *Dlubek:* Wiss. Z. d. Pädagogischen Hochschule Halle-Köthen **3** (1988) 17
[177] Ch. *Döring:* Dissertation. TU Dresden 1983
[178] L. I. *Trusov:* persönl. Mitteilung
[179] A. C. *Damask* und G. J. *Dienes:* Point Defects in Metals. Gordon and Breach. New York and London: 1963
[180] J. M. *Fedorčenko* und R. A. *Andrijevskij:* Poroškaja metallurgija (1961) 1, 9
[181] J. E. *Geguzin* und L. Z. *Glasman:* Poroškaja metallurgija (1984) 12, 52
[182] J. E. *Geguzin,* J. I. *Boiko* und J. I. *Klinčuk:* Poroškovaja metallurgija (1988) 5, 20
[183] E. L. *Arinkina,* J. I. *Boiko,* J. I. *Galčinetzkaja,* J. I. *Klinčuk,* S. L. *Molodzow* und I. T. *Tschischikowa:* Poroskaja metallurgija (1990) 4, 21
[184] J. E. *Geguzin,* L. O. *Markon* und B. J. *Pines:* Dokladi Akademii Nauk, UdSSR, **87** (1952), 4, 577
[185] O. P. *Karasevskaja* und V. A. *Kononenko:* Metallofisika **5** (1983) 2, 105
[186] S. *El-Houte* und *Ali* M. *El-Sayed:* Powder Metallurgy international **20** (1988) 20
[187] J. E. *Geguzin:* Fisika metallov i metallovedenije **VI** (1958) 650
[188] G. A. *Vinogradov* und J. P. *Radomyselski:* Pressovanije i prokatka metallokeramičeskich materialov. Moskau: Verlag MASG/Z 1963
[189] W. S. *Young* und I. B. *Cutler:* Journal of The Amer. Ceram. Soc. **53** (1970) 659
[190] M. *Tikkanen:* Planseeber. f. Pulvermetallurgy **11** (1963) 70
[191] T. *Vasilos* und J. T. *Smith:* J. of. Appl. Phys. **35** (1964) 215
[192] J. T. *Smith:* J. of. Appl. Phys. **36** (1965) 595
[193] W. *Schatt* und E. *Friedrich:* Z. Metallkde. **74** (1983) 489
[194] H. H. *Hausner:* Handbook of Powder Metallurgy. New York: Chemical Publishing Co. Inc. 1973, 167
[195] R. A. *Andrijevskij:* Science of Sintering **19** (1987) 11
[196] V. A. *Ivensen:* poroškovaja metallurgija **10** (1970) 7, 37
[197] V. A. *Ivensen* und T. A. *Rakotch:* VII World Round Table Conference on Sintering, 28.8.– 1.9.89, Herceg-Novi, Yugoslavia
[198] A. *Scheibe:* Dissertation. TU Dresden, 1984
[199] G. *Arthur:* J. Inst. Metals **83** (1955) 329
[200] W. *Schatt:* Einführung in die Werkstoffwissenschaft. Leipzig: Deutscher Verlag für Grundstoffindustrie, und Heidelberg: Dr. Alfred Hüthig Verlag 1988
[201] J. E. *Burke:* J. Amer. Ceram. Soc. **40** (1957) 80
[202] H. J. *Frost* und M. E. *Ashby:* Deformation-Mechanism Maps. Oxford: Pergamon Press 1982
[203] W. *Rossner:* Pore removal during final stage sintering of modified Yttria, VII. World Round Table Conference on Sintering, Herzeg-Novi, Yugoslavia, 28.8. bis 1.9.89
[204] E. *Aigeltinger* und J. P. *Drolet:* Modern Developments in Powder Metallurgy; H. *Hausner* und W. E. *Smitt,* Metal Powder Federation, New York, Vol. 6 (1974) 323

[205] *C. Greskovich* und *K. W. Lay:* J. Amer. Ceram. Soc. **55** (1972) 142
[206] *N. J. Shaw:* Powder Metallurg international **21** (1989) 31
[207] *C. S. Smith:* Trans AIME **175** (1948) 15
[208] *J. E. Burke:* Recrystallization and Sintering in Ceramics, In: Ceramic Fabrication Process (Ed. *W. D. Kingery*) New York (1958) 120
[209] *R. J. Brook:* Scripta Met. **2** (1968) 375
[210] *K. J. Brook:* Controlled Grain Growth. Treatise on Material Science and Technology **9** (Ed. *F. F. Y. Wang*). New York: Academic Press 1976, 331
[211] *H. H. Hausner:* Symposium on Powder Metallurgy, London, 1954 (Special Rep. No. 58) 102. London: Iron Steel Inst. 1956
[212] *I. P. Arsentyeva, R. Novakovic, V. Petrovič, Lj. Vulićevič, I. Krstanovič* und *M. M. Ristic:* Horizons of Powder Metallurgy, Part II. Freiburg: Verlag Schmid GmbH 1986, 1173
[213] *W. A. Kaysser* und *I. S. Ahn:* In: Modern Developments in Powder Metallurgy, **19** (1988), Chapter 6, 235: Metal Powder Industries Federation, American Powder Metallurgy Institute
[214] *R. J. Brook:* Engineering with Ceramics (Ed. *R. W. Davidge*). British Ceramic Society, Stokeon-Trent, UK, 1982, 7
[215] *C. B. Shumaker* und *R. M. Fullrath:* In: Sintering and Related Phenomena. (Hrsgb. *G. C. Kuczynski*). New York/London: Plenum Press 1973, 191
[216] *M. H. Tikkanen* und *S. A. Mäkipirtti:* Int. J. of Powder Metallurgy **1** (1965) 15
[217] *M. H. Tikkanen* und *I. Rekola:* Phys. Sintering. Special Issue **1** (1971) 203
[218] *S. A. Mäkipirtti:* Acta Polytechnica Scand. **265** (1959) 10, 1
[219] *H. E. Exner* und *E. Arzt:* Sintering process, chapter 30. (eds. *R. W. Cahn* und *P. Haasen*), Physical Metallurgy. Amsterdam/Oxford/New York: Elsevier Science Publishers (1983) 1886
[220] *N. C. Kothari:* J. Less Common Met. **5** (1963) 140
[221] *M. H. Tikkanen* und *S. Yläsaari:* In: Modern Developments in Powder Metallurgy, Vol. 1 (Ed. *H. H. Hausne*). New York, Plenum Press (1966) 297
[222] *M. H. Tikkanen* und *I. Rekola:* Teorija i technologija spekanija. Kiew: Verlag „Naukowa Dumka" (1974) 220
[223] *V. A. Ivensen:* ZTF, **17** (1947) 1301
[224] *V. A. Ivensen:* ZTF, **17** (1947) 1351
[225] *V. A. Ivensen:* ZTF, **20** (1950) 1483
[226] *V. V. Skorochod:* Teorija i Technologija Spekanija. Kiew Verlag „Naukowa Dumka" (1974) 79
[227] *V. V. Skorochod* und *V. V. Panitschkina:* Prozessi masseperenossa pri spekanija. Kiew: Verlag „Naukowa Dumka" (1987) 30
[228] *D. L. Johnson* und *B. I. Cutler:* In: Phase Diagrams, ed. *A. M. Alper*, Vol. 2. New York: Academic Press 1970, 265
[229] *D. Kolar* und *I. P. Guha:* Science of Sintering **7** (1975) 97
[230] *R. M. German:* In: Horizons of Powder Metallurgy, Part II. Freiburg: Verlag Schmid GmbH 1986, 1239
[231] *R. A. Andrievskij:* Vedenie v poroskovuju metallurgiju. Frunse: Verlag „Ilim" 1988
[232] *R. W. Heckel:* Diffusional homogenization of compacted blends of powders. In: Powder Metallurgy Processing (ed. *H. A. Kuhn* und *A. Lawley*). New York: Academic Press 1978, 51
[233] *R. W. Heckel* und *M. Balasubramanian:* Metallurgical Transaction **2** (1971) 379
[234] *A. N. Klein:* Dissertation. Universität Karlsruhe, 1983
[235] *T. Faber:* Diplomarbeit. TU Dresden, Fachrichtung Werkstofftechnik, 1990
[236] *P. S. Rudman:* Acta Cryst. **13** (1960) 905
[237] *B. Fisher* und *P. S. Rudman:* J. Appl. Physics **32** (1961) 1604
[238] *R. Delhez, E. J. Mittelmeijer* und *van den E. A. Bergen:* J. Materials Science **13** (1978) 1671
[239] *U. Seyfert:* Dissertation. TU Dresden, 1991
[240] *E. Di Rupo, M. R. Anseau* und *R. J. Brook:* Journal of Materials Science **14** (1979) 2924
[241] *Shen Yangyun* und *R. J. Brook:* Science of Sintering **17** (1985) 1, 35
[242] *B. J. Pines:* Z. techn. fiz. **26** (1956) 9, 2086
[243] *L. S. Williams* und *P. Murray:* Metallurgia **49** (1954) 210
[244] *V. V. Gal* und *V. T. Borisov:* Fizika metallov i metallovedenie 31 (1971) 973
[245] *F. Schytil:* Z. f. Naturforsch. **4** (1949) A1, 191
[246] *G. Nazaré, G. Ondracek* und *F. Thümmler:* High Temperatures – High Pressures **3** (1973) 615

[247] G. Petzow und N. Claussen: Radex-Rundschau (1977) 2, 110
[248] N. Claussen und J. Jahn: Ber. Dt. Keram. Ges. **55** (1978) 487
[249] G. C. Kuczynski und P. F. Stablein: In: Reactivity of Solids, ed. J. H. DeBoer. Amsterdam: 1961, 91
[250] P. F. Stablein und G. C. Kuczynski: Acta Met. **11** (1963) 1327
[251] I. M. Fedorcenko und I. I. Ivanova: Teorija i Technologija Spekanija. Kiev: Verlag „Naukova Dumka" 1987, 253
[252] S. H. Moll und R. E. Ogovie: Trans. AIME **215** (1959) 613
[253] G. B. Gibbs, D. Graham und T. H. Tomlin: Phil. Mag. **92** (1963) 1269
[254] W. Schatt, H.-J. Ullrich, K. Kleinstück, S. Däbritz, A. Herenz, D. Bergner und H. Luck: Kristall und Technik **13** (1978) 185
[255] B. Rieger, W. Schatt und Ch. Sauer: The Intern. J. of Powd. Metall. and Powd. Technol. **19** (1983) 29
[256] H.-J. Ullrich: In: Abhandlungen des Staatl. Museums f. Mineralogie und Geologie zu Dresden. Bd. 31. Leipzig: Deutscher Verlag für Grundstoffindustrie 1982, 7
[257] S. Prussin: J. Appl. Phys. **32** (1961) 1876
[258] J. E. Geguzin, V. I. Mazokin und K.-P. Wieters: Dokladi Akademii Nauk SSR **237** (1977) 1, 82
[259] M. Hofmann-Amtenbrink, H.-J. Ullrich, W. A. Kaysser, S. Rolle, W. Schatt und G. Petzow: Z. Metallkde. **77** (1986) 368
[260] W. Schatt, W. A. Kaysser, S. Rolle, A. Sibilla, E. Friedrich und G. Petzow: powder metallurgy international **19** (1987) 14
[261] W. A. Kaysser, F. Puckert und G. Petzow: powder metallurgy international **12** (1980) 188
[262] W. A. Kaysser, M. Amtenbrink und G. Petzow: In: Proceedings of the 5th Round Table Conference on Sintering, Portoroz, 7.–10.9.81
[263] G. Petzow und M. Hofmann-Amtenbrink: In: Fortschritte der Metallographie, Sonderbände der Praktischen Metallographie 14. Stuttgart: Dr. Riederer-Verl. GmbH 1983, 31
[264] St. Hondros: Phil. Mag. **17** (1968) 711
[265] J. M. Blakely und H. Mykura: Acta Met. **9** (1961) 23
[266] J. Friedel: Dislocations. Oxford/London/Edinburgh/New York/Paris/Frankfurt: Pergamon Press, 1964
[267] T. A. Parthasarathy und P. G. Shewmon: Metallurg. Trans., A, Vol. 14A, **12** (1983) 2561
[268] A. Šalak: powder metallurgy International **12** (1980) 28
[269] A. Šalak: The International Journal of Powder Metallurgy and Powder Technology **18** (1982) 11
[270] A. Šalak: Science of Sintering **21** (1989) 145
[271] F. Thümmler: Planseeber. f. Pulvermetallurgie **6** (1958) 2
[272] J. E. Geguzin, L. V. Gerlovskaja, N. T. Gladkich, L. S. Palatnik und L. N. Pariskaja: FMM **20** (1965) 636
[273] I. M. Fedorcenko und I. I. Ivanova: In: Sintering – New Developments, Ed. M. M. Ristič. Amsterdam/Oxford/New York: Elsevier Scientific Publishing Company, 1979, 110
[274] R. A. Andrijevskij und N. K. Kasmamitov: IX. Internat. Pulvermetall. Tagg. in der DDR, 23.–25.10.1989, Bd. II, 257
[275] R. A. Andrijevski, V. V. Klimenko, V. I. Mitrofanov und I. I. Poltorazki: Poroskovaja metallurgia (1977) 6, 22
[276] P. S. Kisli, M. A. Kusenkova und O. V. Saverucha: Teorija i technologija spekanija. Kiev: Naukova Dumka 1974, 216
[277] J. E. Geguzin: FMM **2** (1956) 406
[278] B. J. Pines, N. I. Schuinin und A. F. Sirenko: ZTF **26** (1956) 2100
[279] K. J. Hirano, R. P. Agarwala und M. Cohen: J. Appl. Phys. **33** (1962) 10
[280] F. Thümmler und W. Thomma: In: Modern Developments in Powder Metallurgy, Vol. 1: Fundamentals and Methods: New York/London: Plenum Press 1966, 361
[281] K. Brand: Dissertation. TU Dresden, 1992
[282] W. Schatt und Ch. Sauer: In: Science of Sintering, Ed. D. P. Uskokovič et al. New York: Plenum Press, 1990, 227
[283] U. Dehlinger: Theoretische Metallkunde. 2. Aufl. Berlin/Heidelberg/New York: Springer Verlag 1968

[284] *C. J. Smithels:* Metals Reference Book. 5. Aufl. London/Boston: Butterworth 1976
[285] *T. Heumann* und *K. J. Grundhoff:* Z. Metallkde. **63** (1972) 173
[286] *J. L. Murray:* Bulletin of Alloy Phase Diagrams, Vol. 4 (1983) 1, 105
[287] *M. Hansen:* Constitution of Binary Alloys. New York/Toronto/London: McGraw-Hill Book Company Inc. 1958
[288] *R. N. Hall* und *I. H. Racette:* J. Appl. Phys. **35** (1964) 379
[289] *S. M. Solonin:* Poroskovaja metallurgija (1973) 2, 51
[290] *S. M. Solonin:* Poroskovaja metallurgija (1976) 4, 31
[291] *W. Seith:* Diffusion in Metallen. Berlin: Verlag Julius Springer 1939
[292] *A. A. Botschwar:* Verlag Akad. d. Wiss. d. UdSSR, ONT (1948) 5, 649
[293] *C. Agte:* Hutnicke Listy **8** (1953) 227
[294] *V. J. Vacek:* Planseeber. f. Pulvermetallurgie **7** (1959) 6
[295] *R. M. German:* An enhanced diffusion model of refractory metal activated sintering, 4. Internat. Round Table Conference on Sintering, Dubrovnik, Sept. 1977
[296] *G. W. Samsonov* und *W. I. Jakovlev:* Poroskovaja metallurgija (1967) 7, 45 (1967), 8, 10 (1969), 10, 32
[297] *R. M. German* und *Carol A. Labombard:* Internat. J. of Powder Metallurgy and Powder Technology **18** (1982) 147
[298] *R. M. German:* Science of Sintering **15** (1983) 27
[299] *D. Kolar:* In: Sintering '85, Ed. *G. C. Kuczynski, D. P. Uskokovič, Hayne Palmour* III und *M. M. Ristič:* New York/London: Plenum Press 1987, 241
[300] *J. J. Burton* und *E. S. Machlin:* Phys. Rev. Letters **37** (1976) 1433
[301] *V. V. Panitschkina, V. V. Skorochod* und *A. F. Khrienko:* Poroskovaja metallurgija (1967), 7, 558
[302] *W. Schintlmeister* und *K. Richter:* Planseeber. f. Pulvermetallurgie **18** (1970) 3
[303] *J. H. Brophy, L. A. Shepard* und *J. Wulff:* In: *W. Leszynski* (Ed.): Powder Metallurgy. New York: Interscience 1961, 113
[304] *G. H. Gessinger* und *H. F. Fischmeister:* Journal of the Less-Common Metals **27** (1972) 12
[305] *I. H. Moon, K. W. Ahn* und *Y. L. Kim:* In: Horizons of Powder Metallurgy (Ed. *W. A. Kaysser* und *W. J. Huppmann*), Part II. Freiburg: Verlag Schmid GmbH 1986, 1201
[306] *W. A. Kaysser* und *St. Pejovnik:* Z. Metallkde. **71** (1980) 649
[307] *M. Hofmann-Amtenbrink, W. A. Kaysser* und *G. Petzow:* Z. Metallkde. **73** (1982) 305
[308] *M. Duzevič* und *M. M. Ristič:* Sprechsaal **112** (1979) 629
[309] *M. Duzevič* und *M. M. Ristič:* In: Sintering – New Developments (Ed. *M. M. Ristič*). Amsterdam/Oxford/New York: Elsevier Scientific Publishing Company 1979, 35
[310] *S. Rolle:* Dissertation. TU Dresden, 1986
[311] *A. Sibilla:* Dissertation. TU Dresden, 1985
[312] *W. J. Huppmann* und *H. Riegger:* Acta Metall. 23 (1975) 965
[313] *R. Warren:* J. of Material Science **15** (1980) 2489
[314] *N. M. Parikh* und *M. Humenik jr.:* J. of Americ. Ceram. Soc. **40** (1957) 315
[315] *G. Petzow* und *W. J. Huppmann:* Z. Metallkde. **67** (1976) 579
[316] *R. M. German:* Liquid Phase Sintering. New York and London: Plenum Press 1985
[317] *A. Hivert* und *S. Tacvorian:* Rev. Métallurgie **54** (1957) 57
[318] *W. J. Huppmann* und *G. Petzow:* 5th Int. Powder Metallurgy Conference, Chicago, 28.6. bis 2.7.1976
[319] *W. Schatt, S. Rolle, A. Sibilla* und *E. Friedrich:* Science of Sintering **18** (1986) 3
[320] *W. A. Kaysser, S. Takajo* und *G. Petzow:* In: Modern Developments in Powder Metallurgy, Vol. 12, 13 und 14. Princeton: MPIF, APMI, 1981
[321] *J. Gurland* und *J. T. Norton:* Trans AIME **194** (1952) 1051
[322] *W. D. Kingery:* J. Appl. Phys. **30** (1959) 301
[323] *W. D. Kingery* und *M. D. Narasimhan:* J. Appl. Phys. **30** (1959) 307
[324] *F. V. Lenel:* In: The Physics of Powder Metallurgy, *W. E. Kingston* (Ed.). New York: McGraw-Hill Book Company 1951, 244
[325] *W. Huppmann* und *W. Bauer:* Powder Met. **18** (1975) 249
[326] *W. D. Kingery, E. Niki* und *M. D. Narasimhan:* J. of the Amer. Ceram. Soc. **44** (1961) 29
[327] *V. Smolej, S. Pejovnik* und *W. A. Kaysser:* powder metallurgy international **14** (1982) 34

[328] *J. V. Najdic, I. A. Lavrinenko* und *V. N. Eremenko:* Poroskovaja Metallurgija (1964) 1, 19
[329] *W. A. Kaysser, W. J. Huppmann* und *G. Petzow:* Powder Metallurgy **23** (1980) 86
[330] *L. H. van Vlack:* Trans AIME **198** (1951) 251
[331] *R. R. Hough* und *T. Rolls:* Metall. Trans. **2** (1971) 2471
[332] *S. Takajo, W. A. Kaysser* und *G. Petzow:* Prakt. Met. **20** (1983) 425
[333] *W. A. Kaysser, S. Takajo* und *G. Petzow:* Z. Metallkde. **73** (1983) 579
[334] *W. Schatt, W. A. Kaysser, S. Rolle, A. Sibilla, E. Friedrich* und *G. Petzow::* powder metallurgy international **19** (1987) 37
[335] *G. Petzow* und *W. A. Kaysser:* In: Science of Ceramics, Hrsg. *Haussner H.* DKG **10** (1980) 269
[336] *T. Schmitt, M. Schreiner, P. Ettmayer* und *B. Lux:* Intern. J. of Refractory and Hard Metals **2** (1983) 2
[337] *B. Meredith* und *D. R. Milner:* Powder Metall. **19** (1976) 38
[338] *G. Petzow* und *W. J. Huppmann:* Z. Metallkde. **67** (1976) 579
[339] *J. Weiss* und *W. A. Kaysser:* In: Proc. of the Summer School on Nitrogen Ceramics, F. E. Riley, Brighton, VK, Nordhoff Leiden, 1981
[340] *W. A. Kaysser:* In: Ceramic Transactions, Vol. 1, Part B: Ceramic Powder Science. The American Ceramic Society Inc. 1988, 955
[341] *W. A. Kaysser* und *G. Petzow:* Z. Metallkde. **76** (1985) 687
[342] *M. Mitkow* und *W. A. Kaysser:* In: Emerging Materials by Advanced Processing, Eds. *W. A. Kaysser, J. Weber-Bock.* German-Yugoslav. Cooperation in Scientific Research and Technological Development, Organizer of the IXth Meeting: Max-Planck-Institut für Metallforschung Stuttgart, 1989, 207
[343] *W. A. Kaysser* und *M. Yodogawa:* Liquid Phase Sintering of Prestrained Heavy Metal Alloys. In: „Processing and Properties of PM Composites", Eds. *K. Vedula, P. Kumar* und *A. M. Ritter.* The Minerals, Metals and Materials Society, Warrandale, P.A. 15086 (1988) 33.
[344] *Oh-Jong Kwon* und *Duk N Yoon:* In: Sintering Processes, Vol. 13, Ed. *G. C. Kuczynski.* New York and London: Plenum Press 1980, 203
[345] *S.-J. L. Kang, W. A. Kaysser, G. Petzow* und *D. N. Yoon:* Powder Metallurgy **27** (1984) 97
[346] *E. G. Zukas, P. S. Z. Rogers* und *R. S. Rogers:* The Internat. Journal of Powder Metallurgy and Powder Technology **13** (1977) 24
[347] *A. Kannappan:* R 70/71, Dep. of Engg. metals, Chalmers University of Tech., Gothenburg, Sweden, 1971
[348] *H. E. Exner:* Z. Metallkde. **64** (1973) 273
[349] *S.-J. L. Kang* und *P. Azon:* Powder Metallurgy **28** (1985) 90
[350] *S.-J. L. Kang, W. A. Kaysser, G. Petzow* und *D. N. Yoon:* Acta metall **33** (1985) 1919
[351] *S. Takajo:* Dissertation. Universität Stuttgart, 1981
[352] *Y. Masuda* und *R. Watanabe:* In: Sintering Progress, Vol. 13, Hrsg. *G. C. Kuczynski.* New York: Plenum Press 1980, 3
[353] *E. G. Zukas, P. S. Z. Rogers* und *R. S. Rogers:* Z. Metallkde. **67** (1976) 591
[354] *T. K. Kang* und *D. N. Yoon:* Metall. Trans. **9A** (1978) 433
[355] *D. S. Buist, G. Jackson, I. M. Stephenson, W. F. Ford* und *J. White:* Trans. Brit. Ceram. Soc. **64** (1965) 173
[356] *R. Kieffer, G. Jangg* und *P. Ettmayer:* Powder Metallurgy International **7** (1975) 126
[357] *R. M. German:* The International Journal of Powder Metallurgy **26** (1990) 23, 25
[358] *S. T. Lin, R. M. German* und *S. Faroog:* In: Modern Developments in Powder Metallurgy, Metal Powder Industries Federation, American Powder Metallurgy Institute, Vol. 19 (1988) Chapter 6, S. 597
[359] *H. E. Exner, J. Freytag, G. Petzow* und *P. Walter:* Planseeber. f. Pulvermetallurgie **26** (1978) 90
[360] *G. Leitner, B. Schultrich* und *H. Kubsch:* VII. Internat. Pulvermetall. Tagung i. d. CSSR, 1987, Pardubice, Bd. II, S. 155
[361] *G. Leitner:* 43. Vollsitzung des Ausschusses für Pulvermetallurgie, Hagen, 28.11.90
[362] *Suk-Joong L. Kang:* Persönliche Mitteilung
[363] *N. Dautzenberg:* Arch. f. Eisenhüttenwesen **41** (1970) 1005
[364] *W. Schatt* und *J. I. Boiko:* Z. Metallkde. **82** (1991) 527
[365] *B. A. James:* Powd. Metall. Group Meeting, Harrogate, 29.–31.10.84, The Metals Society, Reprint, S. 12.1

[366] *S. Banerjee, G. Schlieper, F. Thümmler* und *G. Zapf:* Internat. Powder Metallurgy Conf., 22.–27.6.1980, Washington
[367] *S. Banerjee, V. Gemenetzis* und *F. Thümmler:* Powder Metallurgy **23** (1980) 206
[368] *H. Danninger:* powder met. int. **20** (1988) 21
[369] *H. Danninger:* powder met. int. **19** (1987) 19
[370] *H. Danninger:* Powder Metallurgy **30** (1987) 103
[371] *Doh-Jae Lee* und *Duk N. Yoon:* powder met. int. **20** (1988) 15
[372] *F. J. Puckert:* Diss. Inst. f. Metallkde. der Universität Stuttgart, 1982
[373] *F. J. Puckert, W. A. Kaysser* und *G. Petzow:* Z. Metallkde **74** (1983) 737
[374] *W. Heinrich* und *W. Schatt:* Neue Hütte **20** (1975) 514
[375] *H. Danninger:* powder met. int. **20** (1988) 7
[376] *W. Schatt* und *H.-J. Ullrich:* Praktische Metallographie **15** (1978) 234
[377] *T. Watanabe* und *Y. Horikoshi:* Int. J. Powder Met. and Powder Technol. **12** (1976) 209
[378] *B. Kieback* und *W. Schatt:* Planseeber. f. Pulvermetallurgie **28** (1980) 204
[379] *B. Kiebach, W. Schatt* und *G. Jangg:* powder met. int. **16** (1984) 207
[380] *G. Jangg, M. Drozda, H. Danninger, H. Wibbeler* und *W. Schatt:* The Internat. J. of Powder Metallurgy and Powder Technology **20** (1984) 287
[381] *W. Schatt* und *K. Pischang:* Science of Sintering **22** (1990) 29
[382] *B. F. Kieback, G. Leitner* und *K. Pischang:* Journal of Thermal Analysis **33** (1988) 559
[383] *E. Houdremont:* Handbuch der Sonderstahlkunde. Düsseldorf. Verlag Stahleisen 1956
[384] *G. Jangg, M. Drozda, H. Danninger* und *R. E. Nad:* powder met. int. **15** (1983) 173
[385] *K. Pischang:* Dissertation. TU Dresden, 1986
[386] *O. Kubaschewski:* Iron-Binary Phase Diagrams. Berlin: Springer Verlag, Düsseldorf: Verlag Stahleisen 1982
[387] *R. Laag, U. Täffner, W. A. Kaysser* und *G. Petzow:* Sonderbände der Praktischen Metallographie, Bd. 19 (1988) 453
[388] *A. Bose, B. H. Rabin* und *R. M. German:* powder met. int. **20** (1988) 25
[389] *A. Bose, B. Moore, R. M. German* und *N. S. Stoloff:* Journal of Metals (1988) 9, 14
[390] *H. Palmour* III: Rate controlled sintering and its application to PIM processing; Internat. Symposium Covering metal and Ceramic Injection Molding Technologies, July 15–17, 1991, Albany, NY

Sachwortverzeichnis

A
Abrollbewegung 38
Abrollgeschwindigkeit 40
Additiv, aktivierendes 170
Agglomeratbildung 190
Agte-Vacek-Effekt 168, 170
Aktivator 149, 168, 170, 173
Aktivator-Rolle 168
Aktivieren, mechanisches 89
Aktivierung 168
Aktivität, geometrische 109, 110, 125
Aktivität, strukturelle 125
Analogie zwischen Fest- und Flüssigphasensintern 262
Anpassungsversetzungen 150
Ashby-Verrall-Mechanismus 74, 167
Asymmetriespannung 35
Atomstrom, resultierender 142
Auflösen und Wiederausscheiden 192, 209
Auflösung und Wiederausscheidung 232
Auflösung und Wiederausscheidung, Kinetik 228
Auflösungs- und Wiederausscheidungsvorgang 200, 244
Auflösungsmechanismus 171
Auflösungsreaktion 238
Ausdehnungskoeffizient, thermischer 135
Ausgangsdichte, Einflußnahme 244
Ausheilen von Poren 116

B
Benetzbarkeit 179, 183, 242
Benetzungsverhalten, Verbesserung 191
Benetzungsverhältnisse 180, 242
Beweglichkeitskoeffizient 150, 151
Bindephase 225
Bindephase, Aufschmelzen 225, 231
Bindephase, Schmelzpunkt 229
Bindephasen-Grenzfläche 228
Bindephasenschmelze 227

C
Cluster 94, 95
Cluster-Versetzungsreaktion 112
Coble-Diffusionskriechen 104
Coble-Mechanismus 70, 71
Core-Diffusion 116
Core-Mantle-Modell 75

D
Defektdichte 89
Defektreaktion 90, 111, 112
Deformation, versetzungsviskose 72, 94
Desintegrationsmechanismus 193, 195
Diffusionskoaleszenz 117
Diffusionskoeffizient, chemischer 168
Diffusionskoeffizient, effektiver 30, 131
Diffusionskoeffizient, partieller 131, 138, 154
Diffusionskriechen 99
Diffusionsporen 162
Diffusionsporosität 140, 253
Dihedralwinkel 56, 185, 213, 214, 217, 220
Druck, hydrostatischer 69, 187
Dünnstschicht 175

E
Elementepulver 129
Energie, akkumulierte 64
Epitaxiespannung 150

F
Facettierung 200, 228
Festphasenheterosintern 239
Festphasensintern, nichtisothermes 259
Fließen, diffusions-versetzungsgesteuertes 40
Fließen, diffusionsviskoses 70
Fließen, versetzungsviskoses 71
Fließen, viskoses 17, 98
Flüssigkeitsmeniskus 208
Flüssigphasensintermechanismus 223
Flüssigphasensintern 260
Flüssigphasensintern, permanentes 239
Flüssigphasensintern, stationäres 233
Flüssigphasensintern, temporäres 232, 239, 241, 251, 256
Flüssigphasensintern/Supersolidus 221
Frenkel-Effekt 140, 154, 158, 165, 253

G
Gefüge-Vergröberung 212, 218
Gefügezustand, optimaler 241
Gestaltsakkommodation 201, 208, 229, 230, 232, 244

Grenzflächenenergie 22
Grenzflächenspannung 134, 179
Großwinkelkorngrenze 24

H
Hartmetall 227
Hartmetall, Sinterverlauf 225
Heavy-Alloy-Mechanismus 186, 199, 204, 207, 215
Heterodiffusion 244, 246
Heterodiffusionskoeffizient, chemischer 154
Heterofestphasensintern 224, 225
Hohlraumvergrößerung 45
Homogenisierung 129, 250
Homogenisierungsgeschehen 130
Homogenisierungsgeschehen, Intensivierung 242
Homogenisierungsgrad 131
Homogenisierungsvorgang 163

I
Intermetallische Phase 256
Intermetallische Phase, Einfluß 168

K
Kaltschweißung 62
Kapillarkraft 17
Kapillarspannung, mittlere 69
Kelvin-Thomson-Gleichung 18, 175
Kingery-Mechanismus 199, 203, 205
Kingery-Mechanismus, modifizierter 208
Kirkendall-Effekt 140
Kleinwinkelkorngrenze 217
Kletterbewegung 72
Koaleszenz 217
Koaleszenzgeschehen 216
Koaleszenzhäufigkeit 218
Koaleszenzprozeß 217
Koaleszenzvorgang 214
Koeffizient der Fremddiffusion, chemischer 131
Koeffizient, effektiver, partieller 158
Koerzitivfeldstärke 225
Koinzidenzkorngrenze 217
Kontakt, mechanischer 63
Kontakt, Prototypen 64
Kontaktabflachung 193, 201, 202
Kontaktflächenpenetration 194
Kontaktgrenzflächenspannung 134
Kontaktkorngrenze 42, 43

273

Kontaktkorngrenzenmigration, spannungsinduzierte 215
Kontaktviskosität 98
Kontaktwachstum, diffusionsversetzungsgesteuertes 52
Kontaktwinkel 171, 173, 179
Kontaktzone 94
Kontaktzonenvolumen, spezifisches 69, 104
Korngrenzenbewegung, (spannungs-)induzierte 198
Korngrenzenmigration 175
Korngrenzenpenetration 193, 194, 234
Korngrenzensubstanz, niedrigviskose 75
Korngrenzenversetzungen 39
Kornvergröberung 212, 216
Kornwachstum 120, 174, 229
Kornwachstum, diffusionskontrolliertes 212
Kornwachstum, gerichtetes 218
Kornwachstum, spannungsinduziertes 216
Kosevič-Gerade 102, 104
Krümmungsdruck 16
Kurzschlußdiffusion 116
Körper, disperser 15

L
Laplace-Binnendruck 71
Leerstelle 18
Leerstellenquelle 18
Leerstellenstrom 138
Leerstellenüberschußkonzentration 85
Legierungsbildung im Kontaktgebiet 137
Legierungspulver 221, 222
LSW-Theorie 117, 199

M
Massetransport, spezifischer 44
Masteralloy-Technik 239
Materialumfällung 193, 199
Materialumfällung-Mechanismus 203
Maßstabilisierung 251
Mehrfachleerstelle 94
Mikroheterobereich 222
Mikroheterogenität 222
Mikropore 158
Mischkristallbildung 219
Mischungsgüte 188, 238
Multiteilchenaggregat 214

N
N-Wert, erhöhter 197
Nabarro-Herring-Mechanismus 70, 71
Nachbehandlung, thermische 243
Niederenergiekontaktkorngrenze 219, 228

Niederenergiekorngrenze 25, 40, 217, 220

O
Oberflächenspannung 22, 25, 134
Oberflächenspannung, Einfluß 146
Oberflächenspannung fester Körper 134
Ostwald-Reifung 117, 199, 201, 203
Ostwald-Reifung, gestaltsakkommodative 205, 207, 210

P
Partikel-Schmelze-Fluß, viskoser 223
Penetration 244
Penetrationsprozeß 235
Phase, intermetallische 168
Phasenreaktion, Ablauf 247
Pore 114
Porenausheilung 115, 116
Porenbinnendruck 115
Porenbinnendruck, Gesamtheit 187
Poreneliminierung 209, 211, 231, 242
Porenfüllung 231
Porenkoaleszenz 174
Porenschrumpfung 117
Porenschrumpfung, Geschwindigkeit 117
Positronenlebensdauer 89
Preßarbeit 62
Preßkontakt 63
Preßkörper, realer 122
Preßvorgang 62
Probenschwellung 160
Pulver, fertiglegiertes 129
Pulverteilchen, Bewegung 67
Pulverteilchentranslation 173
Punktdefektfeld 95

R
Randwinkel 171, 179, 180, 185
Randwinkelmessung 180
Reaktionssintern 133
Reaktionswärme, freigesetzte 256
Rekristallisationserscheinung 198
Rotationsmechanismus 26

S
Sammelrekristallisation 119
Sättigungskonzentration 184, 193
Schmelze, Ausfließen 208
Schmelze-Teilchen-Fluß, viskoser 217
Schwellung 140, 193, 233, 234, 244, 256
Schwellungsmaximum 233

Schwellvorgang, wechselseitiger 253
Schwereseigerung 178
Schwinden, intensives 85
Schwindung 234, 256
Schwindungsgeschwindigkeit 71, 72
Schwindungsgleichung, phänomenologische 122
Schwindungsintensivstadium 77, 259, 260
Schwindungsverhalten der Fe-Ti-Legierung 248
Sekundärporosität 243
Senken 18
SIGM-Mechanismus 145
Sinteranfangsstadium 55
Sintern, aktiviertes 149, 171
Sintern, inneres 116, 117
Sintern, reaktives 256
Sintern, verallgemeinernde Betrachtung 261
Sinterschwindung 233
Sinterspätstadium 55
Sinterstahl, gekupferter 245
Sinterwerkstoff 256
Sinterzwischenstadium 55
Skelettformierung 214
Spannung, thermisch induzierte 135
Strukturaktivität 109, 110
Strukturdefekte 86
Superplastizität 167
Supersolidus-Flüssigphasensintern 221
System, eutektisches 177
System, gedoptes 149

T
Teilchen, Abgleiten 172
Teilchen-Schmelze-Fluß, viskoser 210
Teilchenbewegung 108
Teilchenbewegungsvorgang 49
Teilchendesintegration 185, 192, 196, 217, 230, 234, 238, 244
Teilchenrotation 219
Teilchenumordnung 199, 230, 235
Teilchenumordnung, primäre 193
Teilchenumordnung, sekundäre 192, 196, 235, 238, 244, 250
Teilchenumordnungsprozeß 208
Teilchenumordnungsvorgang 49
Teilchenwachstum 212
Triebkraft, Ausmaß 177

U
Überschußleerstellen 94, 138, 150, 151, 153, 158, 162

Umlagerung, sekundäre 193
Umordnungsmechanismus, primärer 195
Umordnungsprozeß 188
Umordnungsvorgang 190

V

Verbundwerkstoff 178, 180
Verdichtung 256
Verdichtungsgeschehen 66, 77
Verdichtungsgeschwindigkeit 119
Verdichtungsintensivierung, Mechanismus 171
Verdichtungsverhalten 122
Verdichtungsvorgänge des Flüssigphasensinterns 231
Verdichtungsvorgang, wechselseitiger 253
Verdichtungszentrum 45

Verformung, superplastische 171
Vergröberungsmechanismus 215
Versetzungen 72
Versetzung als Leerstellensenke 32
Versetzungs-Cluster-Reaktion 96
Versetzungsbildung 27
Versetzungsdichte 28
Versetzungsdichte, erhöhte 198
Versetzungskriechen 102
Versetzungskriechen, Geschwindigkeit 102
Versetzungsreaktion 173, 174
Versetzungsvervielfachung, mischkristallspannungsbedingte 142
Versetzungszone 28
Verzerrungsenergie, freigesetzte 216

Viskosität der Kontaktzonensubstanz 100, 260
Viskosität des kontaktnahen Materials 259
Viskosität im Kontakt 98
Viskosität, Erniedrigung 191
Viskositätskoeffizient 32, 33

W

Wiederausscheidungsmechanismus 171
Wiederausscheidungsreaktion 238

Z

Zeitgesetz, Kornwachstum 120
Zener-Grenzkorngröße 120
Zusammenwachsen von Teilchen 214

Das technische Wissen der
GEGENWART

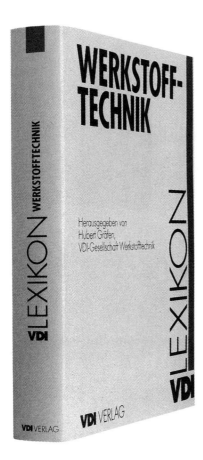

Das Lexikon

Das VDI-Lexikon Werkstofftechnik erscheint als viertes, in der Sammlung der lexikalischen Werke zu bedeutenden Fachdisziplinen der Technik: Ein Meilenstein in der Geschichte der technisch-wissenschaftlichen Literatur.
Aufgabe dieser Fachlexika ist es, Ingenieuren, Ingenieurstudenten und Naturwissenschaftlern einen mühelosen Zugang zu einem enormen Wissensschatz zu ermöglichen. Ein unentbehrliches Werk für jeden, der einen Einstieg in neue Wissensgebiete sucht oder der seine Kenntnisse über aktuelle Themen zum Stand der Technik und der Technik-Anwendung erweitern möchte.

Das VDI-Lexikon Werkstofftechnik zeigt, wie der technische Fortschritt und seine Umsetzung in die Praxis sowie die industrielle Weiterentwicklung mit dem Stand der Werkstofftechnologie verbunden sind.

VDI-Lexikon Werkstofftechnik
Hrsg. von Hubert Gräfen. 1991. 1182 Seiten, 997 Bilder, 188 Tabellen. 16,8 x 24 cm. In Leinen gebunden mit Schutzumschlag.
DM 278,–/250,20*
ISBN 3-18-400893-2

Der Inhalt

Rund 3 000 Stichwörter bzw. Stichwortartikel sind durch zahlreiche Funktionszeichnungen, Bilder und Tabellen ergänzt, die ein einfaches Verständnis der Texte gewährleisten. Bis zum letztmöglichen Augenblick wurden noch Stichworte aus Gebieten mit einer regen Forschungsaktivität ergänzt und teilweise aktualisiert. Das ausgefeilte Verweissystem sowie die Hinweise auf vertiefende Literatur geben dem Leser die Möglichkeit, seine Kenntnisse zu erweitern und zu vertiefen.

Bereits erschienene Fachlexika:

Lexikon Elektronik und Mikroelektronik

Lexikon Informatik und Kommunikationstechnik

VDI-Lexikon Bauingenieurwesen

VDI-Lexikon Meß- und Automatisierungstechnik (1992)

Folgende Fachlexika sind in Vorbereitung:

VDI-Lexikon Energietechnik (1993)

Lexikon Maschinenbau Produktion Verfahrenstechnik (1994)

Lexikon Umwelttechnik (1994)

Der Herausgeber

Prof. Dr. rer. nat. Dr.-Ing. E. h. Hubert Gräfen

Prof. Gräfen, Jahrgang 1926, studierte Chemie an der Universität Köln und TH Aachen, wo er 1954 mit dem Diplom in Technischer Chemie abschloß.
1954 bis 1970 war er Leiter der Korrosionsabteilung der Materialprüfung der BASF Ludwigshafen und promovierte 1962 am Max-Planck-Institut für Metallforschung in Stuttgart. Von 1970 bis 1988 war er als Direktor und Leiter des Ingenieurfachbereichs Werkstofftechnik der Bayer AG Leverkusen tätig.
Ab 1970 Lehrbeauftragter an der TU Hannover, Institut für Werkstofftechnik, 1972 Habilitation und 1976 Ernennung zum außerplanmäßigen Professor. Seit 1984 Wahrnehmung von Lehraufträgen an den Technischen Universitäten Clausthal und München.
Von 1974 bis 1983 war Prof. Gräfen Vorsitzender der VDI-Gesellschaft Werkstofftechnik, seit 1987 Vorsitzender des DVM (Deutscher Verband für Materialforschung und -entwicklung e.V.). Er ist Mitglied des Kuratoriums der DECHEMA, Frankfurt/M.
1989 wurde ihm die Ehrendoktorwürde (Dr.-Ing. E. h.) durch die Fakultät für Bergbau, Hüttenwesen mit Maschinenwesen der TU Clausthal verliehen.
Prof. Gräfen ist Autor von mehr als 140 Fachaufsätzen in technisch-wissenschaftlichen Zeitschriften und von zahlreichen Kapiteln in technisch-wissenschaftlichen Büchern.

Die Autoren

70 hervorragende Fachleute aus Forschung, Lehre und Praxis haben ihr Wissen in dieses Lexikon eingebracht, sowohl in wissenschaftlich präzisen Definitionen als auch in fundierten, vertiefenden Abhandlungen.
Ein Wissensschatz, der in dieser Form vorbildlich ist.

COUPON   IW 4/92

Bitte einsenden an:
VDI-Verlag, Vertriebsleitung Bücher, Postfach 10 10 54, 4000 Düsseldorf 1 oder an Ihre Buchhandlung.

○ Ja, ich bestelle das VDI-Lexikon Werkstofftechnik zum Preis von DM 278,–/250,20*
ISBN 3-18-400893-2
* Preis für VDI-Mitglieder, auch im Buchhandel.

○ Ja, bitte senden Sie mir den ausführlichen Prospekt für das VDI-Lexikon Werkstofftechnik

Informieren Sie mich über das:
○ VDI-Lexikon Energietechnik
○ Lexikon Elektronik und Mikroelektronik
○ VDI-Lexikon Bauingenieurwesen
○ VDI-Lexikon Umwelttechnik
○ Lexikon Maschinenbau Produktion Verfahrenstechnik
○ Lexikon Informatik und Kommunikationstechnik
○ Lexikon Meß- und Automatisierungstechnik

Name _____
Vorname _____
Straße/Nr. _____
PLZ/Ort _____
Datum _____
Unterschrift _____
VDI-Mitglieds-Nr. _____

Postfach 10 10 54, 4000 Düsseldorf 1

AKTUELLES WERKSTOFFWISSEN FÜR INGENIEURE

VDI-Lexikon Werkstofftechnik
Hrsg. VDI-Gesellschaft
Werkstofftechnik/Hubert Gräfen
1991. IX, 1172 S., 997 Abb.,
188 Tab. 24 x 16,8 cm. Gb.
DM 278,–/250,20*
ISBN 3-18-400893-2

Werner Schatt
Sintervorgänge **NEU**
1992. Ca. 350 S. 24 x 14,8 cm. Gb.
Ca. DM 98,–/88,20*
ISBN 3-18-401218-2
Das Sintern, als wichtige Teiloperation in der Pulvermetallurgie wird in diesem Werk ausführlich erläutert.

Stranggruß
Leistungsvermögen hochbeanspruchter Bauteile. **NEU**
Hrsg. Winfried Dahl.
1992. Ca. 150 S. DIN A5. Br.
Ca. DM 68,–/61,20*
ISBN 3-18-401197-6
Das Werk gibt — anhand einer eingehenden Literaturauswertung — einen umfassenden Überblick zu dem Stand der Technik und über die Eigenschaften von im Strang gegossenen Bauteilen für die Antriebstechnik sowie eine Bewertung betreffs Eignung von im Strang vergossenen Material für die vorgesehenen Zwecke, wobei die Qualität von Fertigprodukten aus Block- und Stranggruß verglichen wird.

Plastics in Automotive Engineering
Hrsg. VDI-Gesellschaft
Kunststofftechnik.
1991. VIII. 322 S., 239 Abb.,
43 Tab. DIN A5. Br.
DM 248,–/223,20*
ISBN 3-18-401144-5

Karlheinz G. Schmitt-Thomas/
Reinhard Siede
Technik und Methodik der Schadenanalyse
1989. IX, 167 S., 99 Abb., 24 Tab.
DIN A5. Br.
DM 48,–/43,20*
ISBN 3-18-400845-2
Die Technik und die Methodik der Schadenanalyse wird mit diesem Buch als integraler Bestandteil technischer Entwicklung verstanden. Dargestellt wird, wie mit Hilfe geeigneter Untersuchungsverfahren kennzeichnende Merkmale gewonnen werden, um die Art des Schadens zu bestimmen.

Rainer Schmidt
Werkstoffeinsatz in biologischen Systemen **NEU**
In Vorbereitung.
Ca. 250 S., 400 Abb. DIN A5. Br.
DM 78,–/70,20
ISBN 3-18-401198-4

Hans-Jürgen Bargel u.a.
Werkstoffkunde
Hrsg. Hans-Jürgen Bargel/
Günter Schulze
5., neubearb. u. erw. Aufl. 1988.
XVIII, 393 S., 554 Abb., 76 Tab.
24 x 16,8 cm. Gb.
DM 48,–/43,20*
ISBN 3-18-400823-1

Werner Goedecke
Wörterbuch der Werkstoffprüfung **NEU**
Deutsch/Englisch/Französisch
2. Aufl. 1992. Ca. 750 S. DIN A5. Gb.
Ca. DM 168,–/151,20*
ISBN 3-18-401159-3
Einige Tausend einschlägige Begriffe mit den entsprechenden Übersetzungen und Registern für die jeweiligen Sprachen.

Hans Domininghaus
Die Kunststoffe und ihre Eigenschaften
3., neubearb. Aufl. 1988.
XI, 905 S. DIN A5. Gb.
DM 198,–/178,20*
ISBN 3-18-400846-0

In den letzten Jahren hat eine Vielzahl von Modifikationen durch chemische (CO-, Pfropf- und Blockpolymerisation) und physikalische Maßnahmen (Füllen, Verstärke, Schäumen und Legieren) zu einer wesentlichen Erweiterung des Kunststoffangebotes beigetragen.

Kurt Moser
Faser-Kunststoff-Verbund
Herstellung und Berechnung
von Bauteilen. **NEU**
1992. Ca. 520 S. DIN A5. Br.
Ca. DM 168,–/151,20*
ISBN 3-18-401187-9
Eine Einführung und Analyse des Faser-Kunststoff-Schichtenverbunds und seiner Ausgangsstoffe.

Fortschritte bei der Formgebung in Pulvermetallurgie und Keramik **NEU**
Hrsg. Hans Kolaska
1991. Ca. 556 S., 221 Abb., 20 Tab.
DIN A5. Br. Ca. DM 188,–/169,20*
ISBN 3-18-401220-4
Vorträge zur gleichnamigen Tagung des Fachverbandes Pulvermetallurgie vom 28./29. November 1991 in Hagen sowie entsprechender Produktpräsentationen zahlreicher Hersteller.